中学

自由自在 理科

問題集

From Basic to Advanced

受験研究社

この本の特長と使い方

本書は，『中学 自由自在 理科』に準拠しています。
中学3年間の学習内容からさまざまなレベルの問題を精選し，
さらにそれらを段階的に収録した問題集です。

STEP 1 まとめノート

『自由自在』に準拠した“まとめノート”です。基本レベルの空所補充問題で，まずは各単元の学習内容を理解しましょう。

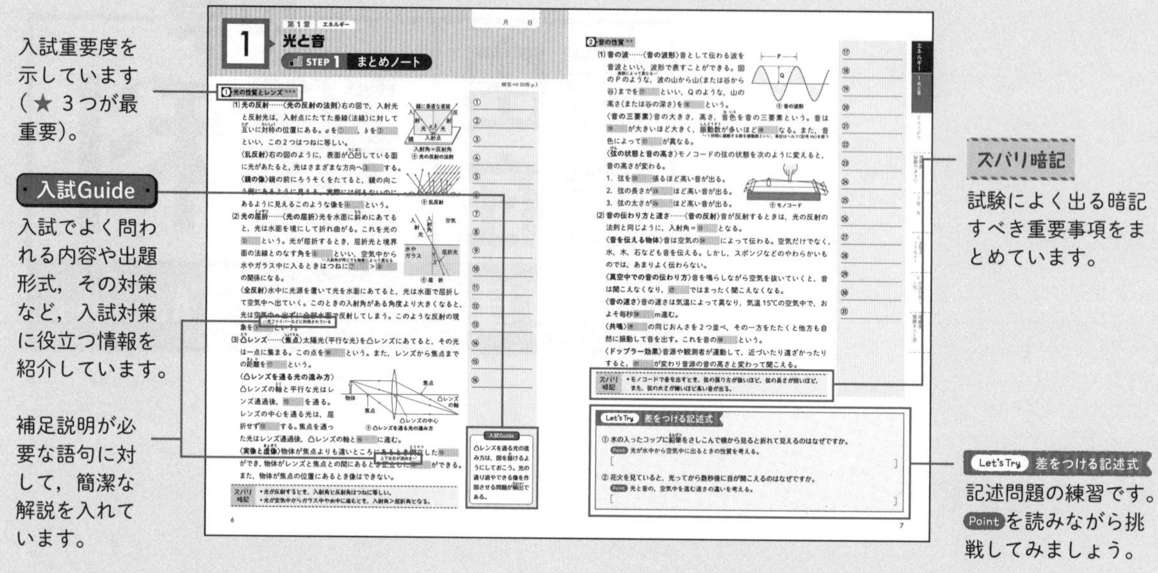

入試重要度を示しています（★ 3つが最重要）。

入試Guide
入試でよく問われる内容や出題形式，その対策など，入試対策に役立つ情報を紹介しています。

補足説明が必要な語句に対して，簡潔な解説を入れています。

ズバリ暗記
試験によく出る暗記すべき重要事項をまとめています。

Let's Try 差をつける記述式
記述問題の練習です。Pointを読みながら挑戦してみましょう。

STEP 2 実力問題

基本～標準レベルの入試問題を中心に構成しています。確実に解けるように実力をつけましょう。

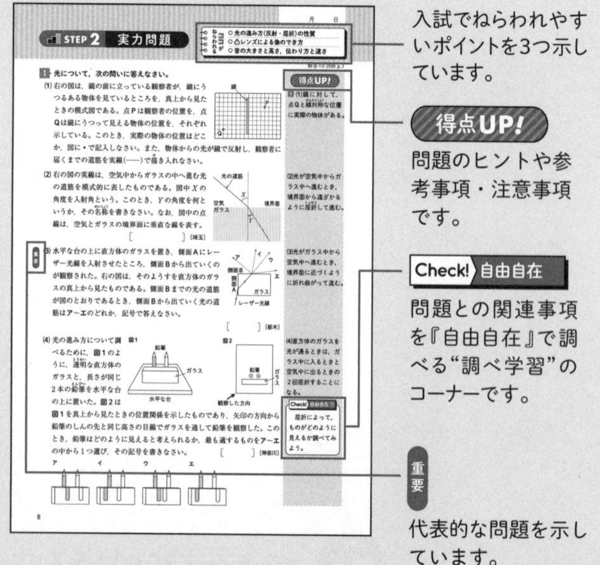

入試でねらわれやすいポイントを3つ示しています。

得点UP!
問題のヒントや参考事項・注意事項です。

Check! 自由自在
問題との関連事項を『自由自在』で調べる“調べ学習”のコーナーです。

重要
代表的な問題を示しています。

STEP 3 発展問題

標準～発展レベルの入試問題を中心に構成しています。その単元で学習したことの理解を深め，さらに力を伸ばしましょう。

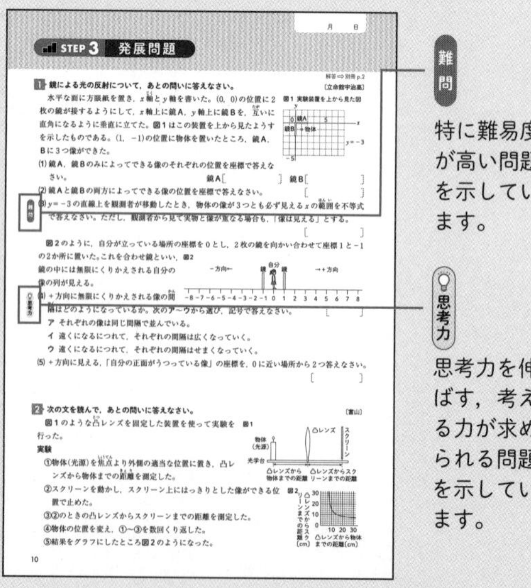

難問
特に難易度が高い問題を示しています。

思考力
思考力を伸ばす，考える力が求められる問題を示しています。

理解度診断テスト

その章の考え方や解き方が身についているかを確認するテストです。標準～発展レベルの問題で構成しています。

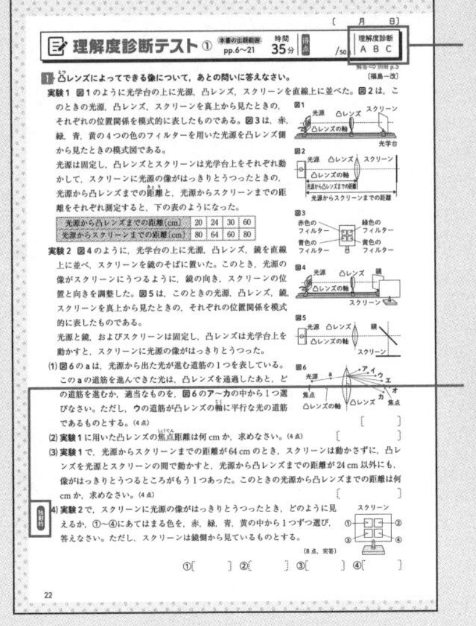

診断基準点は解答編に設けました。

A…よく理解できている

B…Aを目指して再チャレンジ

C…STEP1から復習しよう

独創的

きわめて類題が少なく，独創的な問題を示しています。

精選 図解チェック＆資料集

精選された図表や写真で，章の重要事項を確認・復習できます。

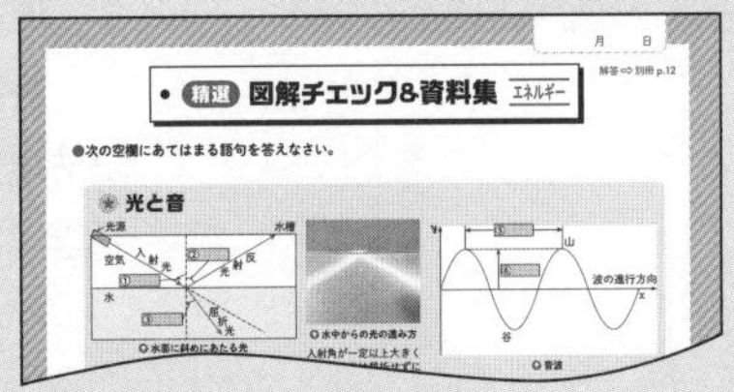

思考力・記述問題対策

分析力・判断力・推理力が試される問題や記述問題の対策ができる問題で構成しています。

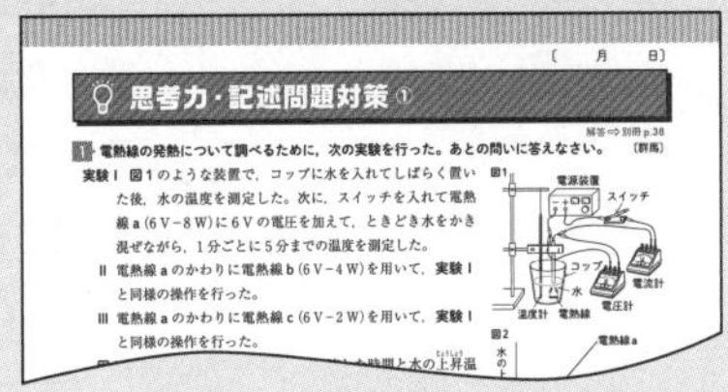

高校入試予想問題

実際の入試を想定して，各分野の内容を融合させたハイレベルかつ出題率の高い問題を中心に構成しています。

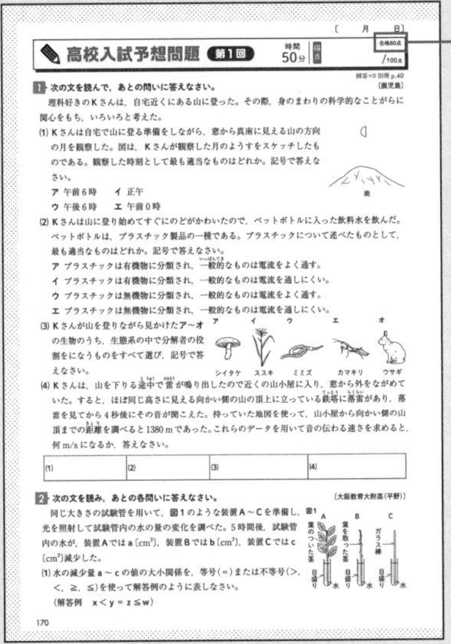

合格の基準となる合格点を示しています（配点は解答編にあります）。

解答編

解説は，わかりやすく充実した内容でまとめています。くわしい知識とともに，論理的思考力がつくようにしました。

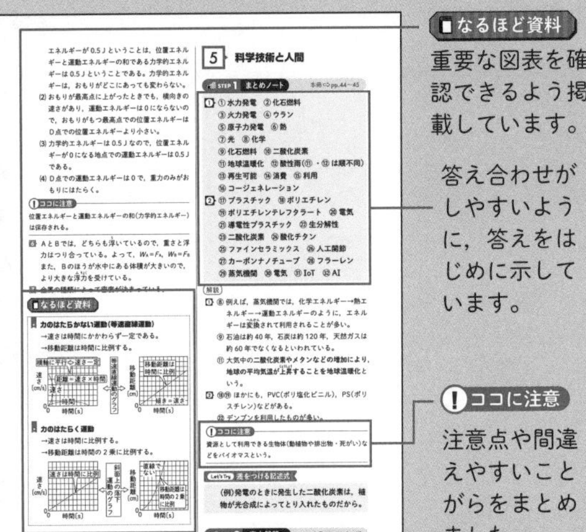

なるほど資料

重要な図表を確認できるよう掲載しています。

答え合わせがしやすいように，答えをはじめに示しています。

ココに注意

注意点や間違えやすいことがらをまとめました。

中　学
自由自在問題集
理　科

目次

Contents

本書に関する最新情報は，小社ホームページにある本書の「サポート情報」をご覧ください。（開設していない場合もございます。）
なお，この本の内容についての責任は小社にあり，内容に関するご質問は直接小社におよせください。

第1章 エネルギー

第1章　エネルギー

1 光と音

STEP 1 まとめノート

月　　日

解答 ⇨ 別冊 p.1

① 光の性質とレンズ ★★★

(1) **光の反射**……〈**光の反射の法則**〉右の図で，入射光と反射光は，入射点にたてた垂線(法線)に対して互(たが)いに対称(たいしょう)の位置にある。aを①＿＿，bを②＿＿といい，この2つはつねに等しい。

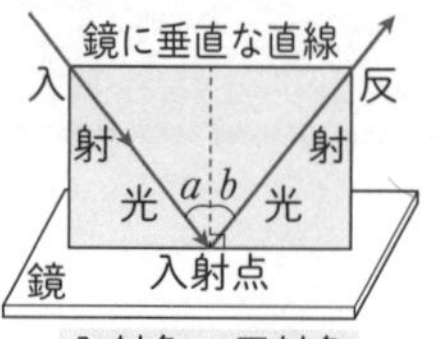

⇧ 光の反射の法則

〈**乱反射**〉右の図のように，表面が凸凹(でこぼこ)している面に光があたると，光はさまざまな方向へ③＿＿する。

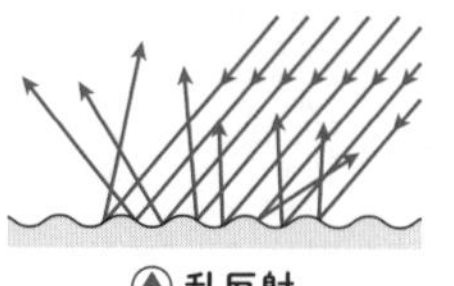
⇧ 乱反射

〈**鏡の像**〉鏡の前にろうそくをたてると，鏡の向こう側にあるように見える。実際には何もないのに，あるように見えるこのような像を④＿＿という。

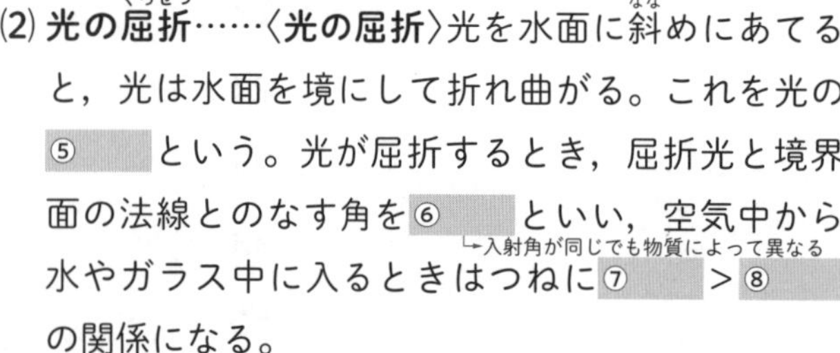

(2) **光の屈折(くっせつ)**……〈**光の屈折**〉光を水面に斜(なな)めにあてると，光は水面を境にして折れ曲がる。これを光の⑤＿＿という。光が屈折するとき，屈折光と境界面の法線とのなす角を⑥＿＿といい，空気中から水やガラス中に入るときはつねに⑦＿＿＞⑧＿＿の関係になる。
（⑥ → 入射角が同じでも物質によって異なる）

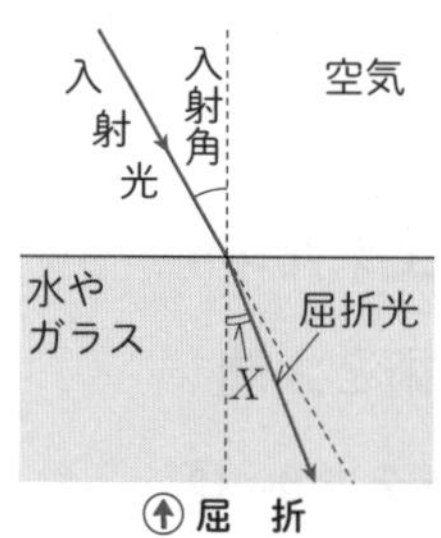

⇧ 屈　折

〈**全反射**〉水中に光源を置いて光を水面にあてると，光は水面で屈折して空気中へ出ていく。このときの入射角がある角度より大きくなると，光は空気中へ出ずに全部水面で反射してしまう。このような反射の現象を⑨＿＿という。
（⑨ → 光ファイバーなどに利用されている）

(3) **凸(とつ)レンズ**……〈**焦点(しょうてん)**〉太陽光(平行な光)を凸レンズにあてると，その光は一点に集まる。この点を⑩＿＿という。また，レンズから焦点までの距離(きょり)を⑪＿＿という。

〈**凸レンズを通る光の進み方**〉
凸レンズの軸(じく)と平行な光はレンズ通過後，⑫＿＿を通る。レンズの中心を通る光は，屈折せず⑬＿＿する。焦点を通った光はレンズ通過後，凸レンズの軸と⑭＿＿に進む。

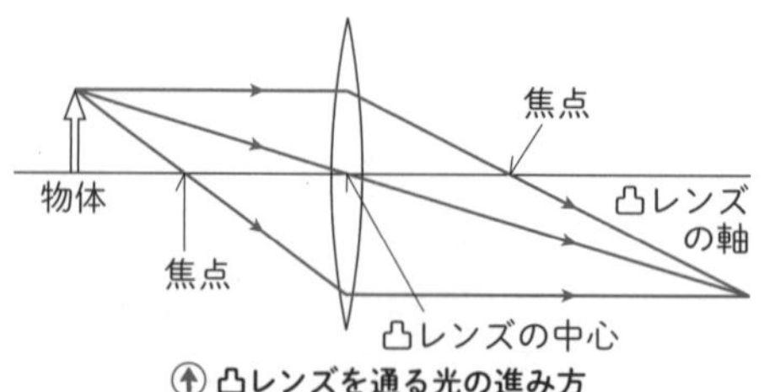

⇧ 凸レンズを通る光の進み方

〈**実像と虚像(きょぞう)**〉物体が焦点よりも遠いところにあるとき倒立(とうりつ)した⑮＿＿ができ，物体がレンズと焦点との間にあるとき正立した⑯＿＿ができる。また，物体が焦点の位置にあるとき像はできない。
（倒立 → 上下左右が逆向き）

ズバリ暗記
- 光が反射するとき，入射角と反射角はつねに等しい。
- 光が空気中からガラス中や水中に進むとき，入射角＞屈折角となる。

①＿＿
②＿＿
③＿＿
④＿＿
⑤＿＿
⑥＿＿
⑦＿＿
⑧＿＿
⑨＿＿
⑩＿＿
⑪＿＿
⑫＿＿
⑬＿＿
⑭＿＿
⑮＿＿
⑯＿＿

入試Guide
凸レンズを通る光の進み方は，図を描(か)けるようにしておこう。光の通り道やできる像を作図させる問題が頻出(ひんしゅつ)である。

②音の性質 ★★

(1) **音の波**……〈**音の波形**〉音として伝わる波を音波といい，波形で表すことができる。図のＰのような，波の山から山(または谷から谷)までを⑰＿＿といい，Ｑのような，山の高さ(または谷の深さ)を⑱＿＿という。
（楽器によって異なる）

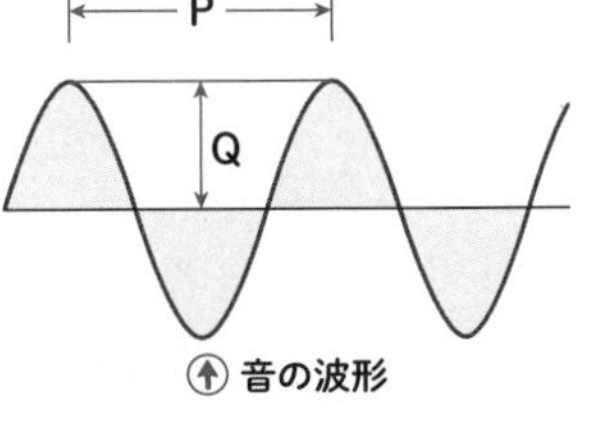

↑音の波形

〈**音の三要素**〉音の大きさ，高さ，音色(ねいろ)を音の三要素という。音は⑲＿＿が大きいほど大きく，振動数(しんどうすう)が多いほど⑳＿＿なる。また，音色によって㉑＿＿が異なる。
└1秒間に振動する数を振動数といい，単位はヘルツ(記号Hz)を使う

〈**弦(げん)の状態と音の高さ**〉モノコードの弦の状態を次のように変えると，音の高さが変わる。

1. 弦を㉒＿＿張るほど高い音が出る。
2. 弦の長さが㉓＿＿ほど高い音が出る。
3. 弦の太さが㉔＿＿ほど高い音が出る。

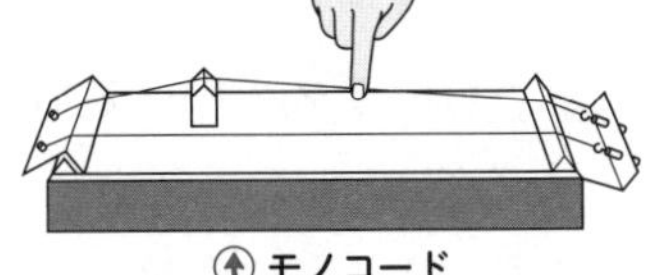
↑モノコード

(2) **音の伝わり方と速さ**……〈**音の反射**〉音が反射するときは，光の反射の法則と同じように，入射角＝㉕＿＿となる。

〈**音を伝える物体**〉音は空気の㉖＿＿によって伝わる。空気だけでなく，水，木，石なども音を伝える。しかし，スポンジなどのやわらかいものでは，あまりよく伝わらない。

〈**真空中での音の伝わり方**〉音を鳴らしながら空気を抜いていくと，音は聞こえなくなり，㉗＿＿ではまったく聞こえなくなる。

〈**音の速さ**〉音の速さは気温によって異なり，気温15℃の空気中で，およそ毎秒㉘＿＿m進む。

〈**共鳴**〉㉙＿＿の同じおんさを2つ並べ，その一方をたたくと他方も自然に振動して音を出す。これを音の㉚＿＿という。

〈**ドップラー効果**〉音源や観測者が運動して，近づいたり遠ざかったりすると，㉛＿＿が変わり音源の音の高さと変わって聞こえる。

ズバリ暗記
- モノコードで音を出すとき，弦の張り方が強いほど，弦の長さが短いほど，また，弦の太さが細いほど高い音が出る。

⑰＿＿＿＿
⑱＿＿＿＿
⑲＿＿＿＿
⑳＿＿＿＿
㉑＿＿＿＿
㉒＿＿＿＿
㉓＿＿＿＿
㉔＿＿＿＿
㉕＿＿＿＿
㉖＿＿＿＿
㉗＿＿＿＿
㉘＿＿＿＿
㉙＿＿＿＿
㉚＿＿＿＿
㉛＿＿＿＿

Let's Try 差をつける記述式

① 水の入ったコップに鉛筆(えんぴつ)をさしこんで横から見ると折れて見えるのはなぜですか。

Point 光が水中から空気中に出るときの性質を考える。

[　　　　　　　　　　　　　　　　]

② 花火を見ていると，光ってから数秒後に音が聞こえるのはなぜですか。

Point 光と音の，空気中を進む速さの違いを考える。

[　　　　　　　　　　　　　　　　]

月　日

STEP 2 実力問題

ねらわれるココが
- ○光の進み方（反射・屈折）の性質
- ○凸レンズによる像のでき方
- ○音の大きさと高さ，伝わり方と速さ

解答⇨別冊 p.1

1 **光について，次の問いに答えなさい。**

⑴ 右の図は，鏡の前に立っている観察者が，鏡にうつるある物体を見ているところを，真上から見たときの模式図である。点Pは観察者の位置を，点Qは鏡にうつって見える物体の位置を，それぞれ示している。このとき，実際の物体の位置はどこか，図に•で記入しなさい。また，物体からの光が鏡で反射し，観察者に届くまでの道筋を実線(——)で描き入れなさい。

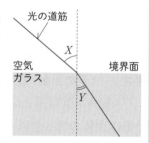

鏡　P　Q

⑵ 右の図の実線は，空気中からガラスの中へ進む光の道筋を模式的に表したものである。図中Xの角度を入射角という。このとき，Yの角度を何というか，その名称を書きなさい。なお，図中の点線は，空気とガラスの境界面に垂直な線を表す。

光の道筋　X　空気　ガラス　境界面　Y

［　　　　　］〔埼玉〕

重要 ⑶ 水平な台の上に直方体のガラスを置き，側面Aにレーザー光線を入射させたところ，側面Bから出ていくのが観察された。右の図は，そのようすを直方体のガラスの真上から見たものである。側面Bまでの光の道筋が図のとおりであるとき，側面Bから出ていく光の道筋は**ア**～**エ**のどれか，記号で答えなさい。

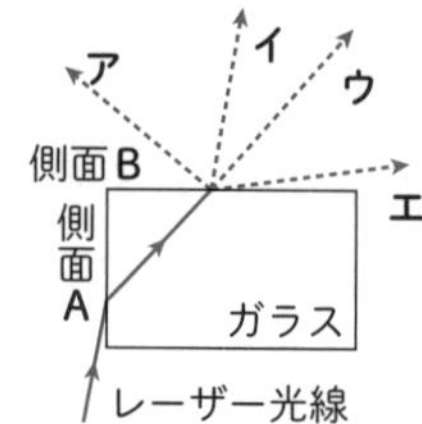

［　　　］〔栃木〕

⑷ 光の進み方について調べるために，**図1**のように，透明な直方体のガラスと，長さが同じ2本の鉛筆を水平な台の上に置いた。**図2**は**図1**を真上から見たときの位置関係を示したものであり，矢印の方向から鉛筆のしんの先と同じ高さの目線でガラスを通して鉛筆を観察した。このとき，鉛筆はどのように見えると考えられるか，最も適するものを**ア**～**エ**の中から1つ選び，その記号を書きなさい。

図1

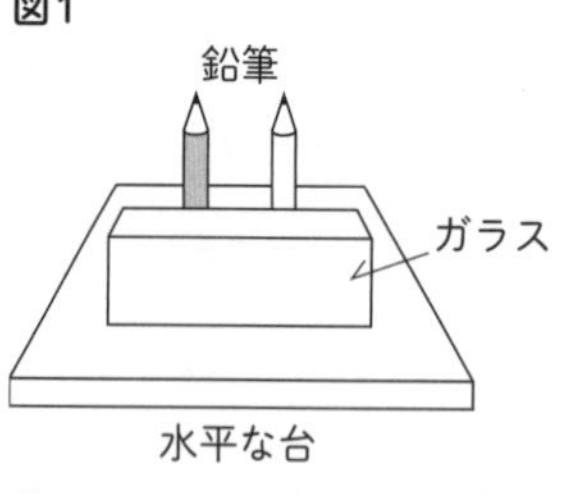

図2

鉛筆　ガラス　観察した方向

［　　　］〔神奈川〕

ア

イ

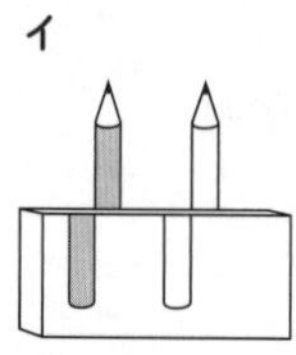

ウ

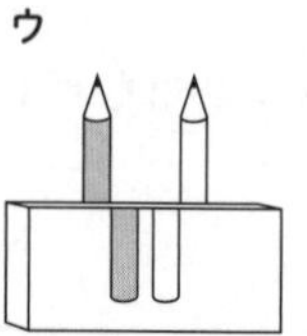

エ

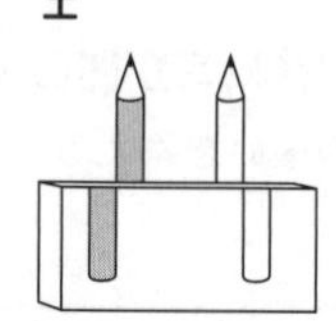

得点UP!

1 ⑴鏡に対して，点Qと線対称な位置に実際の物体がある。

⑵光が空気中からガラス中へ進むとき，境界面から遠ざかるように屈折して進む。

⑶光がガラス中から空気中へ進むとき，境界面に近づくように折れ曲がって進む。

⑷直方体のガラスを光が通るときは，ガラス中に入るときと空気中に出るときの2回屈折することになる。

Check! 自由自在①

屈折によって，ものがどのように見えるか調べてみよう。

重要

2 **音について，次の問いに答えなさい。** 〔石川〕

(1) 音の性質について述べたものはどれか。次の**ア**～**エ**から適切なものを1つ選び，記号で答えなさい。 [　　　]

ア 音は水中でも真空中でも伝わる。

イ 音は水中では伝わるが，真空中では伝わらない。

ウ 音は水中では伝わらないが，真空中では伝わる。

エ 音は水中でも真空中でも伝わらない。

(2) 自動車が10 m/sの速さでコンクリート壁(へき)に向かって一直線上を進みながら，音を出した。音がコンクリート壁に反射して自動車に返ってくるまでに1秒かかった。音を出したときの自動車とコンクリート壁との距離(きょり)は何mか，求めなさい。ただし，空気中の音の伝わる速さを340 m/sとし，風の影響(えいきょう)はないものする。 [　　　]

3 **次の文を読んで，あとの問いに答えなさい。** 〔三重〕

たろうさんは，家から花火を見ていて，次の①，②のことに気づいた。

> ①花火が開くときの光が見えてから音が聞こえるまで，少し時間がかかる。
> ②花火が開くときの音が聞こえるたびに，家の窓ガラスがゆれる。

(1) たろうさんが，家で，花火が開くときの光が見えてから，その花火が開くときの音が聞こえるまでの時間を，右の図のようにストップウォッチで計測した結果，3.5秒であった。家から移動し，花火が開く場所に近づくと，その時間が2秒になった。このとき，花火が開く場所とたろうさんの距離(きょり)は何m短くなったか，求めなさい。ただし，花火が開く場所はつねに同じで，音が空気中を伝わる速さは340 m/sとする。 [　　　]

(2) ①について，花火が開くときの光が見えてから，その花火が開くときの音が聞こえるまでに，少し時間がかるのはなぜか，その理由を「光の速さ」という言葉を使って，簡単に書きなさい。

[　　　　　　　　　　　　　　　　]

独創的

(3) ②について，次の文は，花火が開くときの音が聞こえるときに，窓ガラスがゆれる理由をまとめたものである。文中の[X]，[Y]に入る適当な言葉をそれぞれ書きなさい。 X[　　　] Y[　　　]

> 音は，音源となる物体が[X]することによって生じる。音が伝わるのは，[X]が次々と伝わるためであり，この現象を[Y]という。
> 花火が開くときの音で窓ガラスがゆれたのは，花火が開くときに空気が[X]し，[Y]として伝わったためである。

得点UP!

2 (1)音は振動(しんどう)によって伝わっている。

(2)1秒間に音と自動車はどれだけ進むか考える。

Check! 自由自在②
音の大きさや高さがどのような条件で変わるか調べてみよう。

3 (1)音が伝わる速さにして，1.5秒分花火が開いた場所に近づいている。

(2)光の速さは，約30万km/sである。

(3)窓ガラスがゆれるのは，音がどのように伝わったためかを考える。

Check! 自由自在③
物質中を伝わる音の速さは物質によって異なる。音の速さのちがいを調べてみよう。

STEP 3 発展問題

解答⇨別冊 p.2

1 鏡による光の反射について，あとの問いに答えなさい。　〔立命館宇治高〕

水平な面に方眼紙を置き，x軸とy軸を書いた。(0, 0)の位置に2枚の鏡が接するようにして，x軸上に鏡A，y軸上に鏡Bを，互いに直角になるように垂直に立てた。**図1**はこの装置を上から見たようすを示したものである。(1, −1)の位置に物体を置いたところ，鏡A，Bに3つ像ができた。

図1 実験装置を上から見た図

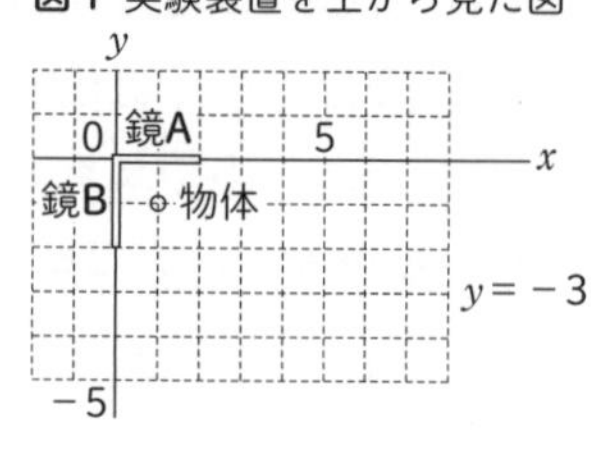

⑴ 鏡A，鏡Bのみによってできる像のそれぞれの位置を座標で答えなさい。
鏡A［　　　　］ 鏡B［　　　　］

⑵ 鏡Aと鏡Bの両方によってできる像の位置を座標で答えなさい。［　　　　］

難問 ⑶ $y=-3$の直線上を観測者が移動したとき，物体の像が3つとも必ず見えるxの範囲を不等式で答えなさい。ただし，観測者から見て実物と像が重なる場合も，「像は見える」とする。
［　　　　］

図2のように，自分が立っている場所の座標を0とし，2枚の鏡を向かい合わせて座標1と−1の2か所に置いた。これを合わせ鏡といい，鏡の中には無限にくりかえされる自分の像の列が見える。

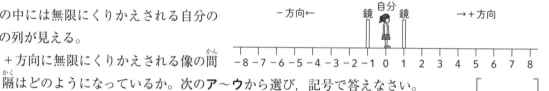

図2

思考力 ⑷ ＋方向に無限にくりかえされる像の間隔はどのようになっているか。次の**ア**～**ウ**から選び，記号で答えなさい。［　　］

ア それぞれの像は同じ間隔で並んでいる。

イ 遠くになるにつれて，それぞれの間隔は広くなっていく。

ウ 遠くになるにつれて，それぞれの間隔はせまくなっていく。

⑸ ＋方向に見える，「自分の正面がうつっている像」の座標を，0に近い場所から2つ答えなさい。
［　　　　］

2 次の文を読んで，あとの問いに答えなさい。　〔富山〕

図1のような凸レンズを固定した装置を使って実験を行った。

図1

実験

①物体（光源）を焦点より外側の適当な位置に置き，凸レンズから物体までの距離を測定した。

②スクリーンを動かし，スクリーン上にはっきりとした像ができる位置で止めた。

③②のときの凸レンズからスクリーンまでの距離を測定した。

④物体の位置を変え，①～③を数回くり返した。

⑤結果をグラフにしたところ**図2**のようになった。

図2

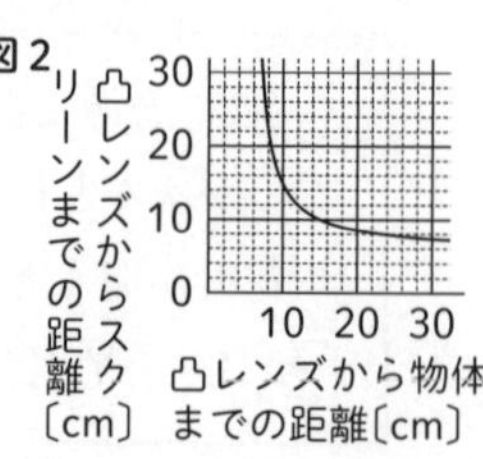

(1) **図3**の位置に物体を置いたとき，次の①，②の問いに答えなさい。

①物体の先端にある点Pの像ができる位置を，作図によって求め，**図3**中に•で示しなさい。ただし，像の位置を求めるための補助線は実線(――)で残しておくこと。

②点Pから出た光aの凸レンズ通過後の光の道筋を**図3**に破線(--------)で描き入れなさい。

図3

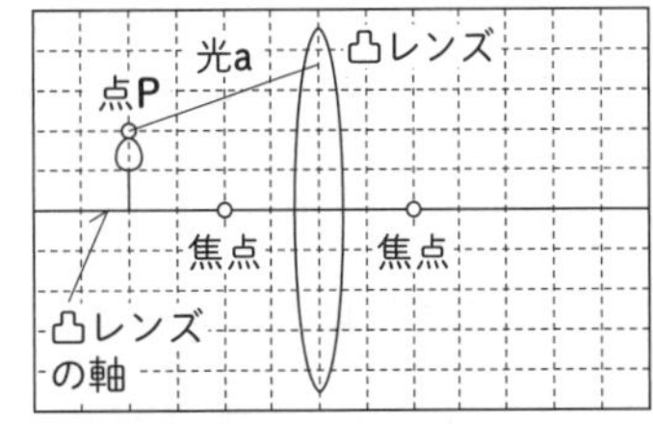

(2) **図2**の結果から凸レンズの焦点距離は何 cm か，求めなさい。 [　　　　]

(3) スクリーンにはっきりとした像ができたとき，**図4**のように，厚紙で凸レンズの下半分をおおった。このとき，おおう前と比べて，①像の大きさ，②像の明るさ，③像の形はどうなるか。それぞれについて，適切なものを**ア**～**ウ**から1つずつ選び，記号で答えなさい。

①**ア** 大きくなる。　**イ** 変わらない。　**ウ** 小さくなる。 [　　　　]

②**ア** 明るくなる。　**イ** 変わらない。　**ウ** 暗くなる。 [　　　　]

③**ア** 物体の上半分の形になる。　**イ** 変わらない。

ウ 物体の下半分の形になる。 [　　　　]

図4

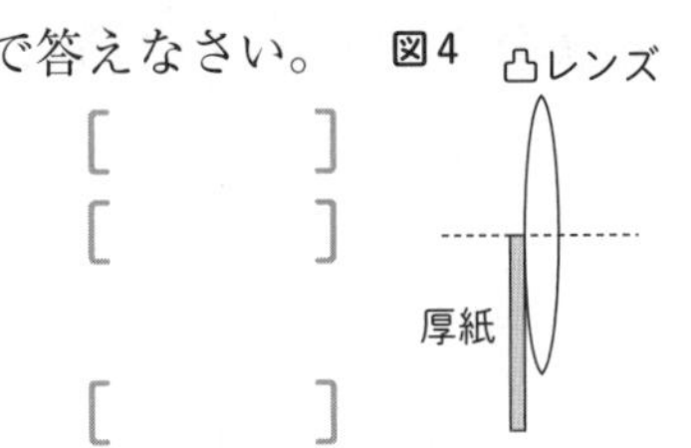

(4) **図5**のように物体が焦点と凸レンズの間にあるとき，物体を凸レンズから遠ざけて焦点の位置まで動かすと，凸レンズを通して見える像はどうなるか。適切なものを**ア**～**オ**から1つずつ選び，記号で答えなさい。 [　　　　]

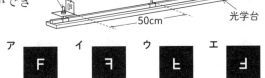

ア じょじょに大きくなり，焦点の位置で像はいちばん大きくなる。

イ じょじょに大きくなり，焦点の位置で像はできなくなる。

ウ じょじょに小さくなり，焦点の位置で像はいちばん小さくなる。

エ じょじょに小さくなり，焦点の位置で像はできなくなる。

オ 像は変化しない。

図5

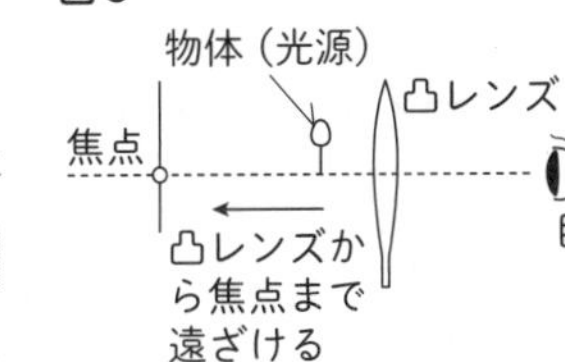

3 **焦点距離が 15 cm の凸レンズを用いて実験1～3を行った。これについて，あとの問いに答えなさい。** 〔長崎〕

実験1 **図1**のように凸レンズを光学台に固定し，F字形の穴をあけた厚紙を凸レンズから 50 cm 離れた所に置いた。その後，スクリーンにはっきりした像ができるようにスクリーンを動かした。

図1

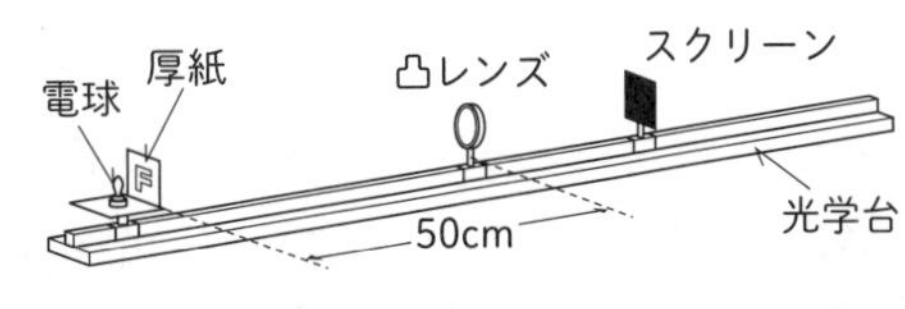

(1) **実験1**でスクリーンにできた像は，凸レンズ側から見るとどうなるか，最も適当なものを右の**ア**～**エ**から選びなさい。 [　　　　]

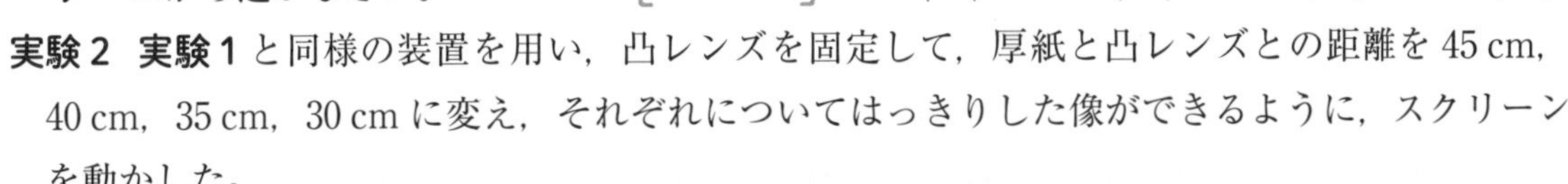

実験2 **実験1**と同様の装置を用い，凸レンズを固定して，厚紙と凸レンズとの距離を 45 cm，40 cm，35 cm，30 cm に変え，それぞれについてはっきりした像ができるように，スクリーンを動かした。

(2) **実験2**の結果について述べた次の文の ① ， ② に適する語句を入れ，文を完成させなさい。

①[　　　　　　] ②[　　　　　　]

厚紙から凸レンズまでの距離が短くなるにつれ，凸レンズとスクリーンとの距離は[①]なり，できる像の大きさは[②]なる。

(3) **実験2**で，厚紙と凸レンズとの距離を 30 cm にしたとき，凸レンズとスクリーンとの距離として最も適当なものを，次の**ア**～**エ**から選びなさい。 [　　　]

ア 7.5 cm　**イ** 15 cm　**ウ** 30 cm　**エ** 45 cm

実験3 **実験1**の装置から電球とスクリーンをとりはずし，厚紙のかわりに鉛筆を置いた。鉛筆を焦点の内側に置き，凸レンズを通して見える鉛筆の虚像について調べた。

(4) **実験3**で，**図2**のように鉛筆と凸レンズとの距離を 7.5 cm にした。凸レンズを通して見える鉛筆の虚像を，その位置と大きさがわかるように右に作図しなさい。ただし，作図に用いた線は消さずに残しておくこと。

図2

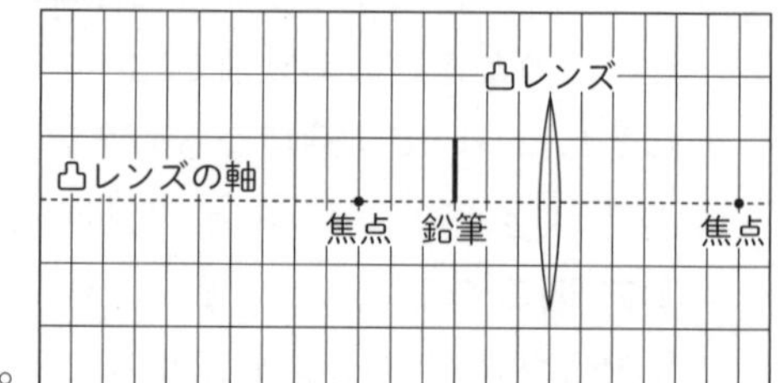

4 音について実験を行った。これについて，あとの問いに答えなさい。 〔徳島－改〕

実験1

図1のように，モノコードの弦の**X**の位置をはじいて出た音を，オシロスコープを用いて調べると，**図2**の波形が表示された。**図2**の縦軸は振幅を，横軸は時間を表している。

図1

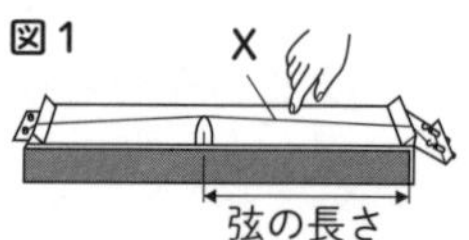

実験2

①**A**さんと**B**さんが電話で話をしながらそれぞれの家から花火を見ていると，2人には同じ花火の音がずれて聞こえた。2人はこのことを利用して，音の伝わる速さを調べることにした。

図2

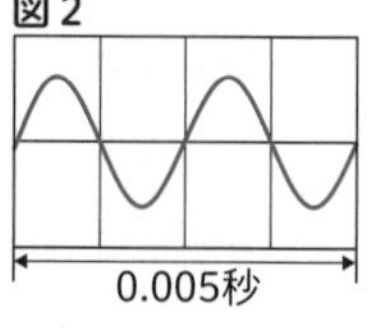

②**A**さんと**B**さんは，花火の打ち上げの合間にそれぞれの時計の時刻を正確に合わせ，花火が再開するのを待った。

③**A**さんと**B**さんは，花火が再開した最初に花火の破裂する音が聞こえた瞬間，それぞれの時計の時刻を記録した。表はそのときの時計の時刻をまとめたものである。

	時計の時刻
Aさん	午後8時20分15秒
Bさん	午後8時20分23秒

④地図で確かめると，花火の打ち上げ場所と**A**さんの家との直線距離は 2200 m，花火の打ち上げ場所と**B**さんの家との直線距離は 4900 m であった。

重要 (1) **実験1**のとき，モノコードの弦の音の振動数は何 Hz か，求めなさい。 [　　　]

(2) **実験1**で出た音より低い音を出す方法として正しいものを，次の**ア**～**エ**からすべて選び，記号で答えなさい。 [　　　]

ア 弦の張りの強さはそのままで，弦の長さを**実験1**より長くして**X**の位置をはじく。

イ 弦の張りの強さはそのままで，弦の長さを**実験1**より短くして**X**の位置をはじく。

ウ 弦の長さはそのままで，弦の張りを**実験1**より強くして**X**の位置をはじく。

エ 弦の長さはそのままで，弦の張りを**実験1**より弱くして**X**の位置をはじく。

思考力 (3) **実験2**の結果をもとにすると，音の伝わる速さは何 m/s か，小数第1位を四捨五入して整数で答えなさい。ただし，花火が破裂した位置の高さは考えないものとする。 [　　　]

5 次の文を読んで，あとの問いに答えなさい。 〔静岡一改〕

図1のように，Yさんは岸壁から遠く離れた位置で，岸壁に船首を向けて静止している船に乗って，音に関する実験を行った。

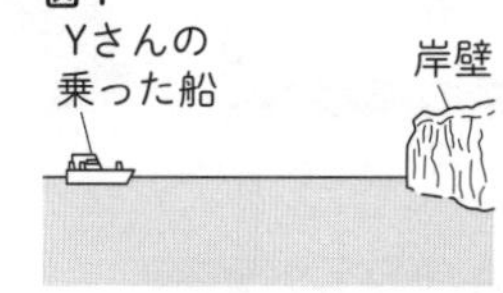

(1) 船が鳴らした汽笛の音を，Yさんがマイクロホンでひろい，コンピュータの画面上に音の波形を表示させた。図2は，このときの音の波形を表したものである。次のア～エから，図2の波形が表している音より，大きい音を表している波形と高い音を表している波形として，適切なものを1つずつ選び，記号で答えなさい。 大きい音［　　　］ 高い音［　　　］

図2

ア
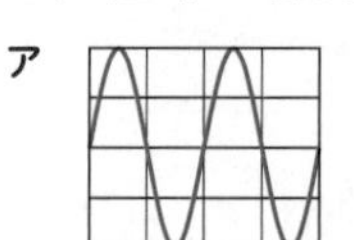
イ
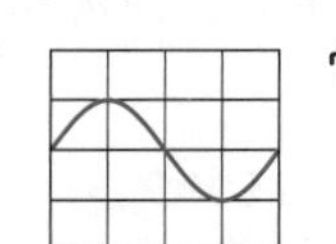
ウ
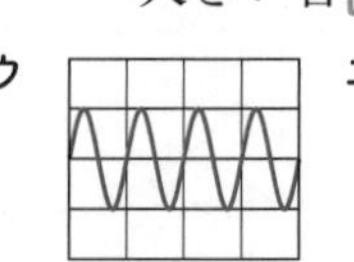
エ
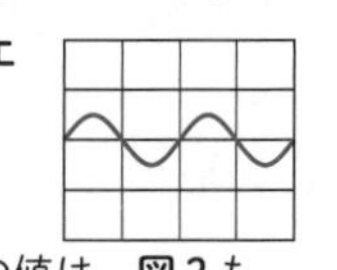

(注)横軸は時間，縦軸は振動の幅を表し，軸の1目盛りの値は，図2も含めた5つの図において，すべて等しい。

(2) Yさんの乗った船が10 m/sの速さで岸壁に向かって進みながら，汽笛を鳴らした。この汽笛の音は，岸壁ではね返り，汽笛を鳴らし始めてから5秒後に船に届いた。音の速さを340 m/sとすると，船が汽笛を鳴らし始めたときの，船と岸壁との距離は何mか，答えなさい。ただし，汽笛を鳴らし始めてから船に汽笛の音が届くまで，船は一定の速さで進んでおり，音の速さは変わらないものとする。 ［　　　］

6 次の文を読んで，あとの問いに答えなさい。 〔帝塚山学院泉ヶ丘高〕

右の図のようにマイクA，C，Dとスピーカーをとりつけた台車Bおよび壁が並んでいる。なお，Dと壁は同じ位置にある。これらを使って次の実験を行った。ただし空気中を伝わる音の速さは340 m/sとする。

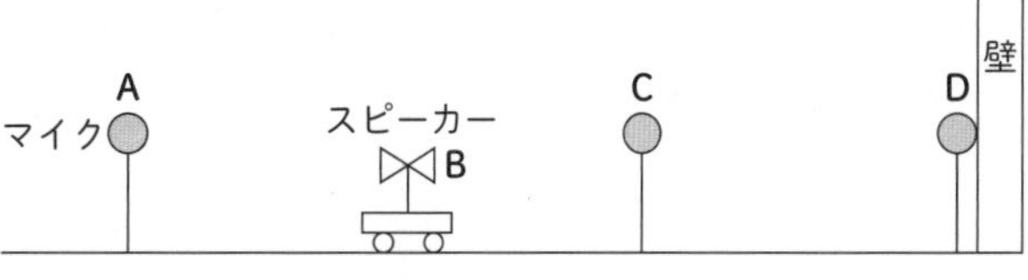

実験1 台車Bのスピーカーからごく短い時間音を発したところ，A，Cのマイクではそれぞれ2回ずつ音を観測した(直接伝わってくる音と，壁で反射した後に伝わってくる音)。マイクAでは1回目と2回目の音が観測される時間間隔が2.3秒であった。マイクAとCで1回目の音は同時に観測された。マイクCではスピーカーで音を発してから1.8秒後に2回目の音が観測された。また，マイクDでは音が1.15秒後に観測された。

実験2 台車Bをある位置に移動させて音を発すると，マイクDでは音が2.15秒後に観測された。

(1) **実験1**において台車BとマイクDの間の距離は何mですか。 ［　　　］

(2) **実験1**においてマイクCと壁の間の距離は何mですか。 ［　　　］

(3) **実験1**においてマイクAと台車Bの間の距離は何mですか。 ［　　　］

(4) **実験1**においてマイクCで観測される1回目と2回目の音が観測される時間間隔は何秒ですか。 ［　　　］

(5) **実験2**において台車Bの位置は**実験1**のときから右か左のどちら側に何m動いたか，答えなさい。 ［　　　］

(6) **実験2**においてマイクAで1回目と2回目の音が観測される時間間隔は何秒か，答えなさい。 ［　　　］

第１章　エネルギー

2 力と圧力

STEP 1 まとめノート

月　日

解答⇨別冊 p.3

① 力のはたらき ★★

(1) **力とは**……〈**力の定義**〉力とは，物体を①＿＿させたり，物体の②＿＿のようすを変化させたり，物体を支えたりするものである。

〈**垂直抗力**(すいちょくこうりょく)〉ある面に接している物体が面をおしたとき，反対に面が物体をおし返す力を③＿＿という。

〈**弾性力**(だんせいりょく)〉変形した物体が，もとの形にもどろうとして生じる力を④＿＿という。

〈**摩擦力**(まさつりょく)〉図のように，物体がふれ合っている面で，物体の運動を妨(さまた)げる向きの力 F を⑤＿＿という。

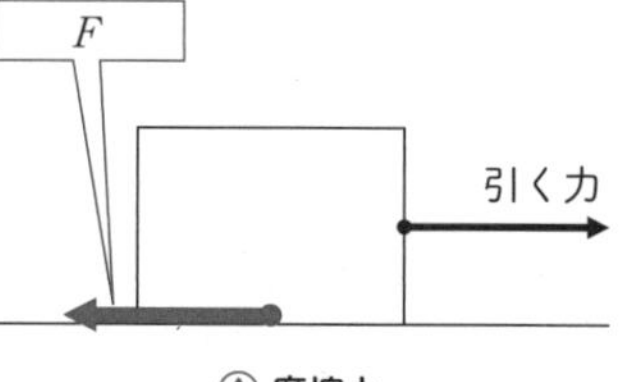

↑摩擦力

〈**張力**〉糸やひもなどに物体が引っ張られるときに，物体にはたらく力を⑥＿＿という。

〈**重力**〉地球が物体を引く力を⑦＿＿という。
└重力は，地球の中心を通る鉛直方向下向きの力である

〈**磁石の力**〉N 極と N 極，S 極と S 極は⑧＿＿合い，N 極と S 極は⑨＿＿合う。

〈**電気の力**〉電気がたまった物体に生じる力で，＋(正)の電気または－(負)の電気に帯電した物体どうしは⑩＿＿合い，＋の電気と－の電気に帯電した物体どうしは⑪＿＿合う。

(2) **力の表し方**……〈**力の表し方**〉力の単位は⑫＿＿(ニュートン)である。質量 100 g の物体にはたらく重力の大きさは約⑬＿＿であり，1 kg の物体では約 10 N である。

〈**力の図示**〉図で，P は力の⑭＿＿，Q は⑮＿＿を表す。また，力の向きは矢印の向きで表し，これら 3 つを力の三要素という。

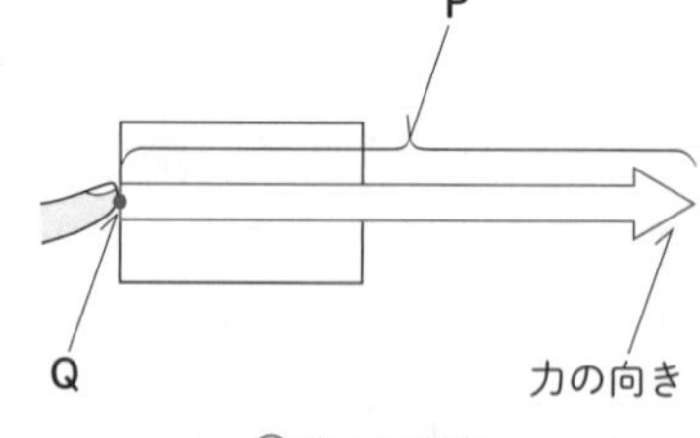

↑力の三要素

(3) **ばねの伸(の)び**……〈**ばね**〉ばねの伸びと，ばねに加えた重力の大きさ(おもりの重さ)との関係をグラフに表すと⑯＿＿を通る直線になる。このことから，ばねの伸びは，重力の大きさに比例することがわかる。

〈**フックの法則**〉弾性をもつ物体が変形するとき，その変形する大きさは加えた力の大きさに比例する。これを⑰＿＿の法則という。

ズバリ暗記　• ばねに加える力が 2 倍になると，ばねの伸びも 2 倍になる。

①＿＿
②＿＿
③＿＿
④＿＿
⑤＿＿
⑥＿＿
⑦＿＿
⑧＿＿
⑨＿＿
⑩＿＿
⑪＿＿
⑫＿＿
⑬＿＿
⑭＿＿
⑮＿＿
⑯＿＿
⑰＿＿

入試Guide
力の矢印を作図する問題が頻出(ひんしゅつ)である。このとき，1 N がどれくらいの長さを表すのか，何から何に力がはたらいているか，などに注意する。

(4) **力のつりあい**……〈**2力のつりあい**〉1つの物体にはたらく2力がつりあう条件は，1. 2力の⑱［　　］が等しい。2. 向きが⑲［　　］である。3. 2力が⑳［　　］上にある，の3つである。

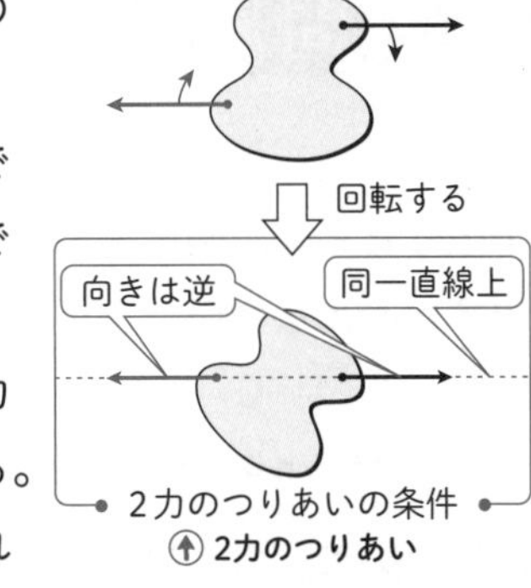

2力のつりあい

(5) **重さと質量**……〈**重さ**〉物体にはたらく重力の大きさを㉑［　　］といい，単位はNである。（└→力と同じ単位である）重さは㉒［　　］ではかり，その物体が置かれた場所や状態によって変わる。

〈**質量**〉場所や状態によって変わらない，物体そのものの量を㉓［　　］といい，単位はg，kgなどである。質量は㉔［　　］ではかる。（└→地球上と月面上では，重さは変わるが質量は変わらない）

❷ 圧　力 ★★★

(1) **圧　力**……〈**面をおすはたらき**〉スポンジに右の図のように物体をのせたとき，ふれる面積が小さいほどスポンジのへこみ方が㉕［　　］。一般に，おす力が同じ場合，面をおすはたらきは，ふれる面積に㉖［　　］する。また，ふれる面積が同じ場合，面をおすはたらきは，おす力に㉗［　　］する。

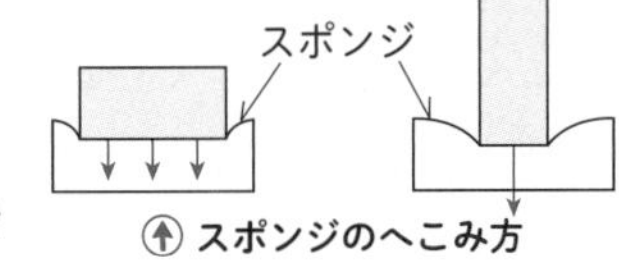

スポンジのへこみ方

〈**圧力**〉右の図のように，単位面積(1 m^2)あたりの面を垂直におす力を㉘［　　］といい，単位は㉙［　　］(ニュートン毎平方メートル)や㉚［　　］(パスカル)が用いられる。

圧力は，次の式で求められる。

$$圧力〔N/m^2〕= \frac{㉛\ 〔N〕}{㉜\ 〔m^2〕}$$

1m^2 圧力

圧　力

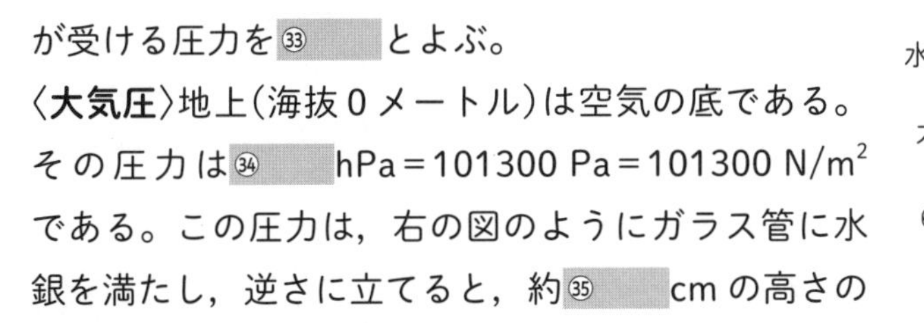

(2) **大気の圧力**……〈**空気の重さ**〉空気にも重さがあり，空気によって物体が受ける圧力を㉝［　　］とよぶ。

〈**大気圧**〉地上(海抜0メートル)は空気の底である。その圧力は㉞［　　］hPa＝101300 Pa＝101300 N/m^2である。この圧力は，右の図のようにガラス管に水銀を満たし，逆さに立てると，約㉟［　　］cmの高さの水銀の柱ができる大きさである。

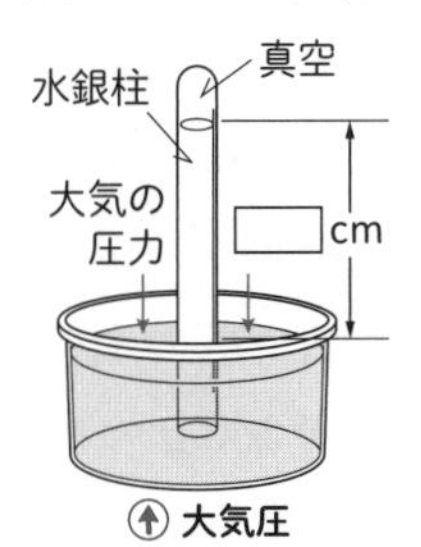

大気圧

ズバリ暗記
- 物体の重さは場所や状態によって変わるが，質量はどこでも変わらない。
- おす力が同じ場合，圧力の大きさはふれる面積が小さいほど大きい。

⑱
⑲
⑳
㉑
㉒
㉓
㉔
㉕
㉖
㉗
㉘
㉙
㉚
㉛
㉜
㉝
㉞
㉟

入試Guide

圧力を表すとき，Pa，N/m^2以外に，hPaが単位として用いられることもあるので注意が必要である。

Let's Try 差をつける記述式

同じ体重でも，長ぐつだと雪に沈(しず)むのに，スキー板だと沈まないのはなぜですか。

Point 長ぐつとスキー板の，雪におよぼす圧力を考える。

[　　　　　　　　　　　　]

月　日

STEP 2 実力問題

ココがねらわれる
- ばねの伸び
- 2力のつりあい
- 物体がおよぼす圧力の意味とその求め方

解答 ⇨ 別冊 p.3

1 **力を図のように矢印で表したとき，図中A～Cは力の三要素の何を表すか答えなさい。**

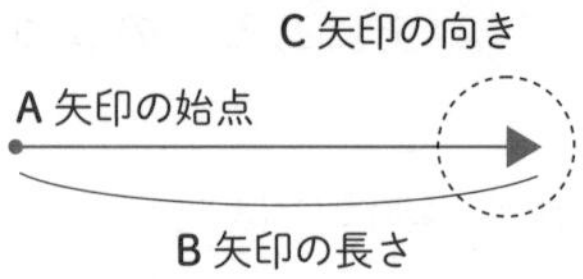

A矢印の始点　B矢印の長さ　C矢印の向き

A［　　　］ B［　　　］ C［　　　］

〔大阪教育大附高(平野)〕

2 **ばねA，Bのそれぞれについて，引く力の大きさとばねの伸(の)びの関係をグラフに表すと，右下図のようになった。次の問いに答えなさい。** 〔長崎〕

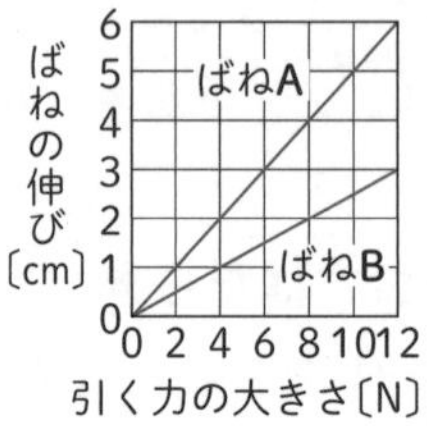

ばねの伸び〔cm〕 0～6　引く力の大きさ〔N〕 0 2 4 6 8 10 12　ばねA　ばねB

(1) 図に示したように，ばねを引く力の大きさとばねの伸びは比例する。この法則を何というか，答えなさい。

［　　　］

(2) ばねAとばねBとではどちらが伸びにくいか。図のグラフから判断し，その理由も含(ふく)めて答えなさい。

［　　　］

3 **右の図のような質量2 kgの直方体の物体を，A面を下にして水平な床(ゆか)に置くとき，床が物体から受ける圧力の大きさは何Paか，書きなさい。ただし，100 gの物体にはたらく重力の大きさを1 Nとする。** ［　　　］〔群馬〕

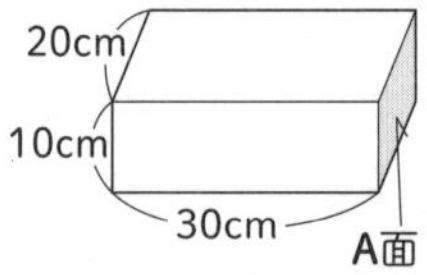

20cm　10cm　30cm　A面

4 **次の文章を読んで，あとの問いに答えなさい。** 〔長野〕

図1のように，質量2.4 kgの直方体のレンガ，直方体のかたい板，直方体のスポンジを用意した。

図1　レンガ　A面　10cm　20cm　6cm　B面　C面　板　20cm　20cm　1cm　D面　15cm　20cm　6cm　スポンジ

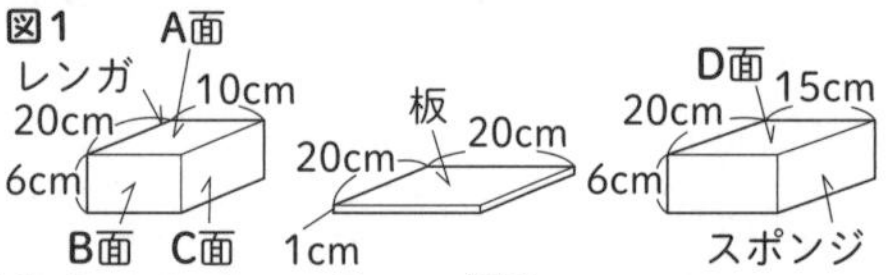

図2のように，水平な机の上にD面を上にしたスポンジをのせ，さらにD面がすべてふれ合うように板をのせた。その上に，A面がすべて板にふれ合い，板が机に平行になるようにレンガをのせ，スポンジの高さの変化を調べた。レンガのB，C面についても同様な方法で板の上にレンガをのせ，スポンジの高さの変化を調べた。ただし，質量が100 gの物体にはたらく重力の大きさを1 Nとし，板の質量は考えないものとする。

図2　レンガ　板　スポンジ　机　高さ

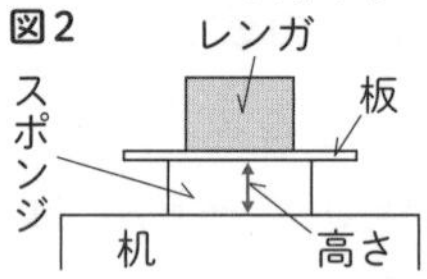

(1) スポンジの高さの変化について最も適切なものを，次の**ア**～**エ**から1つ選び，記号を書きなさい。 ［　　　］

ア A面がふれ合うとき最大となる。

イ B面がふれ合うとき最大となる。

ウ C面がふれ合うとき最大となる。

エ 板にどの面がふれ合うときも同じである。

(2) A面が板にふれ合うとき，スポンジが板から受ける圧力は何Paか，書きなさい。 ［　　　］

得点UP!

1 力の大きさ，力の向き，作用点を，力の三要素という。

2 (2) 4 Nの力を加えた場合，ばねAは2 cm伸びているが，ばねBは1 cmしか伸びていない。

3 圧力とは，1 m^2あたりの面を垂直におす力である。

Check! 自由自在 ①

直方体の物体をスポンジの上に置いたとき，どの面を下にした場合にスポンジが大きくへこむか調べてみよう。

4 (1) スポンジと板が接している面積は，レンガのどの面を下にしたときも変わらない。

5 次の文章を読んで，あとの問いに答えなさい。 〔愛媛〕

図のように，質量 80 g の物体 **A** をばね **X** と糸でつないで電子てんびんにのせ，ばね **X** を真上にゆっくり引き上げながら，電子てんびんの示す値とばね **X** の伸(の)びとの関係を調べた。表は，その結果をまとめたものである。ただし，糸とばね **X** の質量，糸の伸び縮みは考えないものとし，質量 100 g の物体にはたらく重力の大きさを 1.0 N とする。

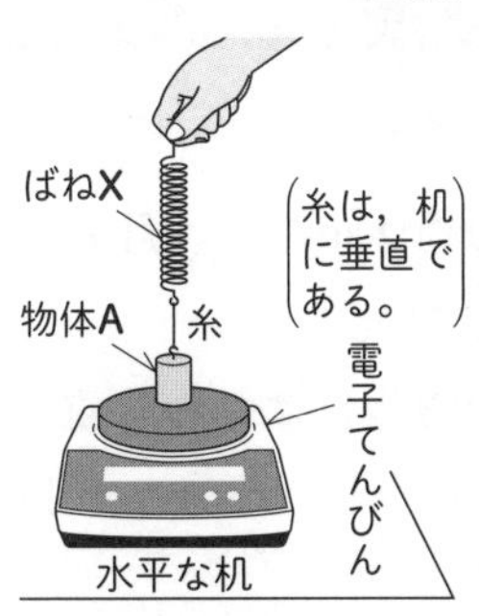

電子てんびんの示す値〔g〕	80	60	40	20	0
電子てんびんが物体 **A** から受ける力の大きさ〔N〕	0.80	0.60	0.40	0.20	0
ばね **X** の伸び〔cm〕	0	4.0	8.0	12.0	16.0

(1) 実験で，ばね **X** の伸びが 6.0 cm のとき，電子てんびんの示す値は何 g か，答えなさい。 [　　　　]

(2) 図の物体 **A** を，120 g の物体 **B** にかえて，同じ方法で実験を行った。電子てんびんの示す値が 75 g のとき，ばね **X** の伸びは何 cm か，答えなさい。 [　　　　]

思考力

6 圧力について調べるため，次の実験を行った。これについて，あとの問いに答えなさい。 〔愛知一改〕

実験 ①図の容器 **A** は，質量 40 g，底が半径 6 cm の円形，ふたが半径 3 cm の円形である。この容器 **A** に，200 g の水を入れて，a ふたが上になるようにスポンジの上に置き，スポンジのへこみを調べたあと，b ふたが下になるようにスポンジの上に置き，スポンジのへこみを調べた。

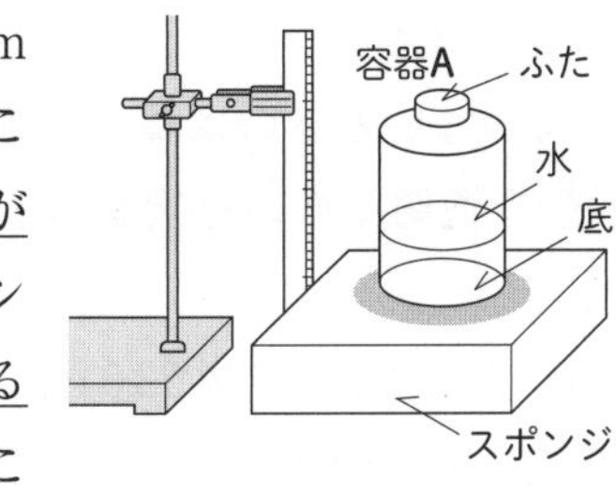

②次に，容器 **A** に入れる水の量を変えてふたをした後，ふたが下になるようにスポンジの上に置いた。

(1) **実験**の①で，スポンジのへこみはどうなるか。最も適当なものを，次の**ア**～**ウ**の中から選んで，その記号を書きなさい。 [　　　]

ア 下線部 **a** のほうが大きい。　**イ** 下線部 **b** のほうが大きい。

ウ どちらも同じ。

(2) **実験**の②では，スポンジが，容器 **A** から①の下線部 **a** のときと同じ大きさの圧力を受けた。このとき，**実験**の②で，容器 **A** に入れた水の量として最も適当なものを，次の**ア**～**カ**の中から選んで，その記号を書きなさい。 [　　　]

ア 20 g　**イ** 50 g　**ウ** 80 g

エ 100 g　**オ** 400 g　**カ** 800 g

得点UP!

5 (1)ばねの伸びは，ばねにはたらく力の大きさに比例する(フックの法則)。

6 圧力〔N/m^2〕＝力の大きさ〔N〕÷面積〔m^2〕

STEP 3 発展問題

解答⇨別冊 p.4

1 **質量が 240 g の物体がある。月面上の重力は地球上の重力の $\frac{1}{6}$ の大きさであるとして，次の各問いに答えなさい。**

(1) 月面上で，この物体にはたらく重力をばねばかりではかった。このとき，ばねばかりは何 N を示しますか。ただし，地球上で 100 g の物体にはたらく重力の大きさを 1 N とする。
［　　　　］

(2) 月面上で，この物体を上皿てんびんにのせて分銅とつり合わせると何 g 分の分銅とつり合いますか。
［　　　　］

(3) (2)で求めた値は，この物体にはたらく重力と質量のどちらですか。
［　　　　］

2 **ばねについて，次の問いに答えなさい。**

(1) **図1**のようにして，同じ質量のおもりを 1 個ずつつるしたときのばねの長さを測定した。**図2**は，その結果をグラフにしたものである。これについて，次の問いに答えなさい。ただし，おもり 1 個のおもさを 0.1 N とする。

図1

図2

①おもりが 1 個ふえると，ばねは何 cm 伸びますか。
［　　　　］

②ばねの長さが 31 cm のとき，おもりがばねを引く力は何 N になりますか。
［　　　　］

③おもりをつるしていないときのばねの長さは，何 cm になるか，最も適切なものを次から 1 つ選び，記号を書きなさい。
［　　　　］

ア 22.0 cm　　イ 22.5 cm　　ウ 23.0 cm　　エ 23.5 cm

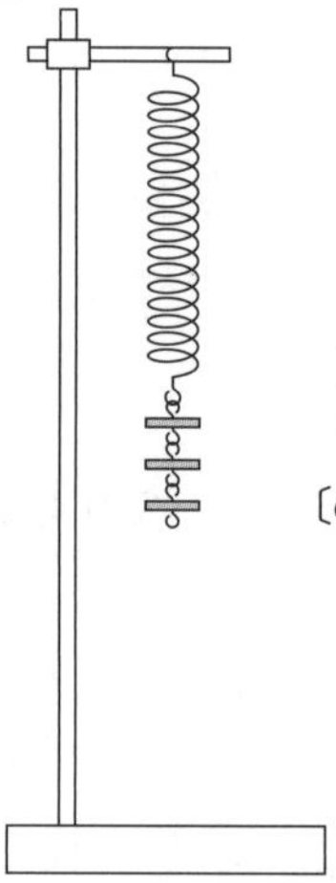

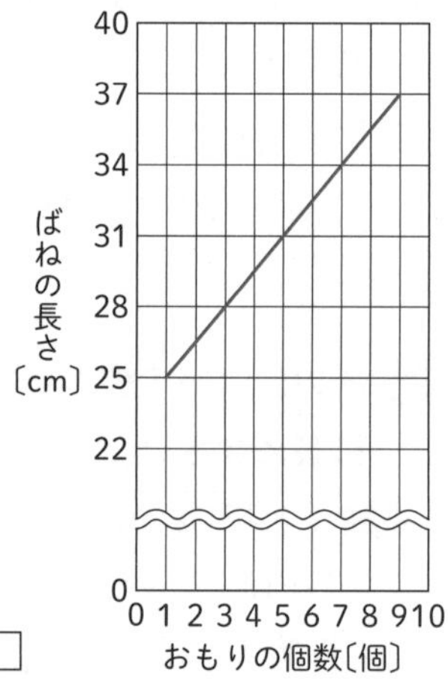

思考力

(2) ばね**A**，ばね**B**を使って，**図3**，**図4**のようにつなげて実験をした。質量 100 g のおもりをつるすと，ばね**A**は 5 cm，ばね**B**は 2 cm 伸びる。これについて，次の問いに答えなさい。ただし，摩擦やばねの重さは考えないものとする。

図3

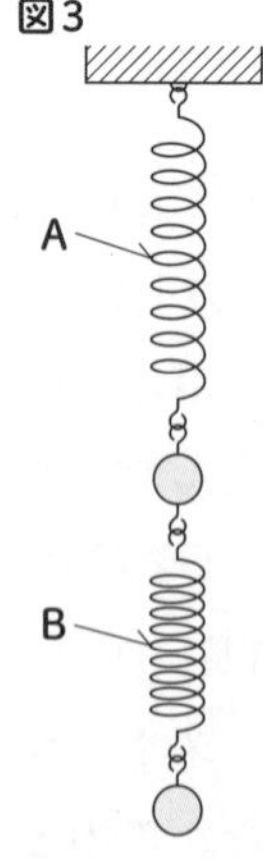

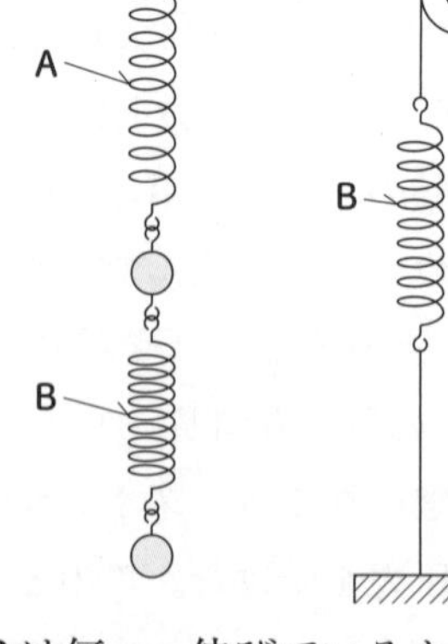

図4

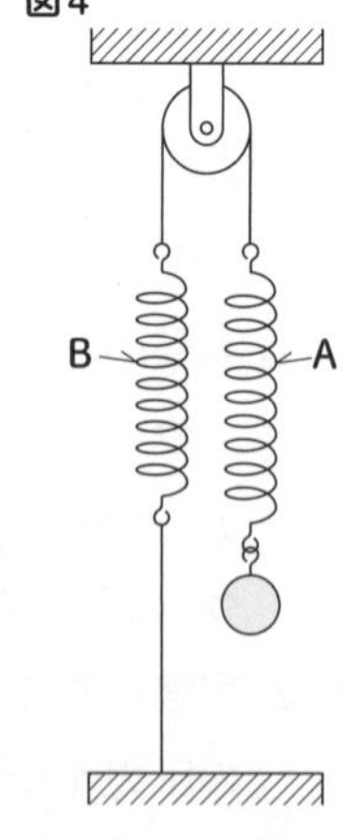

①**図3**のように，ばね**A**とばね**B**に，それぞれ質量 100 g のおもりをつるし，2 つのばねをつないだとき，ばね**A**は何 cm 伸びるか，最も適切なものを次から 1 つ選び，記号を書きなさい。
［　　　　］

ア 10 cm　　イ 11 cm　　ウ 12 cm　　エ 13 cm

②**図4**のように，ばね**B**の一方を床に固定し，ばね**A**におもりをつるしたところ，ばね**A**は 15 cm 伸びた。このとき，ばね**B**は何 cm 伸びているか，最も適切なものを次から 1 つ選び，記号を書きなさい。
［　　　　］

ア 5 cm　　イ 5.5 cm　　ウ 6 cm　　エ 6.5 cm

3 **図1は，おもりにはたらく力の大きさと，2本のばねA，Bの長さの関係をグラフに表したものである。これについて，次の問いに答えなさい。ただし，ばねと板の重さ，おもりの大きさは考えないものとする。**

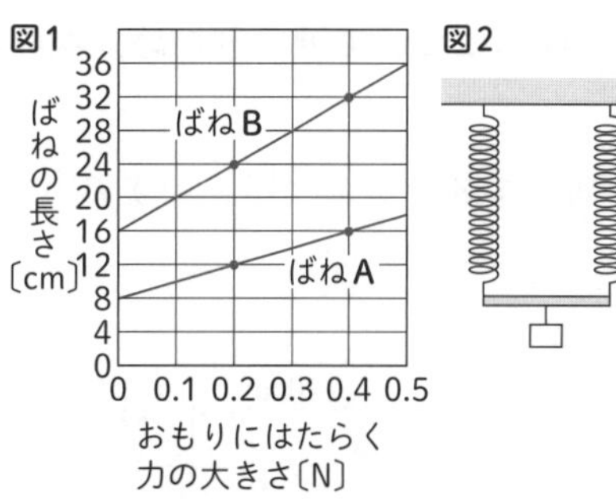

(1) 2本のばねAを，図2のようにつなぎ，それぞれのばねの長さを16 cmにしたとき，おもりにはたらく力の大きさを求めなさい。［　　　　］

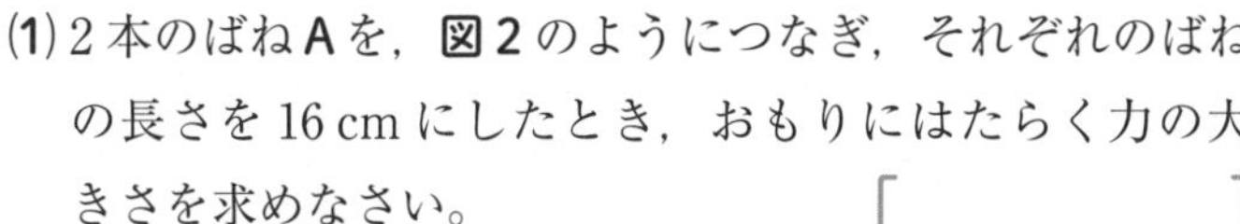

(2) 2本のばねBを，図2のようにつなぎ，おもりにはたらく力の大きさを0.4 Nにすると，ばね1本の長さは何cmになるか，求めなさい。［　　　　］

(3) ばねAとばねBを図2のようにつなぎ，板が水平になるように1.0 Nの力を加えると，ばねAの長さは何cmになるか，求めなさい。［　　　　］

4 **次の文章を読んで，あとの問いに答えなさい。**〔大阪一改〕

Tさんは，大気圧の大きさを実感するためにモデルを考えた。**図1**は，金属でできた物体**X** 1個を水平な台の上に置いたところを表している。物体**X**は，各辺の長さが1.0 cm，2.0 cm，3.0 cmの直方体で，質量は54 gである。また，**A**，**B**，**C**はすべて物体**X**の面である。ここでは，大気圧の影響(えいきょう)は考えないものとし，100 gの物体にはたらく重力の大きさは1 Nとする。

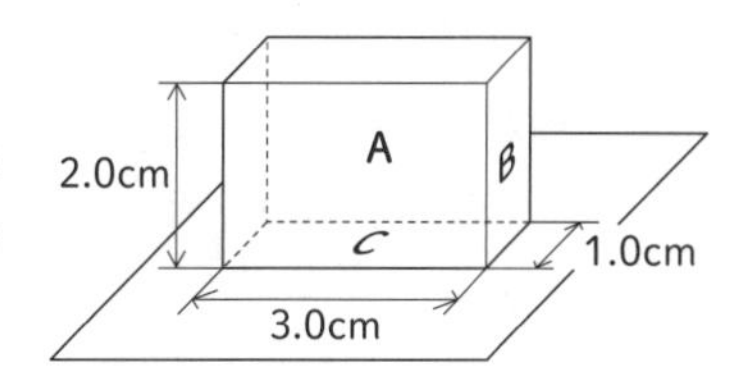

(1) **図1**において，物体**X**を**A**，**B**，**C**それぞれの面を下にして台の上に置く場合，台が物体**X**から受ける圧力が最も大きくなるのはどの面を下にして置いたときか，**A**～**C**から1つ選びなさい。また，そのときの圧力は何Paか，求めなさい。　記号［　　　］　圧力［　　　］

難問

(2) **C**の面を下にした物体**X**を，複数個積み重ねてできる**図2**のような金属の柱を考える。台が金属の柱から受ける圧力が1000 hPaに最も近くなるのは，物体**X**を何個積み重ねたときですか。［　　　　］

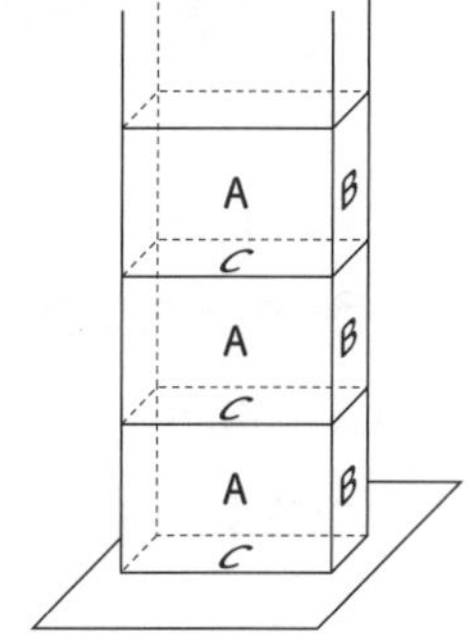

(3) 次の文中の〔　　〕から適切なものを1つずつ選びなさい。
①［　　　］　②［　　　］

地表にあるものは空気の重さにより圧力を受けている。この大気圧は高度によって異なる。例えば，**図2**の金属の柱を空気の柱に置きかえて考えると，高度500 mの山頂での大気圧が，高度0 mの地表での大気圧より①〔**ア** 小さい　**イ** 大きい〕のは，高度500 mの山頂に上ると，高さ500 mの空気の柱に相当する分だけ空気の重さが②〔**ウ** 小さく　**エ** 大きく〕なるからである。

5 **右の図で，力 F_1 は力A，力Bの合力である。このとき，力A，力B，力 F_1 の大きさがすべて1 Nであった。力Aと力Bの間の角度は何度か。0°から180°の範囲(はんい)で書きなさい。**〔岐阜一改〕

［　　　　］

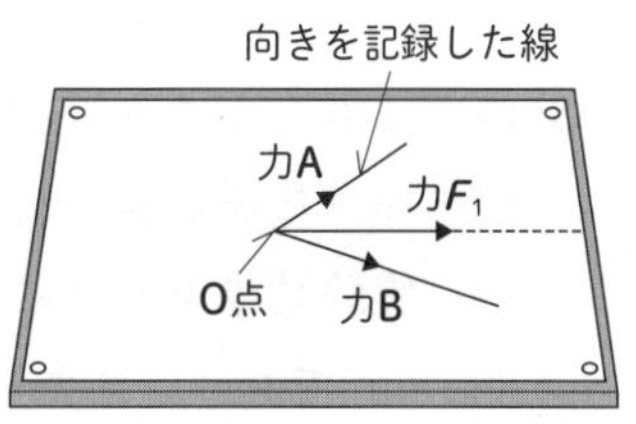

6 **圧力について調べるため，次のような実験を行った。これについて，あとの問いに答えなさい。**

〔岩手ー改〕

実験 ①**図1**のように，いずれも質量3kgの直方体**P**と直方体**Q**，底面積が大きい直方体のスポンジを用意した。

図1

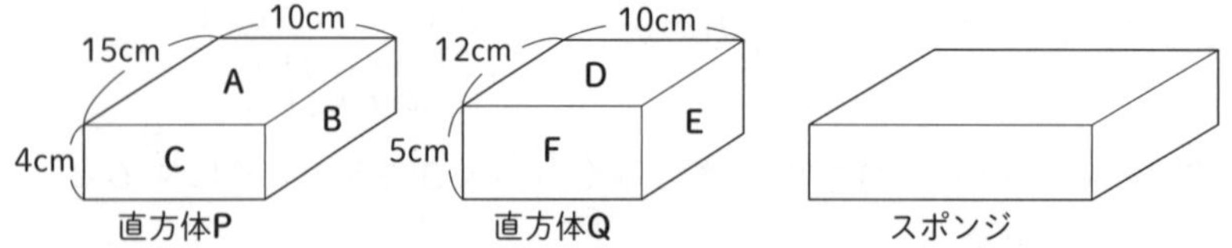

②**図2**のように，スポンジに直方体**P**をのせ，台ばかりで重さをはかった。

③**図3**のように，スポンジに直方体**P**をのせ，面**A**，面**B**，面**C**をそれぞれ下にしたときに，スポンジが沈(しず)んだ深さを測定した。

④直方体**P**と同様に，直方体**Q**についても，面**D**，面**E**，面**F**をそれぞれ下にしたときに，スポンジが沈んだ深さを測定した。

⑤③・④の結果を表にまとめた。

図2

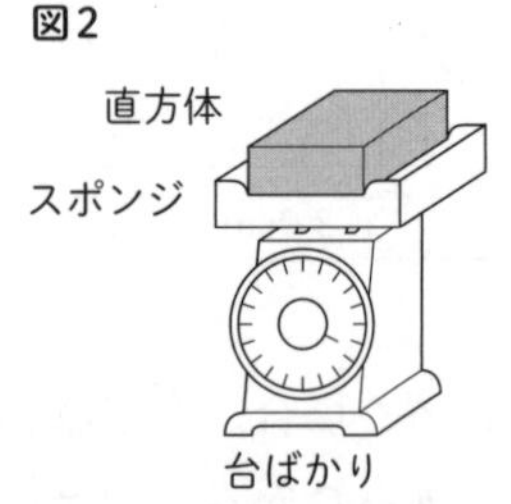

図3

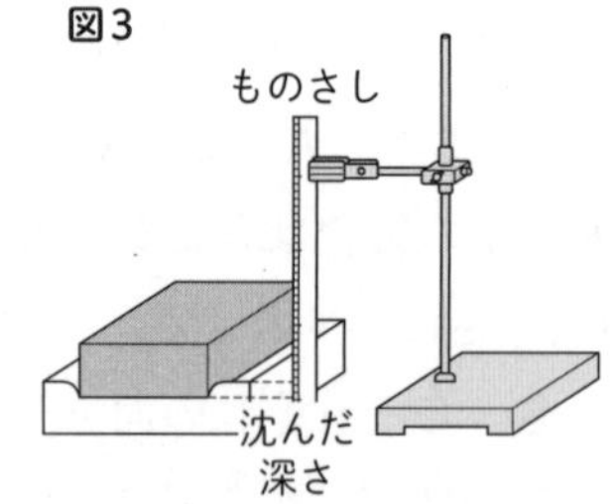

底面	面A	面B	面C	面D	面E	面F
沈んだ深さ〔cm〕	0.8	2.0	3.0	1.0	2.0	2.4

(1) ②で，直方体**P**の面**A**，**B**，**C**を下にしたときに台ばかりが指す，それぞれの目盛りの値P_A，P_B，P_Cの大小関係はどうなるか。次の**ア**～**エ**から選べ。 [ ]

ア $P_A > P_B > P_C$　**イ** $P_A < P_B < P_C$　**ウ** $P_B > P_A > P_C$　**エ** $P_A = P_B = P_C$

(2) ①，⑤で，直方体の底面の面積と，スポンジが沈んだ深さの関係をグラフに表すとどのようになるか。次の**ア**～**エ**から選べ。 [ ]

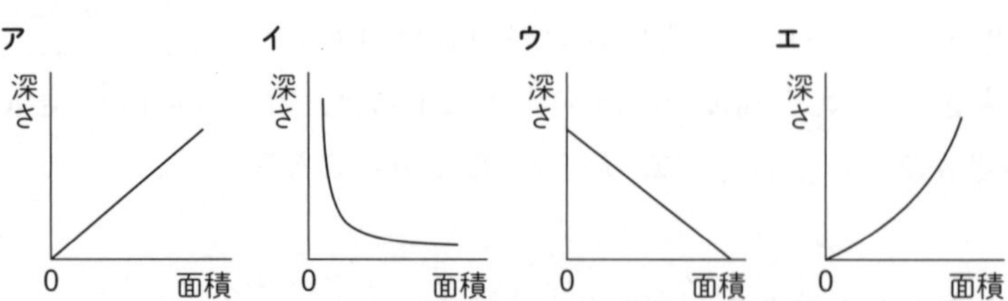

思考力

(3) ゆきこさんがスキー板をはいて片方の足で雪の上に立つと，5.0cm雪に沈んだ。ゆきこさんがスキー板をぬぎ，靴(くつ)のまま片方の足で雪の上に立つと，どれくらい雪に沈むと考えられるか。実験結果をもとに計算しなさい。ただし，スキー板の底面積は1470 cm^2，靴の底面積は350 cm^2であり，スキー板の質量は考えないものとする。 [ ]

7 **ばねの伸びと力の関係を調べるために，次の実験を行った。しかし，誤って，ばねの伸びではなく，ばね全体の長さを調べてしまった。ただし，ばね全体の長さとは，何もつるしていないときのばねの長さと，ばねの伸びをあわせた長さとする。これについて，あとの問いに答えなさい。なお，100 g の物体にはたらく重力の大きさを 1 N とする。また，糸の重さは無視するものとする。** 〔沖縄一改〕

実験 右の図のような装置をつくり，150 g の容器に，1 個 25 g のおもりを入れ実験を行った。おもりの個数が 2 個，6 個，8 個のとき，ばね全体の長さがそれぞれ 4.0 cm，5.0 cm，5.5 cm となった。

結果

おもりの個数〔個〕	2	6	8
ばね全体の長さ〔cm〕	4.0	5.0	5.5

(1) ばねの伸びと，ばねにはたらく力の間には，どのような関係があるか。簡単に書きなさい。

〔　　　　〕

(2) (1)のような関係を何の法則というか，答えなさい。

〔　　　　〕

(3) 実験の結果をもとに，グラフを右の図に作成しなさい。ただし，グラフの縦軸は，ばね全体の長さ〔cm〕，横軸は，ばねにはたらく力の大きさ〔N〕とする。なお，ばねにはたらく力の大きさは容器とおもりをあわせた重さと等しい。また，グラフは，何もつるしていないときのばねの長さ〔cm〕まで分かるように作成すること。

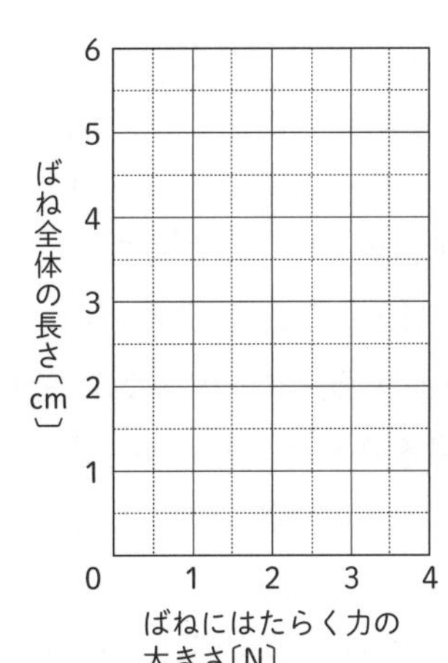

(4) 何もつるしていないときのばねの長さは，何 cm になるか，答えなさい。〔　　　　〕

(5) 実験で用いたのと同じばねに，おもりだけを 2 個つるしたとき，ばねの長さは何 cm になるか，答えなさい。

〔　　　　〕

8 **下の表は，ある 2 つのばね A，B それぞれに 50 g のおもりを 1 個ずつふやしながらつるしたとき，ばねの伸びを測定した結果である。いま，2 つのばね A，B をそれぞれ 5 N の力で引いた。このとき，ばね A の伸びと，ばね B の伸びの比として最も適切なものを，あとのア〜エから 1 つ選んで，その記号を書きなさい。ただし，ばね A，B の伸びは，ばねを引く力の大きさに比例するものとする。** 〔　　　　〕〔兵庫一改〕

おもりの個数〔個〕	0	1	2	3	4	5
ばね A の伸び〔cm〕	0	0.6	1.4	2.1	2.7	3.5
ばね B の伸び〔cm〕	0	1.8	3.3	5.0	6.8	8.8

ア 1：3　**イ** 2：5　**ウ** 3：1　**エ** 5：2

〔　　月　　日〕

理解度診断テスト ①

本書の出題範囲 pp.6〜21　時間 35分　得点 /50点　理解度診断 A B C

解答⇨別冊 p.5

1 凸(とつ)レンズによってできる像について，あとの問いに答えなさい。〔福島－改〕

実験1 **図1**のように光学台の上に光源，凸レンズ，スクリーンを直線上に並べた。**図2**は，このときの光源，凸レンズ，スクリーンを真上から見たときの，それぞれの位置関係を模式的に表したものである。**図3**は，赤，緑，青，黄の4つの色のフィルターを用いた光源を凸レンズ側から見たときの模式図である。

光源は固定し，凸レンズとスクリーンは光学台上をそれぞれ動かして，スクリーンに光源の像がはっきりとうつったときの，光源から凸レンズまでの距離(きょり)と，光源からスクリーンまでの距離をそれぞれ測定すると，下の表のようになった。

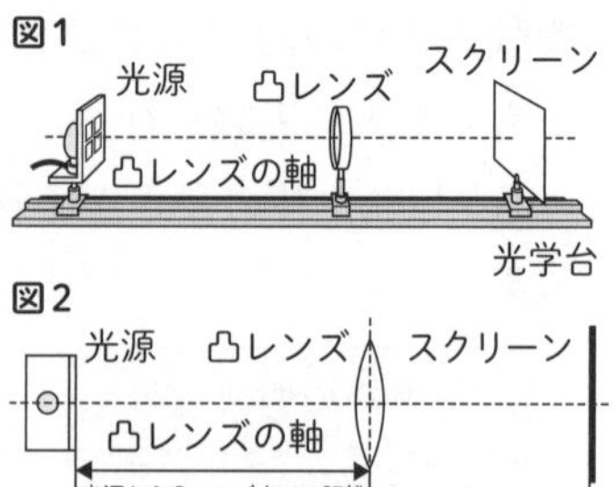

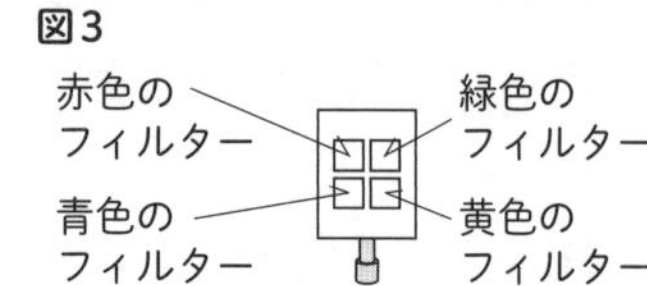

光源から凸レンズまでの距離〔cm〕	20	24	30	60
光源からスクリーンまでの距離〔cm〕	80	64	60	80

実験2 **図4**のように，光学台の上に光源，凸レンズ，鏡を直線上に並べ，スクリーンを鏡のそばに置いた。このとき，光源の像がスクリーンにうつるように，鏡の向き，スクリーンの位置と向きを調整した。**図5**は，このときの光源，凸レンズ，鏡，スクリーンを真上から見たときの，それぞれの位置関係を模式的に表したものである。

光源と鏡，およびスクリーンは固定し，凸レンズは光学台上を動かすと，スクリーンに光源の像がはっきりとうつった。

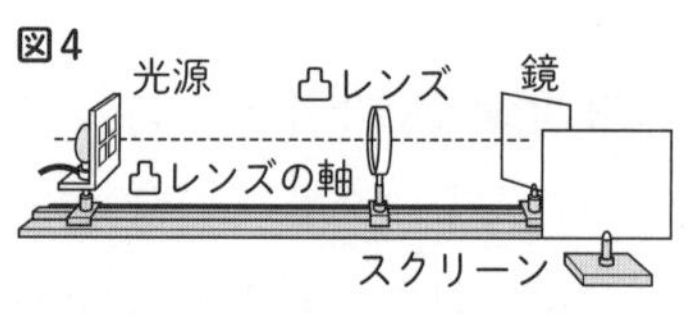

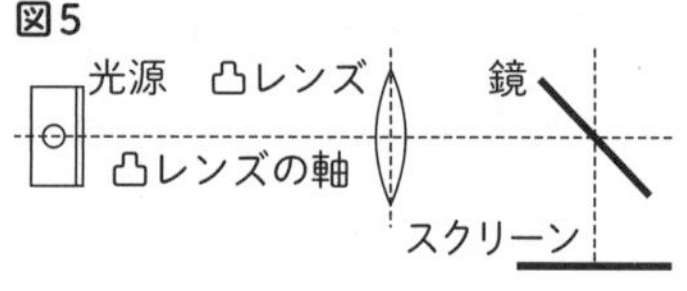

⑴ **図6**の**a**は，光源から出た光が進む道筋の1つを表している。このaの道筋を進んできた光は，凸レンズを通過したあと，どの道筋を進むか，適当なものを，**図6**の**ア〜カ**の中から1つ選びなさい。ただし，**ウ**の道筋が凸レンズの軸(じく)に平行な光の道筋であるものとする。(4点)

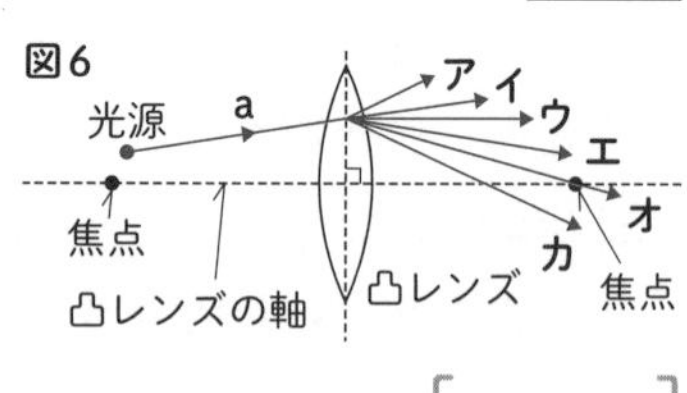

〔　　　〕

⑵ **実験1**に用いた凸レンズの焦点(しょうてん)距離は何cmか，求めなさい。(4点)　〔　　　〕

⑶ **実験1**で，光源からスクリーンまでの距離が64cmのとき，スクリーンは動かさずに，凸レンズを光源とスクリーンの間で動かすと，光源から凸レンズまでの距離が24cm以外にも，像がはっきりとうつるところがもう1つあった。このときの光源から凸レンズまでの距離は何cmか，求めなさい。(4点)　〔　　　〕

独創的

⑷ **実験2**で，スクリーンに光源の像がはっきりとうつったとき，どのように見えるか，①〜④にあてはまる色を，赤，緑，青，黄の中から1つずつ選び，答えなさい。ただし，スクリーンは鏡側から見ているものとする。

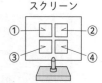

スクリーン
①　②
③　④

(8点，完答)

①〔　　　〕②〔　　　〕③〔　　　〕④〔　　　〕

2 音について，次の問いに答えなさい。 〔富山一改〕

⑴ **図1**のようなモノコードを自作し，割りばしの間の部分の輪ゴムをはじいて出た音を，コンピュータで調べると，**図2**のようになった。

図1

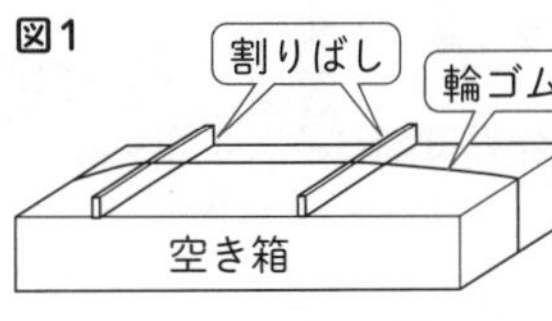

①**図2**の音よりも高い音を出すためには，モノコードにどのような工夫をすればよいか，1つ書きなさい。(4点)

[ ]

②**図2**の音よりも高くて小さい音を，**図2**にならって右に描（か）きなさい。ただし，うすく描いてある曲線は**図2**の音を表している。(6点)

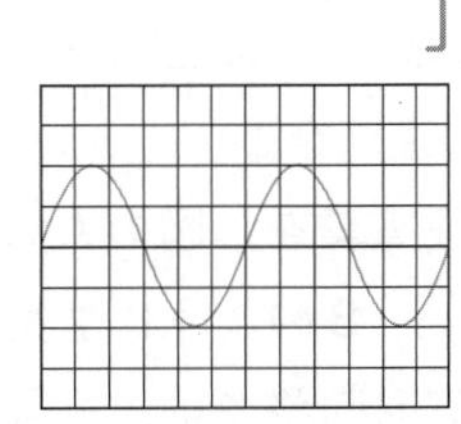

図2

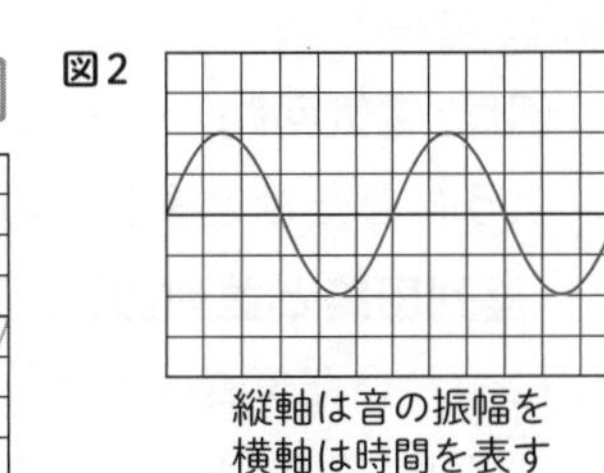

縦軸は音の振幅を
横軸は時間を表す

⑵ 風のない日に，校庭に**図3**の配置をつくり，音を1回出してコンピュータで調べると**図4**のようになった。**図4**で音を2回観測しているのは，道筋**A**を通った音と道筋**B**を通った音があるからである。道筋**B**がそれぞれ50 mのとき，音の速さは何m/sか，小数第1位を四捨五入して，整数で求めなさい。

(6点) [ ]

図3　図4

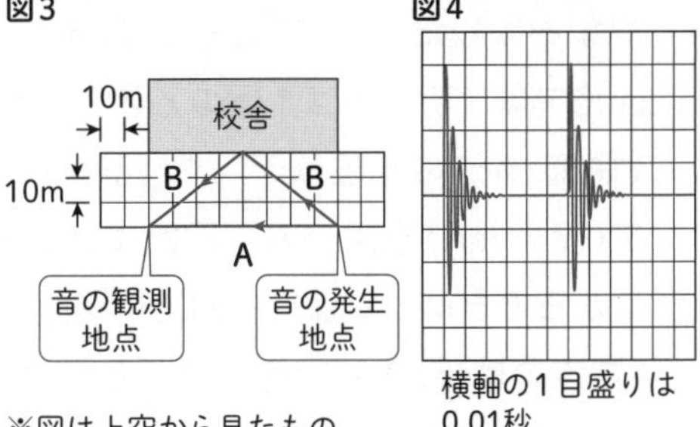

※図は上空から見たもの

横軸の1目盛りは
0.01秒

3 ばねにつるしたおもりとばねの伸（の）びの関係を調べるため，次の実験1・2を行った。これについて，あとの問いに答えなさい。ただし，ばねの質量，糸の質量と体積は考えないものとする。また，100 gの物体にはたらく重力の大きさを1 Nとする。 〔千葉〕

実験1 ①100 gのおもり**A**と，重さがわからないおもり**B**をそれぞれ5個ずつ用意した。

②**図1**のように，ものさしの0 cmの位置をばねの先に合わせた装置を用意した。

③**図2**のように，ばねにおもり**A**を1個，2個，…5個つるし，それぞればねの伸びを測定して，おもり**B**をつるす場合も同様に測定した。**図3**は測定結果をグラフに表したものである。

図1　図2　図3

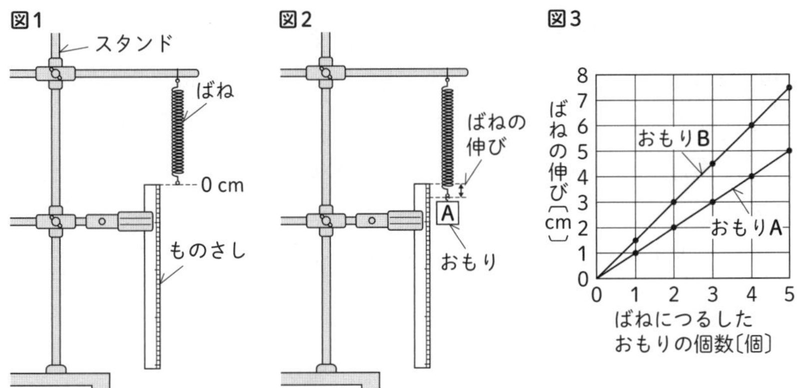

実験2 **実験1**で用いた装置に，おもり**A**とおもり**B**をそれぞれ1個以上用いて，いろいろな組み合わせでばねにつるし，ばねの伸びを調べた。

⑴ **実験1**より，おもり**B**の重さは何gか，答えなさい。(4点) [ ]

⑵ **実験2**より，ばねの伸びが5 cmになったとき，**図1**の装置のばねにつるしたおもり**A**，**B**はそれぞれ何個か，答えなさい。(5点×2) A[ ] B[ ]

月　日

3 第1章 エネルギー 電流

STEP 1 まとめノート

解答 ⇨ 別冊 p.6

① 電流と電圧 ★★★

(1) **回路(電気回路)**……〈**回路**〉電源に豆電球などをつなぎ，電流が流れるようにしたひとまわりの道筋を① ＿＿ という。（電流は乾電池の＋極を出て－極へ流れる）

〈**直列回路と並列回路**〉豆電球を，図のAのように直列につないだ回路を② ＿＿，Bのように並列につないだ回路を③ ＿＿ という。直列回路では，豆電球の数が多くなるにしたがって④ ＿＿ 点灯するようになり，並列回路では，明るさは1個のときと⑤ ＿＿。

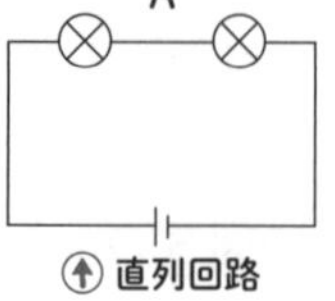

↑ 直列回路

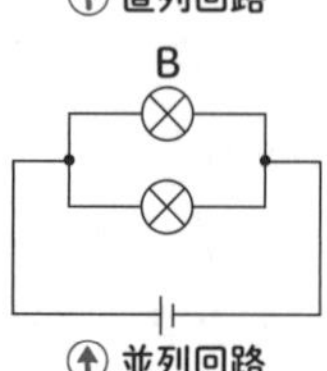

↑ 並列回路

〈**電流**〉電流の単位は⑥ ＿＿（記号 A）（1 A＝1000 mA）またはミリアンペア（記号 mA）を用いる。回路に流れる電流の大きさをはかるときは，電流計を回路に⑦ ＿＿ につなぐ。

〈**電流の性質**〉直列回路に流れる電流は，回路のどの部分でも⑧ ＿＿。並列回路では，並列部分を流れる電流の和が全体を流れる電流に等しい。

〈**電圧**〉電圧の単位はふつう⑨ ＿＿（記号 V）を用いる。回路の途中(とちゅう)の電圧をはかるときは，はかろうとするものに⑩ ＿＿ につなぐ。

〈**電圧の性質**〉直列回路では，各抵抗(ていこう)の電圧の⑪ ＿＿ が電源の電圧に等しい。並列回路では，各抵抗の両端(りょうたん)の電圧はどれも⑫ ＿＿ の電圧に等しい。

(2) **オームの法則**……〈**電流と電圧の関係**〉電熱線に流れる電流の大きさは，電圧に⑬ ＿＿ する。

〈**抵抗**〉電流の流れにくさを⑭ ＿＿（電気抵抗）という。抵抗の大きさの単位は⑮ ＿＿（記号Ω）を用いる。（kΩ（キロオーム）(1 kΩ＝1000 Ω)が使われることもある）

〈**オームの法則**〉導体に流れる電流の大きさは，電圧に⑯ ＿＿ し，抵抗に⑰ ＿＿ する。電流を I〔A〕，電圧を V〔V〕，抵抗を R〔Ω〕とすると，V〔V〕＝I〔A〕×R〔Ω〕の関係が成り立つ。

〈**直列つなぎの全抵抗**〉直列つなぎの抵抗は，それぞれの抵抗の⑱ ＿＿ になる。抵抗は長さに比例し，断面積に反比例する。

(3) **電力と発熱量**……〈**電力**〉電力の単位は⑲ ＿＿（記号 W）である。電力は，**電圧と電流の大きさの積**で求められる。

〈**発熱量**〉発熱量の単位は⑳ ＿＿（記号 J）（1 J はおよそ 0.24 cal）である。発熱量は，**電力と時間(s)の積**で求められる。

ズバリ暗記
- 直列につないだ乾電池(かんでんち)が多くなるにつれて豆電球は明るくつく。乾電池を並列につないだときは，明るさは変わらない。

①＿＿
②＿＿
③＿＿
④＿＿
⑤＿＿
⑥＿＿
⑦＿＿
⑧＿＿
⑨＿＿
⑩＿＿
⑪＿＿
⑫＿＿
⑬＿＿
⑭＿＿
⑮＿＿
⑯＿＿
⑰＿＿
⑱＿＿
⑲＿＿
⑳＿＿

❷ 電流と磁界 ★★★

(1) **真空放電**……〈**放電**〉たまっていた静電気が流れ出したり，電気が空間を流れることを㉑＿＿といい，放電管内の中など，気圧の低い空間内で放電する現象を㉒＿＿という。
└→クルックス管内で見られる陰極線(電子線)は電子の流れである

(2) **電流と磁界**……〈**磁界**〉磁力のおよぶ空間を㉓＿＿といい，磁界の中の方位磁針の㉔＿＿極がさす向きを磁界の向きという。また，磁界の向きにそってかいた曲線を㉕＿＿という。
└→鉄などを引きつける磁石の力を磁力という

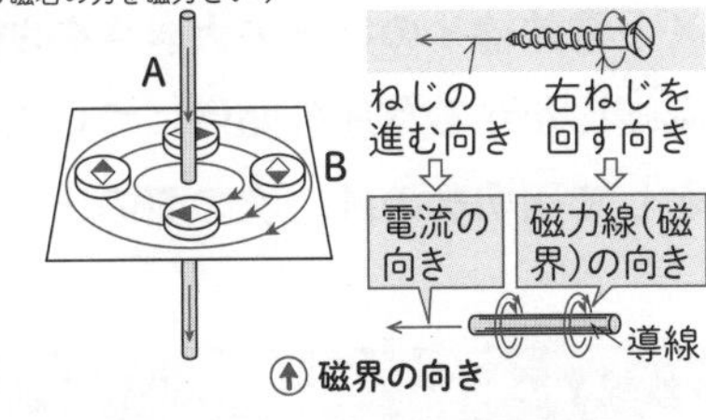

磁界の向き

〈**磁界の向き**〉同心円状の磁界の向きは，電流の流れる向きに対して右回りの向きになっている。右図で，Aが㉖＿＿の向きでBが㉗＿＿の向きである。右ねじの進む向きに電流を流すと，右ねじを回す向きに磁界が生じる。
右ねじの法則という←┘

〈**コイルのまわりの磁界**〉電流が流れる向きにコイルを右手で握(にぎ)ったとき，親指の向きが磁界の向きになる。右図で，Xは㉘＿＿極である。

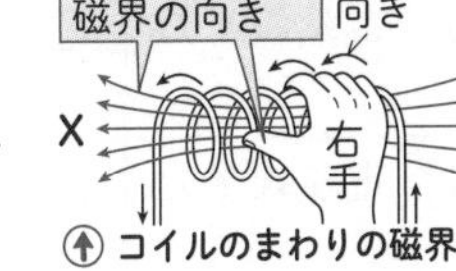

コイルのまわりの磁界

〈**電磁石**〉コイルに鉄心などを入れて，磁石としてはたらくものを㉙＿＿という。
└→導線を円形にして何回も巻いたもの

(3) **電流が受ける力**……〈**力の向き**〉磁界の中に置いた導線に電流を流すと，導線は力を受けて動く。フレミングの左手の法則では，人さし指(A)が㉚＿＿の向き，中指(B)が㉛＿＿の向き，親指(C)が㉜＿＿の向きを表す。

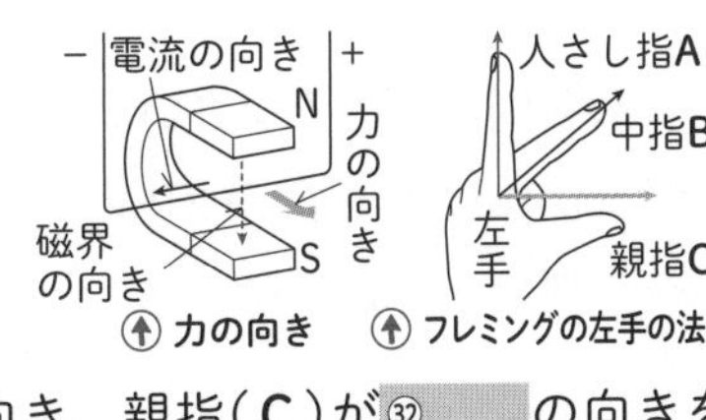

力の向き　フレミングの左手の法則

(4) **磁界の変化と電流**……〈**電磁誘導**(でんじゆうどう)〉磁界の変化によって電圧が生じる現象を㉝＿＿といい，生じた電流を㉞＿＿という。右図で，棒磁石(じしゃく)のN極を近づけるとき，Aの部分は㉟＿＿極になる。また，N極を遠ざけるとき，Aの部分は㊱＿＿極になる。誘導電流は，磁界の変化を㊲＿＿向きに生じる。

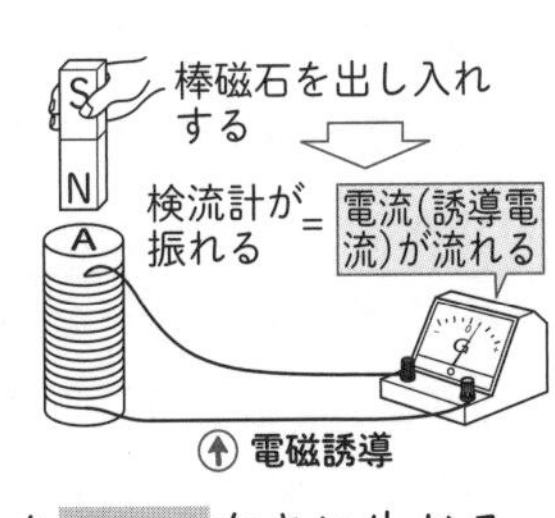

電磁誘導

ズバリ暗記
- 電力〔W〕＝電圧〔V〕×電流〔A〕
- 発熱量〔J〕＝電力〔W〕×時間〔s〕

㉑＿＿＿＿
㉒＿＿＿＿
㉓＿＿＿＿
㉔＿＿＿＿
㉕＿＿＿＿
㉖＿＿＿＿
㉗＿＿＿＿
㉘＿＿＿＿
㉙＿＿＿＿
㉚＿＿＿＿
㉛＿＿＿＿
㉜＿＿＿＿
㉝＿＿＿＿
㉞＿＿＿＿
㉟＿＿＿＿
㊱＿＿＿＿
㊲＿＿＿＿

入試Guide
誘導電流は，磁界の変化を妨(さまた)げる向きに流れる。棒磁石のどちらの極がコイルのほうを向いているか注意しよう。

Let's Try 差をつける記述式

静電気は，空気が乾燥(かんそう)したときに起こりやすい。これはなぜですか。

Point 空気が湿(しめ)っているときは，空気中に何が多く存在するか考える。

[　　　　　　　　　　　　　　　　　　　　　　]

月　日

STEP 2 実力問題

ねらわれるココが
○回路に流れる電流，回路にかかる電圧
○電流・電圧・抵抗の関係(オームの法則)
○電磁誘導による電流の流れのようす

解答⇨別冊 p.6

1 図のような回路で，点aを流れる電流の大きさを測定したところ，点aを流れる電流は点bを流れる電流よりも大きかった。この電熱線Xと電熱線Yの抵抗(ていこう)の大きさの関係と，それぞれの電熱線の両端(りょうたん)にかかる電圧の関係について述べたものの組み合わせとして適切なのは，次の表のア〜エのうちではどれですか。　[　　　]〔東京〕

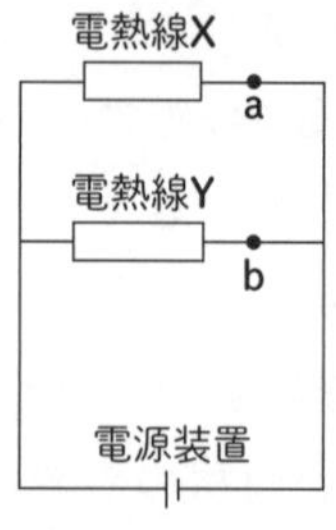

	電熱線Xと電熱線Yの抵抗の大きさの関係	それぞれの電熱線の両端にかかる電圧の関係
ア	電熱線Xの抵抗は，電熱線Yの抵抗より小さい。	電熱線Xの両端にかかる電圧は，電熱線Yの両端にかかる電圧と等しい。
イ	電熱線Xの抵抗は，電熱線Yの抵抗より大きい。	電熱線Xの両端にかかる電圧は，電熱線Yの両端にかかる電圧と等しい。
ウ	電熱線Xの抵抗は，電熱線Yの抵抗より小さい。	電熱線Xの両端にかかる電圧は，電熱線Yの両端にかかる電圧より小さい。
エ	電熱線Xの抵抗は，電熱線Yの抵抗より大きい。	電熱線Xの両端にかかる電圧は，電熱線Yの両端にかかる電圧より大きい。

2 電気の性質について，次の各問いに答えなさい。

重要 (1) 図1の回路で，電流計が500 mA，電圧計が2.0 Vを示した。このとき，電熱線の抵抗は何Ωか，書きなさい。〔千葉－改〕

[　　　]

図1

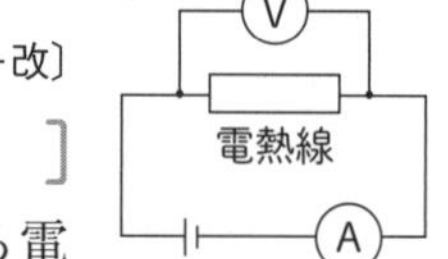

(2) 両端に3.0 Vの電圧を加えると300 mAの電流が流れる電熱線がある。この電熱線の両端に1.5 Vの電圧を加えたときに流れる電流の大きさはいくらか，次のア〜エの中から1つ選びなさい。　[　　　]

ア 100 mA　イ 150 mA　ウ 300 mA　エ 600 mA　〔福島〕

(3) 図2のように，AとBの2本のストローを用意し，Aの中央にまち針をさして回転できるようにした後，この2本のストローの先端を乾(かわ)いたティッシュペーパーで同時にこすって静電気を発生させ，AとBのこすった部分どうしを近づけた。このときAとBのこすった部分が帯びている電気の種類と，Aのこすった部分の動きとして最も適切なものを，次のア〜エの中から1つ選び，その記号を書きなさい。

[　　　]〔埼玉〕

図2

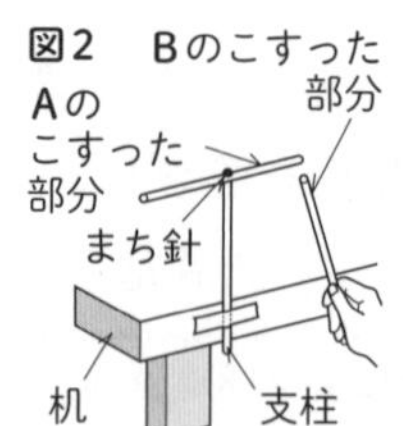

ア 同じ種類の電気を帯びており，Bのこすった部分から遠ざかった。
イ 同じ種類の電気を帯びており，Bのこすった部分に近づいた。
ウ 異なる種類の電気を帯びており，Bのこすった部分から遠ざかった。
エ 異なる種類の電気を帯びており，Bのこすった部分に近づいた。

得点UP!

1 電流が流れやすいほど抵抗は小さく，流れにくいほど抵抗は大きい。また，並列回路の場合は，それぞれの抵抗にかかる電圧は電源の電圧と等しい。

Check! 自由自在①
いろいろな物質の電気抵抗の大きさを調べてみよう。

2 (1)オームの法則を用いるときは，電流の単位はアンペアを使う。

(2)オームの法則では，抵抗が一定のとき，電流の大きさは電圧に比例する。

(3)ストローをティッシュペーパーでこすると，2本とも同じ種類の電気を帯びることになる。

Check! 自由自在②
ストローをティッシュペーパーでこすったときの電気の種類を調べてみよう。

3 **図1のように，コイルに検流計をつないで回路をつくり，棒磁石のN極をコイルに近づけたところ，コイルに電流が流れ，検流計の針が振れた。この回路で，図2のように棒磁石の上下を逆にして，N極を近づけたときよりもはやくS極をコイルに近づけた。このとき，棒磁石のN極をコイルに近づけたときに比べて，コイルに流れた電流の向きと大きさはどのようになったと考えられるか，正しいものをア～エから1つ選びなさい。** 〔徳島〕

図1

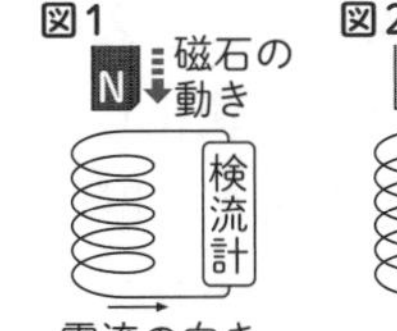

図2

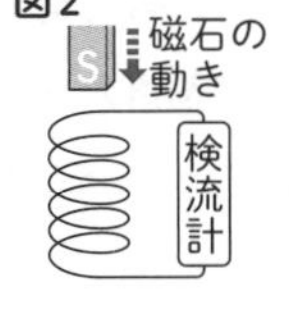

ア 同じ向きに，小さい電流が流れた。 [　　　]
イ 同じ向きに，大きい電流が流れた。
ウ 逆の向きに，小さい電流が流れた。
エ 逆の向きに，大きい電流が流れた。

4 **次の文章を読んで，あとの問いに答えなさい。** 〔三重〕

コイルを流れる電流と，U字形磁石がつくる磁界との関係を調べるため，右の図のような装置を用いて回路をつくり，電流を流すとコイルが動いた。

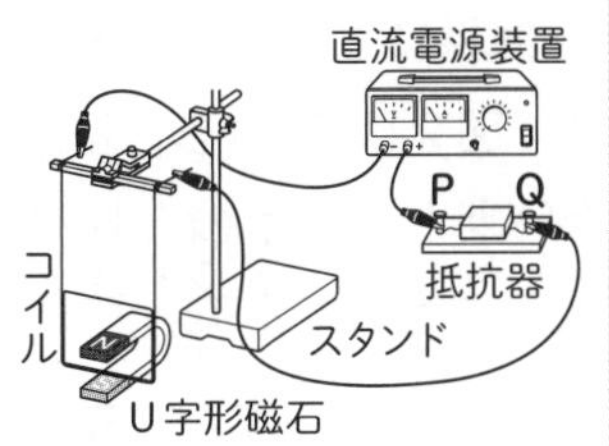

(1) 図と同じ実験装置を用いて，コイルが動く向きを逆にするにはどうしたらよいか，「コイル」という言葉を使って簡単に書きなさい。

[　　　　　　　　　　　　　　　　　　　　]

(2) この実験で用いた抵抗器と同じ抵抗器を用いて，**PQ** 間が次の**ア～ウ**のつなぎ方になる回路をつくった。電源装置の電圧が同じになるように，それぞれの回路に電流を流すと，コイルの動き方の大きさにちがいが見られた。コイルの動き方が大きい順に**ア～ウ**の記号を左から並べて書きなさい。

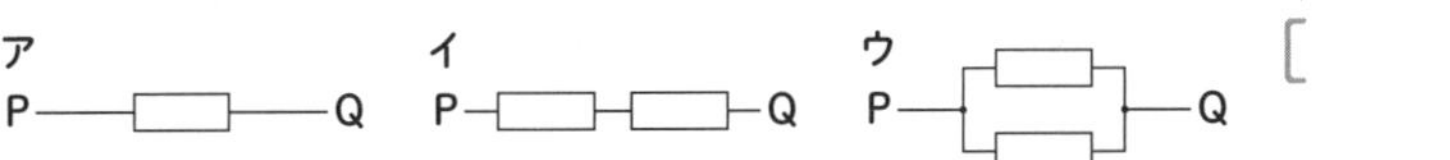

[　　　]

(3) コイルを流れる電流が磁界から受ける力を利用して，コイルが連続的に回転するように工夫された装置を何というか，答えなさい。 [　　　]

5 **電源装置，電熱線，電流計，電圧計を使って，図1のような回路をつくり，スイッチを入れて電流を流した。電圧計が図2，電流計が図3のような値を示した場合，電熱線で消費されている電力は何Wか，求めなさい。** [　　　] 〔茨城〕

図1

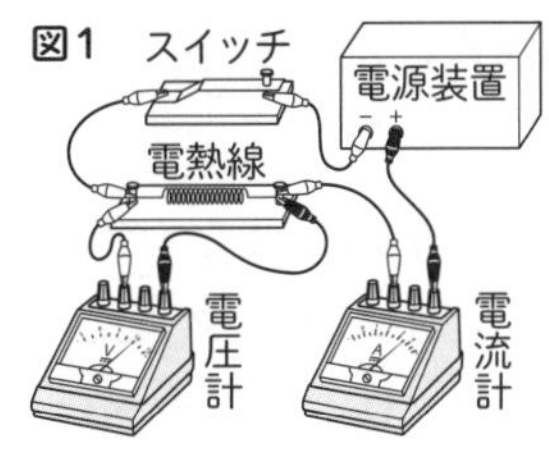
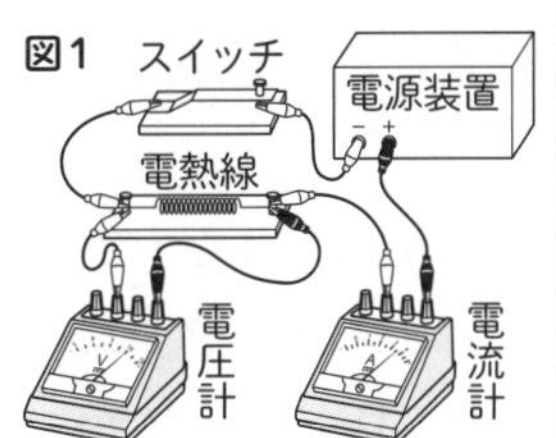

図2

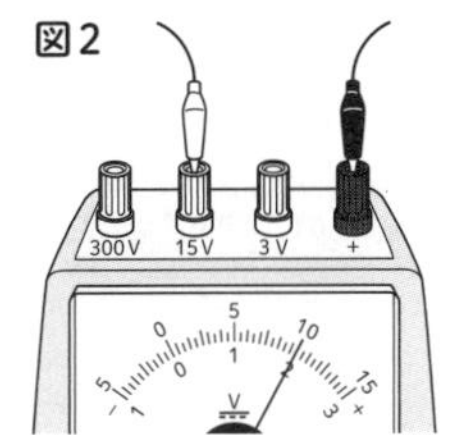

図3

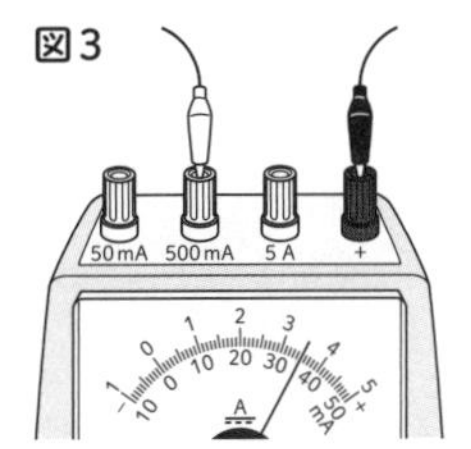

得点UP!

3 コイルに磁石を近づけたとき，磁界の変化を妨げる向きに誘導電流が生じる。また，磁界の変化をはやくするほど，誘導電流は大きくなる。

Check! 自由自在③
誘導電流を大きくするいろいろな方法を調べてみよう。

4 電流が磁界から力を受けて，コイルが動いた。

Check! 自由自在④
磁界・電流と力の向きの関係を調べてみよう。

(2)抵抗が小さくなると流れる電流は大きくなり，抵抗が大きくなると流れる電流は小さくなる。

5 電流計，電圧計は，－端子をどこにつないだかで，読み方がちがってくる。

6 次の実験について，あとの問いに答えなさい。ただし，各電熱線に流れる電流の大きさは，時間とともに変化しないものとする。 〔千葉〕

実験1 ①**図1**のように，電熱線**A**を用いて実験装置をつくり，発泡(はっぽう)ポリスチレンのコップに水 120 g を入れ，しばらくしてから水の温度を測ったところ，室温と同じ 20.0℃だった。

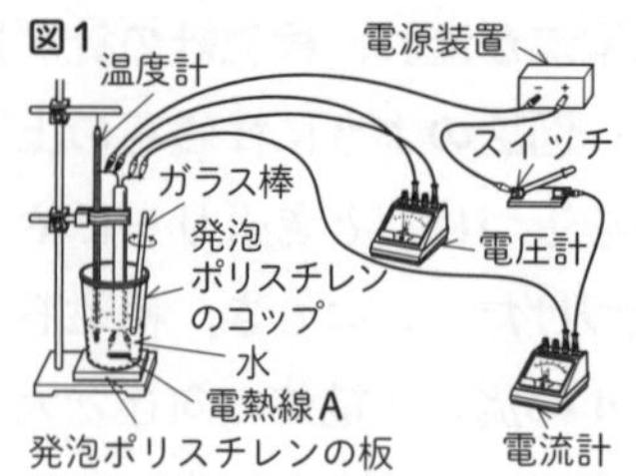

②スイッチを入れ，電熱線**A**に加える電圧を 6.0 V に保って電流を流し，水をゆっくりかき混ぜながら 1 分ごとに 5 分間，水の温度を測定した。測定中，電流の大きさは 1.5 A を示していた。

③**図1**の電熱線**A**を，発生する熱量が $\frac{1}{3}$ の電熱線**B**にかえ，水の温度を室温と同じ 20.0℃にした。電熱線**B**に加える電圧を 6.0 V に保って電流を流し，②と同様に 1 分ごとに 5 分間，水の温度を測定した。**図2**は，測定した結果をもとに，「電流を流した時間」と「水の上昇(じょうしょう)温度」の関係をグラフに表したものである。

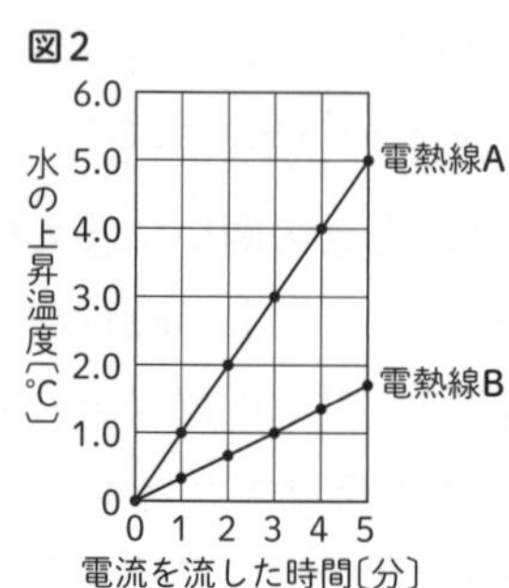

実験2 **図3**，**4**のように，電熱線**A**，**B**を用いて，直列回路と並列回路をつくった。それぞれの回路全体に加える電圧を 6.0 V にし，回路に流れる電流の大きさと，電熱線**A**に加わる電圧の大きさを測定した。その後，電圧計をつなぎかえ，電熱線**B**に加わる電圧の大きさをそれぞれ測定した。

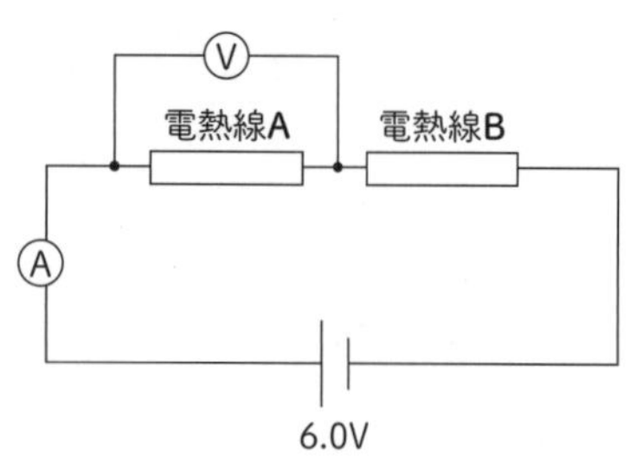

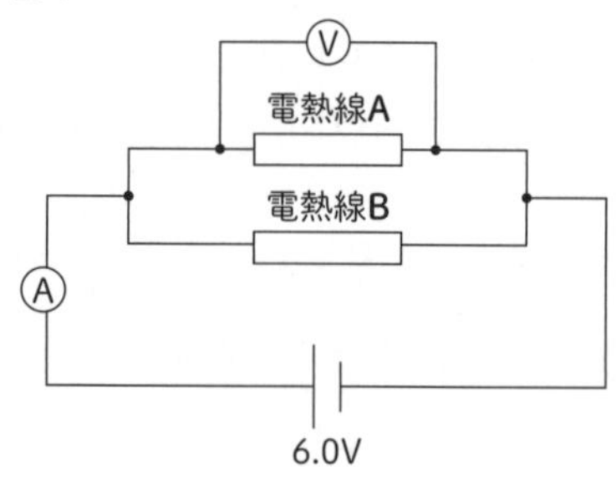

(1) **実験1**で，電熱線**A**に電流を5分間流したときに発生する熱量は何 J か，書きなさい。 〔　　　〕

重要 (2) **実験2**で，消費電力が最大となる電熱線はどれか。また，消費電力が最小となる電熱線はどれか。次の**ア**～**エ**のうちから最も適当なものをそれぞれ 1 つずつ選び，その記号を書きなさい。

最大〔　　　〕 最小〔　　　〕

ア **図3**の回路の電熱線**A**

イ **図3**の回路の電熱線**B**

ウ **図4**の回路の電熱線**A**

エ **図4**の回路の電熱線**B**

得点UP!

6 発熱量〔J〕= 電力〔W〕× 時間〔s〕
消費電力が大きい電熱線ほど，単位時間あたりの水の上昇温度が大きくなる。

7 **モーターについて調べるために，次の実験を行った。これについて，あとの問いに答えなさい。** 〔栃木〕

実験Ⅰ **図1**のように，エナメル線を巻いてコイルをつくり，両端(りょうたん)部分はまっすぐ伸(の)ばして，**P**側のエナメルは完全に，**Q**側のエナメルは半分だけをはがした。このコイルをクリップでつくった軸受(じくう)けにのせて，なめらかに回転することを確認してから，コイルの下に**N**極を上にして磁石を置きモーターを製作した。これを**図2**のような回路につないで電流を流した。回路の**AB**間には，電流の向きを調べるためLEDを接続して，この部分を電流が**A**から**B**の向きに流れるときに赤色が，**B**から**A**の向きに流れるときに青色が点灯するようにした。また，コイルは10回転するのにちょうど4秒かかっていた。

図1

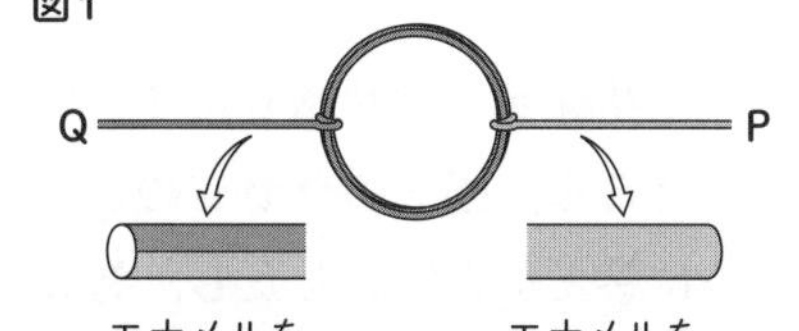

図2

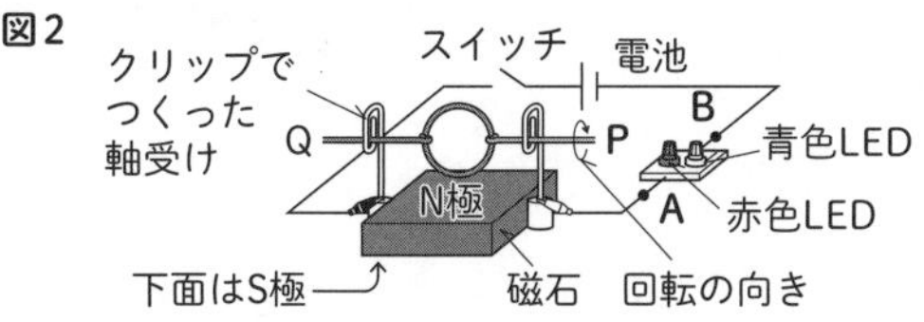

実験Ⅱ コイルの下にあった磁石を，**図3**や**図4**のように位置や向きを変え，それぞれの場合についてコイルが回転する向きを調べた。

図3

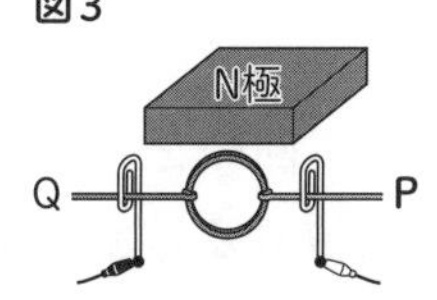

図4

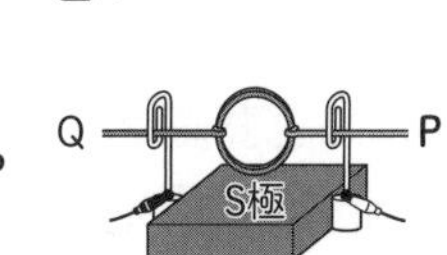

(1) **実験Ⅰ**において，2つのLEDのようすを説明する文として，最も適切なものはどれか。次の**ア**～**エ**の中から選び，記号で答えなさい。［　　］

ア 赤色のみ点滅(てんめつ)し，青色は点灯しない。

イ 赤色は点灯せず，青色のみ点滅する。

ウ 赤色と青色が同時に点滅する。

エ 赤色と青色が交互(こうご)に点滅する。

(2) **実験Ⅰ**において，1分間あたりのコイルの回転数を求めよ。［　　］

(3) **実験Ⅱ**で，**図3**や**図4**のように磁石を置いたとき，コイルが回転する向きは，**実験Ⅰ**のときに対してそれぞれどうなるか。「同じ」または「逆」のどちらかの語で答えなさい。 **図3**［　　］ **図4**［　　］

8 **放射線や放射性物質について述べた文として誤っているものを，次のア～エの中から1つ選んで，その記号を書きなさい。** ［　　］〔埼玉〕

ア X線撮影(さつえい)は，放射線の透過性(とうかせい)を利用している。

イ 放射線を出す能力のことを放射能という。

ウ 放射性物質は，自然界には存在しないため，人工的につくられる。

エ 放射線によって，人体にどれだけ影響(えいきょう)があるかを表す単位を，シーベルト(記号：Sv)という。

得点UP!

7 (1) LEDは，電流が正しい向きに流れるときだけ光る。

(3)コイルが回転する向きは，磁界の向きに影響される。

8 放射線ではシーベルト，ベクレル，グレイの3種類の単位が使われる。

STEP 3 発展問題

解答⇨別冊 p.7

1 **図1の回路を使って電熱線aと電熱線bについて，電圧と電流の関係を調べたところ，図2のグラフのような結果が得られた。次の問いに答えなさい。ただし，答えは整数または小数で記入しなさい。** 〔沖縄〕

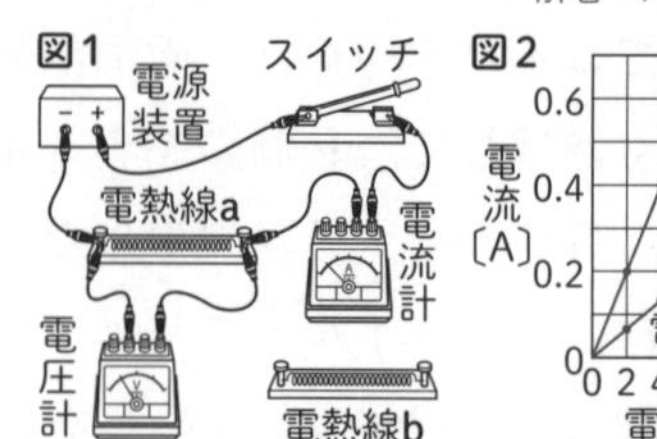

図2

(1) 電熱線aの抵抗の大きさを求めなさい。　［　　　　］

(2) 電熱線a，電熱線bを図3のように並列に接続し，電源装置の電圧を6Vに調整した。

①電流計を流れる電流の大きさを求めなさい。　［　　　　］

②電熱線aと電熱線bを1つの抵抗として考えたときの全体の抵抗の大きさを求めなさい。　［　　　　］

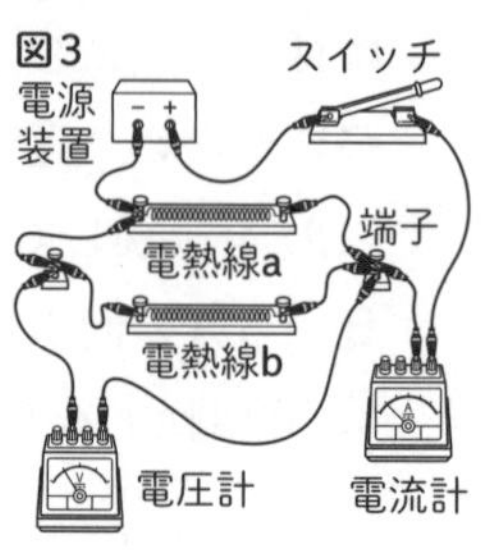

2 **次の実験について，あとの問いに答えなさい。** 〔新潟〕

電圧と電流の関係を調べるために，電熱線a～dを用いて，次の**実験1**～**3**を行った。

実験1　**図1**のように，電熱線aを用いて回路をつくり，電熱線aの両端に加わる電圧と回路を流れる電流を測定し，その結果を**図2**のグラフに表した。

実験2　**図3**のように，電熱線aと電熱線bを用いて回路をつくり，直列につないだ電熱線aと電熱線bの両端に加わる電圧と回路を流れる電流を測定した。**図4**はその結果をグラフに表したものである。

実験3　**図5**のように，電気抵抗90Ωの電熱線cと電気抵抗30Ωの電熱線dを用いて回路をつくり，電圧計X_1，電圧計X_2，電流計Y_1，電流計Y_2，電流計Y_3を配置し，電源装置の出力を一定にしたところ，電流計Y_1は90mAを示した。

図1　図2

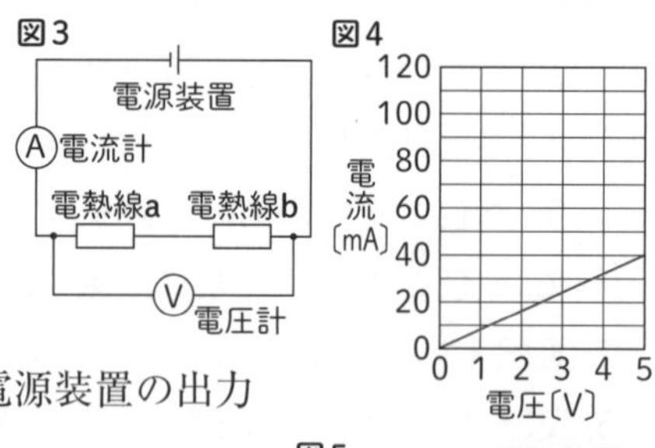

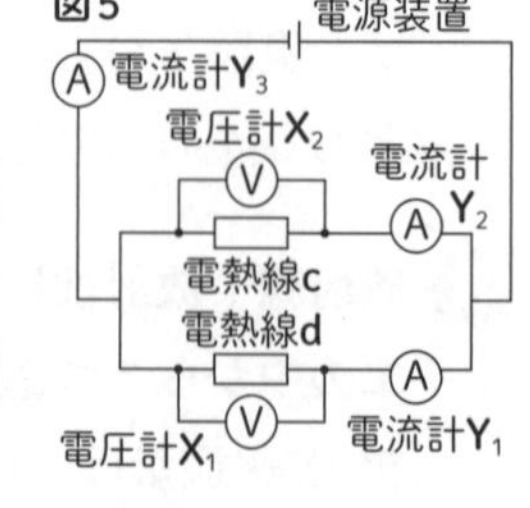

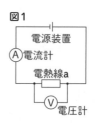

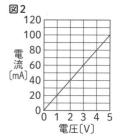

(1) **実験1**について，電熱線aの電気抵抗は何Ωか，求めなさい。　［　　　　］

(2) **実験2**について，電熱線bの電気抵抗は何Ωか，求めなさい。　［　　　　］

(3) **実験3**について，次の①～④の問いに答えなさい。

①電圧計X_1は何Vを示すか，求めなさい。　［　　　　］

②電圧計X_2は何Vを示すか，求めなさい。　［　　　　］

③電流計Y_2は何mAを示すか，求めなさい。　［　　　　］

④電流計Y_3は何mAを示すか，求めなさい。　［　　　　］

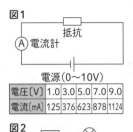

難問 **3** **抵抗値が不明の抵抗と電球を使って以下の実験1，2を行った。ただし，導線や電流計の抵抗は無視できる。実験の結果でわかることについて述べたあとの文中の ① ～ ④ に入る最も適当な数値を解答群の中から選びなさい。** 〔筑波大附属駒場高〕

実験1 **図1**のように，抵抗の両端の電圧を0～10Vの範囲で変化させながら回路に流れる電流を測定し，結果を表にまとめた。

実験2 **図2**のように，抵抗と電球を直列に接続した回路において，電源の電圧を0～10Vの範囲で変化させながら回路に流れる電流を測定し，結果を**図3**にまとめた。

図1

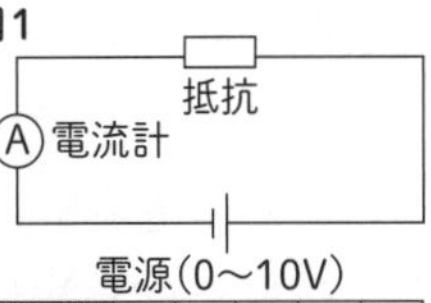

抵抗
Ⓐ電流計
電源(0～10V)

電圧〔V〕	1.0	3.0	5.0	7.0	9.0
電流〔mA〕	125	376	623	878	1124

図2

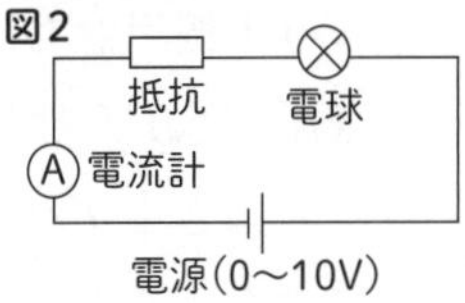

抵抗　電球
Ⓐ電流計
電源(0～10V)

図3

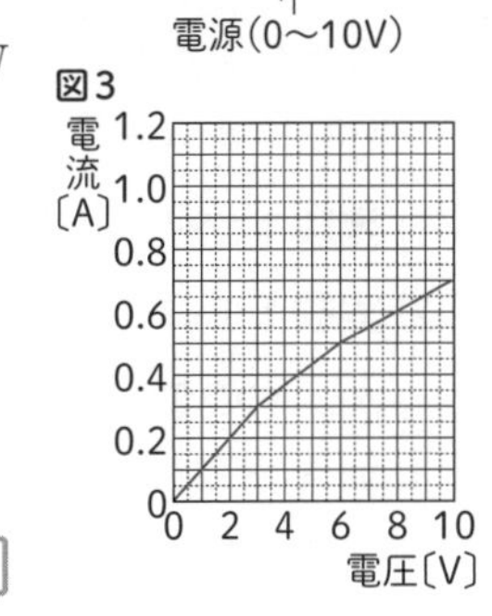

結果からわかること **実験1**の結果から，この抵抗の抵抗値の大きさは ① Ωとなることがわかる。また，**実験2**の結果から，**図2**の回路に流れる電流の大きさは電源の電圧が6.0Vのときには ② Aであり，このとき，電球の両端の電圧は ③ Vで，電球の消費電力は ④ Wであることがわかる。

解答群
① **ア** 0.008　**イ** 0.08　**ウ** 8.0　**エ** 1.25　**オ** 125
② **ア** 0.25　**イ** 0.50　**ウ** 2.5　**エ** 5.0　**オ** 500
③ **ア** 2.0　**イ** 4.0　**ウ** 6.0　**エ** 8.0　**オ** 10.0
④ **ア** 1.0　**イ** 2.0　**ウ** 3.0　**エ** 1000　**オ** 2000

①[　　] ②[　　] ③[　　] ④[　　]

4 **次の実験について，あとの問いに答えなさい。** 〔北海道－改〕

実験1 同じ素材のストローA，Bを糸でつるしたところ**図1**のようになった。次にAとBを同時にやわらかい紙でこすって静かにはなしたところ，AとBの位置が**図1**と比べて変化した。

実験2 **実験1**のあと，AはそのままにしてBをはずした。はじめにAに毛皮でこすったポリ塩化ビニル(塩化ビニル)の棒を近づけたところ，**図2**のように，Aはポリ塩化ビニルの棒から離れた。次に，Aに綿の布でこすったガラス棒を近づけたところ，**図3**のようにAはガラス棒に引きつけられた。

実験3 **図4**のように綿の布でこすったガラス棒に蛍光灯をふれさせたところ，蛍光灯が一瞬光った。

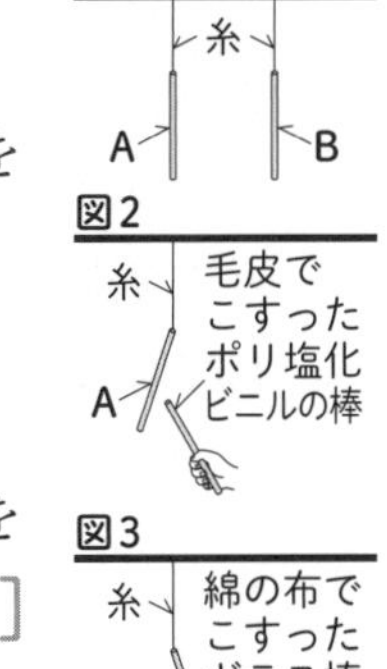

図4
蛍光灯
綿の布でこすったガラス棒

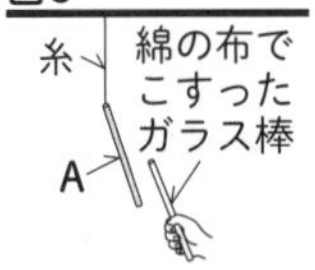

思考力 **(1)** **実験2**において，**実験1**のAとBをこすったやわらかい紙と同じ種類の電気を帯びているものの組み合わせを，**ア**～**エ**から選びなさい。 [　　]

ア「毛皮でこすったポリ塩化ビニルの棒」と「ガラス棒をこすった綿の布」
イ「毛皮でこすったポリ塩化ビニルの棒」と「綿の布でこすったガラス棒」
ウ「ポリ塩化ビニルの棒をこすった毛皮」と「ガラス棒をこすった綿の布」
エ「ポリ塩化ビニルの棒をこすった毛皮」と「綿の布でこすったガラス棒」

(2) **実験3**について，次の文の①，②にあてはまるものを**ア**，**イ**からそれぞれ選びなさい。なお，綿の布でこすったガラス棒は＋の電気を帯びている。①[　　] ②[　　]

蛍光灯が光ったのは，綿の布でこすったガラス棒がもっている－の電気の数が，＋の電気の数よりも①{**ア** 多い　**イ** 少ない}ため，蛍光灯からガラス棒に②{**ア** －　**イ** ＋}の電気が移動して，蛍光灯に電流が流れたからである。

5 次の実験について，あとの問いに答えなさい。　〔高知〕

電流が磁界の中で受ける力を調べるために，コイルとU字形磁石，電源装置，スイッチ，抵抗器，電流計，電圧計を用いて，**図1**のような装置をつくり，次の**実験1，2**を行った。

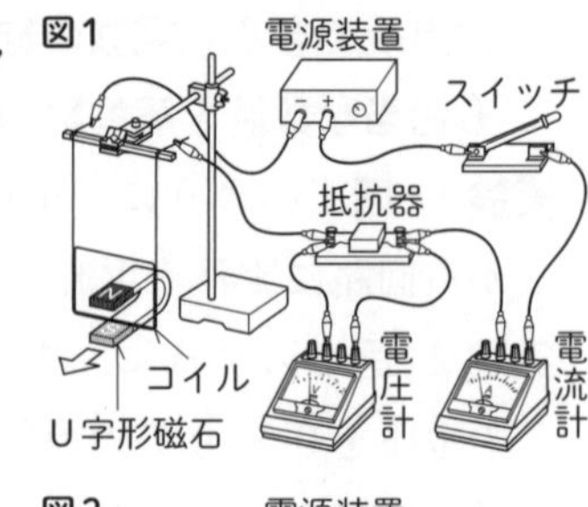

実験1　スイッチを入れ電圧が5.0 Vとなるように電源装置を調節すると，電流計は0.5 Aを示した。コイルに電流が流れ，コイルは磁界から大きさF_1の力を受け，**図1**中の矢印の向きに動いた。

実験2　**実験1**の装置で使った抵抗器と同じ抵抗の大きさのものをもう1個用意し，**図2**のように直列につないだ。スイッチを入れ，電圧が5.0 Vとなるように電源装置を調節すると，コイルは磁界から大きさF_2の力を受けた。次に直列につないだ抵抗器を並列につなぎ直し，同様に電圧を5.0 Vとすると，コイルは磁界から大きさF_3の力を受けた。

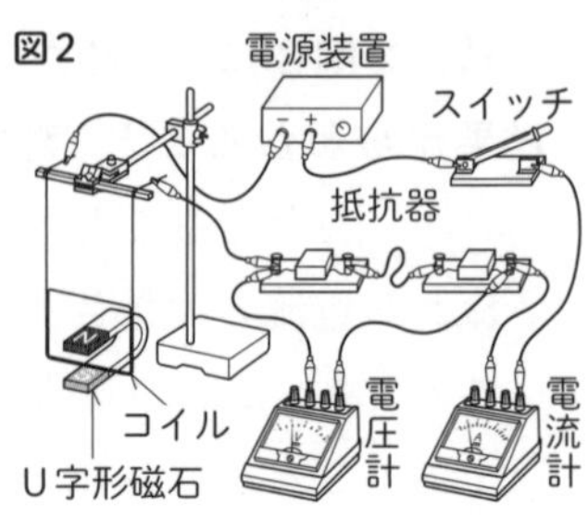

(1) **実験1**で使った抵抗器の抵抗の大きさは何Ωか，求めなさい。　[　　　　]

(2) **実験1**でコイルが動いた向きと反対の向きにコイルを動かすためには，どのようにすればよいか，次の**ア**～**エ**から1つ選び，その記号を書きなさい。　[　　　]

ア　U字形磁石のN極，S極をひっくり返し，磁界の向きを変える。

イ　電源装置の電圧調整つまみを調節し，電圧の大きさを変える。

ウ　コイルの巻き数をふやし，磁力の大きさを変える。

エ　抵抗器の個数をふやし，電流の大きさを変える。

思考力

(3) **実験1，2**の結果から，コイルが磁界から受けた力の大きさF_1，F_2，F_3を比較したときの大小関係を正しく表したものはどれか，次の**ア**～**エ**から1つ選び，その記号を書きなさい。　[　　　]

ア　$F_2>F_3>F_1$　　**イ**　$F_2>F_1>F_3$　　**ウ**　$F_3>F_2>F_1$　　**エ**　$F_3>F_1>F_2$

(4) 右の図はモーターのしくみを模式的に表したものである。図中の矢印の向きに電流を流すと，コイルは連続して回転する。このとき，整流子はコイルを連続して回転させるために，どのようなはたらきをしているか，簡潔に書きなさい。

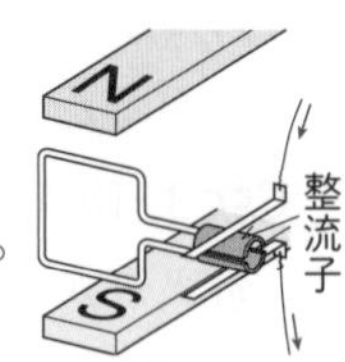

[　　　　　　　　　　　　　　　　　　　　　　　　　　　　]

6 棒磁石，コイル，検流計を用いて，次の実験をした。あとの問いに答えなさい。　〔高田高〕

実験1　**図1**のように，コイルに検流計をつなぎ，磁石のN極をコイルの**B**端に近づけると，検流計の針は＋の向きに振れた。

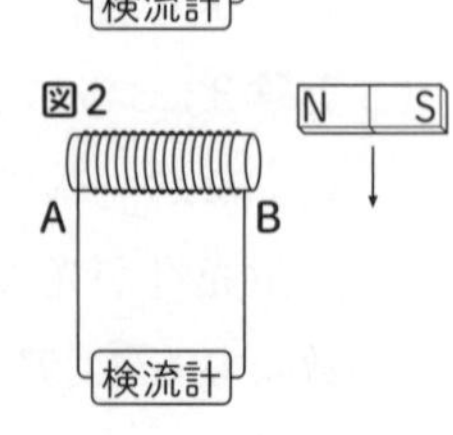

(1) 検流計を流れる電流の向きが，**実験1**と同じになる実験操作はどれか，次の**ア**～**エ**から2つ選びなさい。　[　　　　　]

ア　N極をコイルの**A**端に近づける。

イ　N極をコイルの**B**端から遠ざける。

ウ　S極をコイルの**A**端に近づける。

エ　S極をコイルの**B**端から遠ざける。

実験 2　**図 2** のように，磁石のＮ極をコイルの**B**端に向けて，**B**端の上から下まで一定の速さで移動させた。

独創的

(2) このとき，検流計を流れる電流(縦軸)と磁石を移動し始めてからの時間(横軸)をグラフに表すとどうなるか，下の**ア**～**カ**から１つ選びなさい。ただし，電流の流れる向きは，**実験 1** で流れた向きを＋の向きとする。　［　　　］

(3) **実験 2** のあと，磁石を**B**端の下から上まで移動させると，グラフはどうなるか，下の**ア**～**カ**から１つ選びなさい。　［　　　］

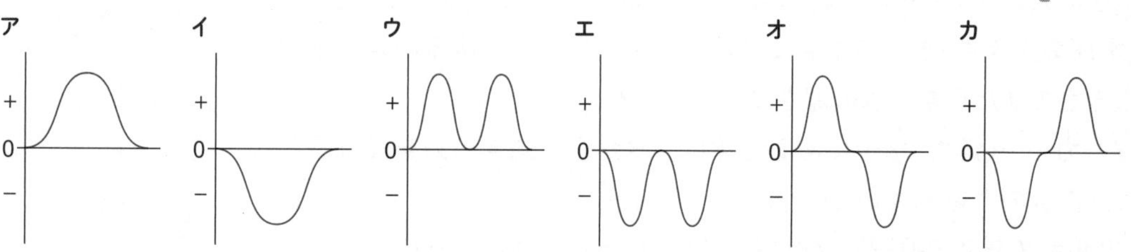

7 **次の実験について，あとの問いに答えなさい。ただし，それぞれの実験において電熱線で発生した熱はすべて水温の上昇のみに使われるものとする。**　〔長崎－改〕

実験 1　**図 1** のように電熱線**A**を装置につないで，電圧計の示す値が 12 V になるように調節したところ，0.6 A の電流が流れて水の温度が上昇した。このときの上昇した温度と時間の関係は，**図 2** のようになった。

図1

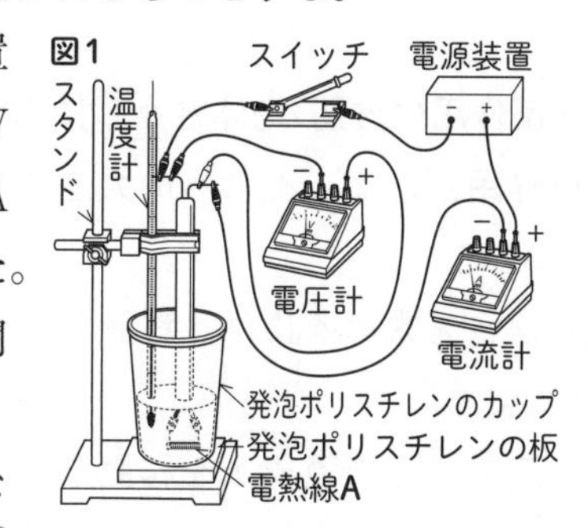

図2

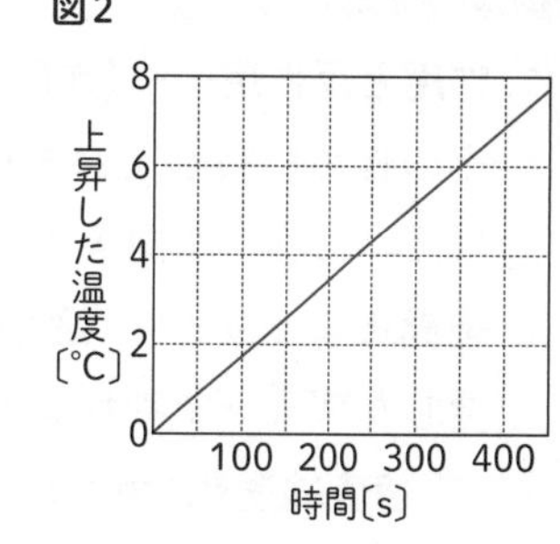

(1) 電熱線**A**の電力は何 W か，求めなさい。　［　　　］

実験 2　**図 1** の装置から電熱線**A**をとりはずし，電熱線**B**をつないで，**実験 1** と同様の実験を行った。電圧計の示す値が 12 V になるように調節したところ，0.4 A の電流が流れた。ただし，水の量および実験開始の温度は，**実験 1** と同じであるとする。

(2) このときの水の上昇した温度と時間との関係を表すグラフを**図 3** に描きなさい。

図3

上昇した温度〔℃〕　8　6　4　2　0
時間〔s〕　0　100　200　300　400

(3) **実験 1** と**実験 2** を比較して，電気機器の消費電力および電気抵抗についてまとめた次の文の ① ， ② に適する語句を入れ，文を完成しなさい。

①［　　　］　②［　　　］

消費電力が大きいほど，電気機器が光や熱などを出す能力は ① 。また，同じ電圧で使用する電気機器を比べると，消費電力が大きいもののほうが，電気抵抗は ② ことがわかる。

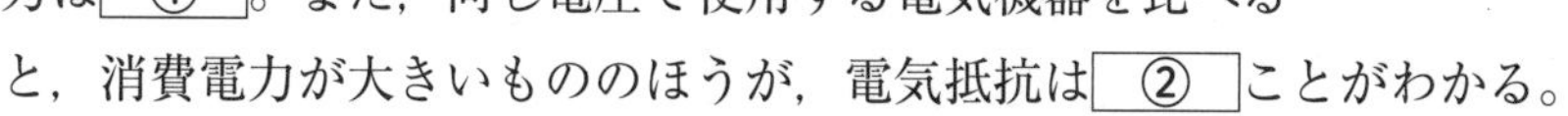

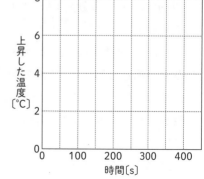

実験 3　**図 1** の装置から電熱線**A**をとりはずし，電気抵抗が 50 Ω の電熱線**C**をつないで，**実験 1** と同様の実験を行った。電圧計の示す値が 12 V になるように調節し，電流を流した。ただし，水の量および実験開始の温度は，**実験 1** と同じであるとする。

難問

(4) 水温が 6 ℃上昇するのにかかる時間は何秒か，求めなさい。　［　　　］

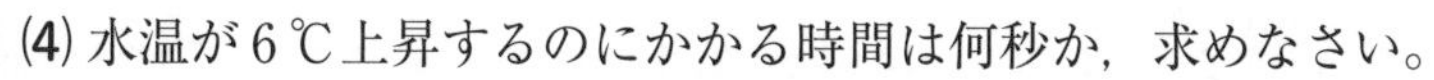

第1章　エネルギー

月　日

4 運動とエネルギー

STEP 1 まとめノート

解答 ⇨ 別冊 p.8

① 水圧と浮力 ★★★

(1) **水の圧力**……〈**水の深さと水圧**〉水中ではたらく圧力を**水圧**という。水圧の大きさは水の①　　に関係し，水面から深くなるほど②　　。（└→水の質量は 1 cm³ あたり 1 g，1 m³ あたり 1000 kg）
〈**水圧の大きさ**〉水中の1点にはたらく水圧は，あらゆる向きから同じ大きさではたらき，水の深さに③　　する。

(2) **浮力**（ふりょく）……〈**浮力**〉水中にある物体は，水から上向きの力を受ける。この上向きの力を④　　という。
〈**アルキメデスの原理**〉液体中(気体中)にある物体は，その物体がおしのけた液体(気体)の重さに等しい浮力を受ける。これを⑤　　の原理という。

② 物体の運動と力 ★★★

(1) **作用と反作用**……〈**作用・反作用の法則**〉物体どうしに力がはたらくとき，その**作用**に対して必ず**反作用**がある。それらの大きさは⑥　　，向きは互（たが）いに⑦　　向きである。

(2) **運動のようす**……〈**速さ**〉速さを求めるには，移動した⑧　　を移動に要した⑨　　で割ればよい。
〈**等速直線運動**〉物体が一定の速さで直線上を移動する運動を⑩　　運動という。速さのグラフは横軸（よこじく）に⑪　　になり，移動距離（きょり）のグラフは原点を通る⑫　　になる。移動距離は，速さ×⑬　　で求められる。
〈**慣性**〉物体に力がはたらかなければ，静止している物体は静止を続け，運動している物体は⑭　　運動を続ける。これを⑮　　の法則という。（└→または，はたらく力がつりあっている場合）（└→運動の第1法則ともいう）
〈**力がはたらく運動**〉物体に力がはたらいていると，物体は一定の割合で速度が変化する。斜面（しゃめん）に沿って落下する物体の速さは時間に⑯　　し，距離は時間の2乗に比例する。

(3) **力の合成と分解**……〈**2力の合成**〉2力の合力は，2力を2辺とする**平行四辺形**をつくり，2力のはたらいた点(作用点)を通る⑰　　で表される。
〈**力の分解**〉1つの力を分解するには，分解しようとするもとの力の矢印を⑱　　として，2つの力を2辺とする⑲　　を作図する。

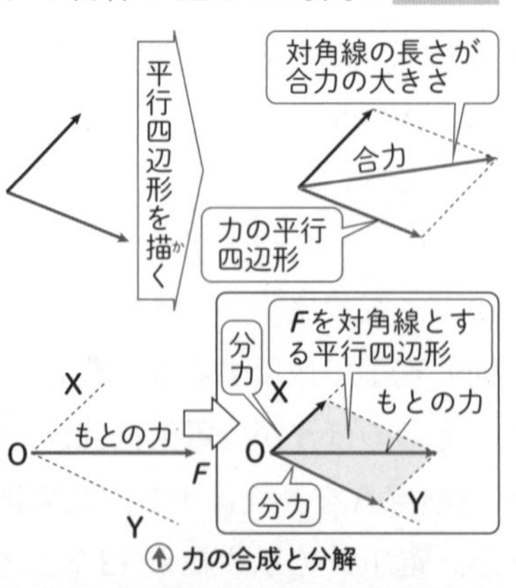

↑ 力の合成と分解

①
②
③
④
⑤
⑥
⑦
⑧
⑨
⑩
⑪
⑫
⑬
⑭
⑮
⑯
⑰
⑱
⑲

ズバリ暗記
- 物体が一定の速さで直線上を移動する運動を等速直線運動といい，移動距離は時間に比例する。

❸ 仕事と仕事率 ★★★

(1) **仕事と仕事の原理**……〈**仕事**〉物体に力をはたらかせて，力の向きに物体を動かしたとき，その力は物体に仕事をしたという。仕事は，力の大きさ〔N〕と力の向きに動いた⑳____〔m〕の積で表される。仕事の単位は，㉑____〔記号 J〕である。
（1 N は約 100 g の物体にはたらく重力の大きさに等しい）

仕事〔J〕＝力の大きさ〔N〕×力の向きに動いた㉒____〔m〕

〈**動滑車**（どうかっしゃ）〉図の動滑車では，物体を 20 cm 引き上げるためには，ひもを㉓____cm 引き上げなければならないが，手に加える力は㉔____N ですむ。

〈**仕事の原理**〉滑車を使わない場合の仕事の大きさは，50〔N〕×0.2〔m〕＝㉕____〔J〕である。また，動滑車を使った場合の仕事の大きさを求めると，25〔N〕×0.4〔m〕＝㉖____〔J〕であり，どちらも変わらない。このように，道具を使っても仕事の大きさは変わらないことを㉗____という。
（てこや輪軸なども仕事の原理を利用している）

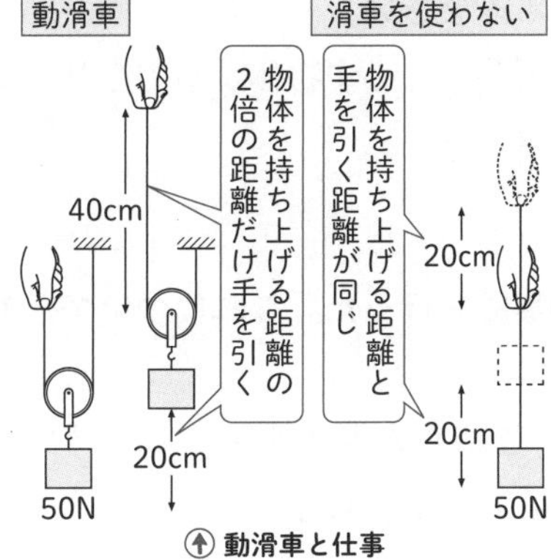

Ⓐ 動滑車と仕事

〈**仕事率**〉1秒あたりに行われる仕事を㉘____といい，㉙____〔J〕÷かかった㉚____〔s〕で求めることができる。
（単位はワット〔W〕）

(2) **エネルギーの移り変わり**……〈**位置エネルギーと運動エネルギー**〉高い所にある物体がもっているエネルギーを㉛____エネルギーといい，運動している物体がもっているエネルギーを㉜____エネルギーという。また，位置エネルギーと運動エネルギーの和を㉝____エネルギーといい，図のように振（ふ）り子が運動したとき，力学的エネルギーは一定に保たれる。
（単位は，仕事と同じジュール〔J〕）
（力学的エネルギーの保存という）

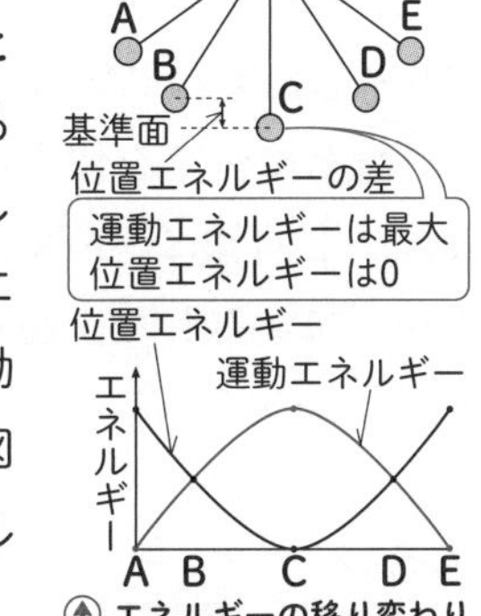

Ⓐ エネルギーの移り変わり

ズバリ暗記
• 力の大きさと力の向きに動いた距離（きょり）の積を仕事といい，仕事の能率を 1 秒間あたりにする仕事の量で表したものを仕事率という。

⑳
㉑
㉒
㉓
㉔
㉕
㉖
㉗
㉘
㉙
㉚
㉛
㉜
㉝

入試Guide
力学的エネルギーの保存を用いた問いが頻出（ひんしゅつ）である。エネルギーの形は変わっても大きさの総和は変化しないことに注意する。

Let's Try 差をつける記述式

① 2つの力の合力の大きさは，その2つの力の矢印がなす角度が小さくなるほど，どう変わりますか。

Point 2 つの力の合力は，2 つの矢印を 2 辺とする平行四辺形の対角線であることから考える。

〔　　　〕

② 小さな紙片と鉄球を真空中で落下させた。どちらがはやく落ちるか，理由とともに答えなさい。

Point 真空中は，空気が存在しないことから考える。

〔　　　〕

STEP 2 実力問題

ココがねらわれる
- ○水圧と浮力
- ○仕事・仕事率の意味とその求め方
- ○物体が運動するときのエネルギーの移り変わり

解答 ⇨ 別冊 p.8

1 **ローラースケートに乗って図のように壁（かべ）をおすと，からだが後ろに動いた。次の問いに答えなさい。**

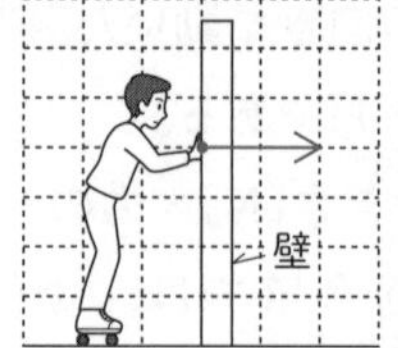

(1) 壁をおす力が図のような矢印であるとき，壁から受ける力を矢印で図に描（か）きこみなさい。

(2) 物体に力を加えると同時に，必ず物体から力を受ける。この関係を表す法則を何というか，書きなさい。［　　　　］

2 **台車を用いて，次の実験を行った。これについて，あとの問いに答えなさい。**　〔岐阜－改〕

実験1　**図1**のように，なめらかな水平面上に台車を置き，台車を手でぽんとおして走らせ，一直線上を運動するようすを，1秒間に60打点を打つ記録タイマーで，紙テープに記録した。**図2**は紙テープの記録を，打点Aから6打点ごとに区切ってB，C，D，Eとし，Aからの距離（きょり）をそれぞれ示したものである。

図1

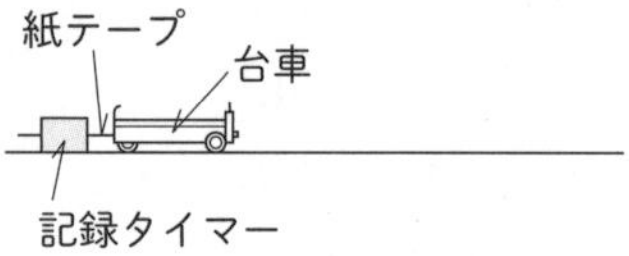

紙テープ　台車　記録タイマー

図2

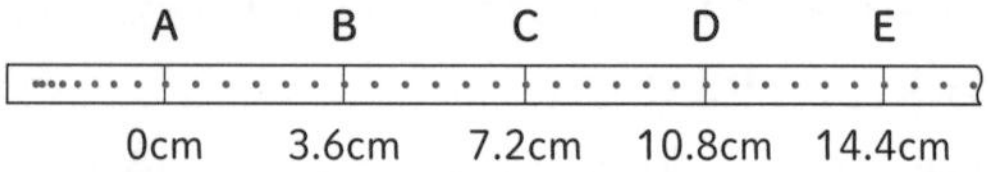

A　B　C　D　E

0cm　3.6cm　7.2cm　10.8cm　14.4cm

実験2　**図3**のように，斜面（しゃめん）上に台車を置き，静かに手をはなし，**実験1**と同様に，台車が運動するようすを紙テープに記録した。**図4**は紙テープの記録を示したものである。

図3

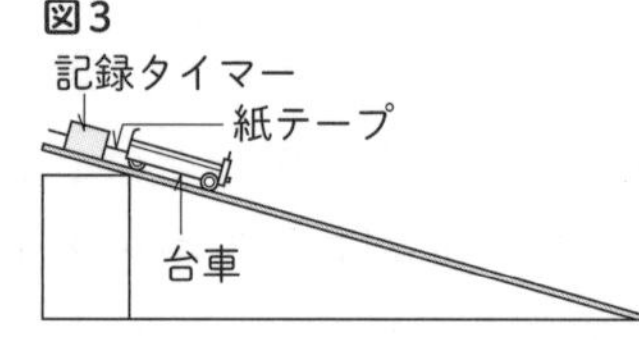

図4

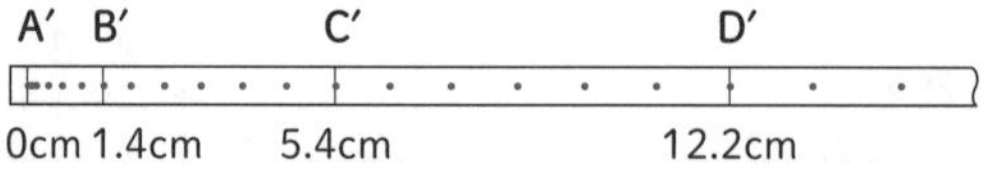

A′　B′　C′　D′

0cm　1.4cm　5.4cm　12.2cm

(1) **実験1**の結果から，紙テープに打点Aを記録してからの，台車の移動距離と時間の関係をグラフに描きなさい。

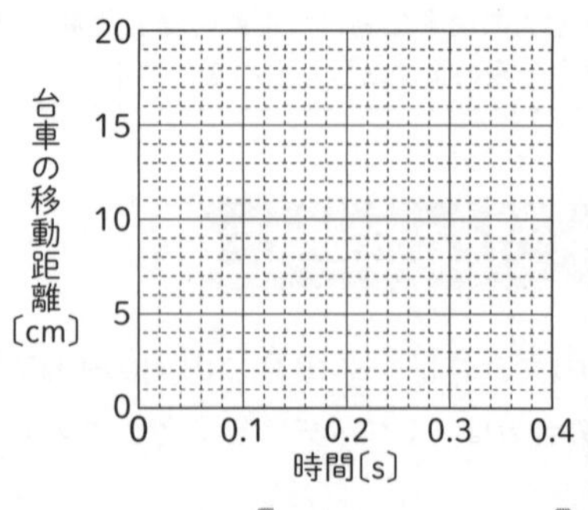

重要 (2) **実験1**で，台車のAE間の運動を何というか，答えなさい。［　　　　］

(3) **実験1**で，打点Aと，Aから20打点目（Aは数えない）の点との間の距離は何cmか，求めなさい。［　　　　］

(4) **実験2**で，台車のC′D′間の平均の速さは何cm/sか，求めなさい。［　　　　］

思考力 (5) **実験2**で，紙テープの打点の記録から，斜面を下る台車の速さは，だんだんはやくなることがわかる。台車の速さが速くなる理由を簡潔に書きなさい。［　　　　］

得点UP!

1 (1)壁から受ける力を反作用という。反作用の力はおす力と大きさが等しく，向きが逆である。

Check! 自由自在①

2力のつりあいと作用・反作用の法則のちがいを調べてみよう。

2 1秒間に60打点を打つ記録タイマーの記録であることから，6打点ごとに切った記録テープの時間は何秒になるかを考える。記録タイマーには1秒間に50打点を打つものもあるので注意する。

(1)等速直線運動をするときの，移動距離と時間の関係を考える。

(3)台車の速さは，3.6〔cm〕÷0.1〔s〕で求められる。

(4)平均の速さは，C′D′間の距離÷時間。

(5)速さが増す物体は，力を受け続けている。

3 次の文章を読んで，あとの問いに答えなさい。 〔鹿児島－改〕

図1のように，糸の一端を天井の点Oに固定し，他端におもりAをつけてつるすと，おもりAは点Rの位置に静止した。そのあと，**図2**のように，おもりAを点Pの位置まで手で持ち上げ，静かに手をはなすと，おもりAは点Q，Rを通り，点Pと同じ高さの点Sの位置で一瞬静止して，点Pの位置にもどってきた。摩擦や空気の抵抗は考えないものとする。

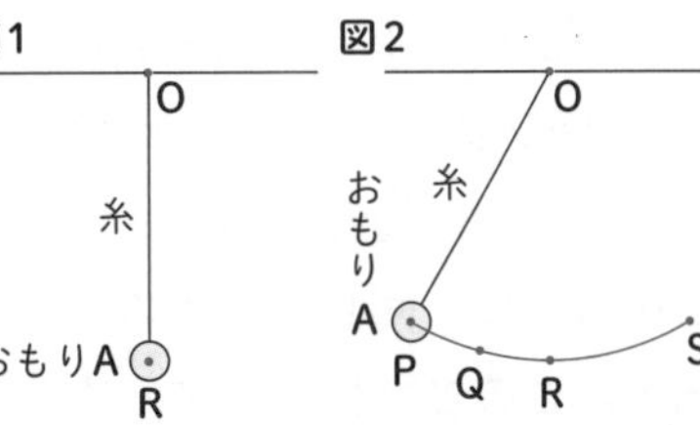

重要 (1) 点Pの位置で手をはなしたとき，おもりAにはたらいている力を矢印で表した図として正しいものはどれですか。 ［　　　］

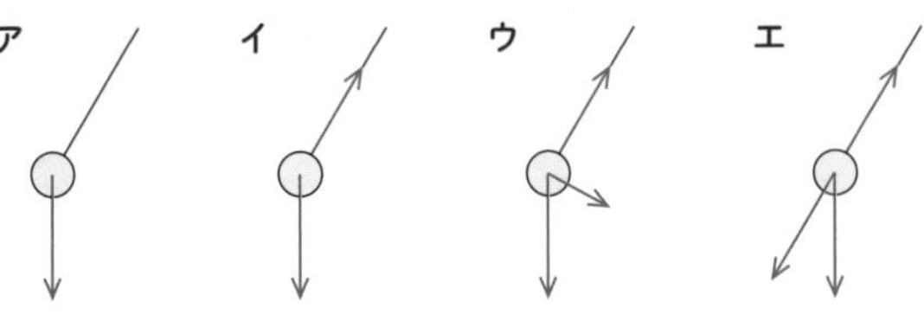

(2) ∠POQと∠QORは等しい角度であった。おもりAが点Pの位置から点Qの位置にいくまでの時間を t_1，点Qの位置から点Rの位置にいくまでの時間を t_2 とすると，t_1 と t_2 の関係として最も適当なものはどれですか。

ア $t_1 = t_2$　　イ $t_1 < t_2$　　ウ $t_1 > t_2$ ［　　　］

(3) おもりAが点P，Q，R，Sを通るとき，おもりAがもっている位置エネルギーは**図3**の破線のように変化した。このとき，運動エネルギーはどのように変化するか，図に実線で描き入れなさい。ただし，**図1**の状態のおもりAがもつ位置エネルギーを0とする。

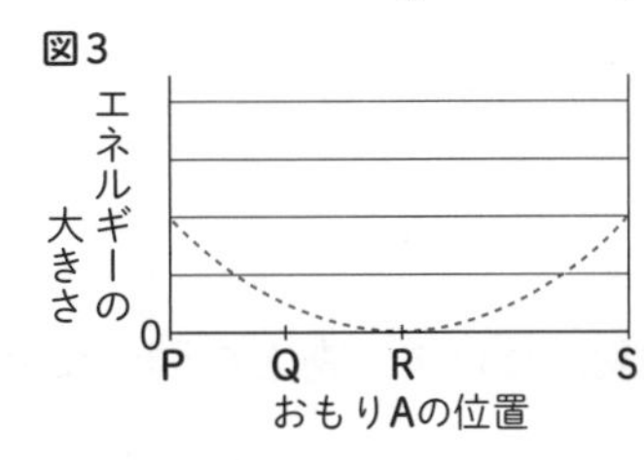

4 質量1.5 kg（重さ15 N）の物体を，図のように，質量0.3 kgの動滑車と軽いひもを使って，点Pに力 F を加えてつるした。次の問いに答えなさい。 〔愛光高－改〕

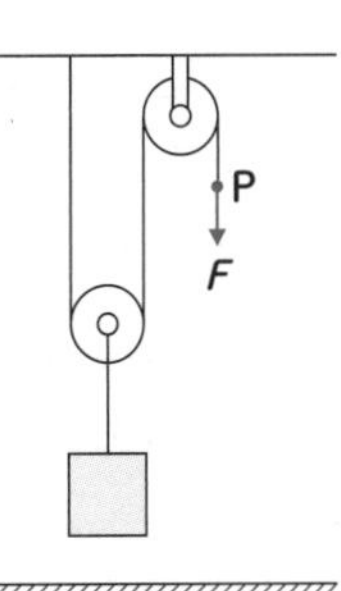

(1) 力 F は何Nか，求めなさい。 ［　　　］

(2) 物体を0.3 m持ち上げるためには，ひもを何m引けばよいか，求めなさい。 ［　　　］

(3) 物体を0.3 m持ち上げるのに，力 F がする仕事はどれだけか，求めなさい。 ［　　　］

(4) 物体を0.3 m持ち上げるのに3秒かかったとすると，仕事率はどれだけか，求めなさい。 ［　　　］

重要 (5) 摩擦や抵抗がない限り，てこや滑車，輪軸などの道具や機械を使って物体に仕事をしても，直接物体に仕事をしても，仕事の大きさは変わらない。この原理を何というか，答えなさい。 ［　　　］

得点UP!

3 (1)点Pには，おもりにかかる重力と，糸がおもりを引く力がかかっている。

(2)振り子は，おもりの高さが低くなるほど速さははやくなる。

(3)力学的エネルギー（位置エネルギーと運動エネルギーの和）は，おもりがどこにあっても変わらない。

4 (1)定滑車は，力の向きを変えるだけである。

(2)(3)動滑車は，引く力は半分ですむが，引く距離は2倍必要となる。

Check! 自由自在②
滑車を用いた仕事について詳しく調べてみよう。

(4)仕事率＝仕事÷かかった時間

得点UP!

5 **水の圧力を調べるために，図1・2の装置を用いて実験を行った。図1は透明の円筒の両側にゴム膜を張った水圧実験装置である。また，図2は，高さ50 cmの円筒状の容器であり，その円筒部分の高さが異なるA，B，Cの位置に，同じ大きさの穴をあけたものである。このことについて，次の問いに答えなさい。** 〔高知〕

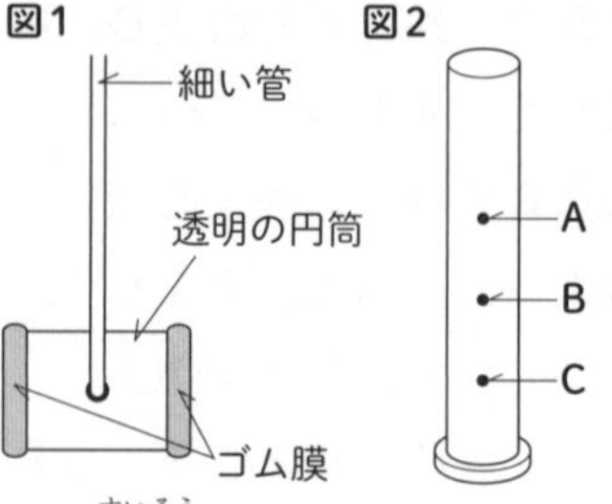

(1) **図3**のように，**図1**の水圧実験装置と水の入った水槽を用い，水圧実験装置の両側のゴム膜の水面からの深さが同じになるように，その水槽の中にゆっくりと入れた。このときのゴム膜のようすを模式的に表した図として適切なものを，次の**ア**～**エ**から1つ選びなさい。[　　　]

図3　水

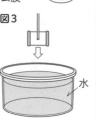

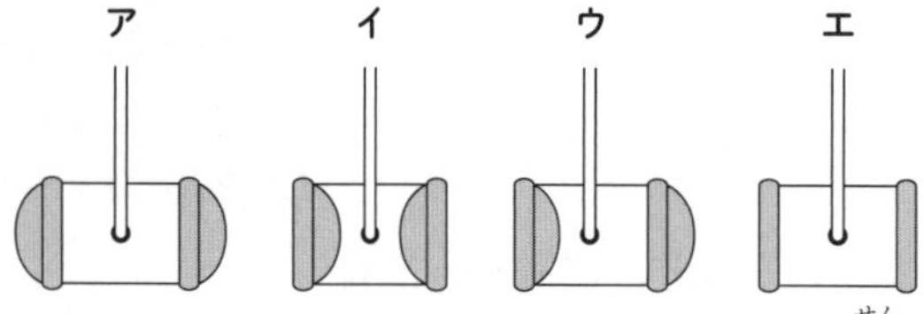

(2) **図2**の円筒状の容器の**A**，**B**，**C**の穴に栓をし，その容器を水で満たし，3つの栓を同時に取ると，3つの穴から水が飛び出した。このとき，高さが低い位置にある穴ほど勢いよく水が飛び出したのはなぜか，その理由を書きなさい。

[　　　　　　　　　　　　　　　　]

5 (1)左右のゴム膜は，水面から同じ深さにあるので，受ける水圧も同じである。

(2)水圧は，物体の上にある水の重さによって生じるものである。よって，深いところほど水圧は大きい。

6 **浮力に関する実験について，あとの問いに答えなさい。** 〔長崎〕

実験 **図1**のように，おもり**Y**をばねばかり（ニュートンばかり）に取り付け空中で静止させると，ばねばかりの針は7Nを示した。このおもりを**図2**のように水中に入れ静止させると，ばねばかりの針は5Nを示した。

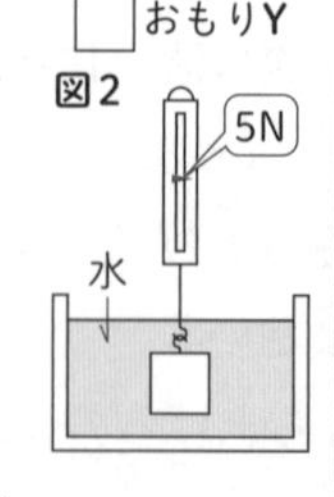

(1) **図2**のとき，おもり**Y**にはたらいている重力および浮力の大きさは，それぞれ何Nか，求めなさい。ただし，水中に入れたとき，おもり**Y**以外の浮力は考えないものとする。

重力[　　　]　浮力[　　　]

重要

(2) 浮力について説明した次の文の[①]～[③]に適する語句を入れ，文を完成しなさい。ただし，同じ語句を用いてもよい。

水中にある物体にはあらゆる向きから水圧がはたらいている。水圧は水深が深いほど[①]ので，物体の上面ではたらく水圧よりも，下面ではたらく水圧のほうが[②]。このため物体は水から[③]向きに力を受ける。これが水中で浮力が生じる原因である。

①[　　　]　②[　　　]　③[　　　]

6 (1)空気中ではかった重さより，浮力を受けた分だけ水中では軽くなる。

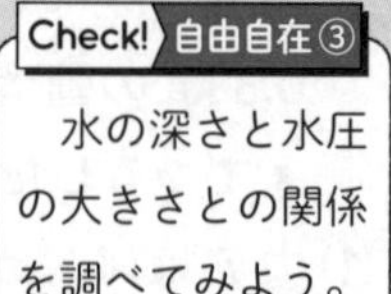

Check! 自由自在③
水の深さと水圧の大きさとの関係を調べてみよう。

(2)浮力は，物体の上面が受ける水圧と下面が受ける水圧の差によって生じる。

7 **物体にはたらく浮力(ふりょく)の性質を調べるために，次の実験を順に行った。これについて，あとの問いに答えなさい。** 〔栃木〕

実験1 高さが5.0 cmで重さと底面積が等しい直方体の容器を2つ用意した。容器**P**は中を空にし，容器**Q**は中を砂で満たし，ふたをした。ふたについているフックの重さと体積は考えないものとする。**図1**のように，ばねばかりにそれぞれの容器をつるしたところ，ばねばかりの値は上の表のようになった。

図1

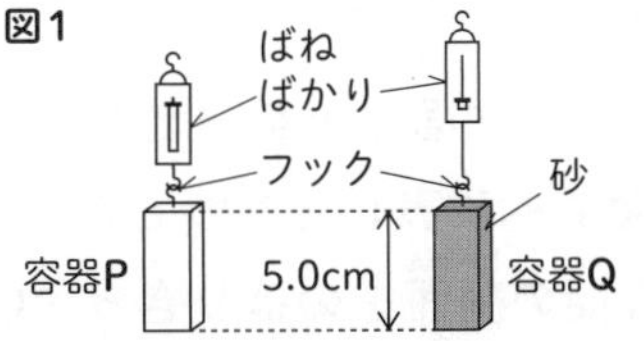

ばねばかり　フック　砂　容器P　5.0cm　容器Q

	容器P	容器Q
ばねばかりの値	0.30 N	5.00 N

実験2 **図2**のように，容器**P**と容器**Q**を水が入った水槽(すいそう)に静かに入れたところ，容器**P**は水面から3.0 cm沈(しず)んで静止し，容器**Q**はすべて沈んだ。

図2

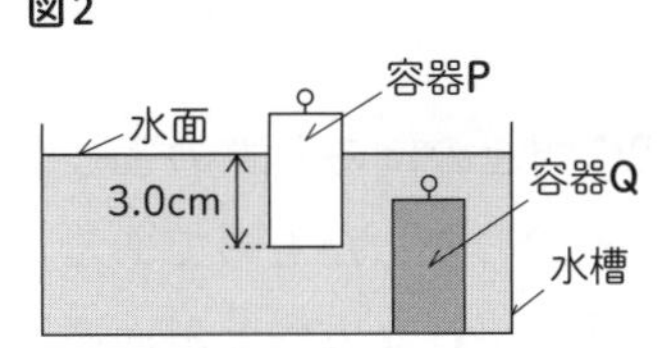

実験3 **図3**のように，ばねばかりに容器**Q**を取り付け，水面から静かに沈めた。沈んだ深さxとばねばかりの値の関係を調べ，**図4**にその結果をまとめた。

図3

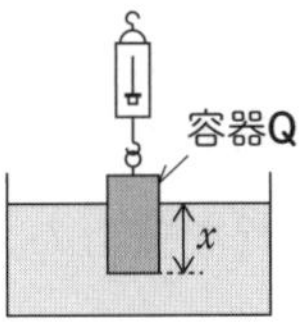

容器Q　x

図4

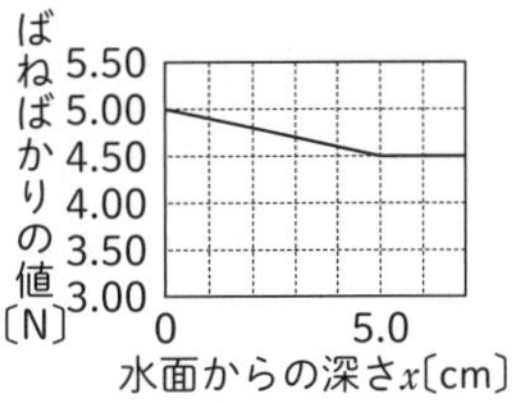

ばねばかりの値〔N〕　5.50　5.00　4.50　4.00　3.50　3.00　0　5.0　水面からの深さx〔cm〕

実験4 **図5**のように，ばねばかりにつけた糸を，水槽の底に固定してある滑車(かっしゃ)に通して容器**P**に取り付け，容器**P**を水面から静かに沈めた。沈んだ深さyとばねばかりの値の関係を調べた。ただし，糸の重さと体積は考えないものとする。

図5

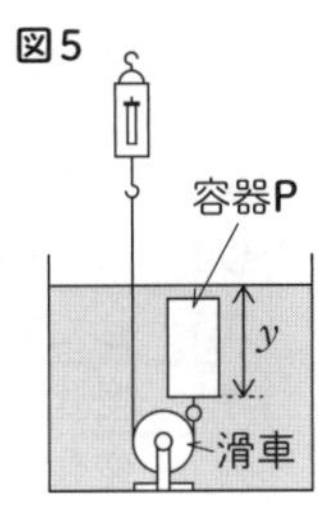

図6

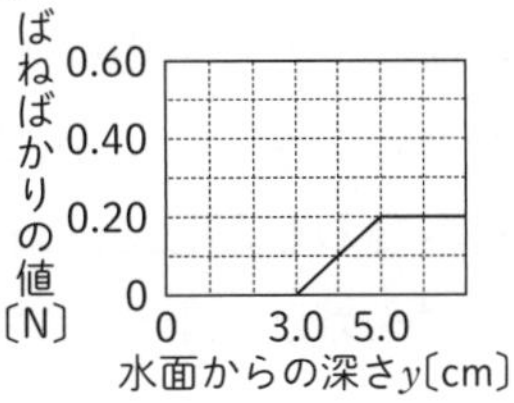

ばねばかりの値〔N〕　0.60　0.40　0.20　0　0　3.0　5.0　水面からの深さy〔cm〕

(1) **実験2**のとき，容器**P**にはたらく浮力の大きさは何Nか，答えなさい。 [　　　　]

(2) **実験3**で，容器**Q**がすべて沈んだとき，容器**Q**にはたらく浮力の大きさは何Nか，答えなさい。 [　　　　]

(3) **実験1**～**4**の結果からわかる浮力の性質について，正しく述べている文には○を，誤って述べている文には×をそれぞれ書きなさい。

①水中に沈んでいる物体の水面からの深さが深いほど，浮力が大きくなる。 [　　]

②物体の質量が小さいほど，浮力が大きくなる。 [　　]

③物体の水中に沈んでいる部分の体積が大きいほど，浮力が大きくなる。 [　　]

④水中に沈んでいく物体には，浮力がはたらかない。 [　　]

得点UP!

7 (1)浮力と重力がつり合うとき，容器は水に浮かぶ。

(3)浮力は，物体がおしのけた水の体積に比例する。

STEP 3 発展問題

解答 ⇨ 別冊 p.9

1 **図1は，AB間の水平な面の上を一定の速さで運動している小球のようすを模式的に表したものである。小球はAB間を通過した後，BC間の斜面をのぼりきり，CD間の水平な面の上を運動した。これについて，次の問いに答えなさい。ただし，小球にはたらく摩擦や空気の抵抗は考えないものとする。また，水平な面と斜面はなめらかにつながっており，小球は水平な面や斜面からはなれることなく運動していたものとする。**〔京都〕

図1

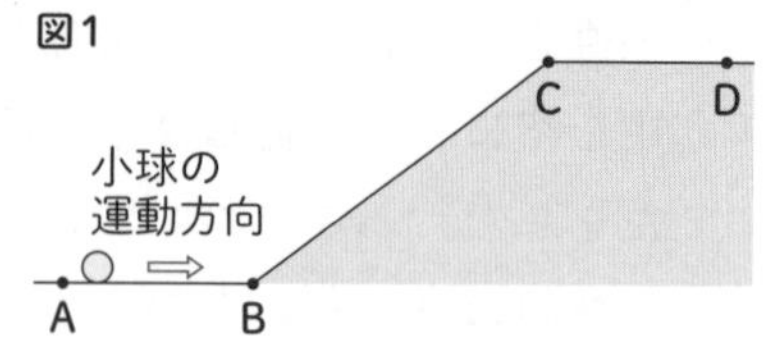

図2
小球の運動方向
斜面
斜面に平行な方向
斜面に垂直な方向
小球にはたらく重力

図3
斜面
斜面に平行な方向
斜面に垂直な方向
小球にはたらく重力
方眼の1目盛りの長さの矢印が1Nの力を表すものとする。

(1) **図2**は，小球が**BC**間をのぼるときのようすと，そのとき小球にはたらく重力を模式的に表したものである。**図2**の小球にはたらく重力は，斜面に平行な方向と斜面に垂直な方向に分解することができる。小球にはたらく重力の，斜面に平行な分力と斜面に垂直な分力をそれぞれ**図3**に矢印で表しなさい。

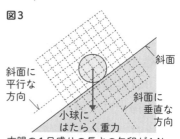

(2) (1)で，方眼の1目盛りの長さの矢印が1Nの力を表すものとすると，小球にはたらく重力の，斜面に平行な分力の大きさは何Nか，求めなさい。 [　　　　]

(3) 小球が**BC**間をのぼるにつれて，小球にはたらく重力の，斜面に平行な分力の大きさと，小球の速さがどのようになるかについて述べたものの組み合わせとして，最も適当なものを，右の**ア**～**カ**から1つ選びなさい。 [　　　　]

	斜面に平行な分力の大きさ	小球の速さ
ア	しだいに大きくなる。	しだいに大きくなる。
イ	しだいに大きくなる。	しだいに小さくなる。
ウ	しだいに小さくなる。	しだいに大きくなる。
エ	しだいに小さくなる。	しだいに小さくなる。
オ	変化しない。	しだいに大きくなる。
カ	変化しない。	しだいに小さくなる。

(4) **図4**は，小球が**CD**間を運動するようすを調べるために，一定時間ごとに小球に光をあてて，その小球の運動のようすを，連続して撮影したストロボ写真を模式的に表したものである。**図4**で表されるような小球の運動を何というか，答えなさい。

図4

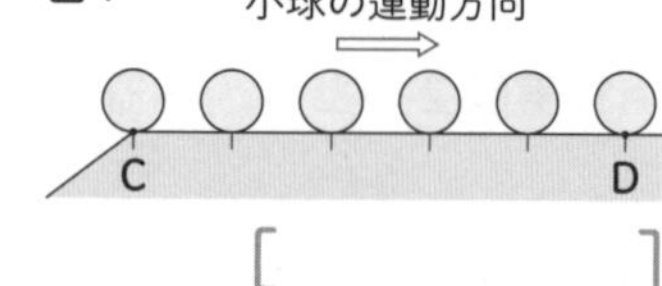

[　　　　]

2 **次の文章を読んで，あとの問いに答えなさい。ただし，空気抵抗はないものとする。**〔青森〕

図1
記録タイマー
台車
A
B
テープ

図1のように，1秒間に50打点打つ記録タイマーを用いて，水平面上に置いた台車の運動のようすを調べた。台車を手でつきはなしたところ，**A**点，**B**点の順に通過し，やがて止まった。ただし，**B**点までは摩擦はないが，**B**点以降は摩擦があるものとする。**図2**は，**AB**間の台車の運動を記録したテープを，時間の経過順に5打点ごとに切り，切った順にすべてを左から紙にはりつけたもので，テープの長さはそれぞれ7cmであった。

図2

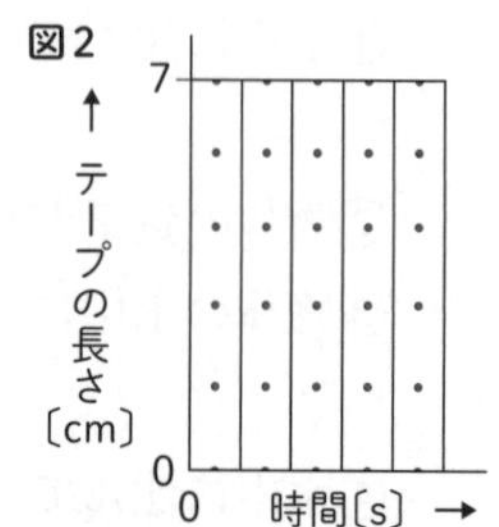

(1) AB 間において，台車が水平面から受ける力につりあう力は何か，その名称を書きなさい。

[　　　　　　]

(2) AB 間の台車の速さは何 cm/s か，求めなさい。 [　　　　　　]

(3) AB 間の台車の運動について，時間と移動距離との関係を示したグラフはどれか，右のア～エの中から1つ選び，その記号を書きなさい。 [　　　　]

(4) B点を通過してからの台車の運動を記録したテープを，時間の経過順に5打点ごとに切った。切った順に，はじめの6枚を左から紙にはりつけたものとして，最も適切なものはどれか，右のア～エの中から1つ選び，その記号を書きなさい。 [　　　　]

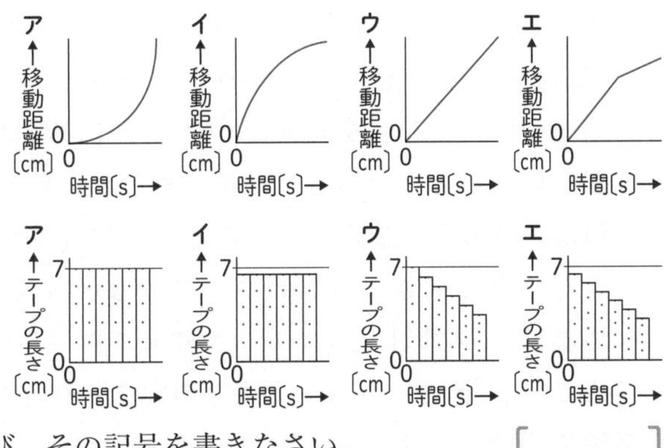

(5) B点を通過してからの台車がもつ力学的エネルギーについて述べた文として，最も適切なものはどれか，次のア～エの中から1つ選び，その記号を書きなさい。 [　　　　]

ア 運動エネルギーは減少し，力学的エネルギーは変化しない。

イ 運動エネルギーは減少し，力学的エネルギーも減少する。

ウ 運動エネルギーは増加し，力学的エネルギーは変化しない。

エ 運動エネルギーは増加し，力学的エネルギーも増加する。

3 浮力について調べるために，次の実験を行った。これについて，あとの問いに答えなさい。

〔長崎〕

図1のように，空気中で物体**A**を糸でばねばかりにつるし，ばねばかりの示す値を読みとった。次に，**図2**のように，物体**A**をすべて水に入れ，ばねばかりの示す値を読みとった。さらに，物体**A**のかわりに，物体**A**と質量が等しい物体**B**を用いて，同様に測定し記録した。表は，ばねばかりの値をまとめたものである。ただし，糸の質量や体積は考えないものとし，物体**A**，物体**B**の内部に空洞はなく，密度は均一であるとする。

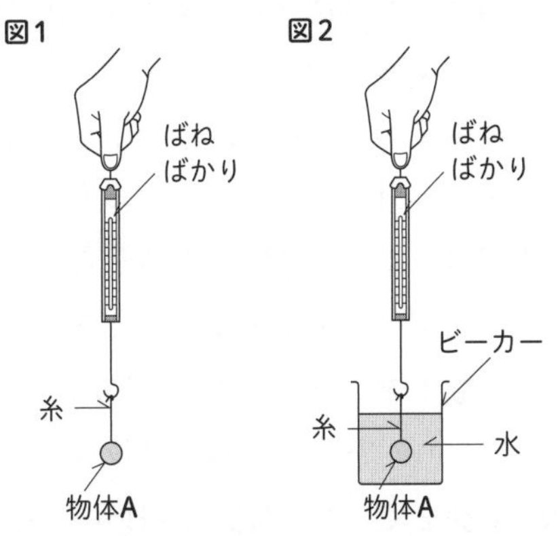

	空気中での値	水中での値
物体A	1 N	0.8 N
物体B	1 N	0.6 N

(1) **図2**の状態で，物体**A**にはたらく浮力の大きさは何 N か，答えなさい。

[　　　　　　]

(2) 物体**A**，物体**B**の密度はどちらが小さいか，記号で答えなさい。また，その理由を物体**A**，物体**B**の「質量」や「浮力と体積の関係」にふれながら説明しなさい。

記号[　　　　]

理由[　　　　　　　　　　　　　　　　　　　　]

4 **動滑車を使わないときと使ったときのおもりの運動を記録し，仕事や仕事率を調べた。あとの問いに答えなさい。ただし，動滑車の重さは考えず，質量が100 g の物体にはたらく重力の大きさを1 N とする。** 〔長野〕

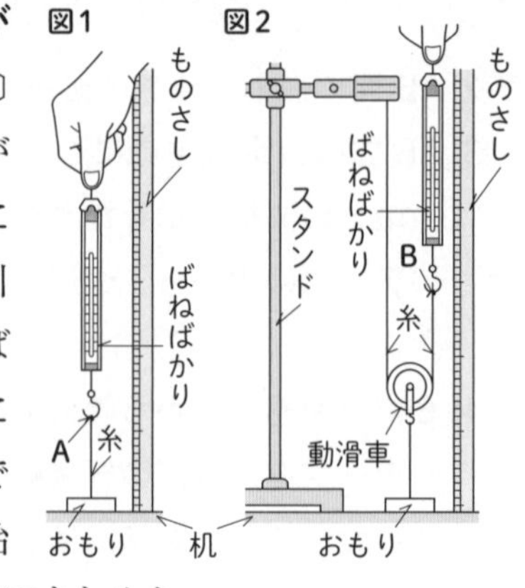

実験1 図1のように，ばねばかりに結びつけた糸の先に質量が0.5 kg のおもりをつけ，机の上に置いた。糸をばねばかりに結びつけた結び目を点**A**とした。手でばねばかりを真上に引き上げていくと，おもりは机から静かに離れた。その後，ばねばかりの示す値が一定になるように，ばねばかりを真上にゆっくりと引き上げ続けた。このようすをビデオカメラで撮影した。撮影したものをコマ送りで再生し，おもりが動き始めてからの時間と机からおもりの底までの高さとの関係を，表にまとめた。

実験2 図2のように，ばねばかりに結びつけた糸を，**実験1**と同じおもりをつけた動滑車に通し，その糸の先をスタンドに結びつけた。糸をばねばかりに結びつけた結び目を点**B**とした。手でばねばかりを真上に引き上げていくと，おもりは机から静かに離れた。その後，ばねばかりの示す値が一定になるように，ばねばかりを真上にゆっくりと引き上げ続けた。このようすを**実験1**と同様にビデオカメラで撮影して表にまとめた。

おもりが動き始めてからの時間〔秒〕		0	0.5	1.0	1.5	2.0	2.5
机からおもりの底までの高さ〔cm〕	**実験1**	0	6.0	12.0	18.0	24.0	30.0
	実験2	0	3.0	6.0	9.0	12.0	15.0

(1) **実験1**で，おもりが動き始めてからの時間が0秒から0.5秒までの，おもりの平均の速さは何cm/s か求めなさい。ただし，答えは小数第1位まで表しなさい。 [　　　　]

(2) **実験1**で，おもりが動き始めてからの時間が2.0秒のときの，おもりにはたらく重力と糸がおもりを引く力とを**図3**に描きなさい。ただし，**図3**の1目盛りを1N とし，力のはたらく点を・で，大きさと向きを矢印で描きなさい。

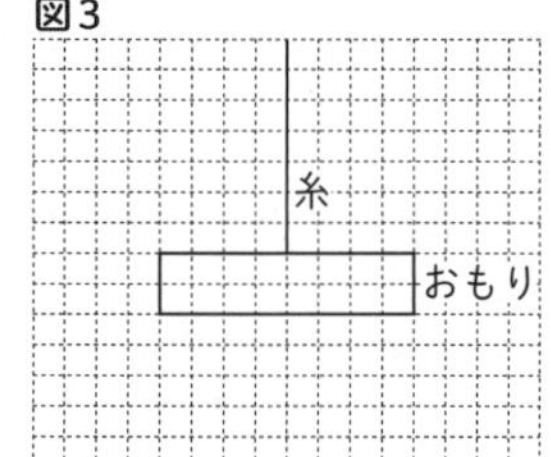

(3) **実験2**で，ばねばかりが糸を引く力の大きさは，**実験1**でばねばかりが糸を引く力の何倍になるか求めなさい。 [　　　　]

(4) **実験2**で，表の時間0.5秒から2.0秒までの間に，点**B**が動いた距離は何cmか求めなさい。ただし，答えは小数第1位まで表しなさい。 [　　　　]

(5) **実験1**で，表の時間0.5秒から2.0秒までの間に，手がおもりにする仕事の大きさを求めなさい。ただし，答えは小数第2位まで表しなさい。 [　　　　]

(6) **実験2**で，表の時間0.5秒から2.0秒までの間に，手がおもりにする仕事の仕事率を求めなさい。ただし，答えは小数第2位まで表しなさい。 [　　　　]

(7) **実験2**で，表の時間0.5秒から2.0秒までの間に，おもりの①運動エネルギー，②位置エネルギー，③力学的エネルギーはそれぞれどうなるか，適切なものを次の**ア**～**エ**から1つずつ選び，記号を書きなさい。ただし，同じ記号を何度使ってもよい。

①[　　　　] ②[　　　　] ③[　　　　]

ア だんだん大きくなる　**イ** だんだん小さくなる
ウ 変わらない　**エ** 大きくなったり小さくなったりする

5 **次の文を読み，あとの問いに答えなさい。** 〔東京学芸大附高〕

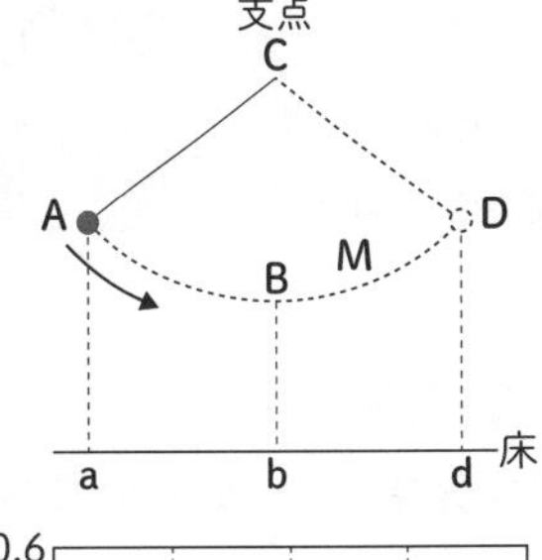

右の振り子は，小さなおもりを軽くて伸びない糸でつないだものである。おもりをA点で静かにはなしたら，A点と同じ高さのD点まで行き，A点にもどってきた。B点は振り子の支点Cの真下のおもりが通過する点，M点はB点からD点に行く途中の通過点である。a，b，d点はそれぞれA，B，D点の真下の床の位置である。

(1) A点で静かに止まっているときのおもりの位置エネルギーは0.5 J，B点でのおもりの運動エネルギーが0.2 Jであった。おもりの力学的エネルギーとおもりの水平位置との関係のグラフを右に描きなさい。

おもりの力学的エネルギー〔J〕 0.6 0.4 0.2 0
a b d
おもりの水平位置

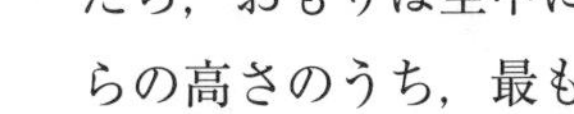

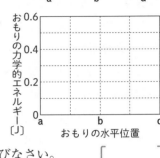

難問 (2) A点からおもりを静かにはなした。M点でおもりを糸からはなしたら，おもりは空中に飛び出した。その後，おもりが達する床からの高さのうち，最も高い位置はどうなるか。**ア〜エ**から1つ選びなさい。 [　　　]

ア D点より少し高い　　**イ** D点と同じ高さ
ウ D点より低くM点より高い　　**エ** M点と同じ高さ

(3) (2)で，おもりが床に着く直前のおもりがもつ運動エネルギーは何Jか，求めなさい。ただし，床に着く直前のおもりの位置エネルギーは0 Jである。 [　　　]

(4) 次に，はじめの位置Aからおもりを静かにはなし，D点でおもりを糸から切りはなした。その後，おもりの運動はどのようになるか，**ア〜オ**から1つ選びなさい。 [　　　]

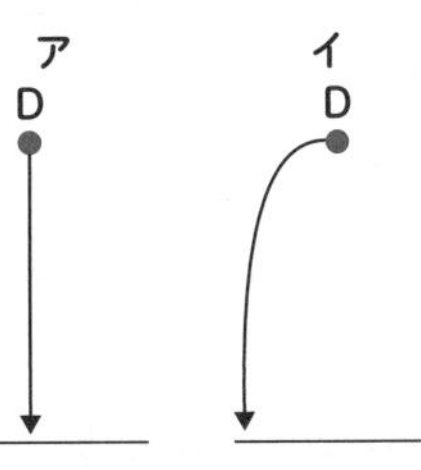

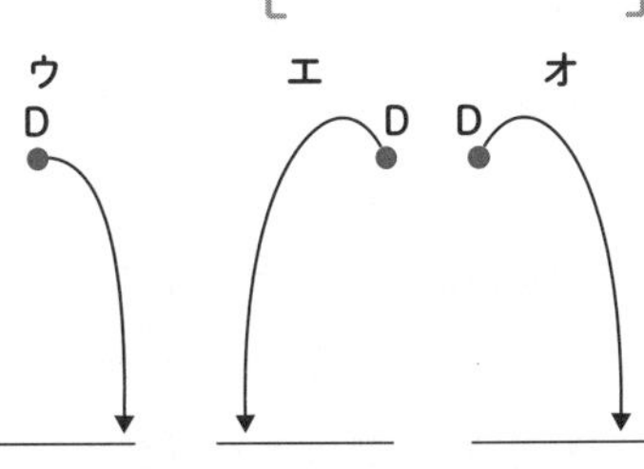

思考力 **6** **Kさんは海に浮いている同型の船A，Bを見つけた。BはAよりも荷物をたくさん積んでおり，図のようにAよりいくらか沈んでいた。荷物の分も含めたAの重さをW_A，Bの重さをW_B，Aにはたらく浮力の大きさをF_A，Bにはたらく浮力の大きさをF_Bとして，それらの大小関係について正しく表しているものはどれか。ア〜エから1つ選びなさい。** [　　　] 〔鹿児島〕

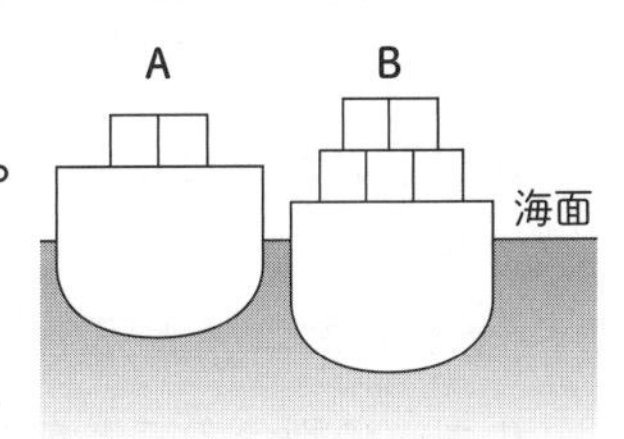

ア $W_A < W_B$，$F_A = F_B$　　**イ** $W_A < F_A$，$W_B < F_B$
ウ $W_A < F_A < W_B < F_B$　　**エ** $W_A = F_A < W_B = F_B$

7 **右の図のように，質量が等しい2つの金属を棒の両端に糸でつるして，棒が水平になって静止するようなてんびんをつくる。この2つの金属全体を水中に沈めたとき，2つの金属の種類が異なる場合には，棒は水平にならず傾く。この理由を書きなさい。** 〔滋賀〕

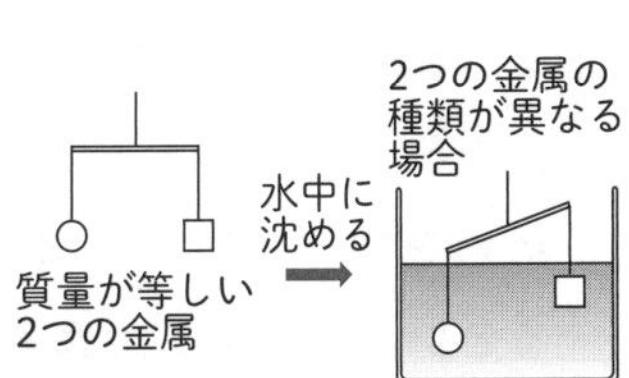

[　　　　　　　　　　　　　　　　　　]

月　　日

5 第1章 エネルギー 科学技術と人間

STEP 1 まとめノート

解答⇨別冊 p.10

① エネルギー ★

(1) **発電**……〈**水力発電**〉川の水をせきとめた水を落下させてタービンを回し発電する方法を① という。

〈**火力発電**〉② を燃やして発生した熱で水蒸気を発生させ，タービンを回して発電する方法を③ という。この発電では，発電によって生じた大気汚染(おせん)物質をとり除く必要がある。
└→硫黄酸化物や窒素酸化物など

排煙　ボイラー　水蒸気　タービン　発電機　燃料(石油)　水　放水路　冷却水　復水器

⬆ 火力発電

〈**原子力発電**〉④ などの**核**(かく)**燃料**が反応して発生した熱で水蒸気を発生させ，タービンを回して発電する方法を⑤ という。
└→高い安全性が求められている

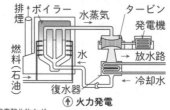

(2) **エネルギー**……〈**エネルギーの種類**〉熱せられた物質がもつエネルギーを⑥ エネルギー，光合成や光電地のもととなるエネルギーを⑦ エネルギー，燃料(石油やアルコール)などの物質内にたくわえられたエネルギーを⑧ エネルギーという。エネルギーには，そのほかに，電気エネルギー，核エネルギー，音エネルギーなどがある。

〈**化石燃料**〉数千年前から数億年前にすんでいた生物の遺がいが地層中で変化してできた燃料を⑨ という。化石燃料を燃やすと⑩ や窒素(ちっそ)酸化物などが発生し，⑪ や⑫ の問題を引き起こす。
└→石油・石炭・天然ガスなど

〈**再生可能エネルギー**〉太陽熱，太陽光，風力，水力，地熱など，いつまでもなくならないエネルギーを⑬ エネルギーという。石油や石炭などの資源には限りがあるので，将来，期待されているエネルギーである。

〈**エネルギー効率**〉⑭ したエネルギーに対して，⑮ できるエネルギーの割合のことをエネルギー効率という。

エネルギー効率〔%〕

$$=\frac{\text{利用できるエネルギー}}{\text{消費したエネルギー}}\times 100$$

〈**熱の利用**〉発電の際に発生する熱エネルギー(排熱(はいねつ))を，効率よく利用するシステムを⑯ システムという。自家発電した熱を捨てずに，冷暖房(れいだんぼう)や給湯(きゅうとう)に利用するというシステムである。
┌→ビルや工場，家庭でも実用化されている

空気安定供給装置　燃料電池スタック　空気　バックアップ用熱源機　貯湯タンク　燃料電池装置　熱　電気　温水　インバーター　熱回収装置

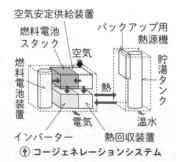

⬆ コージェネレーションシステム

ズバリ暗記
- 消費したエネルギーに対する利用できるエネルギーの割合を，エネルギー効率という。

①
②
③
④
⑤
⑥
⑦
⑧
⑨
⑩
⑪
⑫
⑬
⑭
⑮
⑯

入試Guide
再生可能エネルギーを利用した発電の種類をおさえておこう。太陽光発電，地熱発電，風力発電，バイオマス発電などがよく出題される。

❷ 科学技術の発展 ★

(1) **プラスチックの利用**……〈**プラスチック**〉人工的な合成樹脂で，加熱するとやわらかく，自由に形が変えられるものを⑰＿＿という。プラスチックには，PE(⑱＿＿)やPET(⑲＿＿)などがある。

〈**プラスチックの性質**〉プラスチックには，⑳＿＿を通さない，水をはじく，腐りにくいなどの性質がある。

〈**特徴あるプラスチック**〉電気を通すプラスチックを㉑＿＿という。菌類や細菌類のはたらきにより分解するプラスチックを㉒＿＿プラスチックという。最終的には水や㉓＿＿などの環境に悪影響をあたえない物質に分解される。

(2) **さまざまな新素材**……〈**光触媒**〉チタンが酸化した㉔＿＿には光触媒のはたらきがあり，光があたると有害物質を分解するので殺菌効果があるとされる。

〈**ファインセラミックス**〉金属の酸化物などを焼き固めたもので，軽く，化学薬品などと反応しにくいものを㉕＿＿という。㉖＿＿や機械部品に利用されている。

〈**ナノテクノロジー**〉物質を原子や分子の領域で自在に制御する技術のこと。炭素原子の集まりを円筒状にした㉗＿＿やサッカーボール状にした㉘＿＿などがある。

(3) **輸送手段の発達**……〈**動力の移り変わり**〉古来，人やものを輸送する動力には人力，動物，水力などが利用されてきた。産業革命後は㉙＿＿が広く使われるようになり，その後は㉚＿＿を利用したモーターや石油を利用するガソリンエンジンなどが開発された。その後はジェットエンジンやロケットエンジンの開発が進んだ。

(4) **コンピュータと生活**……〈**IoT**〉ものとインターネットをつなぐことを㉛＿＿という。インターネットを経由して離れた場所からものを操作したり，ものどうしが通信することで空調や照明を自動で動かすことができる。

〈**AI**〉人工知能のことを㉜＿＿という。人間と同様に考える知能を人工的に再現することとされている。

ズバリ暗記
- 石油からつくられる人工的な合成樹脂をプラスチックといい，用途によりさまざまな種類のものが利用されている。

⑰

⑱

⑲

⑳

㉑

㉒

㉓

㉔

㉕

㉖

㉗

㉘

㉙

㉚

㉛

㉜

Let's Try 差をつける記述式

植物体のバイオマスを利用した発電が，二酸化炭素の増加を抑制することができるのはなぜですか。

Point バイオマスとは，木片や家畜の糞尿などの有機物であることから考える。

[ ]

月　日

STEP 2 実力問題

ねらわれるココが
- エネルギーの種類と移り変わりのようす
- おもな発電方法と，その長所・短所
- 科学技術の発展による新しい素材や技術，環境問題

解答⇨別冊 p.10

1 **エネルギーの変換（へんかん）について調べるため，次の実験を行った。これについて，あとの問いに答えなさい。** 〔兵庫〕

実験1 豆電球または発光ダイオードに2.0 Vの電圧を加えたとき，豆電球には180 mA，発光ダイオードには2 mAの電流が流れた。

実験2 右の図のように，豆電球を手回し発電機につなぎ，手回し発電機のハンドルを一定の速さで回転させ，2.0 Vの電圧を回路に加え，点灯させた。次に，発光ダイオードにつなぎかえて同様の操作を行うと，2.0 Vの電圧を加えるために必要な10秒あたりのハンドルの回転数は減り，ハンドルを回転させるときの手ごたえは軽くなった。

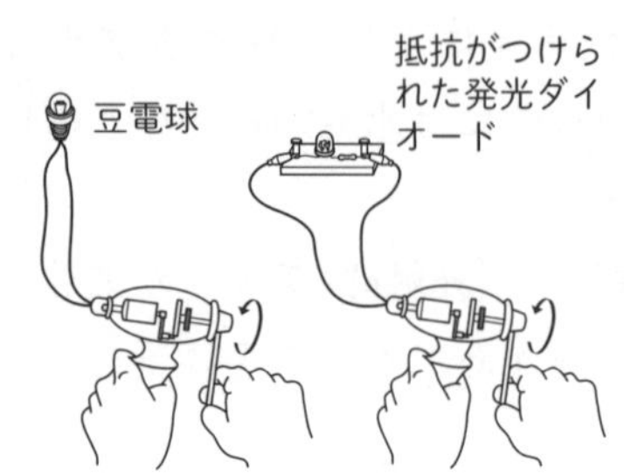

(1) 手回し発電機のハンドルを回して豆電球を点灯させるときのエネルギーの変換について説明した，次の文の ① ～ ③ に入る語句を，それぞれあとの**ア～オ**から1つ選んで，その記号を書きなさい。

　手回し発電機のハンドルを回す ① エネルギーが， ② エネルギーとなり，その一部が豆電球で光エネルギーに変換されるが， ② エネルギーのほとんどが ③ エネルギーとして失われている。

①［　　　］②［　　　］③［　　　］

ア 音　**イ** 電気　**ウ** 熱　**エ** 化学　**オ** 運動

(2) **実験1**において，2.0 Vの電圧を1分間加えたとき，発光ダイオードの電力量は豆電球の電力量より何J小さいか，四捨五入して小数第1位まで求めなさい。

［　　　］

2 **新しいエネルギー資源や，エネルギー資源の新しい利用に関する説明として最も適するものを，次の中から1つ選び，記号で答えなさい。** 〔神奈川〕

［　　　］

ア 太陽光発電は，光電池(太陽電池)を使って太陽のもつ位置エネルギーを電気エネルギーに変換するもので，天候や昼夜によって発電量が左右される。

イ 風力発電は，風のもつ運動エネルギーを電気エネルギーに変換するもので，気象条件に左右されず，発電量は安定している。

ウ 燃料電池は，炭素と酸素の反応によって化学エネルギーを電気エネルギーに変換するもので，発電時にできる物質は水だけなので，クリーンな発電方法である。

エ コージェネレーションシステムは，ビルなどに設置された発電機によって電気エネルギーを得るとき発生する熱を給湯（きゅうとう）や暖房（だんぼう）に利用する設備のことで，燃料のもつエネルギーを有効に利用できる。

得点UP!

1 (1)発光ダイオードは，豆電球と比べて電気エネルギーを光エネルギーに変換できる割合が大きい。このことを，「エネルギーの変換効率が良い」という。

(2)電力量＝電力×時間

2 光電池は，日光のあたらない夜は発電できない。また，風力発電は，風のないときには発電できない。

Check! 自由自在①
新しいエネルギー資源にはどのようなものがあるか調べてみよう。

3 次の文章を読んで，あとの問いに答えなさい。 〔秋田〕

次は，従来の火力発電，バイオマス発電，コージェネレーションシステムについて，発電の特徴をまとめたものである。

従来の火力発電 a 石油，石炭，天然ガスなどの化学エネルギーを使って発電する。日本の総発電量に占める割合は，最も大きい。資源の枯渇や環境への影響が課題となっている。

バイオマス発電 生物体をつくっている有機物の化学エネルギーを使って発電する。b 稲わらなどの植物繊維や家畜の糞尿から得られるアルコールやメタン，森林の c 間伐材を利用している。

コージェネレーションシステム 液化天然ガス等の化学エネルギーを使って自家発電するとともに，そのときに発生する熱を給湯や暖房に利用するシステムである。

(1) 表は，自然界で下線部b，cを最終的には無機物に変えるはたらきをする生物をなかま分けしたものである。表に示したⅠ，Ⅱの生物のなかまをそれぞれまとめて何というか，書きなさい。

Ⅰ	カビ，キノコ
Ⅱ	乳酸菌，大腸菌

Ⅰ〔　　　　〕 Ⅱ〔　　　　〕

(2) 下線部aを利用する従来の火力発電に比べて，下線部b，cを利用するバイオマス発電にはどんな利点があるか，書きなさい。

〔　　　　　　　　〕

(3) 図は，従来の火力発電とコージェネレーションシステムについて，それぞれの発電に用いた化学エネルギーがどのように移り変わっていくかを，模式的に表した一例である。

①図をもとに，従来の火力発電とコージェネレーションシステムについて，移り変わったエネルギーの割合を比較した。最もちがいが大きいのは次のどれか，1つ選んで記号を書きなさい。 〔　　〕

ア 利用される電気エネルギー　イ 送電・変電にともなう損失
ウ 利用できない排熱　エ 利用される熱エネルギー

②図のコージェネレーションシステムで利用される電力が4500 kWのとき，このシステム全体で利用されるエネルギーは，1秒間に何kJになるか，求めなさい。 〔　　　〕

得点UP!

3 (1)カビやキノコのなかまや，乳酸菌や大腸菌などの微生物は，生物の死がいなどの有機物を養分としてとり入れる。
(2)バイオマス発電とは，動物の糞や間伐材など，生物の有機物がもつ化学エネルギーを利用したものである。

Check! 自由自在② バイオマス発電とはどのようなものか調べてみよう。

(3)①従来の火力発電では，利用される熱エネルギーがないことに注意する。
②コージェネレーションシステムでは，利用される電気エネルギーと熱エネルギーの合計は80％になる。

Check! 自由自在③ コージェネレーションシステムの利点を調べてみよう。

STEP 3 発展問題

解答 ⇨ 別冊 p.11

1 **次の文章は，電気エネルギーや火力発電について述べたものである。これについて，あとの問いに答えなさい。**　〔千葉ー改〕

図1は，日本で1年間に発電される電気エネルギーの量の移り変わりを示したものである。日本で使用される電気エネルギーは，そのほとんどが火力発電，原子力発電，水力発電から得られる。

<u>火力発電所では，石油などの化石燃料から，電気エネルギーを得ている</u>。2009年度における，化石燃料によって発電された電気エネルギーの量は，全体の62%を占め（し）ている。

化石燃料からエネルギーを得るときには，化石燃料は酸化される。化石燃料に含（ふく）まれる炭素分は二酸化炭素になって大気中にたまり，地球から宇宙へ出ていくはずだった熱を吸収して，地球［ X ］の原因になると考えられている。また，石油などに含まれる硫黄（いおう）分が酸化されて二酸化硫黄になり，大気中で硫酸（りゅうさん）などに変わって雨や雪を酸性にする。

化石燃料を用いた発電は，発電量の調節が容易であり，電力の安定供給に大きな役割を果たしている。

図1

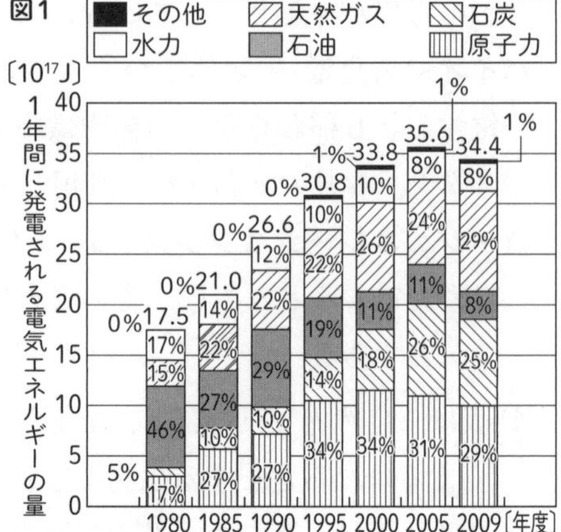

（注）太字の数値は各年度の電気エネルギーの総量を表す。%の付された数値は各年度の構成比を表し，四捨五入の関係で合計値が100にならない場合がある。石油にはLPGなどを含（ふく）む。
（資源エネルギー庁「平成21年度エネルギーに関する年次報告〈エネルギー白書2010〉」より作成）

(1) **図1**を見て述べた文として正しいものはどれか，次の**ア**～**オ**のうちから適当なものを2つ選び，その記号を書きなさい。　［　　　　］

ア 1980年度以降，天然ガスの割合はふえ続けている。

イ 1980年度以降，化石燃料の割合は減り続けている。

ウ 1990年度以降，化石燃料の割合は50%～65%の間で推移している。

エ 2000年度に原子力で発電された電気エネルギーの量は，1980年度に原子力で発電された電気エネルギーの量の5倍以上になっている。

オ 2005年度に石炭で発電された電気エネルギーの量は，1980年度に石炭で発電された電気エネルギーの量の9倍以上になっている。

(2) 文章中の下線部に関して，**図2**は，火力発電の，発電の過程におけるエネルギーの変換（へんかん）のようすを表したものである。**図2**の**a**～**c**にあてはまるエネルギーの種類の組み合わせとして，最も適当なものを次の**ア**～**エ**のうちから1つ選び，その記号を書きなさい。　［　　　　］

図2

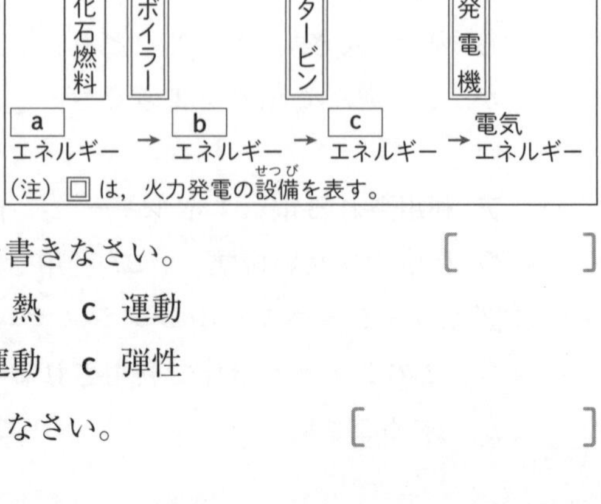

化石燃料　ボイラー　タービン　発電機

［a］エネルギー → ［b］エネルギー → ［c］エネルギー → 電気エネルギー

（注）□は，火力発電の設備（せつび）を表す。

ア a 熱　b 蒸気　c 運動　　**イ** a 化学　b 熱　c 運動

ウ a 化学　b 熱　c 弾性　　**エ** a 熱　b 運動　c 弾性

(3) 文章中の［ X ］にあてはまる最も適当な言葉を書きなさい。　［　　　　］

2 **和美さんたちは，「新聞記事から探求しよう」というテーマで調べ学習に取り組んだ。これについて，あとの問いに答えなさい。** 〔和歌山〕

次の文は，水素ステーション開設の新聞記事の内容を和美さんが調べ，まとめたものの一部である。

> 水素は宇宙で最も多く存在する原子と考えられており，地球上では，ほとんどが他の原子と結びついた化合物として存在する。水素原子を含(ふく)む化合物から［ X ］の水素を取り出す方法の1つとして，水の電気分解がある(**図1**)。
>
> **図1**
>
> 水の電気分解
>
> 水 ＋ 電気エネルギー → 水素 ＋ 酸素
>
> **図2**
>
> 水の電気分解と逆の化学変化
>
> 水素 ＋ 酸素 → 水 ＋ 電気エネルギー
>
> 一方で，水の電気分解と逆の化学変化(**図2**)を利用して水素と酸素から電気エネルギーを取り出す装置がある。この装置を利用した自動車に水素を供給する設備として，水素ステーション(**図3**)が，2019年に和歌山県内に開設された。水素は，<u>化石燃料とは異なる新しいエネルギー源</u>としての利用が注目されている。
>
> **図3** 水素ステーション
>
> 
>

(1) 文中の［ X ］にあてはまる，1種類の原子だけでできている物質を表す語を，次の**ア**～**エ**の中から1つ選んで，その記号を書きなさい。 [　　　]

ア 混合物　　**イ** 酸化物

ウ 純物質　　**エ** 単体

(2) 水の電気分解に用いる電気エネルギーは，太陽光発電で得ることもできる。化石燃料のように使った分だけ資源が減少するエネルギーに対して，太陽光や水力，風力など，使っても減少することがないエネルギーを何というか，書きなさい。

[　　　　　　　　]

(3) 下線部について，化石燃料を利用するのではなく，水素をエネルギー源にすると，どのような利点があるか。化学変化によって生じる物質に着目して，簡潔に書きなさい。

[　　　　　　　　　　　　　　　　　　　　　　　　]

3 **次の問いに答えなさい。ただし，ここでの燃料電池は水素を燃料とするものとする。** 〔清風南海高〕

(1) ガソリンで走る車と，燃料電池で走る車の主な排出物(はいしゅつぶつ)の物質名を答えなさい。

ガソリン[　　　　　　]

燃料電池[　　　　　　]

(2) 燃料電池で走る車は，ガソリンで走る車と比べ，環境への影響(えいきょう)が少ないといわれている。その理由を簡単に書きなさい。

[　　　　　　　　　　　　　　　　　　　　　　　　]

〔　　月　　日〕

理解度診断テスト②

本書の出題範囲 pp.24〜49　時間 35分　得点 /50点　理解度診断 A B C

解答⇨別冊 p.11

1 次の実験について，あとの問いに答えなさい。

〔大分－改〕

電熱線にかかる電圧と電熱線に流れる電流の関係を調べるための実験を行った。

実験1 **図1**のように，抵抗（ていこう）の大きさが10 Ωの電熱線Aに電源装置，電流計，電圧計，スイッチをつなぎ，電熱線Aにかかる電圧を変化させながら，電熱線Aに流れる電流を測定した。

実験2 電熱線Aを電熱線Bに変えて，**実験1**と同様に電熱線Bに流れる電流を測定した。**図2**は**実験1**，**実験2**の結果をグラフにまとめたものである。

図1

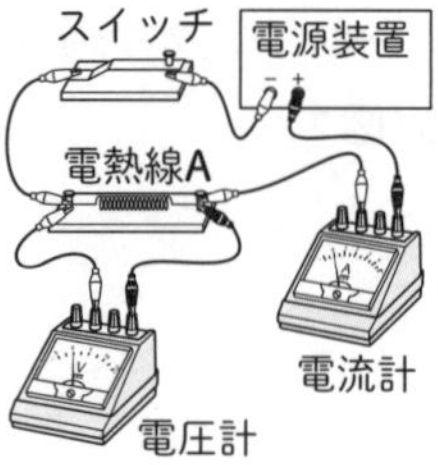

スイッチ　電源装置　電熱線A　電流計　電圧計

図2

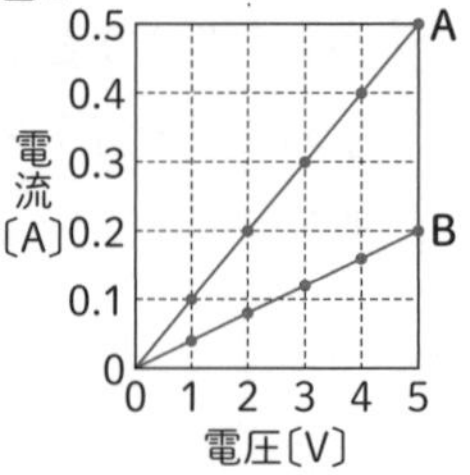

電流〔A〕　0.5　0.4　0.3　0.2　0.1　0　0 1 2 3 4 5　電圧〔V〕　A　B

(1) **図3**は，**実験1**で電熱線Aに流れる電流を測定しているときの電流計の一部である。電熱線Aに流れる電流の大きさは何Aですか。(4点)

〔　　　〕

図3

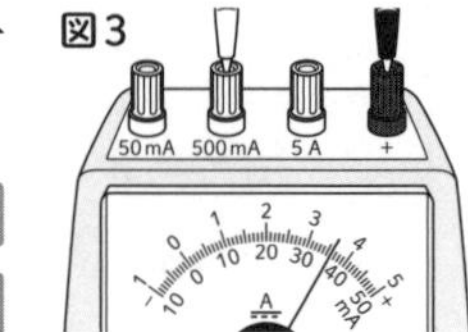

(2) 電熱線Bの抵抗の大きさは何Ωですか。(4点)　〔　　　〕

重要 (3) 次の文は，**実験1**，**実験2**の結果をもとに，電熱線A，Bの電流の流れやすさと電力についてまとめたものである。文中の①，②に，「電熱線A」または「電熱線B」の語句を入れなさい。

(2点×2) ①〔　　　〕 ②〔　　　〕

電熱線A，Bでは，[①]のほうが電流は流れやすく，電熱線A，Bに等しい電圧をかけたときの電力は[②]のほうが大きい。

図4

電熱線A　電熱線B　P　Q　A　V

(4) **図4**のように，電熱線A，Bを直列につないだ回路をつくり，電流と電圧を測定した。電流計を流れる電流の大きさが0.1 Aのとき，PQ間の電圧は何Vですか。(4点)　〔　　　〕

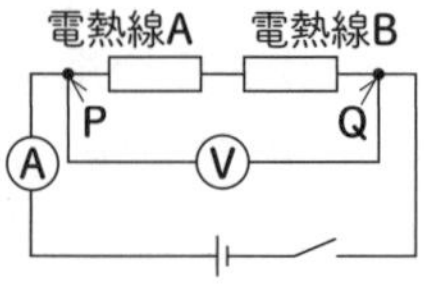

(5) 別の電熱線Cを用意し，**図5**のように電熱線A，Cを並列につないだ回路をつくった。電圧を変化させながら電流を測定したところ，**図6**のようなグラフになった。電熱線Cの抵抗の大きさは何Ωですか。(4点)　〔　　　〕

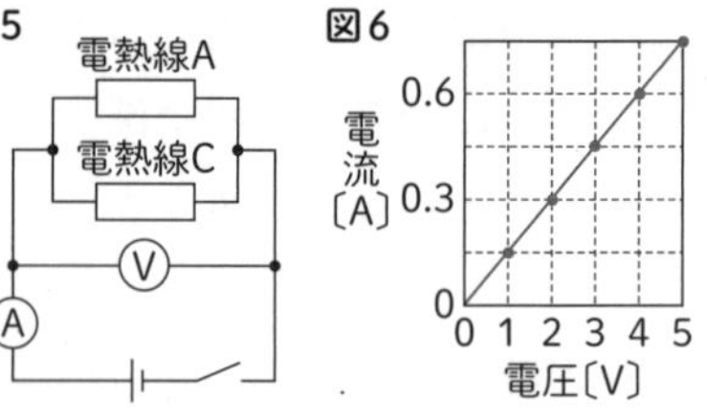

2 次の文章を読んで，あとの問いに答えなさい。

〔青森－改〕

右の図は，クルックス管(真空放電管)の電極Aが－極に，電極Bが＋極になるように高電圧をかけたときの真空放電のようすを模式的に表したものである。

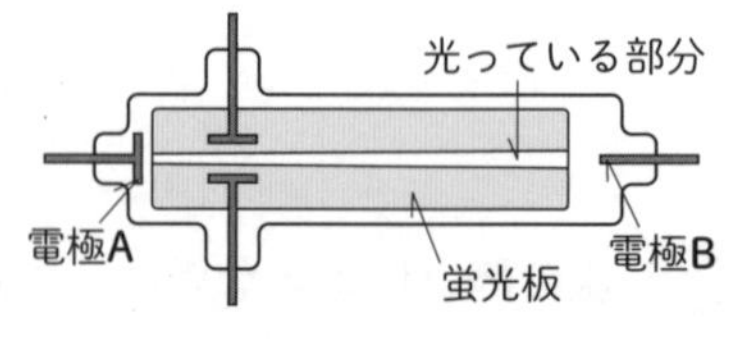

(1) 図に見られる光の筋を何というか，答えなさい。(3点)　〔　　　〕

(2) 蛍光板（けいこうばん）にあたり，蛍光板を光らせている粒子（りゅうし）を何というか，答えなさい。(3点)〔　　　〕

(3) 電極AB間の電流の流れについて述べた文として，適切なものを，次の**ア**〜**エ**から1つ選び，その記号を書きなさい。(4点)　〔　　　〕

ア 電極Aから電極Bの向きに流れる。　**イ** 電極Bから電極Aの向きに流れる。

ウ 電極Aから電極B，電極Bから電極Aの向きに，交互（こうご）に流れる。　**エ** 流れない。

3 **レール上の小球の運動のようすを調べた実験1，2について，あとの問いに答えなさい。ただし，小球にはたらく摩擦や空気の抵抗は考えないものとする。** 〔宮城ー改〕

実験1 長さ3mのレール上の左端にA点，右端にB点，さらに，A点から40cm間隔で4点P，Q，R，Sをとった。**図1**のように，このレールをA点から1mのところで曲げて水平な台の上に固定した。小球をA点において手をはなすと，小球はレールに沿って動き，B点から水平方向に飛び出した。小球が各点を通過するまでにかかった時間を右の表にまとめた。

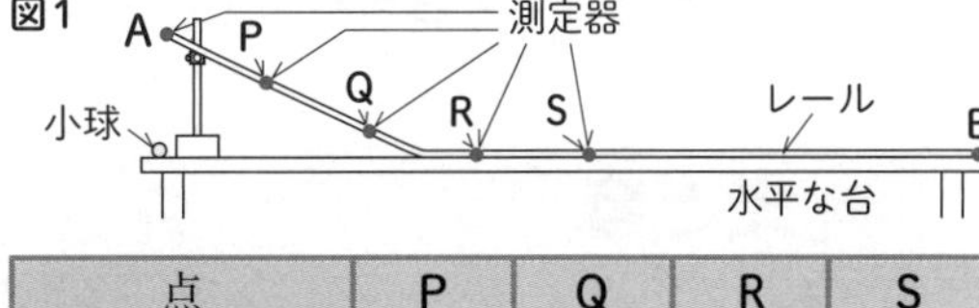

点	P	Q	R	S
時間〔s〕	0.40	0.57	0.71	0.84

実験2 **実験1**で用いたレールを，**図2**のように，B点から1mのところで曲げ，台からの高さがA点とB点で等しく，両端からそれぞれ1mまでの部分が斜面で，残りが水平面になるようにした。小球をA点に置いて手をはなすと，a <u>小球はレールに沿って動き</u>，B点に到達すると反対向きに動き出した。次に，B点をA点の高さよりも下げ，B点側の斜面の傾きを小さくして，小球をA点に置いて手をはなすと，小球はレールに沿って動いた後，b <u>B点から斜め上に飛び出した</u>。

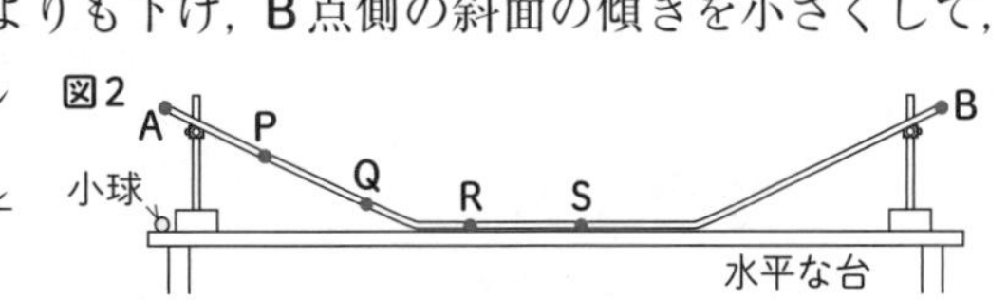

(1) **実験1**で，A点から動き出した小球の位置を，0.10秒ごとに示したものとして，最も適切なものを，右の**ア**～**エ**から1つ選び，記号で答えなさい。(3点) 〔　　　〕

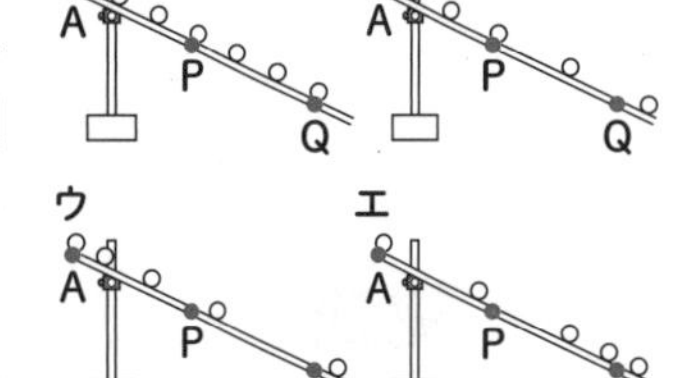

(2) **実験1**で，水平面を動く小球の速さは何m/sか，答えは小数第2位を四捨五入して求めなさい。(3点) 〔　　　〕

(3) 次の文章は，**実験1**で，レール上の小球にはたらく力とその運動のようすを述べたものである。文章の内容が正しくなるように，①，②からそれぞれ1つ選び，③に適切な語句を入れなさい。(2点×3)

①〔　　　〕 ②〔　　　〕 ③〔　　　〕

斜面上では，重力の①(**ア** 斜面に垂直な方向　**イ** 斜面方向)の②(**ウ** 合力　**エ** 分力)が小球にはたらき続け，小球の速さはだんだんはやくなった。一方，水平面上では，小球にはたらく［ ③ ］と，レールからの垂直抗力がつりあい，また，水平方向の力が小球にはたらかないので，小球の速さは一定になった。

(4) **実験2**の下線部aで，小球がS点を通過してからB点に到達するまでの，時間と小球の移動距離の関係を表したグラフとして，最も適切なものを，右の**ア**～**エ**から1つ選び，記号で答えなさい。(3点) 〔　　　〕

(5) **実験2**の下線部bで，レールを飛び出したあとの小球が最も高く上がったときの高さは，A点よりも低くなった。その理由を説明しなさい。(5点)

〔　　　　　　　　　　　　　　　　　　　　〕

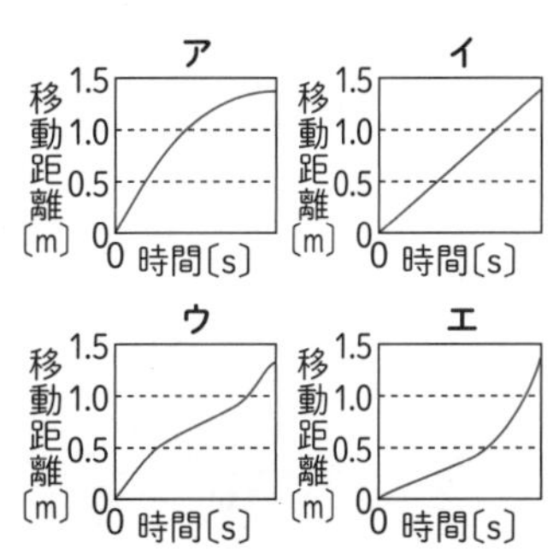

解答⇨別冊 p.12

精選 図解チェック&資料集 エネルギー

●次の空欄にあてはまる語句を答えなさい。

光と音

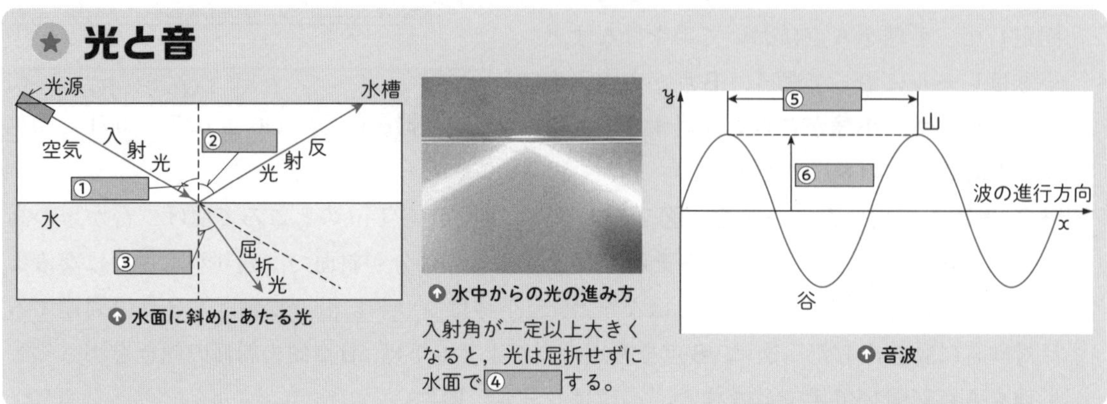

水面に斜めにあたる光

水中からの光の進み方

音波

力と圧力

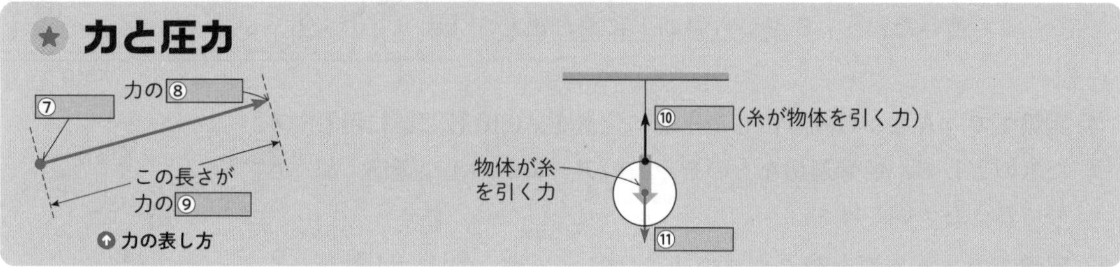

力の表し方

電流

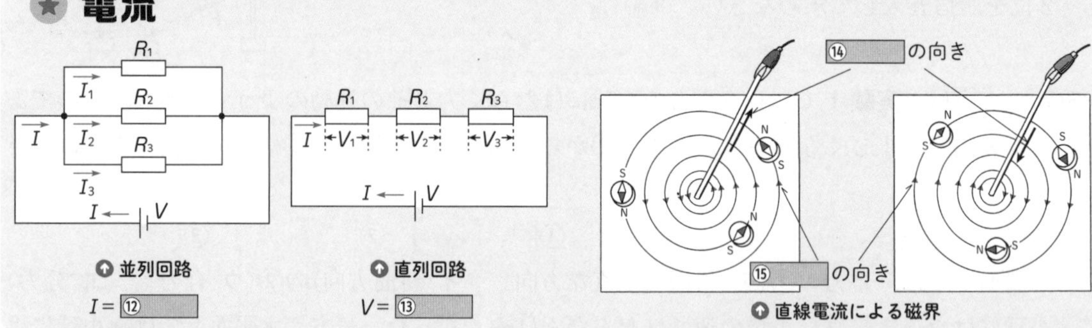

並列回路

直列回路

直線電流による磁界

運動とエネルギー

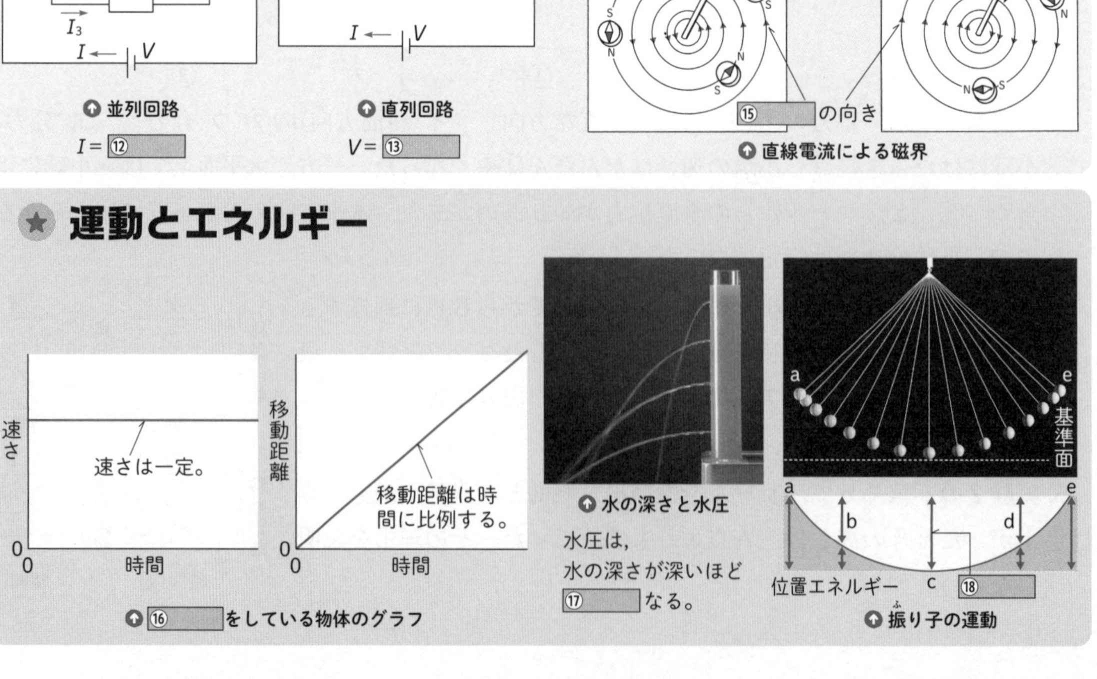

⑯ をしている物体のグラフ

水の深さと水圧

振り子の運動

第2章 物　質

第2章　物質

物質のすがた

STEP 1　まとめノート

解答⇨別冊 p.12

① 物質のすがた ★★

(1) **身のまわりの物質**……**〈物質〉**わたしたちの身のまわりの物体はいろいろな材料でできている。この材料の種類のことを①＿＿という。

〈金属〉金属には，次のような共通した性質がある。
（└→磁石に引かれるかどうかは金属共通の性質ではない）

1. 独特の②＿＿がある。
2. うすく広がる性質(③＿＿)，細くのびる性質(④＿＿)がある。
3. 電気伝導性が高く，⑤＿＿を流しやすい。
4. 熱伝導性が高く，⑥＿＿をよく伝える。
5. 炎(ほのお)の中に入れると，その金属に特有な⑦＿＿反応が見られる。

ガラス，プラスチック，木，ゴムなど，金属以外の物質を⑧＿＿という。
（有機物はすべて非金属である→）

〈有機物と無機物〉砂糖やデンプンのように加熱するとこげ，炭素を含(ふく)む物質を⑨＿＿といい，食塩や金属，酸素，水，ガラスのように，炭素を含まない物質を⑩＿＿という。二酸化炭素や一酸化炭素は炭素を含むが，これらは⑪＿＿に分類される。
（└→燃えて二酸化炭素を発生する）

(2) **実験器具の使い方**……**〈ガスバーナー〉**ガスバーナーを使うときの手順は次の通りである。

1. 火をつける前に，２つの調節ねじがしまっていることを確認する。
2. 火をつけ，⑫＿＿を回す。
3. 炎を適当な大きさにしてから⑬＿＿で調整して空気を入れ，青色の安定した炎にする。

〈上皿てんびん〉水平なところに置き，左右の針の振(ふ)れが等しくなるように⑭＿＿で調節する。分銅は，はかろうとするものより少し重いと思われるものからのせる。

〈電子てんびん〉電子てんびんは水平なところに置く。薬品をはかるときは，皿に⑮＿＿または容器をのせてから電源を入れる。

〈メスシリンダー〉水平な台の上に置き，目の位置を液面と同じ高さにして，液面のへこんだ下の面を，１目盛りの⑯＿＿まで目分量で読みとる。

液面のへこんだ下の面を読む
×
直角
目を液面と水平にして読む
最小目盛りの10分の1まで目分量で読む
水平な台
⬆ メスシリンダーの読み方

①＿＿
②＿＿
③＿＿
④＿＿
⑤＿＿
⑥＿＿
⑦＿＿
⑧＿＿
⑨＿＿
⑩＿＿
⑪＿＿
⑫＿＿
⑬＿＿
⑭＿＿
⑮＿＿
⑯＿＿

入試Guide

実験器具の使い方について，操作の手順だけでなく操作の目的が問われることもある。例えば，ガスバーナーの炎が赤いとき空気調節ねじを開くのはなぜか，など細かい点も確認しておこう。

ズバリ暗記
- 物体をつくる材料の種類のことを物質という。
- 燃えると二酸化炭素が出る物質を有機物，その他の物質を無機物という。

❷ 状態変化と体積変化 ★★

(1) **状態変化**……〈**物質の三態**〉物質が，固体・液体・気体の状態に変化することを ⑰ という。水の三態の粒子(りゅうし)のようすは右の図のようになる。

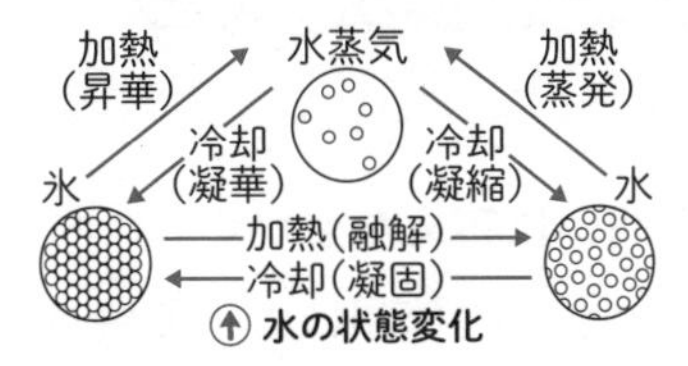

⬆ 水の状態変化

1. ⑱ …力を加えても，一定の体積と形が変わらない。
2. ⑲ …一定の体積はもつが，形は不定である。
3. ⑳ …一定の体積や形を保つことができない。

(2) **物質の密度**……〈**密度**〉物質 1 cm^3 あたりの質量を ㉑ という。密度は物質によって ㉒ なので，物質を区別する手がかりとなる。

〈**密度の単位**〉質量の単位〔g〕を体積の単位〔cm^3〕で割った形〔g/cm^3〕で表す。
「グラム毎立方センチメートル」と読む

$$密度〔g/cm^3〕= \frac{㉓〔g〕}{㉔〔cm^3〕}$$

〈**比重**〉ある物質の質量と，それと同じ体積の基準となる物質の質量の比を ㉕ という。
ふつう，固体・液体の基準になる物質は，4℃の水である

(3) **物質の特性**……〈**混合物と純粋(じゅんすい)な物質**〉食塩水のように，2 種類以上の物質が混じり合ってできているものを ㉖ といい，水，食塩のように，1 つの単体または化合物からできているものを ㉗ という。

〈**沸点(ふってん)と融点(ゆうてん)**〉物質が沸騰(ふっとう)して液体が気体になるときの温度を ㉘ といい，物質がとけて固体が液体になるときの温度を ㉙ という。また，物質が冷えて液体が固体になるときの温度を ㉚ といい，融点と等しい。純粋な物質では，沸点や融点は物質によって一定である。
水の沸点は 100℃，融点(凝固点)は 0℃である

〈**温度による状態変化のようす**〉下のグラフは，ある固体の物質を加熱して，その状態変化を調べたものである。A は ㉛ と液体が混ざった状態であり，B は ㉜ と気体が混ざった状態であるといえる。
物質を冷やしていった場合は，右下がりのグラフになる

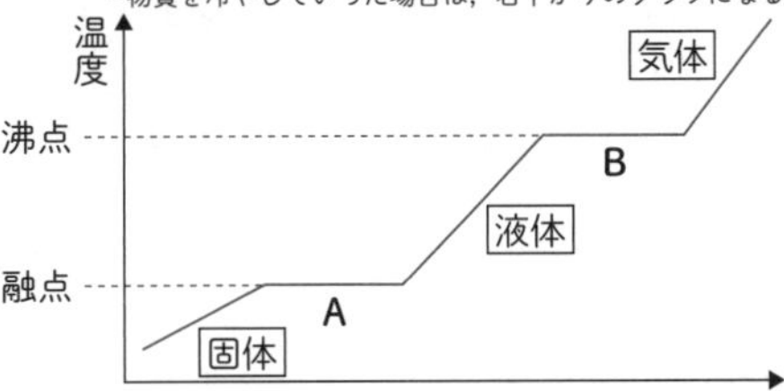

⬆ 温度による状態変化のようす

〈**蒸留**〉液体の沸点のちがいを利用して，それぞれの物質に分ける方法を ㉝ という。

ズバリ暗記
- 物質 1 cm^3 あたりの質量を密度といい，物質によって決まっている。
- 氷は 0 ℃で水になり，100℃で水蒸気になる。

⑰ ______
⑱ ______
⑲ ______
⑳ ______
㉑ ______
㉒ ______
㉓ ______
㉔ ______
㉕ ______
㉖ ______
㉗ ______
㉘ ______
㉙ ______
㉚ ______
㉛ ______
㉜ ______
㉝ ______

入試Guide
密度を計算することで，水に浮くか沈(しず)むかがわかる。水の密度 1 g/cm^3 より，小さな物質は水に浮き，大きな物質は水に沈む。

Let's Try 差をつける記述式

エタノールと水と砂の混合物から，砂とエタノールを取り出す方法を説明しなさい。

Point 水に溶けない砂と，水と沸点のちがうエタノールの性質を考える。

[　　　　　　　　　　　　　　　　　　　　]

STEP 2 実力問題

ねらわれるココが
- ○物質の温度による状態の変化のようす
- ○密度の意味とその求め方
- ○混合物から純粋な物質を取り出す方法

解答⇨別冊 p.12

1 **金属について，次の問いに答えなさい。**

(1) 金属は，体積が同じときその種類によって質量は一定であるが，体積が異なると質量の大小を正確に比較することができない。そこで 1 cm³ あたりの質量を比べることにした。この 1 cm³ あたりの質量を何といいますか。

[　　　　　]

(2) 金属には共通した性質があるが，次のうち，金属に共通した性質といえないものが1つある。その記号を書きなさい。 [　　　]

ア みがくと光り，特有の金属光沢をもつ。

イ 磁石に引かれる。

ウ 電気伝導性が大きく，電気抵抗が小さい。

エ たたくとのびて広がり，引くと伸びて細い線になる。

(3) 砂糖やデンプンなど，炭素を含む物質を有機物というのに対して，金属のように炭素を含まない物質を何といいますか。 [　　　　　]

2 **物質の状態変化に関する実験を行った。あとの問いに答えなさい。**〔富山―改〕

実験1 **図1**のように装置を組み立て，水とエタノールの混合物を弱火で加熱し，出てきた気体の温度を1分おきに20分間はかり，グラフに表したところ**図2**のようになった。

実験2 4分おきに試験管を交換し，20分間で5本の試験管**A**～**E**に順に集めた。

図1

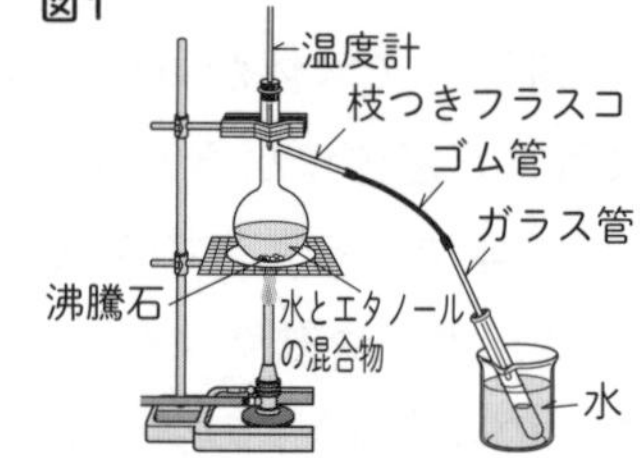

図2

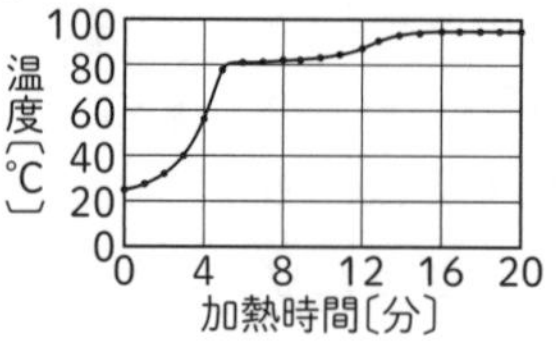

(1) 液体を熱して沸騰させ，出てくる蒸気を冷やして再び液体としてとり出すことを何というか。 [　　　　　]

(2) 試験管**A**～**E**のうち，エタノールが最も多く含まれているものはどれか。

[　　　]

3 **ポリエチレンの袋に液体のエタノールを少量入れて口を閉じ，上から熱湯をかけたところ，袋は大きくふくらんだ。このときの，ポリエチレンの袋の中のエタノールの粒子のようすについて述べた文として適切なものは，次のうちのどれか，記号で答えなさい。** [　　　]〔東京〕

ア エタノールの粒子の数が熱によって増えた。

イ エタノールの粒子の大きさが熱によって大きくなった。

ウ エタノールの粒子が熱によって自由に飛び回るようになった。

エ エタノールの粒子が熱によって分解され，二酸化炭素と水蒸気が発生した。

得点UP!

1 (1)密度＝質量÷体積である。

(2)アルミニウムは磁石に引きつけられない。

(3)食塩やガラスなども無機物である。

2 (1)物質の沸点の違いを利用して分離する方法を蒸留という。

3 物質は，気体となっても，粒子の数が増えたり，粒子が大きくなったりすることはない。

4 密度について，次の問いに答えなさい。

(1) 次の文中の ① ， ② にあてはまる語や数値を書きなさい。〔茨城〕

A 固体を水の中に入れると，水より密度の大きい固体は水に ① 。

B 密度 2.5 g/cm^3 のガラス 30 g の体積は ② cm^3 である。

①［　　　　］ ②［　　　　］

重要 (2) 同じ金属でできている，同じ体積の球を5個用意した。この金属球1個の質量は 15.8 g である。いま，100 cm^3 のメスシリンダーに水を 50 cm^3 入れ，5個の金属球をすべて入れ，水平な台の上に置いた。液面と同じ高さで見たところ，水の液面は，右の図のように見えた。このことから，この金属の密度はいくらと考えられるか，最も適するものを次のア～エの中から1つ選びなさい。

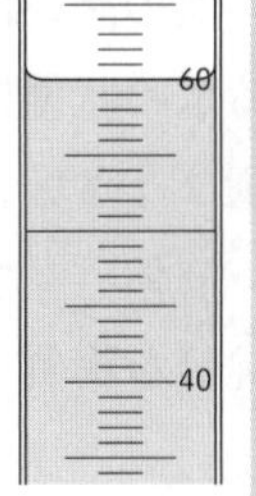

［　　　　］〔神奈川〕

ア 1.6 g/cm^3　イ 2.7 g/cm^3

ウ 7.9 g/cm^3　エ 19.3 g/cm^3

5 次の問いに答えなさい。

(1) 次の実験について，あとの問いに答えなさい。〔長崎〕

実験 図1のように固体のロウを弱火でとかして液体にし，その後，冷やしてロウを固体にした。そのようすを観察したところ，固まったロウが入ったビーカーの断面は図2のようになった。ただし，図中の点線は，冷えはじめる前の液面の位置を示している。なお，ロウが固まる前と，ロウが固まったあとの質量は同じであった。

図1

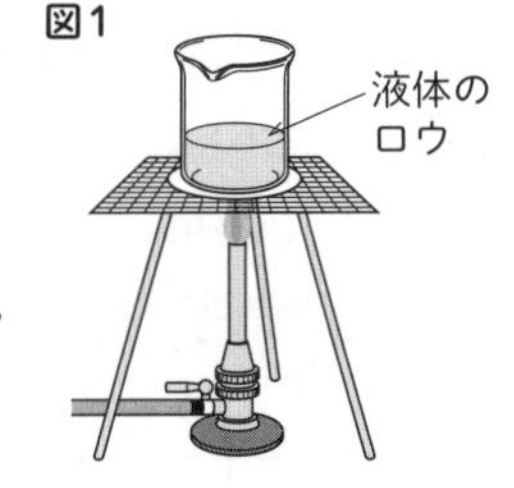

図2

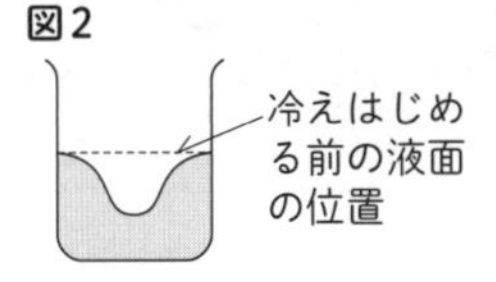

①下線部について，固体がとけて液体に変化するときの温度を何というか，答えなさい。

［　　　　］

思考力 ②液体のロウを冷やして固体にしたとき，密度はどのように変化するか。実験1の結果から考えられることを用いて，理由を含めて説明しなさい。

［　　　　　　　　　　　　］

重要 (2) 図3は，ガスバーナーに点火し，炎の大きさを調節したあとのようすである。ガスバーナーの炎を青色の安定した状態にするには，このあとどのような操作が必要か，次のうちから，最も適当なものを1つ選びなさい。

図3

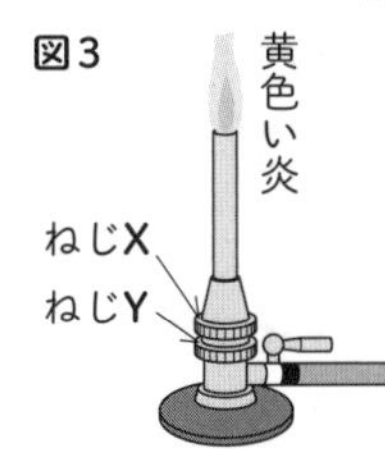

［　　　　］〔岩手〕

ア ねじXを固定し，ねじYをしめて空気の量を減らす。

イ ねじXを固定し，ねじYをゆるめて空気の量をふやす。

ウ ねじYを固定し，ねじXをしめて空気の量を減らす。

エ ねじYを固定し，ねじXをゆるめて空気の量をふやす。

得点UP!

4 (1)②質量÷密度で体積を求めることができる。

(2)増えた水の分が金属の体積である。

Check! 自由自在①
いろいろな物質の密度を調べてみよう。

5 (1)①融点(凝固点)・沸点などの意味をしっかりとおさえておこう。

②ロウの体積は変化しているが，質量は変わっていないことに注意しよう。

密度＝$\frac{質量}{体積}$

(2)ねじXは空気調節ねじ，ねじYはガス調節ねじである。炎の色が黄色いことから，空気が不足していることがわかる。

STEP 3 発展問題

解答⇨別冊 p.13

1 **右の図は，25℃の水を加熱したときの，加熱時間と水の温度との関係を表したグラフであり，P，Qはグラフ上の点である。これについて，次の問いに答えなさい。** 〔大阪－改〕

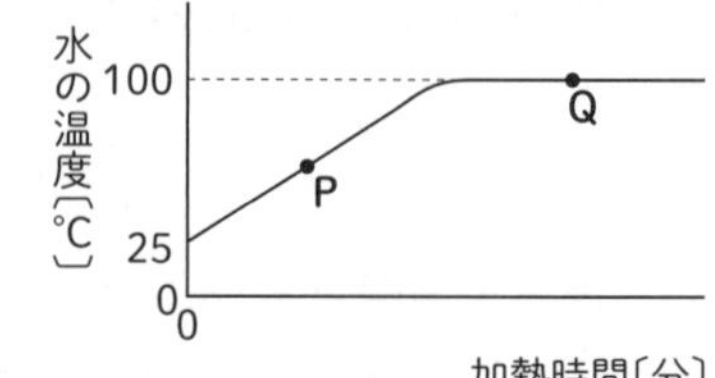

(1) P，Qにおける水の状態は何か。次の**ア**～**カ**のうち，最も適しているものを選びなさい。　P［　　　］ Q［　　　］

ア 固体　**イ** 液体　**ウ** 気体　**エ** 固体と液体　**オ** 液体と気体　**カ** 固体と気体

(2) 図より，水が純粋(じゅんすい)な物質であることがわかる。その理由について，簡潔に書きなさい。

［　　　　　　　　　　　　　　　　］

2 **次の文章を読んで，あとの問いに答えなさい。**

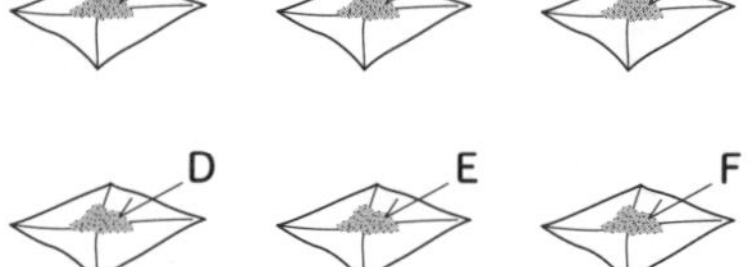

右の図の**A**～**F**の混合物は，砂糖とデンプン，砂糖と石灰石，砂糖と食塩，デンプンと石灰石，デンプンと食塩，石灰石と食塩のいずれかである。下の表は，混合物を見分ける操作をいくつか行い，表にまとめたものである。表の結果から，混合物**E**，**F**には共通する物質が含(ふく)まれていることがわかった。この物質は何か，答えなさい。また，**E**と**F**を見分けるために，どのような実験を行えばよいか。実験の結果と，結果から特定したそれぞれの物質を明らかにして簡単に説明しなさい。 〔岩手－改〕

	A	B	C	D	E	F
加熱する	こげた	変化なし	こげた	こげた	こげた	こげた
水にとかす	とけた	とけ残った	とけ残った	とけ残った	とけ残った	とけ残った
うすい塩酸を加える	変化なし	気体が発生	気体が発生	気体が発生	変化なし	変化なし
ヨウ素液を加える	変化なし	変化なし	変化なし	青紫色になる	青紫色になる	青紫色になる

E，**F**に共通する物質［　　　　］

実験［　　　　　　　　　　　　　　　　］

3 思考力 **表は，パルミチン酸とエタノールの融点(ゆうてん)と沸点(ふってん)を示したものである。室温に置いて固体であったパルミチン酸をあたためて100℃にすると，そのときのパルミチン酸はどのような状態であると考えられるか。また，室温において液体であったエタノールをあたためて100℃にすると，そのときのエタノールはどのような状態であると考えられるか。次の中から，表をもとにして考えたときのそれぞれの状態について，最も適切に述べたものを1つ選び，記号で答えなさい。** ［　　　］〔静岡〕

	融点〔℃〕	沸点〔℃〕
パルミチン酸	63	360
エタノール	－115	78

ア パルミチン酸とエタノールはともに気体である。

イ パルミチン酸とエタノールはともに液体である。

ウ パルミチン酸は液体であり，エタノールは気体である。

エ パルミチン酸は固体であり，エタノールは液体である。

4 密度について，次の問いに答えなさい。

(1) 純粋(じゅんすい)な液体Aを容器に入れて，容器ごと質量をはかったら，右のグラフのような関係になった。これについて，次の問いに答えなさい。

①密度について述べている文で，最も適切なものを次から1つ選び，記号を書きなさい。［　　　］

ア 密度は，物質1gあたりの物質の体積で，温度に関係なく決まっている。

イ 密度は，物質1gあたりの物質の体積で，温度によって変わる。

ウ 密度は，物質1 cm^3 あたりの物質の質量で，温度に関係なく決まっている。

エ 密度は，物質1 cm^3 あたりの物質の質量で，温度によって変わる。

②グラフから，液体Aを入れた容器の質量は何gか。最も適切なものを次から1つ選び，記号を書きなさい。［　　　］

ア 20 g　イ 30 g　ウ 40 g　エ 50 g

③グラフから，液体Aの密度を求めるといくらになるか，最も適切なものを次から1つ選び，記号を書きなさい。［　　　］

ア 0.55 g/cm^3　イ 0.65 g/cm^3　ウ 0.75 g/cm^3　エ 0.85 g/cm^3

難問 ④同じ容器に液体Aを60 cm^3 入れ，これに別の液体Bを20 cm^3 加えて，全体の質量をはかると93gであった。液体Bの密度はいくらになるか，最も適切なものを次から1つ選び，記号を書きなさい。［　　　］

ア 0.7 g/cm^3　イ 0.8 g/cm^3　ウ 0.9 g/cm^3　エ 1.0 g/cm^3

(2) 実験器具の使い方について，次の問いに答えなさい。

①メスシリンダーで液体の体積をはかるとき，液面を読みとるときの正しい目の位置はどれか，最も適切なものを次から1つ選び，記号を書きなさい。［　　　］

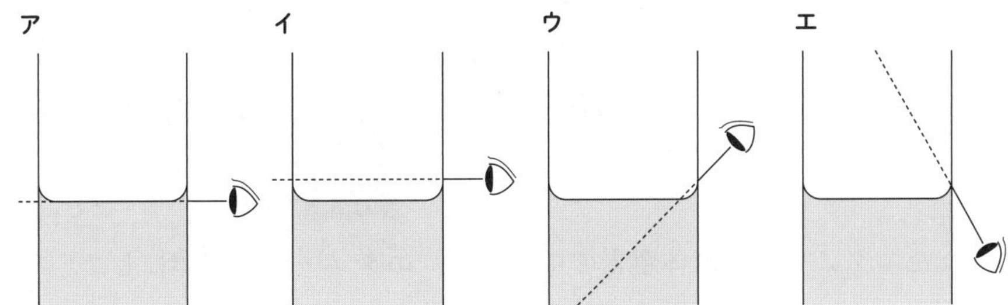

②上皿てんびんの使い方を説明した文として，最も適切なものを次から1つ選び，記号を書きなさい。［　　　］

ア 測定の前に水平な台の上で皿を両側にのせ，指針のふれを確認して，ふれが左右同じでないときは調節ねじで調節する。

イ 物質の質量をはかるときは，最初に最も軽い分銅を皿にのせ，順に重い分銅をのせていく。

ウ 一定量の固体の薬品をはかりとるときは，最初に薬品を皿に多めにのせ，試薬びんにもどしながらつり合わせる。

エ 測定のあとは，皿を両側にのせたまま，つりあわせた状態でかたづける。

5 次の文章を読んで，あとの問いに答えなさい。また，水の密度は 1.0 g/cm³ である。

物質名がわからない A ～ J の単体の物質がある。それぞれの質量を電子てんびんで，体積をメスシリンダーで測定した。右の図は，測定結果を整理したものである。

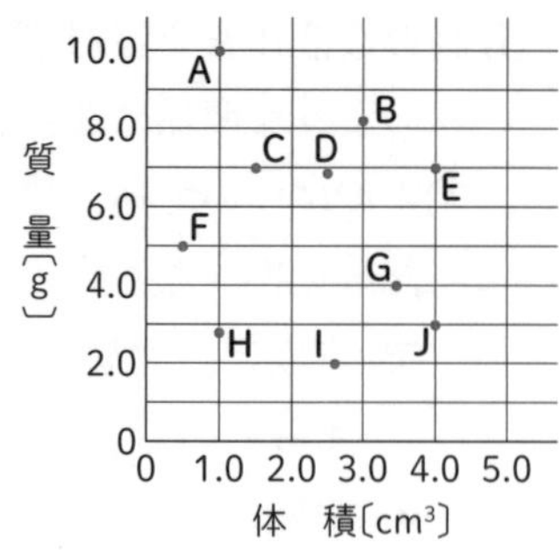

(1) B と同じ物質でできていると考えられるものはどれか，すべて選び，記号を書きなさい。　[　　　　　]

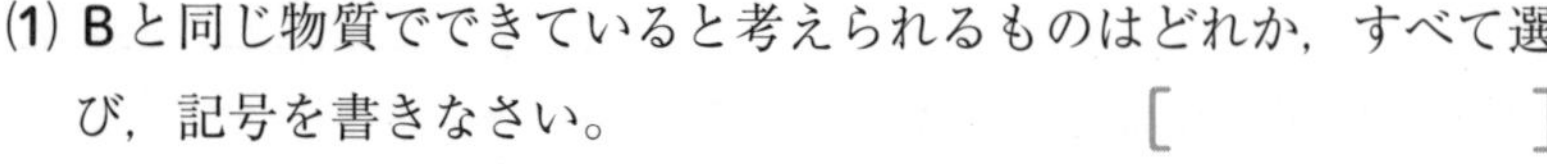

(2) (1)のように判断した理由を，図をもとに簡潔に書きなさい。
[　　　　　　　　　　　　　　　　　　　　　　　　]

(3) A ～ J のうち，水に浮（う）くものはどれか，すべて選び，記号を書きなさい。　[　　　　　]

(4) (3)のように判断した理由を，簡潔に書きなさい。
[　　　　　　　　　　　　　　　　　　　　　　　　]

(5) E の密度を求めなさい。答えは小数第 2 位を四捨五入して，小数第 1 位まで求めなさい。
[　　　　　]

(6) J と同じ物質でできている 220.0 g の物体の体積は何 cm³ か，答えは小数第 2 位を四捨五入して，小数第 1 位まで求めなさい。　[　　　　　]

6 次の文章を読んで，あとの問いに答えなさい。　〔福井〕

エタノールを用いて物質の状態変化について調べる実験を行った。

実験 1　試験管に沸騰石（ふっとうせき）を 3 個入れてから，エタノールを試験管の 5 分の 1 ほど入れた。これを**図 1** のように沸騰した水が入ったビーカーに入れ，エタノールの温度の変化を調べた。

実験 2　エタノール 3.0 cm³ と水 17.0 cm³ の混合物をガラス器具 **A** の中に入れ，**図 2** のように装置を組み立てて弱火で熱した。蒸気の温度を記録しながら，出てきた液体を約 2 cm³ ずつ 3 本の試験管 **1** ～ **3** に集めた。次に，集めた液体にひたしたろ紙を蒸発皿に入れ，**図 3** のようにマッチの火を近づけて燃えるかどうかを調べ，これらの結果を表にまとめた。

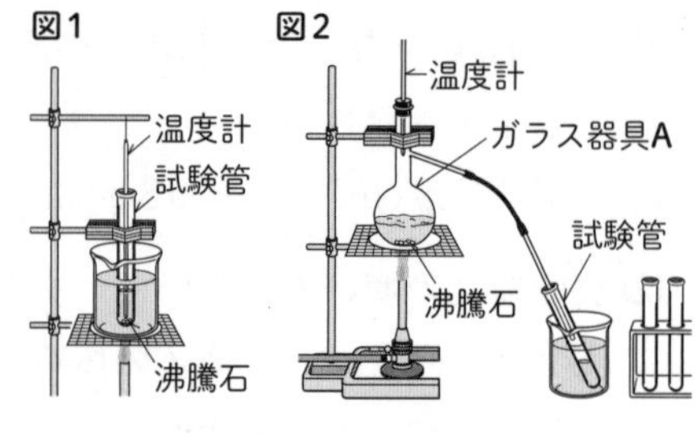

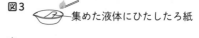

表

	蒸気の温度	火を近づけたとき
試験管 1	40°C～60°C	燃えなかった
試験管 2	70°C～80°C	燃えた
試験管 3	90°C以上	燃えなかった

実験 3　試験管に入れたエタノールを液体窒素の中に入れ，エタノールを固体にした。この固体のエタノールを液体のエタノールに入れたら沈（しず）んだ。

(1) **実験 1** で，エタノールの温度変化を示したグラフはどれか，最も適当なものを次の**ア**～**エ**から選んで，その記号を書きなさい。　[　　　]

ア
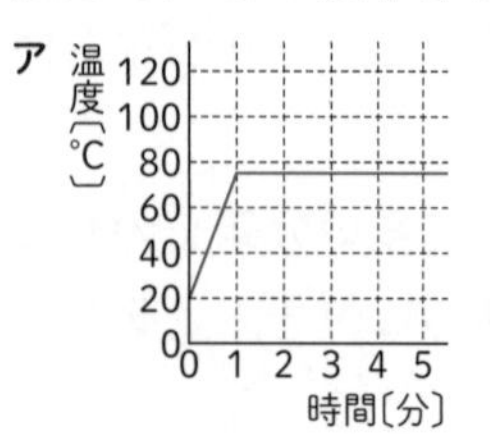

イ
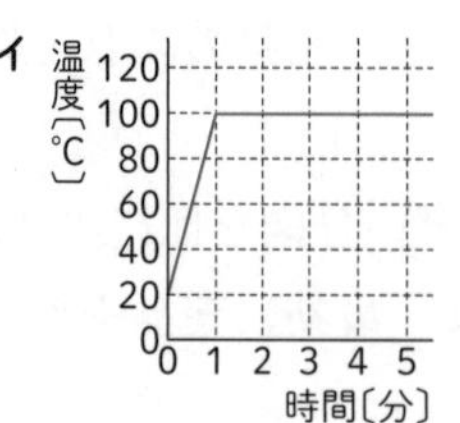

ウ
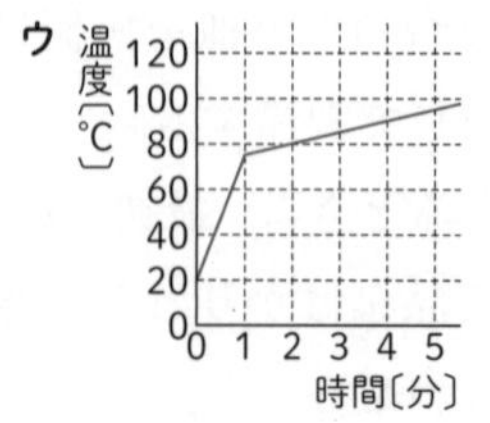

エ
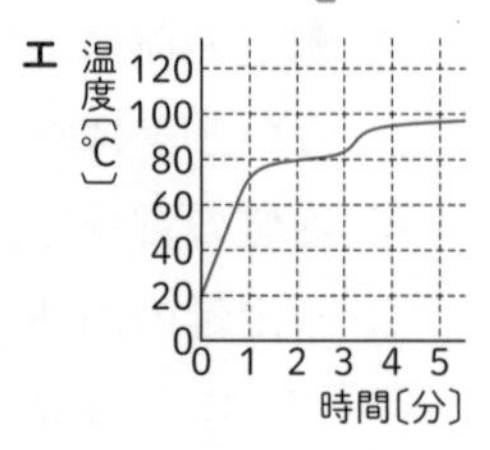

(2) **実験 2** で使用したガラス器具 **A** の名称（めいしょう）を書きなさい。　[　　　　　]

(3) **実験2**で，試験管2に集めた液体として最も適当なものはどれか，次の**ア**～**エ**から選んで，その記号を書きなさい。 [　　　]

ア 純粋なエタノール　**イ** わずかな水を含むエタノール

ウ 純粋な水　**エ** わずかなエタノールを含む水

(4) **実験2**で，下線部の混合物の質量パーセント濃度は何%ですか。ただし，この混合物はエタノールが溶質で水が溶媒の水溶液であり，液体のエタノールの密度は 0.79 g/cm^3，水の密度は 1.0 g/cm^3 とする。答えは小数第1位を四捨五入し，整数で答えなさい。 [　　　]

(5) **実験3**で，試験管に入れたエタノールが液体から固体になったとき，質量，体積，密度はどうなるか。次の**ア**～**ウ**からそれぞれ選んで，その記号を書きなさい。

質量[　　　] 体積[　　　] 密度[　　　]

ア 大きくなる　**イ** 小さくなる　**ウ** 変わらない

7 **化学クラブ員のまさるさんは，化学グッズショップで不思議な噴水を見つけた。2つのガラス製の球体が上下にあり，球体の間がガラス管で接続されていた。下の球体には液体が入っていて，ここを触ると液体が上昇して噴水になり，手を離すと液体が下へもどってきた。まさるさんは，実験室にある器具で同じような噴水をつくろうとして，スタンド，丸底フラスコ(50 cm^3)，穴あきゴム栓，ガラス管を用意した。次の問いに答えなさい。** 〔筑波大附属駒場高〕

独創的 (1) まさるさんは右の図のように，丸底フラスコ2つをスタンドで固定して，この2つのフラスコの間をガラス管でつなげて噴水をつくろうとした。このためには，ゴム栓に通したガラス管の上端と下端を，それぞれ図中の**ア**～**エ**のどこにすればよいですか。上端[　　　] 下端[　　　]

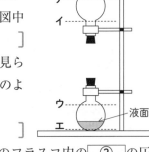

(2) まさるさんは，下のフラスコに水を入れてつくったが，何の変化も見られなかった。そこで，まさるさんは，この噴水の仕組みについて次のように考察した。文中の ① ， ② に適切な語句を入れなさい。

①[　　　] ②[　　　]

「下のフラスコに触れることであたためられた液体が ① し，下のフラスコ内の ② の圧力が上昇する。この ② の圧力によって液面がおし下げられ，液体がガラス管を通って上のフラスコへと移動する。だから，下のフラスコにはあたためられたときに ① しやすい液体を入れないと噴水にはならない。」

思考力 (3) まさるさんは，下のフラスコに触れずに上のフラスコだけに操作することで噴水ができた。どのような方法で噴水ができたか，10字以内で答えなさい。 [　　　]

8 **金の密度は 19 g/cm^3，銀の密度は 11 g/cm^3 である。金と銀を混ぜて合金をつくるとき，合金の体積は，金と銀の体積の和であるとして，次の問いに答えなさい。** 〔東海高〕

(1) 金 19 g と銀 22 g を混ぜて合金**A**をつくるとき，合金**A**の密度は何 g/cm^3 か，四捨五入により整数で答えなさい。 [　　　]

(2) 金と銀のみからなる別の合金**B**の密度は 17 g/cm^3 である。この合金**B**の 100 cm^3 中に金は何 cm^3 含まれているか，四捨五入により整数で答えなさい。 [　　　]

難問 (3) (2)の合金**B**の 100 g 中に金は何 g 含まれているか，四捨五入により整数で答えなさい。

[　　　]

月　日

2 気体と水溶液

STEP 1 まとめノート

解答 ⇨ 別冊 p.14

1 気体の発生とその性質 ★★★

(1) **身のまわりの気体**……〈空気〉われわれのまわりにある空気中に最も多く含(ふく)まれている成分は，体積の割合では ①＿＿ で約 78%，ついで ②＿＿ の約 21% である。わずかに含まれている二酸化炭素（空気中に約 0.04% 含まれている）の割合が近年ふえ続け，③＿＿ の原因になっていると考えられている。

(2) **いろいろな気体の製法と性質**

〈酸素〉

〔製法〕1. 右図のような水上置換(ちかん)法または下方置換法で ④＿＿ (A)に ⑤＿＿ (B)を加える。

2. 水を ⑥＿＿ する。（陽極に酸素が発生する）

〔性質〕1. 水に ⑦＿＿。2. 無色・無臭(むしゅう)である。

3. ものを ⑧＿＿ はたらきがある。

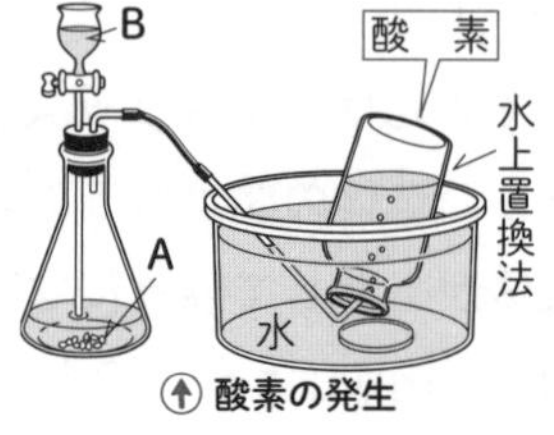

⬆ 酸素の発生

〈二酸化炭素〉

〔製法〕1. 右図のような下方置換法または水上置換法で ⑨＿＿ (A)にうすい塩酸を加える。

2. 炭酸水素ナトリウムにうすい塩酸を注ぐ。（炭酸水素ナトリウムを加熱しても二酸化炭素が発生する）

〔性質〕1. 水にやや ⑩＿＿。

2. 空気より密度が ⑪＿＿。

3. ものを燃やすはたらきはない。

4. ⑫＿＿ に通すと白く濁(にご)る。5. 水溶液は ⑬＿＿ を示す。

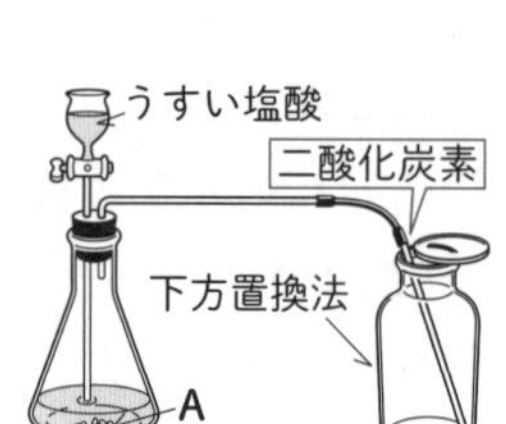

⬆ 二酸化炭素の発生

〈水素〉

〔製法〕⑭＿＿ (A)にうすい塩酸を加える。

〔性質〕1. 空気より密度が ⑮＿＿。

2. ⑯＿＿ 気体であり，その後水ができる。

3. ものを燃やすはたらきはない。

⬆ 水素の発生

〈アンモニア〉

〔製法〕1. アンモニア水を加熱する。

2. ⑰＿＿ (A)と ⑱＿＿ (B)を混ぜて加熱し，右図のような上方置換法で集める。（水に溶けやすい気体を集めるときに適する）

〔性質〕1. 空気より密度が小さい。

2. 水に非常に ⑲＿＿。

3. 水溶液は ⑳＿＿ を示す。4. 刺激臭(しげきしゅう)がある。

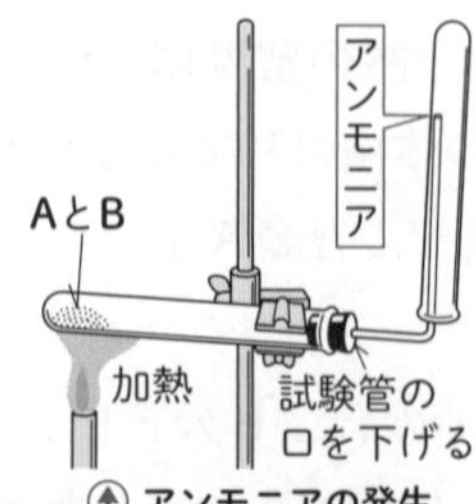

⬆ アンモニアの発生

ズバリ暗記
- 二酸化炭素は下方置換法(または水上置換法)で，酸素・水素は水上置換法で，アンモニアは上方置換法で集める。

①＿＿＿＿
②＿＿＿＿
③＿＿＿＿
④＿＿＿＿
⑤＿＿＿＿
⑥＿＿＿＿
⑦＿＿＿＿
⑧＿＿＿＿
⑨＿＿＿＿
⑩＿＿＿＿
⑪＿＿＿＿
⑫＿＿＿＿
⑬＿＿＿＿
⑭＿＿＿＿
⑮＿＿＿＿
⑯＿＿＿＿
⑰＿＿＿＿
⑱＿＿＿＿
⑲＿＿＿＿
⑳＿＿＿＿

② 水溶液と濃さ ★★★

(1) **水溶液**……〈**溶媒と溶質**〉砂糖水の場合，水に砂糖が溶けている。水のように，物質を溶かしている液体を㉑＿＿，砂糖のように溶かされた物質を㉒＿＿といい，砂糖水を溶液という。
└→溶媒が水の場合を水溶液という

〈**溶液の性質**〉1. 溶液全体が均質であり，どの部分も濃さは㉓＿＿である。2. ㉔＿＿な液体である。
└→無色とは限らず，有色の水溶液もある

(2) **水溶液の濃度**……〈**質量パーセント濃度**〉溶液全体の質量に対する溶質の質量の割合を㉕＿＿といい，式で表すと次のようになる。

$$\text{質量パーセント濃度〔\%〕} = \frac{㉖\text{〔g〕}}{㉗\text{〔g〕}} \times 100$$

(3) **物質の溶解度**……〈**飽和溶液**〉ある温度で，物質を溶媒に溶かしていき，これ以上溶けないという限度まで溶けたとき，㉘＿＿したといい，その溶液を㉙＿＿という。
└→溶媒が水の場合，飽和水溶液という

〈**溶解度**〉溶液が飽和状態にあるときの溶質の質量を，その物質の溶媒に対する㉚＿＿といい，ふつう固体では，温度が高いほど大きくなる。
└→気体は温度が高いほど溶解度は小さい

〈**溶解度曲線**〉溶解度をグラフに表したものを，その物質の㉛＿＿という。

下の表は固体の溶解度を示したもので，これをグラフで表すと右のようになる。グラフで，Aは㉜＿＿の溶解度を，Bは㉝＿＿の溶解度を表したものである。

物質 ＼ 温度〔℃〕	0	20	40	60	80	100
砂糖	179	204	238	287	362	485
硝酸カリウム	13.3	31.6	63.9	109	169	245
塩化ナトリウム	35.6	35.8	36.3	37.1	38.0	39.3
硫酸銅	23.8	35.6	53.5	80.3	127.8	—
ホウ酸	2.7	4.8	8.9	14.8	23.5	37.9

⬆固体の溶解度（水 100 g に溶ける質量〔g〕の値）

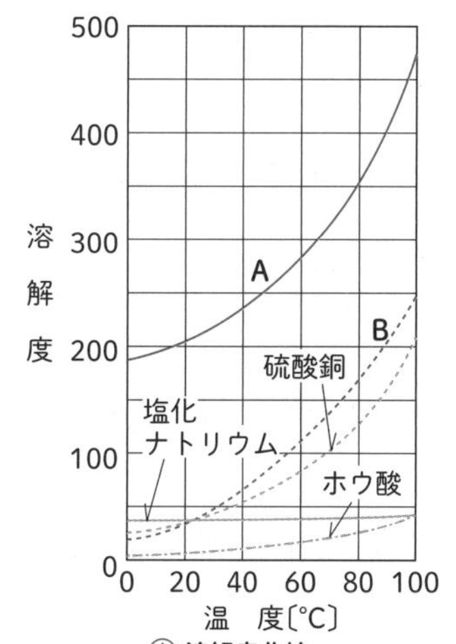

⬆溶解度曲線

〈**再結晶**〉溶解度の差を利用して，水溶液から固体をとり出すことを㉞＿＿という。

ズバリ暗記
- 水溶液は，全体が均質，透明である。
- 溶液の質量に対する溶質の質量の割合を質量パーセント濃度〔%〕という。

㉑＿＿
㉒＿＿
㉓＿＿
㉔＿＿
㉕＿＿
㉖＿＿
㉗＿＿
㉘＿＿
㉙＿＿
㉚＿＿
㉛＿＿
㉜＿＿
㉝＿＿
㉞＿＿

入試Guide
物質の結晶の形や色について出題されることがある。塩化ナトリウムは立方体で無色，ミョウバンは正八面体で無色の結晶である。硫酸銅は色がついており，ひし形で青色をしている。

Let's Try 差をつける記述式

アンモニアは，水上置換法や下方置換法ではなく，上方置換法で集める理由を述べなさい。

Point アンモニアの水に対する溶け方を考える。

［　　　　　　　　　　　　　　　　］

月　日

STEP 2 実力問題

ねらわれる ココが
- 二酸化炭素・酸素・水素・アンモニアの製法・性質
- 質量パーセント濃度の計算
- 飽和水溶液の意味と溶解度曲線のグラフ

解答⇨別冊 p.15

1 **次のうち，水溶液(すいようえき)とはいえないものはどれか。最も適当なものを 1 つ選び，記号で答えなさい。** [　　]

ア 溶液のどの部分をとっても同じ濃(こ)さである。
イ 青色をしていて透明(とうめい)である。
ウ ろ過をすると，ろ紙の上に細かい粒(つぶ)が残り，ろ液は水のみである。
エ 溶(と)けている物質は目に見えない。

重要 **2** **次のような実験で，気体を発生させた。あとの問いに答えなさい。**

実験 1 二酸化マンガンに過酸化水素水を加えて，発生した気体 A を試験管 a に集めた。
実験 2 石灰石にうすい塩酸を加えて，発生した気体 B を試験管 b に集めた。
実験 3 亜鉛(あえん)にうすい塩酸を加えて，発生した気体 C を試験管 c に集めた。
実験 4 塩化アンモニウムと水酸化カルシウムの混合物を加熱して，発生した気体 D を試験管 d に集めた。

(1) 試験管 a の口に火のついた線香(せんこう)を近づけると，線香が炎(ほのお)をあげて燃えた。気体 A は何か，答えなさい。 [　　]
(2) 気体 A をつくるとき，二酸化マンガンは変化せず，何度でも使うことができた。このような物質を何というか，答えなさい。 [　　]
(3) 試験管 b に石灰水を入れてふると，石灰水が白く濁(にご)った。気体 B は何か，答えなさい。 [　　]
(4) 試験管 c の口にマッチの炎を近づけるとポンという音がして燃えた。気体 C は何か，答えなさい。 [　　]
(5) 試験管 d に気体 D を集めるには，何という方法を用いたらよいか，その集め方の名称(めいしょう)を書きなさい。 [　　]

3 **次の A～E の気体について，あとの問いに答えなさい。**

A 窒素(ちっそ)　B 水素　C 酸素　D アンモニア　E 二酸化炭素

(1) 次の文は，どの気体について述べたものか。A～E の記号で答えなさい。
①この気体の水溶液に青色のリトマス紙をつけると赤色になる。 [　　]
②この気体は，気体の中で最も軽い。 [　　]
③この気体は，水に非常に溶けやすく，水上置換(ちかん)法で集めることができない。 [　　]
④この気体は，空気中に 78% 含(ふく)まれている。 [　　]
⑤この気体は，水を電気分解すると陽極側から発生する。 [　　]

得点UP!

1 水溶液は無色とは限らない。また，ろ過をしてろ紙の上に粒が残るということは，物質が均一に溶けていないということである。

Check! 自由自在①
溶質(ようしつ)が溶媒(ようばい)に溶けるようすや溶液の性質を調べてみよう。

2 (1)酸素は，他の物質を燃やすはたらきがある。

(4)水素は，自分自身が燃える性質をもつ。

(5)気体 D は水によく溶けるアンモニアである。

3 (1)①青色のリトマス紙を赤色に変えるのは酸性の水溶液である。

(2) C，Dの気体を集めるとき，次の図のどの方法を用いるか。記号で答えなさい。　C［　　　］　D［　　　］

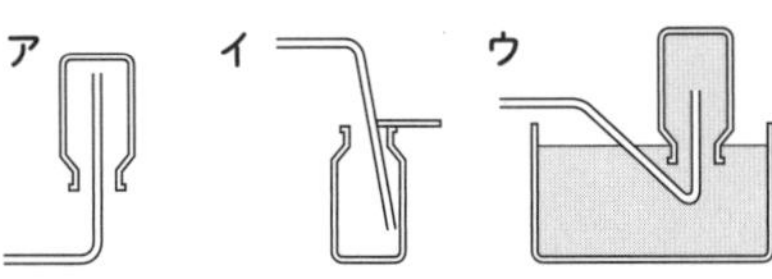

得点UP!

(2)水によく溶ける気体を集める場合，ウの水上置換法は使えない。

Check! 自由自在②

気体ごとに，捕集の方法をまとめてみよう。

4 次の実験1，2について，あとの問いに答えなさい。　〔長崎－改〕

実験1　60℃の水100 gを入れた3つのビーカーA，B，Cを用意し，温度を60℃に保ちながら，Aには硝酸カリウム，Bにはミョウバン，Cには塩化ナトリウムをそれぞれ溶かし，飽和水溶液をつくった。その後，水溶液の温度を20℃まで下げたところ，結晶ができているのが観察された。**図1**は100 gの水に溶ける物質の質量と水の温度との関係のグラフである。

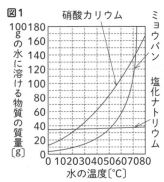

図1

硝酸カリウム
ミョウバン
塩化ナトリウム
100 gの水に溶ける物質の質量〔g〕
0 20 40 60 80 100 120 140 160 180
0 10 20 30 40 50 60 70 80
水の温度〔℃〕

4 溶解度は物質によって決まっていて，温度によって変化する。

(1) **実験1**のように，固体を高い温度の水に溶かしたあと，温度を下げて結晶をとり出す方法を何というか，答えなさい。　［　　　］

(2) この実験で，結晶がいちばん多くできるのは，ビーカーA，B，Cのうちどれか，記号を書きなさい。　［　　　］

(1)水溶液の温度を下げると，溶解度も小さくなるので，固体が溶けきれずに出てくる。この性質を利用して結晶をとり出すことができる。

実験2　硝酸カリウム60 gをビーカーに入れ，80℃の水50 gを加えると，硝酸カリウムはすべて溶けた。この水溶液をしばらく放置すると，ある温度で結晶ができはじめた。その後，水溶液の温度が20℃で一定になってから，**図2**のような装置を用いて，この結晶と水溶液を分けた。

図2

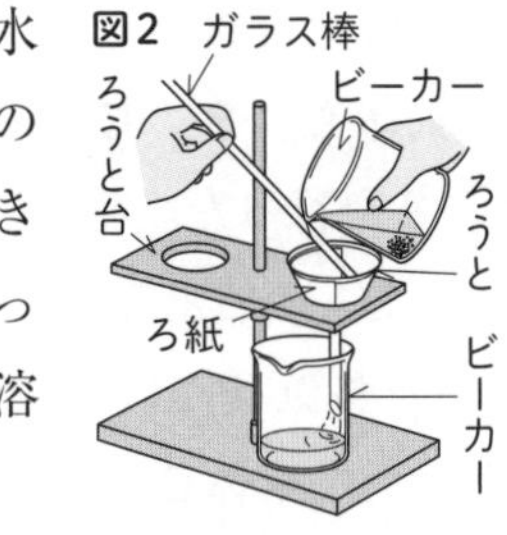

(3) 硝酸カリウムの結晶ができはじめたときの温度として最も適当なものは，次のどれか，**図1**を参考にして答えなさい。　［　　　］

ア 38℃　　**イ** 44℃　　**ウ** 58℃　　**エ** 65℃

(3)硝酸カリウム60 gを50 gの水に溶かしたことに注意する。

(4) **図2**のような装置を用いて固体と液体を分ける方法を何というか，答えなさい。　［　　　］

思考力

(5) **実験2**では，硝酸カリウムの結晶はろ紙上に，水溶液は下のビーカーに分けることができた。その理由として最も適当なものは，次のどれですか。　［　　　］

ア 結晶はろ紙の穴より小さく，水溶液中の物質はろ紙の穴より大きいから。
イ 結晶はろ紙の穴より大きく，水溶液中の物質はろ紙の穴より小さいから。
ウ 結晶，水溶液中の物質ともにろ紙の穴より小さいから。
エ 結晶，水溶液中の物質ともにろ紙の穴より大きいから。

(5)結晶と水溶液中の物質，ろ紙の穴の大きさの関係をよく考えよう。

月　日

STEP 3 発展問題

解答 ⇨ 別冊 p.15

1 **次の実験について，あとの問いに答えなさい。** 〔新潟〕

右の図のように，うすい塩酸を入れた試験管Aに亜鉛粒を入れ，発生した気体を試験管Bに集めた。

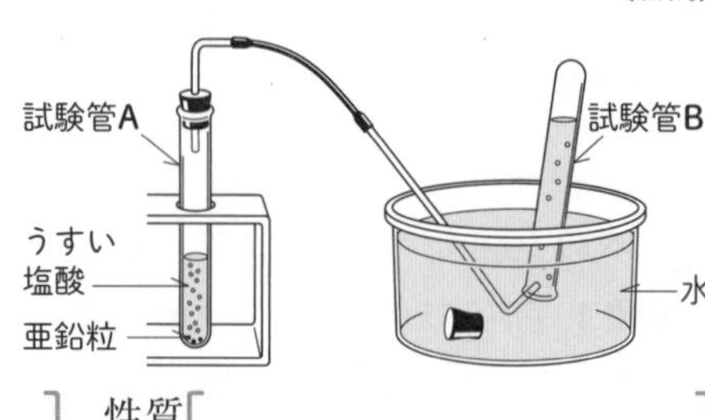

(1) 図のようにして気体を集める方法を何というか，その用語を書きなさい。また，この方法は，この気体のどのような性質を利用したものか，書きなさい。

方法[　　　　　　　] 性質[　　　　　　　　　　　　]

(2) 発生した気体の性質として最も適当なものを，次の**ア〜エ**から１つ選び，その記号を書きなさい。

ア 鼻をさすような特有のにおいがする。 [　　　]

イ 物質を燃やすはたらきがある。

ウ 水にしめらせた青色リトマス紙を，赤色に変化させる。

エ 空気と混合すると爆発しやすくなる。

(3) うすい塩酸を加えると，この実験と同じ気体が発生する物質を，次の**ア〜エ**から１つ選び，その記号を書きなさい。 [　　　]

ア 貝殻　**イ** スチールウール　**ウ** ポリエチレン　**エ** 二酸化マンガン

2 **次の実験について，あとの問いに答えなさい。** 〔高知－改〕

気体の性質を調べるために，アンモニア，酸素，窒素，二酸化炭素のうち，１種類ずつを選んで気体A，B，C，Dとし，次の**実験１〜３**を行った。表は，この実験結果をまとめたものである。

	気体A	気体B	気体C	気体D
実験１	炎をあげて燃えた	火は消えた	火は消えた	火は消えた
実験２	においはなかった	刺激臭があった	においはなかった	においはなかった
実験３	変化しなかった	溶液の色が青色になった	溶液の色が黄色になった	変化しなかった

実験１ 気体Aの入った集気びんの中に火のついた線香を入れたところ，図のように炎をあげて燃えた。気体B，C，Dについても火のついた線香を入れて観察したところ，線香の火は消えた。

実験２ 気体A，B，C，Dのにおいを調べると，気体Bだけに刺激臭があり，他の気体にはにおいはなかった。

実験３ 気体Aを集めた試験管に，緑色のBTB液を加え，ゴム栓でふたをして試験管をよく振り，液の色の変化を観察した。気体B，C，Dについても同じ操作を行い，観察した。なお，BTB液は，アルカリ性で青色，中性で緑色，酸性で黄色を示す。

(1) 気体Aを発生させる方法はどれか，次の**ア〜エ**から１つ選び，その記号を書きなさい。

ア 亜鉛に塩酸を加える。　**イ** 石灰石に塩酸を加える。 [　　　]

ウ 炭酸水素ナトリウムを加熱する。　**エ** 二酸化マンガンにうすい過酸化水素水を加える。

(2) 次の(①)，(②)の中に入る適切な言葉を書きなさい。①[　　　] ②[　　　　　]

気体Aを集める場合は(①)置換法を用いる。この方法で集めることができるのは，この気体が(②)という性質をもっているからである。

(3) **実験1**～**3**の結果から，気体**B**，**C**，**D**の物質名の組み合わせとして適切なものを，次の**ア**～**エ**から1つ選び，その記号を書きなさい。 [　　　]

ア 気体**B**－二酸化炭素　気体**C**－アンモニア　気体**D**－窒素(ちっそ)
イ 気体**B**－アンモニア　気体**C**－二酸化炭素　気体**D**－窒素
ウ 気体**B**－窒素　気体**C**－アンモニア　気体**D**－二酸化炭素
エ 気体**B**－アンモニア　気体**C**－窒素　気体**D**－二酸化炭素

(4) この実験で用いた気体のうち，最も密度の小さい気体の名称(めいしょう)を書きなさい。[　　　]

3 **アンモニアの性質を調べるための次の実験について，あとの問いに答えなさい。** 〔兵庫－改〕

実験1 塩化アンモニウムと水酸化カルシウムの混合物を試験管に入れ，ガスバーナーで加熱し，発生したアンモニアをフラスコに集めた。

実験2 アンモニアを集めたフラスコを用いて，**図2**のような装置を組み立てた。次にスポイトの水をフラスコの中に入れると，フェノールフタレイン液を加えたビーカーの水が，いきおいよくフラスコ内に吸い上げられ，赤色に変化した。

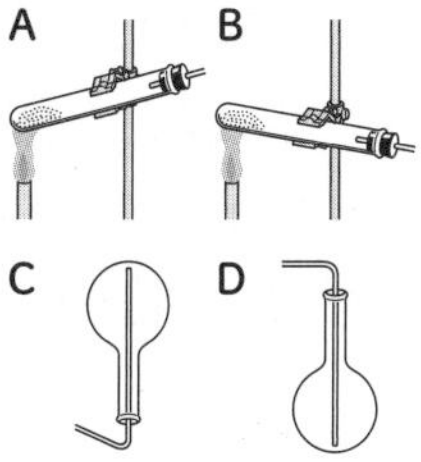

(1) **実験1**において，**図1**の加熱のしかた**A**，**B**と気体の集め方**C**，**D**の組み合わせとして適切なものを，次の**ア**～**エ**から1つ選んで，その記号を書きなさい。

ア **A**と**C**　**イ** **A**と**D**　**ウ** **B**と**C**　**エ** **B**と**D** [　　　]

図1
A　B
C　D

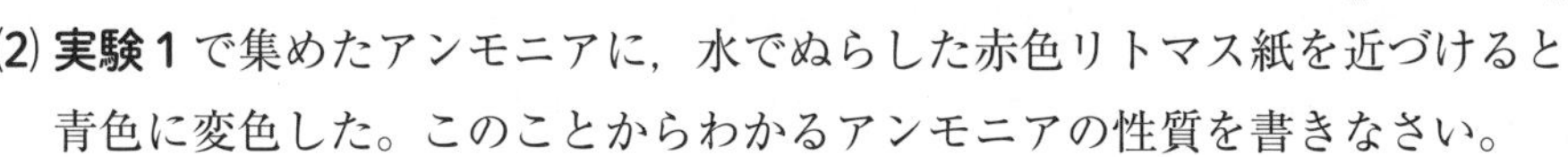

(2) **実験1**で集めたアンモニアに，水でぬらした赤色リトマス紙を近づけると青色に変色した。このことからわかるアンモニアの性質を書きなさい。

[　　　]

図2
水を入れたスポイト
ガラス管
フェノールフタレイン液を加えた水

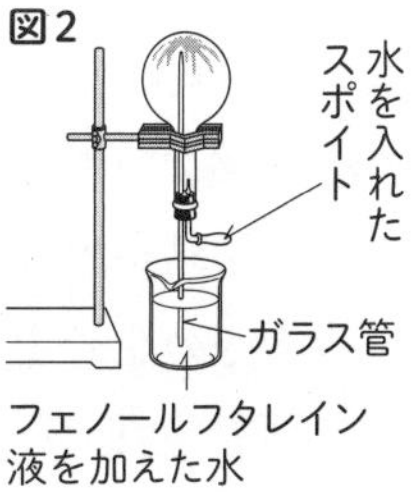

(3) **実験2**において，水がフラスコ内に吸い上げられた理由について説明した次の文の[①]，[②]に入る適切な語句を書きなさい。

①[　　　] ②[　　　]

アンモニアは水に非常に[①]ため，水を入れるとフラスコ内の圧力が急に[②]から。

4 **水溶液(すいようえき)について，次の問いに答えなさい。** 〔高田高－改〕

(1) 次の文で，正しいものはどれか，**ア**～**エ**から2つ選びなさい。 [　　　]

ア 硝酸(しょうさん)カリウム10gに水100gを加えると，10％の硝酸カリウム水溶液になる。
イ 10％の硝酸カリウム水溶液100gと，20％の硝酸カリウム水溶液100gを混合すると，15％の硝酸カリウム水溶液になる。
ウ 20％の硝酸カリウム水溶液100gに水100gを加えると，10％の硝酸カリウム水溶液になる。
エ 10％の硝酸カリウム水溶液100gに硝酸カリウム10gを加えると，20％の硝酸カリウム水溶液になる。

いま，50℃の水100gに硝酸カリウム70gを加えてよくかき混ぜたところ，すべて溶(と)けた。この溶液を30℃まで冷やすと，溶けきれなくなった硝酸カリウムが固体として出てきた。硝酸カリウムの溶解度は50℃で85g，30℃で45gである。

(2) 固体として出てきた硝酸カリウムの質量はどれだけか，最も近い値を次の**ア**～**エ**から1つ選びなさい。 [　　　]

ア 15g　**イ** 25g　**ウ** 35g　**エ** 40g

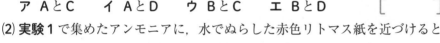

5 **物質が水に溶けるようすを調べるために，次の実験1，2を行った。この実験について，あとの問いに答えなさい。ただし，右の図は，塩化ナトリウムと硝酸カリウムがそれぞれ100 gの水に溶けるときの，水の温度と質量の関係を表したものである。また，異なる物質を同時に同じ水に溶かしても，それぞれの物質の溶ける量は変わらないものとする。** 〔新潟〕

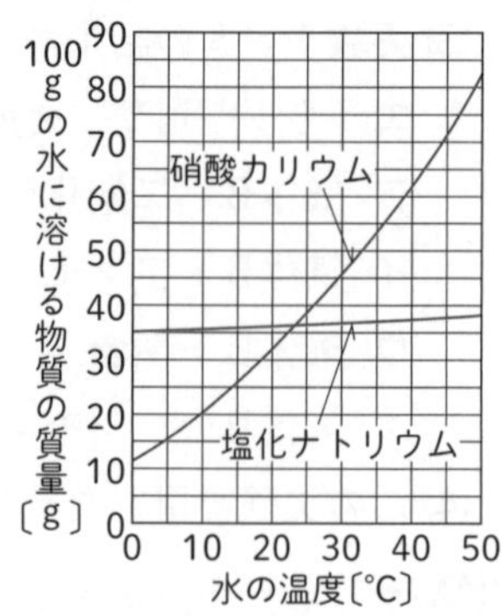

実験1 20℃の水が10 gずつ入っている試験管**A**，**B**がある。試験管**A**には塩化ナトリウム5 gを，試験管**B**には硝酸カリウム5 gを入れ，それぞれの試験管をときどきふり混ぜながら加熱し，水溶液の温度を40℃に保った。

実験2 50℃の水が100 g入っているビーカー**C**に，硝酸カリウム40 gと塩化ナトリウム10 gを入れ，50℃に保ちながらかき混ぜたところ，全部溶けた。その後，ビーカー**C**の水溶液の温度を50℃からゆっくり下げていくと，結晶が出はじめた。さらに，水溶液の温度を20℃まで下げると，多くの結晶が出てきた。

⑴ **実験1**について，水溶液の温度が40℃のとき，試験管**A**に入れた塩化ナトリウムと，試験管**B**に入れた硝酸カリウムはそれぞれどのようになったか，最も適当なものを，次の**ア**～**エ**から1つ選び，その記号を書きなさい。 〔　　〕

ア 塩化ナトリウムと硝酸カリウムは，どちらも全部溶けた。
イ 塩化ナトリウムは全部溶けたが，硝酸カリウムは溶けきれず少し残った。
ウ 塩化ナトリウムは溶けきれず少し残ったが，硝酸カリウムは全部溶けた。
エ 塩化ナトリウムと硝酸カリウムは，どちらも溶けきれず少し残った。

⑵ **実験2**の下線部分について，次の問いに答えなさい。

①結晶が出はじめたときの水溶液の温度として，最も適当なものを，次の**ア**～**エ**から1つ選び，その記号を書きなさい。 〔　　〕

ア 22℃　**イ** 26℃　**ウ** 33℃　**エ** 39℃

②水溶液の温度を20℃まで下げたときに出てきた結晶には，塩化ナトリウムは含まれていなかった。その理由を，「20℃の水100 g」という語句を用いて書きなさい。

〔　　　　　　　　　　〕

6 **図1は物質Ⅰ，物質Ⅱについて，温度による溶解度の変化をグラフに表したものであり，グラフ中の数値は，10℃，60℃におけるそれぞれの物質の溶解度である。この物質Ⅰ，物質Ⅱを下の表の割合で水に溶かし，温度を60℃に調整しながら4種類の液体をガラス棒でよくかき混ぜたところ，どれも完全に溶けた。それぞれの液体を水溶液A～Dとして，あとの問いに答えなさい。** 〔富山〕

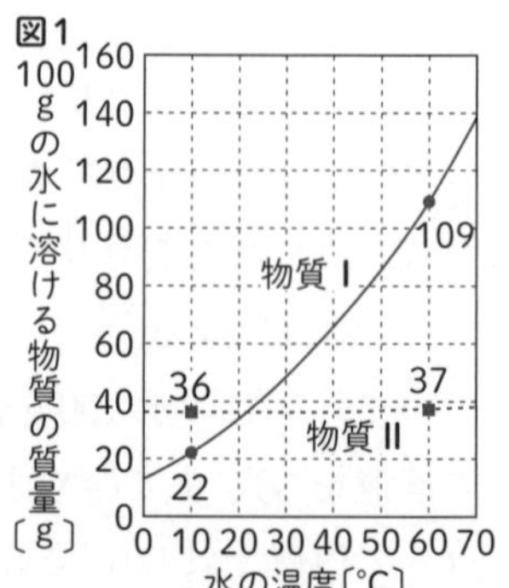

	水溶液A	水溶液B	水溶液C	水溶液D
溶かした物質とその質量	物質Ⅰ 50 g	物質Ⅰ 60 g	物質Ⅱ 50 g	物質Ⅱ 60 g
水の質量	200 g	300 g	200 g	300 g

(1) 次の文中の[①]，[②]には適切な数値を書き，[③]にはA，Bどちらかの記号を書きなさい。ただし，①，②の数値は，小数第1位を四捨五入して整数で答えなさい。

①[　　　] ②[　　　] ③[　　　]

水溶液(すいようえき)Aの質量パーセント濃度は[①]%で，水溶液Bの質量パーセント濃度(のうど)は[②]%である。このことから，水溶液[③]のほうが濃(こ)い溶液といえる。

(2) 水溶液A～Dを，それぞれ最初につくった半分の量(A，Cは125 g，B，Dは180 g)だけとり，10℃まで冷やしたとき，1つの水溶液から結晶(けっしょう)が出てきた。結晶が出てきたのはどれか，水溶液A～Dから1つ選び，記号で答えなさい。また，出てきた結晶の質量は何gか，答えなさい。

記号[　　　] 質量[　　　]

(3) (2)で出てきた結晶を取り出すために，**図2**のようにろ過を行った。**図2**の操作の中で，適切でないところを2か所書きなさい。

図2

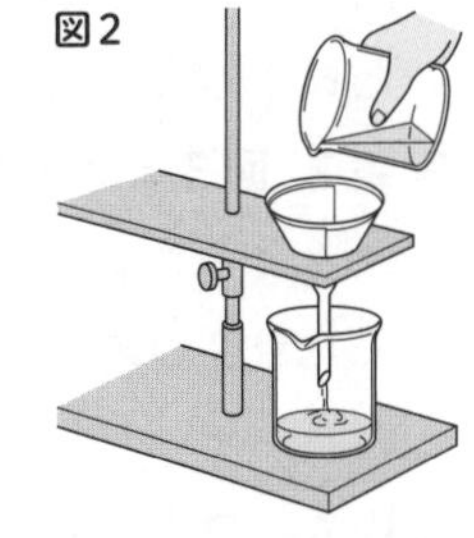

[　　　　　　　　　　]
[　　　　　　　　　　]

難問

(4) (2)で使わなかった水溶液の中から水溶液Cを50 gとり，蒸発皿上で加熱して水分をすべて蒸発させたところ，物質Ⅱが得られた。得られた物質Ⅱの質量は何gか，答えなさい。

[　　　]

7 **3種類の物質X，Y，Zを準備して，次の実験を行った。物質X，Y，Zは，食塩，硝酸(しょうさん)カリウム，ホウ酸のいずれかである。あとの問いに答えなさい。なお，右の表は，20℃，40℃，60℃の水100 gに，食塩，硝酸カリウム，ホウ酸を溶(と)かして，飽和(ほうわ)水溶液にしたときの物質の質量を表している。** 〔福島〕

	温度		
	20℃	40℃	60℃
食塩〔g〕	36	36	37
硝酸カリウム〔g〕	32	64	109
ホウ酸〔g〕	5	9	15

(「理科年表」令和3年版により作成)

実験 水100 gを入れた3つのビーカーa，b，cを用意した。aには物質X 40 g，bには物質Y 10 g，cには物質Z 56 gを加えてかき混ぜながら温度を20℃，40℃，60℃にしたときの水溶液のようすを観察した。

結果

ビーカー	水と物質の質量	温度		
		20℃	40℃	60℃
a	水100 gと物質X 40 g	△	△	△
b	水100 gと物質Y 10 g	△	△	○
c	水100 gと物質Z 56 g	△	○	○

(注)○：全部溶けた　△：全部は溶けなかった

(1) 水溶液において，X，Y，Zのように，水に溶けている物質を何というか，その名称(めいしょう)を書きなさい。 [　　　]

(2) 次の文は，表を参考にして，実験の結果からわかることについて述べたものである。[①]はあてはまる言葉を，[②]は物質名を書きなさい。 ①[　　　] ②[　　　]

水100 gに物質を溶かして，飽和水溶液にしたときの，溶けた物質の質量を[①]という。表と実験の結果より，物質Xは[②]であると判断できる。

(3) 実験でつくった40℃のビーカーcの水溶液78 gを20℃に冷やしたところ，物質Zが水溶液中に出てきた。出てきた物質Zの質量はいくらか，求めなさい。 [　　　]

思考力

(4) 濃度のわからない60℃の硝酸カリウム水溶液P 200 gに，質量パーセント濃度が30%の硝酸カリウム水溶液100 gを加えた。この水溶液の温度を60℃に保ったまま，さらに硝酸カリウムを加えていくと，118 g溶けたところで飽和水溶液になった。水溶液Pの質量パーセント濃度はいくらか，求めなさい。 [　　　]

〔　　月　　日〕

理解度診断テスト ①

本書の出題範囲 pp.54～69　時間 35分　得点 /50点　理解度診断 A B C

解答⇨別冊 p.16

1 **物質の密度について調べるため，次の3つの実験を行った。これについて，あとの問いに答えなさい。**

〔北海道－改〕

実験1　**図1**のように，ビーカーに液体のロウを入れ，液面の高さにビーカーの外側から印をつけ，ビーカー全体の質量を測定した。次に，この液体のロウをビーカーに入れたまま冷やして固体にしたところ，ロウの中央部がくぼみ，体積が減った。その後，**図2**のように，固体にしたロウの入ったビーカー全体の質量を測定したところ，最初に測定した質量と変わらなかった。

図1

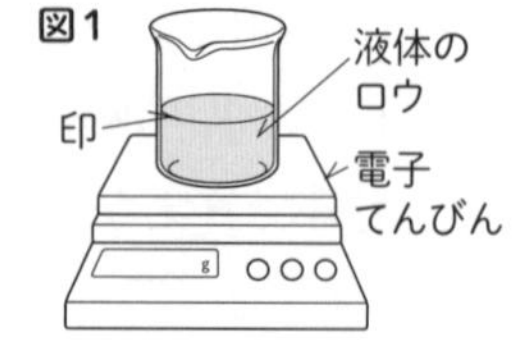

図2

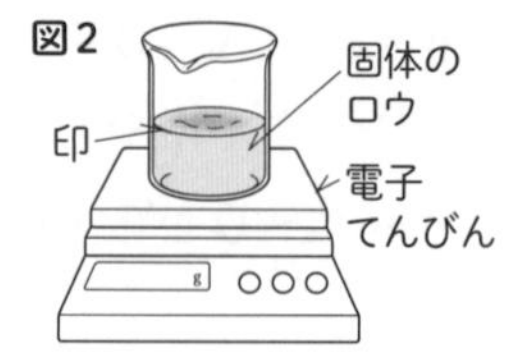

実験2　**図3**のように3種類の液体(水，水とエタノールの混合物，食塩水)をそれぞれ入れた3つのビーカーを用意し，それぞれのビーカーに，4種類のプラスチックの小片**A**～**D**を入れてその浮き沈みを観察したところ，結果は表のようになった。

図3

表

	A	B	C	D
水	浮いた	沈んだ	浮いた	沈んだ
水とエタノールの混合物	浮いた	沈んだ	沈んだ	沈んだ
食塩水	浮いた	沈んだ	浮いた	浮いた

実験3　大きさや形が異なる6つの固体**P**～**U**の中に，同じ物質の固体が含まれているかどうかを調べるため，それぞれの質量と体積を測定したところ，結果は**図4**のようになった。なお，6つの固体**P**～**U**は，純粋な物質である。

図4

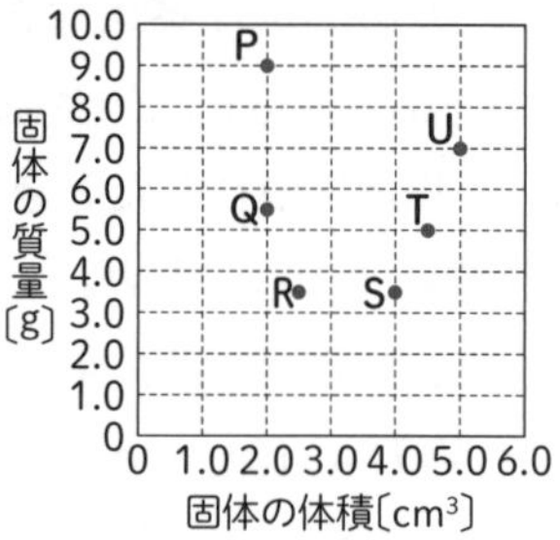

縦軸：固体の質量〔g〕(0～10.0)　横軸：固体の体積〔cm³〕(0～6.0)
P, Q, R, S, T, U

(1) **実験1**について，次の文の①，②の{　　}にあてはまるものを，それぞれ**ア**，**イ**から選びなさい。(3点×2)　①[　　　]　②[　　　]

実験1の結果から，液体のロウと固体のロウの密度を比べると，①{**ア** 液体　**イ** 固体}のロウのほうが大きいことがわかる。

実験1の液体のロウを水にかえて，水と氷について同様の実験を行うと，その結果から，水は氷になると密度が②{**ア** 大きくなる　**イ** 小さくなる}ことがわかる。

(2) **実験2**の結果から，小片**A**～**D**の密度を比べ，大きい順に並べて記号で書きなさい。また，2番目とした小片のほうが3番目としたものよりも密度が大きいと判断したのは，それらの小片がどの液体でどのようになったためか説明しなさい。(4点×2)

密度の大きい順[　　　　　　　　]　説明[　　　　　　　　　　　　　]

重要 (3) 次の文の[①]，[②]それぞれにあてはまるものとして，最も適当なものを**P**～**U**の記号で書きなさい。(4点×2)

実験3の**図4**から，6つの固体**P**～**U**の中に，同じ物質の固体が2つ含まれていることがわかり，同じ物質の固体は[①]と[②]である。　①[　　　]　②[　　　]

(4) **図4**から，**P**～**U**の中に，密度が4.5 g/cm³の固体が含まれていたことがわかる。この固体はどれか，**P**～**U**の記号で書きなさい。また，この固体の質量が18 gのときの体積は何cm³と考えられるか，書きなさい。(4点×2)　固体[　　　]　体積[　　　　]

2 **物質が水に溶けるようすを調べるために次の実験を行った。また，水に溶ける物質の質量に関して調べた。水の蒸発は無視できるものとして，あとの問いに答えなさい。** 〔埼玉ー改〕

実験1 水の入ったビーカーに，色のついた砂糖(コーヒーシュガー)を入れて，ビーカーの口をラップフィルムでおおい，砂糖の溶けていくようすを観察した。**図1**は，そのようすを表したものである。

図1 ラップフィルム　砂糖(コーヒーシュガー)　入れた直後　5分後　3日後　5日後

実験2 水100 gが入ったビーカーに20 gの砂糖を入れてよくかき混ぜ，しばらく放置してすべて溶けたかどうかを観察した。同じ方法で，40 g，60 g，80 gの場合について実験した。また，硝酸カリウムについても砂糖と同じ方法で20 g，40 g，60 g，80 gの場合について実験した。すべての実験で水の温度を40℃に保った。表は，実験の結果をまとめたものである。

水に加えた物質の質量	20 g	40 g	60 g	80 g
砂糖	すべて溶けた	すべて溶けた	すべて溶けた	すべて溶けた
硝酸カリウム	すべて溶けた	すべて溶けた	すべて溶けた	溶け残った

調べてわかったこと 硝酸カリウム，硫酸銅，ミョウバン，食塩，ホウ酸の5種類の物質の，100 gの水に飽和するまで溶ける質量を調べたところ，それぞれの物質により異なることがわかった。**図2**のグラフは，水の温度と100 gの水に飽和するまで溶ける物質の質量の関係をまとめたものである。

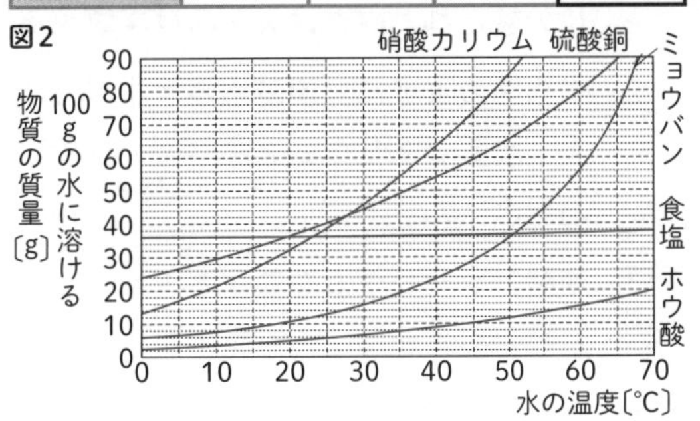

(1) **図3**は，**実験1**で色のついた砂糖(コーヒーシュガー)が水に溶けていくようすを，砂糖の分子を●とした粒子のモデルで表したものである。

図3 水面　ビーカー　砂糖の分子　入れた直後　5分後　3日後　5日後の状態　5日後

図1の5日後の状態を，右の図に粒子のモデルで描きなさい。(4点)

(2) **実験2**の表で，硝酸カリウム80 gを加えたとき「溶け残った」とある。これに関して，次の**I**，**II**に答えなさい。

I このときのビーカーの中身全体の質量はどうなっているか，次の**ア**～**ウ**の中から1つ選び，その記号を書きなさい。(3点) 〔　　〕

ア 180 gより小さくなる。　**イ** 180 gになる。　**ウ** 180 gより大きくなる。

II 溶け残った硝酸カリウムをすべて溶かすため，2通りの方法を考えた。

①水の質量は変えずに，かき混ぜながら水の温度を1℃ずつ上げていくとする。何℃ですべて溶けるか，その最小値を整数で答えなさい。(4点) 〔　　〕

思考力 ② 40 ℃に保った水をビーカーに1 gずつ注ぎながらかき混ぜていくとする。水を何g加えればすべて溶けるか，その最小値を整数で答えなさい。(4点) 〔　　〕

(3) 調べてわかったことの**図2**のグラフに示された，硫酸銅，ミョウバン，食塩，ホウ酸を，それぞれ100 gの水に溶かして60 ℃の飽和水溶液をつくった。それぞれの水溶液を20 ℃まで冷やしたとき，出てくる結晶の質量が大きい順に左から物質名を書きなさい。(5点)

〔　　　　〕

月　日

3 化学変化と原子・分子

STEP 1 まとめノート

解答 ⇨ 別冊 p.17

❶ 物質と原子・分子 ★★★

(1) **物質と分解**……〈**物質の変化**〉形や大きさが変わっても，物質そのものは変わらない変化を物理変化といい，物質そのものが変わる変化を ① という。

└→氷⇔水⇔水蒸気のような変化である

〈**分解**〉1つの物質が2つ以上の物質に分かれる化学変化を ② いう。分解には，次のようなものがある。

1. 右の図のように，**酸化銀**を加熱すると，**銀**と ③ に分解され，線香は炎(ほのお)をあげて燃える。
2. 右の図のように，**炭酸水素ナトリウムを**加熱すると，**炭酸ナトリウム**と ④ と ⑤ に分解され，石灰水は ⑥ 。

   └→水によく溶ける白い物質である

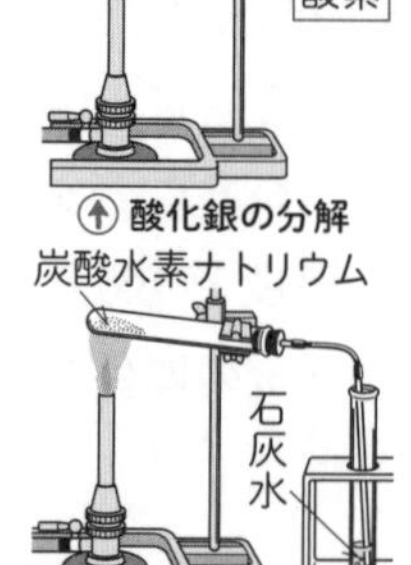

↑ 酸化銀の分解
↑ 炭酸水素ナトリウムの分解

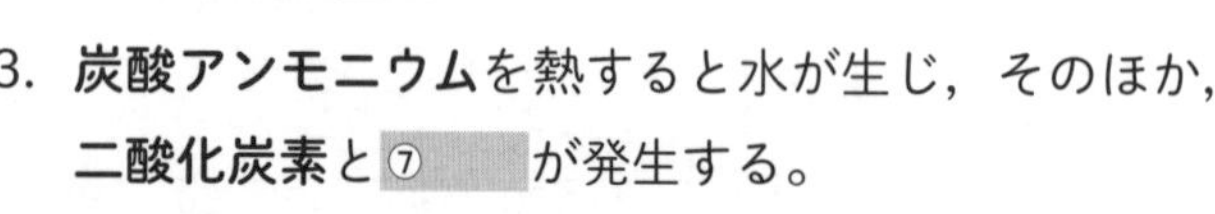

3. **炭酸アンモニウム**を熱すると水が生じ，そのほか，**二酸化炭素**と ⑦ が発生する。
4. **水**を電気分解すると， ⑧ と ⑨ が2：1の体積比で生じる。

   陽極に酸素，陰極に水素が発生する→

5. **塩化銅水溶液**(すいようえき)を電気分解すると，**塩素**が発生し，**銅**が付着する。

(2) **物質と原子・分子**……〈**単体と化合物**〉物質は混合物と純粋(じゅんすい)な物質(純物質)に分けられるが，純粋な物質には単体と ⑩ がある。

└→多くの金属は単体である

〈**原子と分子**〉これ以上分けられない，物質の最小単位を ⑪ という。しかし，物質を形づくる最小の粒子(りゅうし)は ⑫ という形で存在することが多い。右図で，**A**は ⑬ ，**B**は ⑭ の分子をモデルで表したものである。

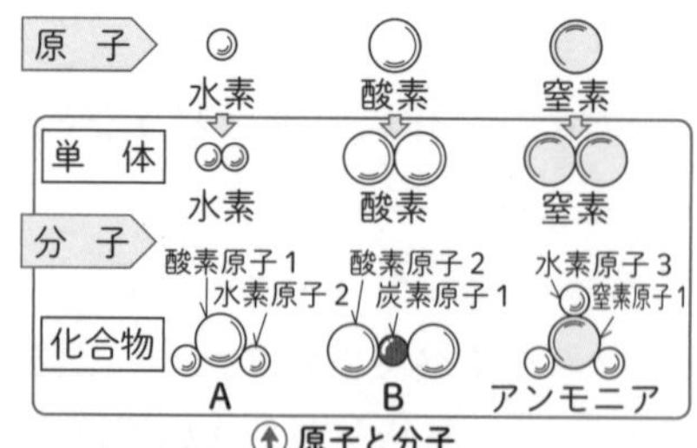

↑ 原子と分子

〈**元素記号と化学式**〉原子を記号で表したものを元素記号といい，元素記号を使って，どんな原子がいくつ集まっているのかを表したものを ⑮ という。

水素分子を化学式で表すと H_2，酸素分子を化学式で表すと O_2，水分子を化学式で表すと ⑯ である。右下の2の数字は，原子の数を表している。

ズバリ暗記
- 物質は混合物と純粋な物質に分けられ，純粋な物質には1種類の元素でできた単体と，2種類以上の元素でできた化合物がある。

①
②
③
④
⑤
⑥
⑦
⑧
⑨
⑩
⑪
⑫
⑬
⑭
⑮
⑯

入試Guide
このページで紹介している分解の反応は，化学反応式で書けるようにしておこう。物質が分解することで何と何ができるのかを覚えておくとよい。

❷ 化学変化と化学反応式 ★★★

(1) **化学変化**……〈**化合物**〉2つ以上の物質から，1つ以上の新しい物質をつくるような化学変化によって生じる物質を⑰　　という。

〈**鉄と硫黄(いおう)の反応**〉鉄粉と硫黄を混ぜ合わせたものを加熱すると，⑱　　という物質ができる。硫化(りゅうか)鉄は磁石に⑲　　，うすい塩酸を加えるとにおいのある気体が発生する。このことから，鉄とは⑳　　物質になったことがわかる。

鉄と硫黄の反応

〈**化学反応式**〉化学式を使って，物質の化学変化を表したものを㉑　　という。（←左右の原子の種類と数が同じになるように書く）

右の図で，Aは㉒　　原子2個を，Bは㉓　　分子1個を表す。

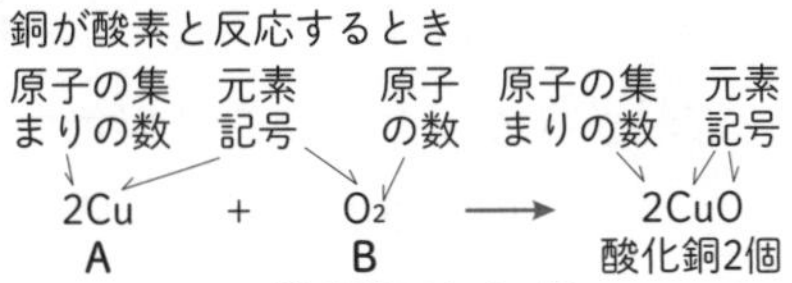

化学反応式の例

(2) **酸化と還元(かんげん)**……〈**酸化**〉物質が酸素と結びつく化学変化を㉔　　という。（熱や光を出す場合を燃焼という）マグネシウムや銅などの金属を燃焼させると，酸化マグネシウムや酸化銅などができ，結びついた酸素の分だけ質量は㉕　　なる。

〈**還元**〉酸化物から酸素をとり除く化学変化を㉖　　という。（←酸化と還元は反対の反応である）右の図のように，酸化銅と炭素を混ぜたものを加熱すると，酸化銅は還元されて㉗　　になる。また，炭素は酸化されて㉘　　になり，石灰水は白く濁(にご)る。

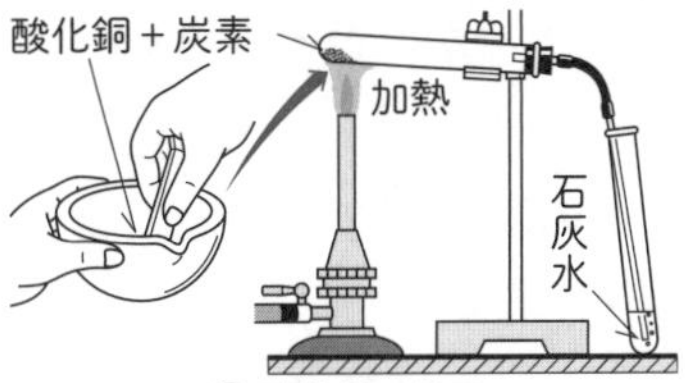

酸化銅の還元

(3) **化学反応と熱**……〈**熱の発生・吸収**〉化学反応が起こるときに熱を発生する反応を㉙　　反応という。また，化学反応が起こるときに熱を吸収する反応を㉚　　反応という。

(4) **化学変化と質量変化**……〈**質量の保存**〉化学変化が起こっても，全体としての質量には変化がない。これを㉛　　の法則という。化学変化の前とあととでは，全体の質量は㉜　　。

〈**質量の割合**〉どのような方法によってできた化合物でも，同じ化合物であれば，その成分の質量の割合は一定である。これを㉝　　の法則という。

ズバリ暗記
- 化学反応式では，左右の原子の種類と数が同じになるように書く。
- 酸化と還元は同時に起こる。

⑰ ______
⑱ ______
⑲ ______
⑳ ______
㉑ ______
㉒ ______
㉓ ______
㉔ ______
㉕ ______
㉖ ______
㉗ ______
㉘ ______
㉙ ______
㉚ ______
㉛ ______
㉜ ______
㉝ ______

Let's Try 差をつける記述式

鉄と硫黄を反応させる実験で，初めに反応を起こすために加熱したあと火を止めるのはなぜですか。

Point 鉄と硫黄が反応するときは，発熱反応であることから考える。

[　　　　　　　　　　　　　　　　　　　　]

STEP 2 実力問題

ねらわれる ココが
- 物質の性質
- 化学反応式の書き方
- 質量の求め方

解答⇨別冊 p.17

重要

1 次の実験について，あとの問いに答えなさい。

乾いた試験管に酸化銀の粉末を入れ，右の図のような実験装置を使ってガスバーナーで加熱した。

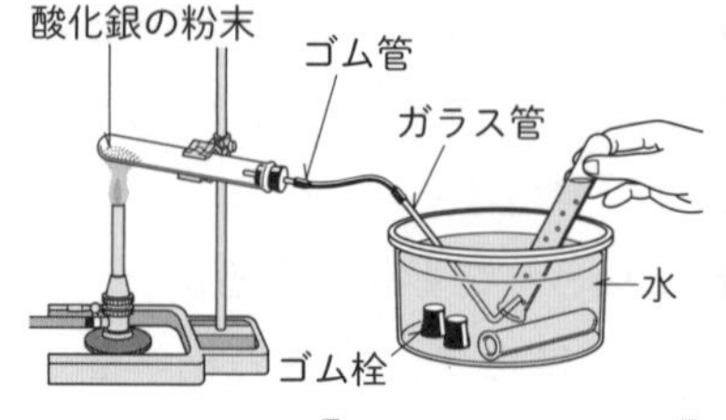

(1) 酸化銀は加熱されて何という物質に変わるか，その名称を書きなさい。 [　　　　]

(2) 酸化銀は何色か。また，加熱されてできた物質は何色か，それぞれ書きなさい。酸化銀[　　　　]　加熱されてできた物質[　　　　]

(3) 酸化銀を加熱することによって発生した気体は何か，その名称を書きなさい。 [　　　　]

(4) 発生した気体は，図のような水上置換法で集める。これは，発生した気体にどのような性質があるからか，書きなさい。 [　　　　]

(5) この実験のように，1つの物質が2つ以上の物質に分かれることを何というか，その名称を書きなさい。 [　　　　]

2 物質の成りたちについて，次の問いに答えなさい。

(1) 原子について述べた次の文で，正しいものを2つ選び，記号で答えなさい。 [　　　　]

ア 原子は，化学変化によってさらに分割することができる。
イ 同じ種類の原子の質量は等しい。
ウ 化学変化は，原子の結びつきが変わるだけである。
エ 化学変化によって，他の原子に変わることがある。

(2) 次の中から，分子でできているものを1つ選び，記号で答えなさい。

ア 鉄　**イ** 銅　**ウ** 水銀　**エ** 酸素 [　　　　]

3 図のように，鉄粉と硫黄の粉末の混合物をつくり，加熱しない混合物をAの試験管に，加熱して反応させたあとの物質をBの試験管に入れて，それぞれの性質を調べた。これについて，次の問いに答えなさい。

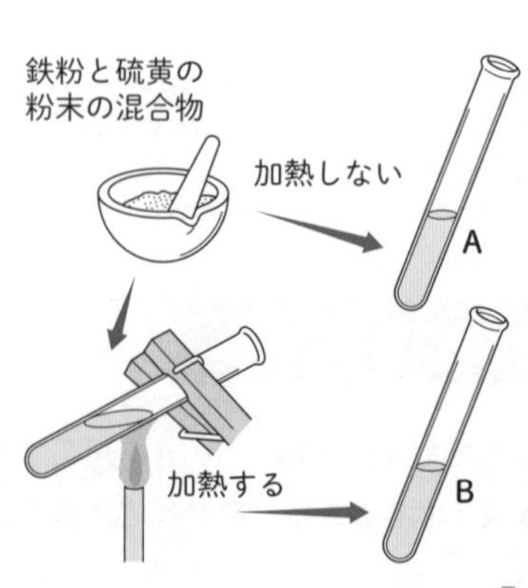

(1) 加熱するとき，混合物の上部が少し赤くなったときに加熱をやめたが反応が続いた。その理由を書きなさい。

[　　　　]

得点UP!

1 (1)酸化銀は，酸素と銀が結びついたものである。

(2)加熱を続けていると，黒色からだんだん白っぽく変化していく。

(4)水に溶けやすい気体は水上置換法で集めることはできない。

Check! 自由自在①
分解の反応例を調べてみよう。

2 (1)物質をつくっていて，それ以上は分けることができない小さな粒が原子である。

(2)金属は分子をつくらず，気体は分子をつくる。

3 (1)鉄粉と硫黄を加熱すると発熱反応が起こる。

(2) A，Bそれぞれの試験管に磁石を近づけるとどうなるか，書きなさい。

A[　　　　　　　] B[　　　　　　　]

(3) A，Bの試験管から少量の物質を別の試験管にとり，うすい塩酸を加えた。そのときに発生した気体は何か，その名称(めいしょう)を書きなさい。

A[　　　　　　　] B[　　　　　　　]

(4) この実験では，加熱することによって2つの物質が結びついて，別の新しい物質ができた。このような反応によってできる物質を何というか，その名称を書きなさい。 [　　　　　　　]

(5) この実験で，加熱して新しい物質ができたときの反応を，化学反応式で書きなさい。 [　　　　　　　　　　　　]

4 次の文章を読んで，あとの問いに答えなさい。

決まった量の銅粉をステンレス皿にとり，十分に加熱したところ，銅が酸化銅に変化した。図1は，冷えてから酸化銅の質量をはかり，銅粉の質量と酸化銅の質量の関係を表したものである。

図1

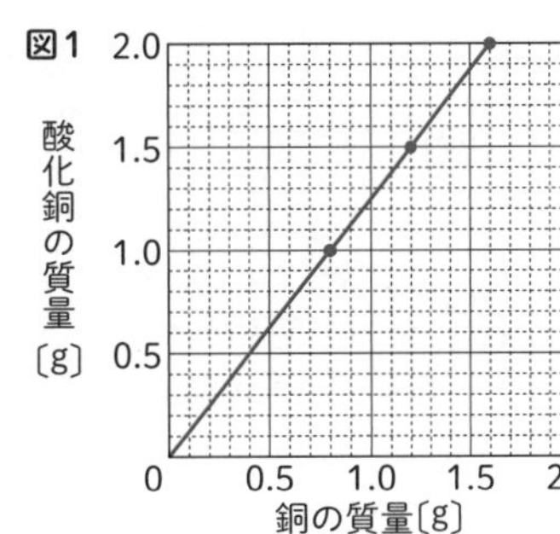

(1) 物質が酸素と結びつくことを何というか，その名称を答えなさい。

[　　　　　　　]

(2) 銅と酸素が結びついて酸化銅ができるときの化学反応式を書きなさい。

[　　　　　　　　　　　　]

(3) 0.8 g の銅を酸素と完全に反応させると，できる酸化銅の質量は何 g になるか，答えなさい。 [　　　　　　　]

(4) 銅と，反応した酸素の質量の比はいくらか，最も簡単な整数で書きなさい。

[　　　　　　　]

重要

(5) 図2のように，できた酸化銅を炭素と混ぜて試験管に入れ，ガスバーナーで加熱すると，試験管には1種類の固体だけが残り，ガラス管の先から気体が発生した。

図2

酸化銅＋炭素

石灰水

①試験管に残った固体は何か，その名称を書きなさい。 [　　　　　　　]

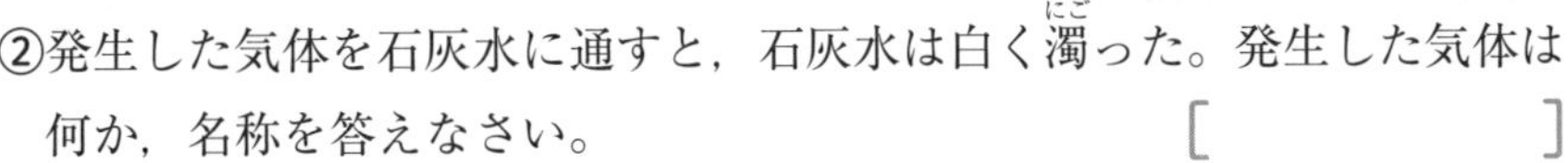

②発生した気体を石灰水に通すと，石灰水は白く濁(にご)った。発生した気体は何か，名称を答えなさい。 [　　　　　　　]

③この実験では，銅と結びついた酸素が炭素にうばわれる反応が起こっている。このような反応を何というか。 [　　　　　　　]

④この実験を終えるとき，火を消す前に石灰水からガラス管を抜(ぬ)いておかなければならない。その理由を，簡潔に説明しなさい。

[　　　　　　　　　　　　　　　　　　　　　　　　　　]

得点UP!

(2) Aは混合物のままで，鉄と硫黄(いおう)の性質が残っている。

(3) Bの試験管からは，卵のくさったようなにおいがする。

Check! 自由自在②

物質が結びつく反応例を調べてみよう。

(5) 鉄の元素記号は Fe，硫黄の元素記号は S である。

4 グラフの縦軸(たてじく)と横軸が何かを確認しておこう。

(2) 銅の元素記号は Cu，酸素の元素記号は O である。

(3)(4) 銅 0.8 g と酸素 0.2 g が完全に反応して，酸化銅 1.0 g ができている。

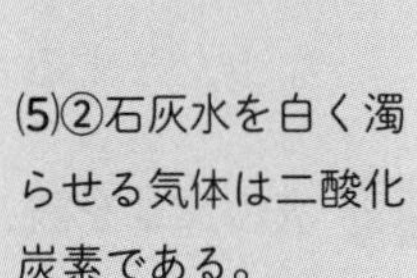

(5)② 石灰水を白く濁らせる気体は二酸化炭素である。

④ 火を消すと，加熱していた試験管の中の気体の温度が下がる。

STEP 3 発展問題

解答 ⇨ 別冊 p.18

1 **炭酸水素ナトリウムを加熱したときの変化について調べるため，次の実験を行った。これについて，あとの問いに答えなさい。** 〔北海道－改〕

実験1　炭酸水素ナトリウムの粉末約2gを，**図1**のようにステンレス皿に取り2分間加熱した。十分に冷えてから，加熱後の粉末の質量を調べた。ただし，ステンレス皿の質量は変化しないものとする。

図1

炭酸水素ナトリウムの粉末

ステンレス皿

図2

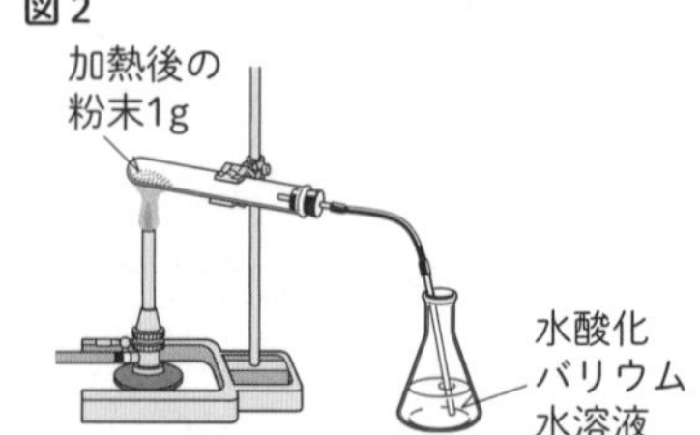

実験2　次に，加熱後の粉末をよくかき混ぜ，その粉末から1gを取って乾(かわ)いた試験管に入れた。この試験管を**図2**のように加熱し，しばらくの間，試験管の内側と水酸化バリウム水溶液のようすを観察した。

		炭酸水素ナトリウム		
		粉末2gのとき	粉末4gのとき	粉末6gのとき
実験1	加熱後の粉末の質量	1.26 g	2.52 g	4.20 g
実験2	試験管の内側のようす	変化はなかった	変化はなかった	試験管の口付近に液体がついた
	水酸化バリウム水溶液のようす	変化はなかった	変化はなかった	白く濁(にご)った

さらに，炭酸水素ナトリウムの粉末を，4g，6gにかえ，同様に**実験1**，**2**を行った。表はそれぞれの実験結果をまとめたものである。また，**図3**は，上の表の**実験1**の結果をグラフに表したものである。なお，このグラフでは，1つの直線で表すことができた炭酸水素ナトリウムの粉末0gから4gまでを実線で表し，同一直線上にない4gから6gの間は点線で表している。

図3

縦軸：加熱後の粉末の質量〔g〕（0，1.26，2.52，4.20）
横軸：炭酸水素ナトリウムの粉末の質量〔g〕（0，2，4，6）

(1) **図3**において，炭酸水素ナトリウムの粉末の質量を x〔g〕，加熱後の粉末の質量を y〔g〕とすると，x が0から4のとき，y を x の式で表すと，$y=ax$ となる。aの値を求めなさい。 〔　　　　〕

思考力 **(2)** 次の文の A ， B にあてはまる数値を，それぞれ書きなさい。

A〔　　　　〕　B〔　　　　〕

実験1において，炭酸水素ナトリウムの粉末の一部が，化学変化せずにステンレス皿に残っていたと考えられるのは，炭酸水素ナトリウムの粉末2g，4g，6gのうち， A gのときである。また，このときの**実験2**において，試験管に入れた粉末のすべてが，炭酸ナトリウムになったとすると，試験管の中の炭酸ナトリウムの質量は全部で B gであると考えられる。

2 **次の文章を読んで，あとの問いに答えなさい。** 〔沖縄－改〕

図のように点火装置をつけた化学実験用の袋(ふくろ)にゴム管を通して水素と酸素を入れ，ピンチコックを閉じたあとで全体の質量を測定した。点火スイッチを入れると大きな爆発音(ばくはつおん)がし，炎(ほのお)が一瞬(いっしゅん)見えたが，その後ふくらんでいた袋はしぼみ，内部に水滴(すいてき)が観察された。そして，装置全体が室温まで冷えたあと，再び質量を測定した。実験によって袋と装置に損傷はなかった。

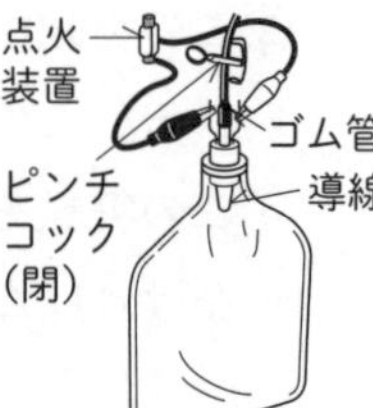

(1) この反応の化学反応式を書きなさい。 [　　　　　　　　　　　]

(2) 次の文の空欄(くうらん) ① ～ ③ にあてはまる語句の組み合わせとして最も適当なものを，表の**ア**～**オ**から１つ選んで記号で答えなさい。 [　　　]

「水素や酸素のように１種類の元素でできている物質を ① といい，水のように２種類の元素でできている物質を ② という。今回の反応のように，酸素と結びついて，別の物質ができる反応を ③ という。」

	①	②	③
ア	単体	化合物	分解
イ	単体	化合物	酸化
ウ	化合物	単体	燃焼
エ	化合物	単体	爆発(ばくはつ)
オ	化合物	単体	酸化

(3) 反応の前の質量に比べて反応後の質量はどうなるか，次の**ア**～**ウ**から１つ選んで記号で答えなさい。 [　　　]

ア 変化なし。

イ 反応前より反応後のほうが小さくなる。

ウ 反応前より反応後のほうが大きくなる。

(4) 詳(くわ)しい研究によると，水素と酸素は１：８の質量の比でちょうど反応することがわかっている。水素２gと酸素８gを反応させたとき，生じる水の質量を求めなさい。 [　　　　　]

3 次の実験について，あとの問いに答えなさい。 〔長崎〕

実験 **図１**のように，マグネシウムの粉末0.3gを入れたステンレス皿に，金あみをかぶせ飛び散らないようにしてガスバーナーで一定時間加熱することによりマグネシウムと酸素を反応させた。よく冷ましたあと，ステンレス皿内の物質の質量だけを測定した。この操作を，質量が増加しなくなるまでくり返した。**図２**は加熱の回数とステンレス皿内の物質の質量の関係をグラフに表したものである。

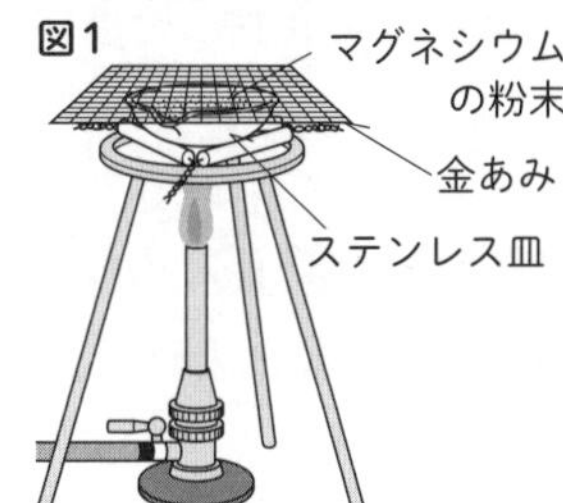

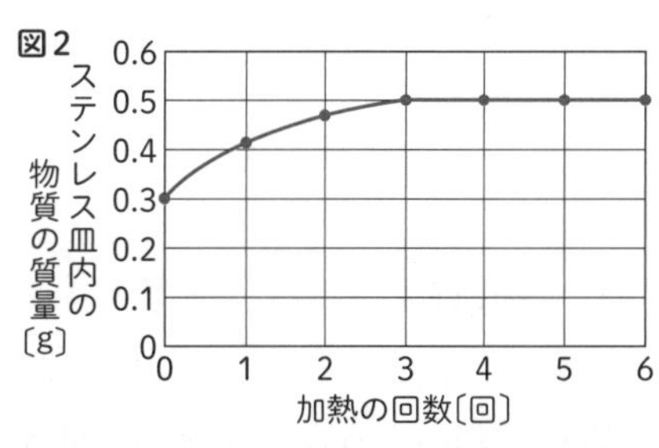

次に，マグネシウムの粉末の質量を変えて，同様の実験を行った。右の表は，マグネシウムの粉末と加熱後の物質の質量をまとめたものである。

マグネシウムの粉末の質量〔g〕	0.3	0.6	0.9	1.2
加熱後の物質の質量〔g〕	0.5	1.0	1.5	2.0

(1) マグネシウムと酸素が結びついた物質を何というか，答えなさい。 [　　　　　]

(2) マグネシウムの粉末を2.1g用いて同様の実験を行ったとき，加熱後の物質の質量を求めなさい。 [　　　　　]

(3) 表から，マグネシウムの粉末の質量と結びついた酸素の質量の関係を表すグラフを右に描(か)きなさい。

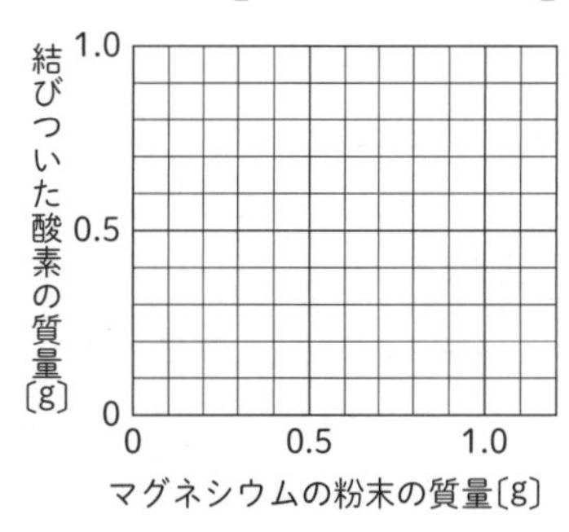

難問 (4) マグネシウムのかわりに銅の粉末1.6gを用いて一定時間加熱し，よく冷ましたあとの質量を測定したところ，1.9gであった。このとき，0.4gの銅が酸素と結びついていなかった。このことより，結びついた銅と酸素の質量比を最も簡単な整数比で答えなさい。 [　　　　　]

4 次の文章を読んで，あとの問いに答えなさい。 〔山口〕

Yさんの組では，一定の質量の酸化銅から銅を完全に取り出すときに必要な活性炭の質量を調べるために，1班から5班に分かれて次の実験を行った。

実験 A 班ごとに，酸化銅8.0 gと**表**に示した質量の活性炭をはかりとり，よく混ぜ合わせた。

B **図1**のように，試験管に**A**で混ぜ合わせた酸化銅と活性炭を入れ，ピンチコック，ゴム管などを用いて装置をつくった。

各班とも，この装置を用いて，以下の実験を行った。

C **図1**の装置の質量をはかったのち，スタンドに固定した。ゴム管の先にガラス管をつけ，**図2**のように石灰水を入れた試験管にガラス管を入れた。

D ピンチコックを開け，ガスバーナーで加熱すると気体が発生した。

E 気体が発生しなくなったあと，石灰水を入れた試験管からガラス管を取り出し，加熱をやめ，ピンチコックを閉めた。

図1 ピンチコック ゴム管 酸化銅と活性炭の混合物

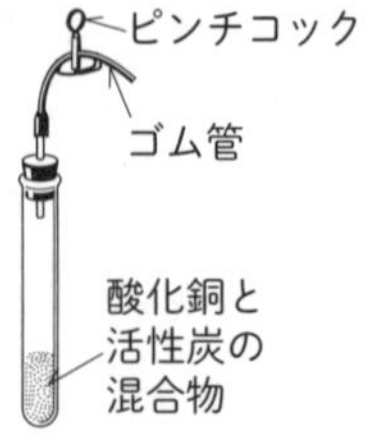

図2 ガラス管 石灰水

F 装置の温度が下がってから，**C**でつけたガラス管をはずし，装置の質量をはかった。

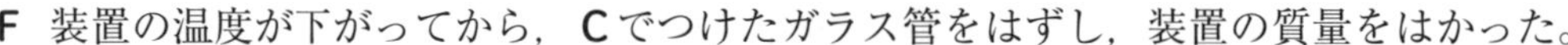

G 加熱後の試験管内の物質の質量を，実験結果をもとに計算で求めた。

H 各班の実験結果を，右の**表**のようにまとめた。

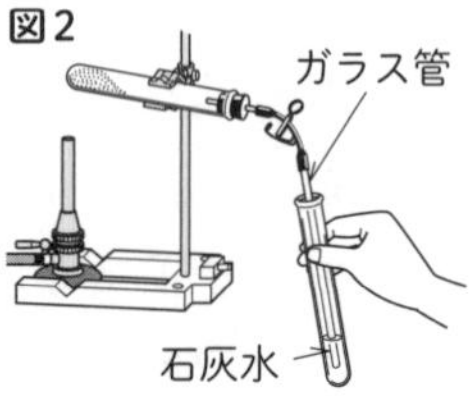

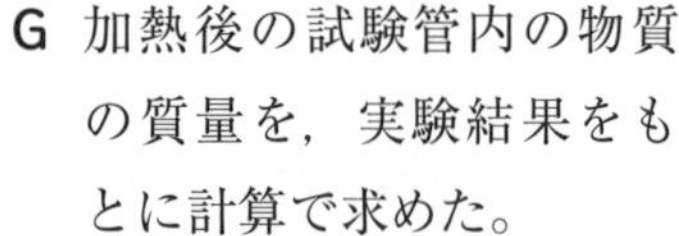

表

	1班	2班	3班	4班	5班
酸化銅の質量〔g〕	8.0	8.0	8.0	8.0	8.0
活性炭の質量〔g〕	0.4	0.6	0.8	1.0	1.2
Cではかった加熱前の装置の質量〔g〕	56.9	57.1	57.3	57.5	57.7
Fではかった加熱後の装置の質量〔g〕	55.8	55.4	55.1	55.3	55.5
加熱後の試験管内の物質の質量〔g〕	7.3	6.9	6.6	6.8	7.0

(1) 実験の**E**において，加熱をやめる前に石灰水を入れた試験管からガラス管をとり出すのはなぜか，理由を書きなさい。 [ ]

(2) 酸化銅のような酸化物から酸素がとれる化学変化を何というか，書きなさい。 [ ]

(3) 加熱後の試験管内の物質について，**表**をもとに，次の①，②に答えなさい。

独創的 ①次の文が，実験の**G**において，加熱後の試験管内の物質の質量を計算で求める方法を説明したものとなるように，（ ）に適切な文を書きなさい。

[ ]

酸化銅と活性炭の質量をたした値から，（ ）を引く。

②加熱をやめたあとの，1班・2班の試験管内と，4・5班の試験管内にある物質として考えられる最も適切な組み合わせを，次の**ア**～**ウ**からそれぞれ選び，記号で答えなさい。

1班・2班[ ] 4・5班[ ]

ア 酸化銅と活性炭 **イ** 銅と活性炭 **ウ** 酸化銅と銅

5 化学変化と物質の質量の変化を調べるために，次の実験1・2を行った。これについて，あとの問いに答えなさい。 〔高知〕

図1 うすい塩酸 密閉できる容器 炭酸水素ナトリウム

実験1 **図1**のように，密閉できる400 cm^3の容器の中に，20 cm^3のビーカーを固定した装置がある。この装置の20 cm^3のビーカーにうすい塩酸10 cm^3を入れ，400 cm^3の容器の底に炭酸水素ナトリウム1.00 gを入れて密閉した。この密閉した装置

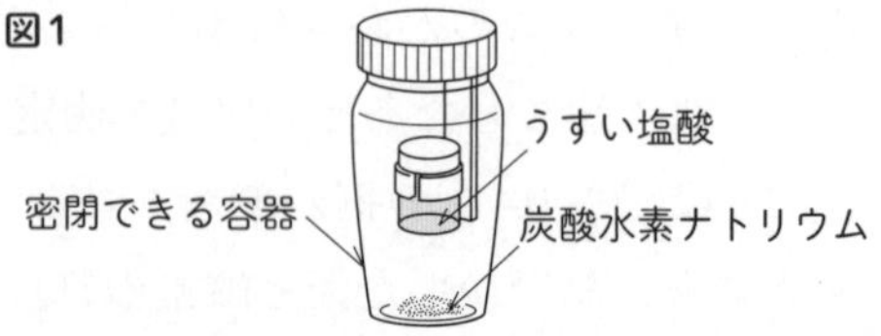

を電子てんびんにのせ，質量を測定したところ 95.50 g であった。その後，密閉した装置を傾けて，炭酸水素ナトリウムにうすい塩酸を加えると，気泡が発生した。気泡が発生したあと，密閉した装置全体の質量を測定したところ 95.50 g であった。

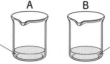

実験2 **図2**のように，2つの 100 cm^3 のビーカーA，Bを用意し，ビーカーAには炭酸ナトリウム水溶液 20 cm^3 を，ビーカーBには塩化カルシウム水溶液 20 cm^3 を入れ，ビーカーA，Bを同時に電子てんびんにのせ，質量を測定したところ 165.0 g であった。次に，ビーカーAの炭酸ナトリウム水溶液をビーカーBの塩化カルシウム水溶液にすべて加えると，白い沈殿ができた。その後，ビーカーA，Bを同時に電子てんびんにのせ，質量を測定したところ 165.0 g であった。

図2

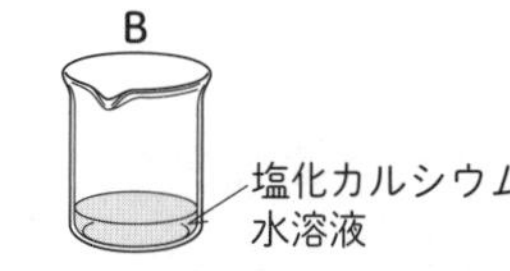

(1) **実験1**で発生した気体は二酸化炭素である。二酸化炭素を発生させる方法として正しいものを，次の**ア**～**エ**から1つ選び，その記号を書きなさい。 [　　　]

ア 酸化銀を加熱する。　**イ** 鉄にうすい塩酸を加える。

ウ 石灰石にうすい塩酸を加える。　**エ** 塩化アンモニウムに水酸化ナトリウムと水を加える。

(2) **実験2**で沈殿した物質は何か，化学式で書きなさい。 [　　　]

(3) **実験1・2**それぞれの結果から，1回目に測定した質量と2回目に測定した質量は，変化していないことがわかった。このことを説明した次の文の X にあてはまる語を書きなさい。 [　　　]

化学反応の前後で物質全体の質量は変わらない。このことを X の法則という。

6 **次の実験について，あとの問いに答えなさい。** 〔清風高－改〕

乾いた試験管に入れた炭酸水素ナトリウムを加熱して，発生する気体を集める実験を行った。

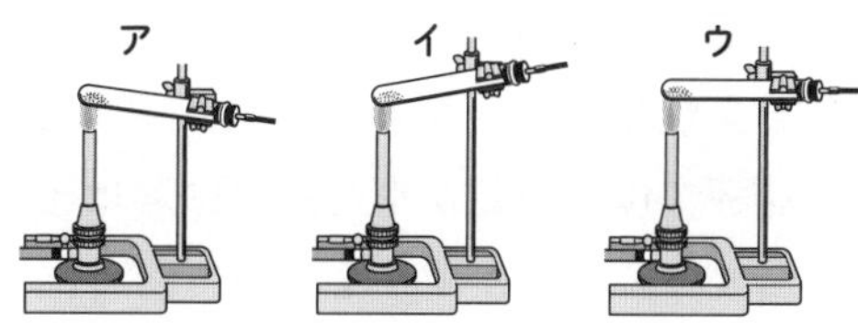

(1) 試験管のとり付け方で，最も適するものを右の**ア**～**ウ**から選び，記号で答えなさい。 [　　　]

(2) 発生する気体を右図のような方法で集めた。このような集め方を何というか，答えなさい。 [　　　]

(3) 実験終了後，(1)の試験管のゴム栓をはずし，試験管の口先にある試験紙をつけたら青色から赤色に変わった。このとき用いた試験紙は何か，答えなさい。 [　　　]

(4) この実験の化学変化は次のような化学反応式で示される。 A に数字を， B には化学式を入れて化学反応式を完成しなさい。 A[　　　] B[　　　]

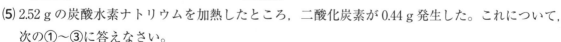

A $NaHCO_3 \longrightarrow Na_2CO_3 + CO_2 +$ B

難問 (5) 2.52 g の炭酸水素ナトリウムを加熱したところ，二酸化炭素が 0.44 g 発生した。これについて，次の①～③に答えなさい。

ただし，原子量の比は，ナトリウム：水素：炭素：酸素＝23：1：12：16 である。

①(4)のBは何 g 発生したか，求めなさい。 [　　　]

② Na_2CO_3 は何 g 発生したか，求めなさい。 [　　　]

③反応した炭酸水素ナトリウムは何 g か，求めなさい。 [　　　]

第2章 物質

4 化学変化とイオン

STEP 1 まとめノート

月　日

解答⇨別冊 p.19

① 水溶液とイオン ★★★

(1) **水溶液と電流**……〈**電解質と非電解質**〉水に溶かすと，その水溶液が電流を流す物質を ① ＿＿ という。また，水に溶かしても，その水溶液が電流を流さない物質を ② ＿＿ という。

(2) **イオンと電離**……〈**イオン**〉原子や原子団が＋の電気を帯びているもの（└＋や－の電気を帯びた原子）を ③ ＿＿ といい，－の電気を帯びているものを ④ ＿＿ という。陽イオンは電子を失ってできたもので，陰イオンは電子を ⑤ ＿＿ できたものである。

〈**電離**〉電解質が水に溶けて，陽イオンと陰イオンに分かれることを ⑥ ＿＿ という。塩化水素が電離するようすは $HCl \rightarrow H^+ +$ ⑦ ＿＿，塩化銅が電離するようすは $CuCl_2 \rightarrow Cu^{2+} +$ ⑧ ＿＿ で表される。

(3) **化学変化と電池**……〈**電池**〉電気を通す水溶液と2種類の金属を使って電流をとり出す装置を ⑨ ＿＿ (化学電池)という。

〈**亜鉛板と銅板を使った電池**〉硫酸銅水溶液に入れた銅板と硫酸亜鉛水溶液に入れた亜鉛板を導線でつなぎ，2つの水溶液を素焼き板で区切ると電流が流れる。亜鉛板では，亜鉛が水溶液中に溶け出し，銅板では，表面に ⑩ ＿＿ が付着する。金属が電子を失って溶け出す亜鉛板が－極になる。電池は，化学変化を起こす物質のもっている化学エネルギーを ⑪ ＿＿ エネルギーに変えるものである。

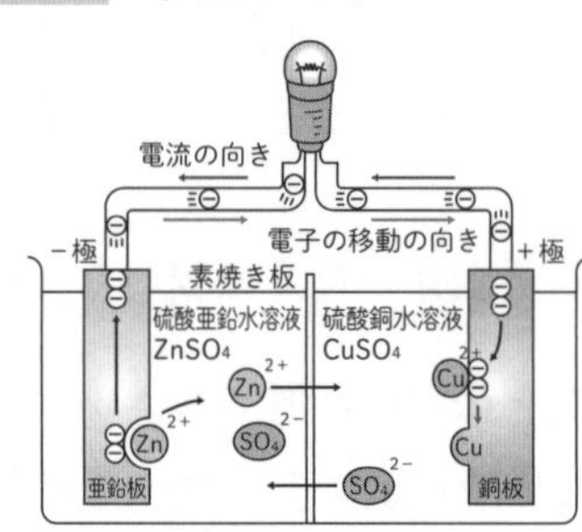

ダニエル電池

(4) **電気分解**……〈**塩化銅水溶液の電気分解**〉塩化銅水溶液を電気分解すると，塩化物イオンは陽極へ移動して ⑫ ＿＿（└漂白作用がある）が発生し，銅イオンは陰極へ移動して銅が付着する（水溶液の色はだんだんうすくなっていく）。陽極での変化は，$2Cl^- \rightarrow 2Cl + 2e^-$，$2Cl \rightarrow Cl_2$ であり，陰極での変化は $Cu^{2+} + 2e^- \rightarrow Cu$ と表される。

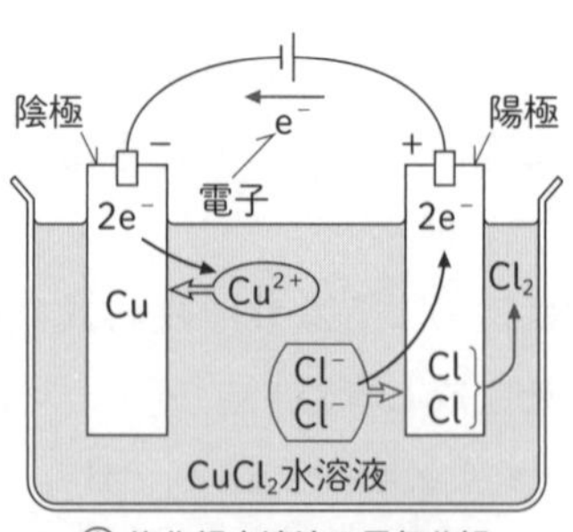

塩化銅水溶液の電気分解

〈**水の電気分解**〉水を電気分解すると，陽極からは ⑬ ＿＿ が，陰極からは ⑭ ＿＿ が発生する。発生する酸素と水素の体積比は ⑮ ＿＿ である。水を電気分解するとき，⑯ ＿＿ を少し加えて行う。（└純粋な水は電気を通しにくい）

ズバリ暗記
- 塩化銅水溶液の電気分解では塩素と銅が，水の電気分解では酸素と水素が生じる。

①＿＿
②＿＿
③＿＿
④＿＿
⑤＿＿
⑥＿＿
⑦＿＿
⑧＿＿
⑨＿＿
⑩＿＿
⑪＿＿
⑫＿＿
⑬＿＿
⑭＿＿
⑮＿＿
⑯＿＿

入試Guide
電池では，イオンになりやすい(イオン化傾向の大きい)金属が－極になることに注意する。

② 酸・アルカリとイオン ★★★

(1) **酸とその性質**……**〈酸性を示すイオン〉**酸性を示すのは，水溶液(すいようえき)中に⑰ イオン(H^+)が存在するからである。右の図は，塩酸と硫酸(りゅうさん)が電離(でんり)している状態をモデルで示したものである。

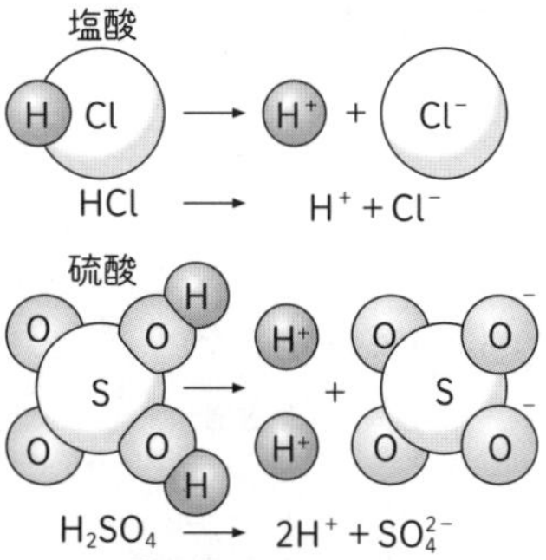

〈酸性の水溶液の性質〉酸性の水溶液には，

1. ⑱ 色リトマス紙を⑲ 色に変える。
2. BTB 液を⑳ 色に変える。(└→中性では緑色)
3. マグネシウムなどの金属を溶(と)かし㉑ を発生させる。
4. 電圧を加えると電流が流れる，などの性質がある。

塩酸

$HCl \longrightarrow H^+ + Cl^-$

硫酸

$H_2SO_4 \longrightarrow 2H^+ + SO_4^{2-}$

塩酸と硫酸の電離

(2) **アルカリとその性質**……**〈アルカリ性を示すイオン〉**アルカリ性を示すのは，水溶液中に㉒ イオン(OH^-)が存在するからである。

〈アルカリ性の水溶液の性質〉アルカリ性の水溶液には，1. ㉓ 色リトマス紙を㉔ 色に変える。2. BTB 液を㉕ 色に変える。3. フェノールフタレイン液を㉖ 色に変える。(└→酸性，中性では無色透明) 4. 電圧を加えると電流が流れる，などの性質がある。

(3) **中和と塩**……**〈中和〉**酸の㉗ イオンとアルカリの㉘ イオンが結びついて㉙ をつくり，(└→$H^+ + OH^- \rightarrow H_2O$) 互(たが)いの性質を打ち消し合う反応を㉚ という。

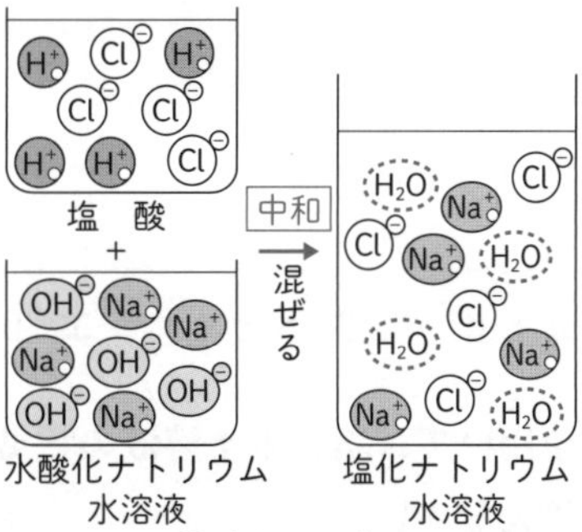

〈塩〉酸の㉛ イオンとアルカリの㉜ イオンが結びついてできた物質を㉝ という。おもな塩には，塩酸と水酸化ナトリウム水溶液の中和でできる㉞ (食塩)や，硫酸と水酸化バリウム水溶液の中和でできる㉟ (└→白色の沈殿)などがある。

中和のモデル

〈中和と酸・アルカリの量〉決まった濃度(のうど)の酸とアルカリの水溶液が中和するときの体積比は㊱ である。また，一定量の酸の水溶液を中和するのに必要なアルカリの水溶液の体積は，その濃度に㊲ する。

〈中和と熱〉中和は㊳ 反応である。

ズバリ暗記
- 酸の水溶液とアルカリの水溶液を混ぜたとき，互いの性質を打ち消し合い，水ができる反応を中和という。

⑰
⑱
⑲
⑳
㉑
㉒
㉓
㉔
㉕
㉖
㉗
㉘
㉙
㉚
㉛
㉜
㉝
㉞
㉟
㊱
㊲
㊳

Let's Try 差をつける記述式

固体の塩化ナトリウムは電気を通さないが，水溶液が電気を通すのはなぜですか。〔筑波大附高ー改〕

Point 塩化ナトリウムを水に溶かすと，水溶液中でどのような変化が起こるのか考える。

[ ]

月　　日

STEP 2 実力問題

ねらわれるココが
- 電気分解や電池におけるイオンや電子の移動
- 酸性・アルカリ性の水溶液の性質
- 中和の意味と混ぜ合わせたときの質量計算

解答⇨別冊 p.20

1 **次の問いに答えなさい。**

(1) 右の図は，ヘリウム原子の構造を示したものである。□にあてはまる語を書きなさい。〔北海道〕

［　　　］

陽　子……＋の電気をもつ
中性子……電気をもたない
□……－の電気をもつ

(2) 塩化ナトリウムが水に溶けると，ナトリウムイオンと塩化物イオンに分かれる。このように，水に溶けてイオンに分かれることを何というか，その名称を書きなさい。［　　　］〔埼玉〕

重要
(3) 次のa～dの文で，アルカリ性の水溶液について説明したものの組み合わせとして最も適するものを，あとの**ア**～**エ**の中から1つ選び，その記号を書きなさい。〔神奈川〕

［　　］

a 青色リトマス紙を赤色に変える。
b 赤色リトマス紙を青色に変える。
c pHの値は7より小さい。
d pHの値は7より大きい。

ア aとc　**イ** aとd　**ウ** bとc　**エ** bとd

2 **右の図のような装置を用いて，塩化銅水溶液の電気分解を行った。これについて，次の問いに答えなさい。**

発泡ポリスチレンの板
電源装置
陰極
陽極
電流計
ビーカー
炭素棒
塩化銅水溶液

(1) 塩化銅のように，水に溶けると電流を通す物質を何といいますか。［　　　］

(2) 塩化銅水溶液は何色か，次の**ア**～**エ**から1つ選んで記号を書きなさい。［　　］

ア 青色　**イ** 黄色　**ウ** 茶色　**エ** 緑色

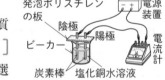

(3) 塩化銅水溶液中で，＋の電気を帯びているイオン，－の電気を帯びているイオンを，イオンを表す化学式で表しなさい。

＋［　　　］　－［　　　］

(4) 炭素棒では，どのような変化が起こっているか。陽極，陰極のそれぞれについて，次の**ア**～**エ**から1つずつ選んで記号を書きなさい。

陽極［　　］　陰極［　　］

ア 塩化物イオンが，電子を受けとって塩素分子になる。
イ 塩化物イオンが，電子を失って塩素分子になる。
ウ 銅イオンが，電子を受けとって銅が炭素棒に付着する。
エ 銅イオンが，電子を失って銅が炭素棒に付着する。

得点UP!

1 (1)陽子と中性子が集まって原子核をつくっている。

(2) $NaCl \rightarrow Na^{+} + Cl^{-}$ のように，電解質は溶液中で陽イオンと陰イオンに分かれている。

(3) pH<7は酸性，pH=7は中性，pH>7はアルカリ性である。

Check! 自由自在①
身のまわりにある液体の性質を調べてみよう。

2 (1)食塩（塩化ナトリウム），塩化水素，水酸化ナトリウムなども水に溶けると電流を通す。

(3)塩化銅の化学式は $CuCl_2$ である。

(4)陽イオンは電子を受けとり，陰イオンは電子を失う。

Check! 自由自在②
塩化銅水溶液の電気分解における電子の受けわたしを，図にまとめてみよう。

3 図の装置のように，うすい塩酸に亜鉛板（あえんばん）と銅板を入れたところ，装置に電流が流れて電子オルゴールが鳴った。次の文章は，この装置の亜鉛板と銅板の表面での化学変化と電流の向きについてまとめたものである。文章中の［①］～［③］にあてはまる語句の組み合わせとして最も適当なものを，下のア～エの中から選んで，記号を書きなさい。

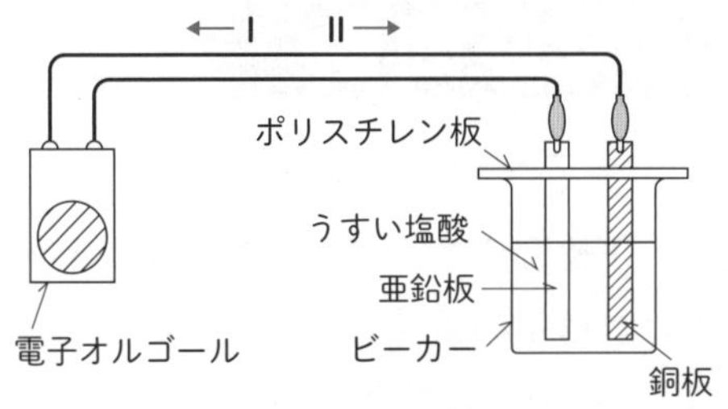

［　　　］〔愛知〕

> 亜鉛板の表面では，亜鉛の原子が電子を［①］亜鉛イオンになり，うすい塩酸の中に溶（と）け出していく。また，銅板の表面では，うすい塩酸の中の水素イオンが電子を［②］水素分子となる。このとき，電子オルゴールと銅板をつないだ導線には［③］電流が流れる。

ア ①受けとって，　②失って，　③矢印Ⅰの向きに

イ ①受けとって，　②失って，　③矢印Ⅱの向きに

ウ ①失って，　②受けとって，　③矢印Ⅰの向きに

エ ①失って，　②受けとって，　③矢印Ⅱの向きに

4 右の図のように，ビーカーにうすい塩酸を入れ緑色に調整したBTB液を加えたものに，うすい水酸化ナトリウム水溶液（すいようえき）を少しずつ加えていった。これについて，次の問いに答えなさい。

(1) うすい水酸化ナトリウム水溶液を加える前の色は何色か，書きなさい。［　　　］

(2) 水溶液の色が緑色になったときの水溶液は，酸性，アルカリ性，中性のどれか，書きなさい。［　　　］

(3) さらにうすい水酸化ナトリウム水溶液を加えると，水溶液の色は何色になるか，書きなさい。［　　　］

(4) 酸性の水溶液とアルカリ性の水溶液を混ぜると，互（たが）いの性質を打ち消し合う反応が起こる。この反応を何というか，書きなさい。

［　　　］

重要 (5) 塩酸と水酸化ナトリウム水溶液を混ぜたときの反応を，次のようにまとめた。［①］，［②］に入る化学式を書きなさい。

①［　　　］ ②［　　　］

HCl ＋ NaOH → ［①］＋［②］

(6) 酸性の水溶液中の陰（いん）イオンと，アルカリ性の水溶液中の陽イオンが結びついてできたものを何というか，書きなさい。［　　　］

得点UP!

3 ①②電子の受けわたしにより，亜鉛板の表面では，Zn は Zn^{2+} となり，銅板の表面では，H^+ が H になる。

Check! 自由自在③ 電池（化学電池）の原理について調べてみよう。

4 (1)～(3) BTB 液は，酸性で黄色，中性で緑色，アルカリ性で青色を示す。

(4)この反応は，$H^+ + OH^- \rightarrow H_2O$ の変化である。

(5)中和では，必ず水ができる。

Check! 自由自在④ いろいろな中和の例を調べてみよう。

STEP 3 発展問題

解答⇨別冊 p.20

1 **次の(1)〜(5)の文は，下線部のすべてが正しいか，1か所がまちがっている。すべてが正しければ○，まちがっていればその番号を答えなさい。** 〔東京学芸大附高〕

(1) 原子は，①原子核(げんしかく)と②電子からできている。原子核は＋(プラス)の電気を帯びた③陽子と電気を帯びていない④中性子からできている。原子核のまわりには，－(マイナス)の電気を帯びた電子が存在している。中性の原子では，陽子の数と電子の数は⑤等しい。 [　　　]

(2) 原子が電気を帯びたものを①イオンという。原子が②電子を失って＋の電気を帯びたものを③陽イオン，④陽子を失って－の電気を帯びたものを⑤陰(いん)イオンという。 [　　　]

(3) ①電解質の水溶液(すいようえき)に2種類の金属を入れて導線でつなぐと，金属と金属の間に②電圧が生じる。これを③電池という。身のまわりの電池の多くは，物質のもっている④化学エネルギーを，化学変化によって⑤電気エネルギーに変換(へんかん)している。 [　　　]

(4) うすい塩酸の中に亜鉛板(あえんばん)と銅板を電極とした電池をつくると，亜鉛板が①－極になる。亜鉛板の表面では，亜鉛原子が②電子を失って亜鉛イオンになり，銅板の表面では，水溶液中の水素イオンが③電子を受けとって水素原子となり，水素原子は④2個結びついて水素分子となる。この結果，電極をつないだ導線上を⑤亜鉛板から銅板の向きに電流が流れる。 [　　　]

(5) 酸性・アルカリ性の強さを表すのにpHが用いられる。純粋(じゅんすい)な水(中性)のpHは①7である。pHの値が7より小さいとき，その水溶液は②酸性で，数値が小さいほど酸性が③弱くなる。pHの値が7より大きいとき，その水溶液は④アルカリ性で，その数値が大きいほどアルカリ性が⑤強くなる。 [　　　]

2 **次の実験について，あとの問いに答えなさい。** 〔三重〕

実験1 **図1**のような装置を組み立て，うすい塩酸に電流を流し，電極で起こる変化を観察した。**表1**はその結果をまとめたものである。

実験2 **図2**のような装置を組み立て，塩化銅水溶液に電流を流し，電極で起こる変化を観察した。**表2**はその結果をまとめたものである。

図1

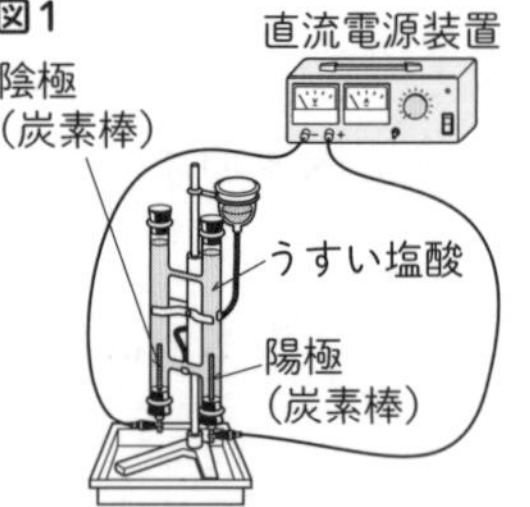

表1

電極	電極で起こる変化
陽極	表面から気体が発生した。
陰極	表面から気体が発生した。

図2

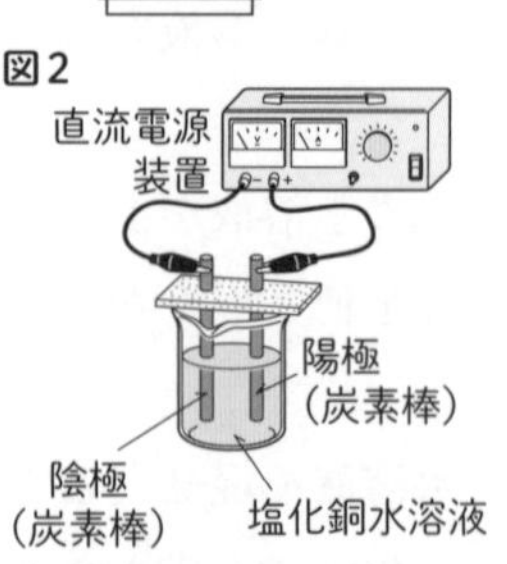

表2

電極	電極で起こる変化
陽極	X
陰極	Y

(1) **実験1**について，次の問いに答えなさい。

①次の文中の[A]，[B]に入る最も適当なものはどれか，あとの**ア〜エ**からそれぞれ1つずつ選び，その記号を書きなさい。 A[　　　] B[　　　]

> 陰極では，塩酸の中の＋の電気を帯びている[A]が，[B]を1個受けとって原子となり，それが2個結びついて分子になり，気体として発生する。

ア 水素イオン　**イ** 塩化物イオン　**ウ** 陽子　**エ** 電子

②陽極側に集まる気体の体積は，陰極(いんきょく)側に集まる気体の体積に比べて少なくなった。集まる気体の体積が少なくなったのは，陰極側で発生した気体と比べて，陽極側で発生した気体にどのような性質があるからか，簡単に書きなさい。

［　　　　　］

(2) **実験2**について，次の①，②の各問いに答えなさい。

①**表2**の**X**，**Y**に入ることがらとして最も適当なものはどれか，次の**ア**〜**エ**からそれぞれ1つずつ選び，その記号を書きなさい。　**X**［　　］　**Y**［　　］

ア　表面から気体が発生した。

イ　表面に青緑色(青色)の物質が付着した。

ウ　表面に赤色の物質が付着した。

エ　表面に白色の物質が付着した。

②塩化銅の電離(でんり)のようすを化学反応式で表しなさい。ただし，塩化銅の化学式は $CuCl_2$ とする。

［　　　　　］

3 **水溶液(すいようえき)と金属板で電流がとり出せるか調べるために，次の実験を行った。これについて，あとの問いに答えなさい。**　〔秋田〕

実験　図のように，亜鉛板(あえんばん)と銅板を濃度(のうど)5％のうすい塩酸に入れ，導線でモーターをつないで回るかどうかを調べた。次に，それぞれの濃度が5％の砂糖水，食塩水，エタノールの水溶液で同じように調べた。<u>金属板を別の水溶液に入れるときには，そのつど精製水(蒸留水)で洗った。</u>

また，金属板の組み合わせを変えて同じように調べ，結果を表にまとめた。

金属板の組み合わせ ＼ 水溶液		うすい塩酸	砂糖水	食塩水	エタノールの水溶液
亜鉛板	銅板	○	×	○	×
亜鉛板	マグネシウムリボン	○	×	○	×
亜鉛板	亜鉛板	×	×	×	×
銅板	マグネシウムリボン	○	×	○	×
銅板	銅板	×	×	×	×
マグネシウムリボン	マグネシウムリボン	×	×	×	×

○…回った　×…回らなかった

(1) 濃度5％の食塩水200 gをつくることにした。このときに必要な水は何gか，求めなさい。［　　］

(2) 下線部の操作をするのは何のためか，書きなさい。［　　　　　］

(3) 図のように，亜鉛板と銅板，うすい塩酸で実験をしたとき，モーターが回り銅板の表面から気体が発生した。

①発生した気体は何か，化学式で書きなさい。［　　］

②亜鉛板につないだ導線中の電流の向きと電子の移動の向きは図の**A**，**B**のどちらか，正しい組み合わせを次から1つ選んで記号を書きなさい。［　　］

ア（電流　**A**，　電子　**A**）　**イ**（電流　**A**，　電子　**B**）

ウ（電流　**B**，　電子　**A**）　**エ**（電流　**B**，　電子　**B**）

③この実験で気体が発生し始めると生じるイオンを化学式で書きなさい。［　　］

(4) 表から，電流がとり出せるのは，水溶液の条件と，金属板の条件がそろったときであることがわかる。この条件をそれぞれ書きなさい。

水溶液［　　　　］　金属板［　　　　］

4 図1のように，うすい硫酸に２種類の金属板をひたし，それらを導線でつなぐと検流計の針が振れ，電流が流れた。これについて，次の問いに答えなさい。 〔函館ラ・サール高－改〕

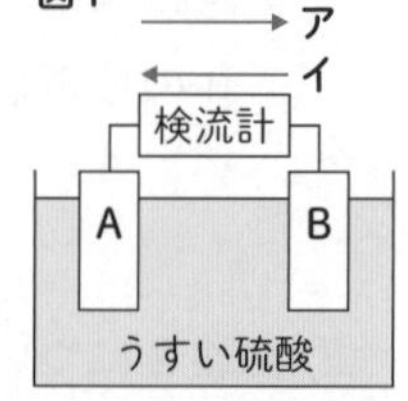

(1) 電極Aに銅板，電極Bに亜鉛板を用いた場合，電流が流れる向きは，図中ア・イのどちらか，記号で答えなさい。 [　　　]

思考力 (2) 電極Aと電極Bに，亜鉛(Zn)，銀(Ag)，スズ(Sn)，鉄(Fe)のいずれかを用いてこの装置をつくり，電流が流れる向きを調べると，右のようになった。この結果から，これらの金属をイオンになりやすい順に並べ，元素記号を用いて答えなさい。

電極Aの金属	電極Bの金属	電流が流れる向き
亜鉛	銀	イ
銀	スズ	ア
亜鉛	鉄	イ
スズ	鉄	ア

[　　　　　　　　　　]

独創的 (3) 鉄板の表面に亜鉛をうすくめっきしたものはトタンとよばれ，屋根やガードレールに用いられる。トタンには，図2のように亜鉛に傷がついて，鉄がむき出しになった部分に弱酸性の雨水が付着しても，鉄の腐食を防ぐ性質がある。なぜこのような性質があるのかを，「陽イオン」という言葉を用いて25字以内で答えなさい。ただし，元素記号は用いないこと。

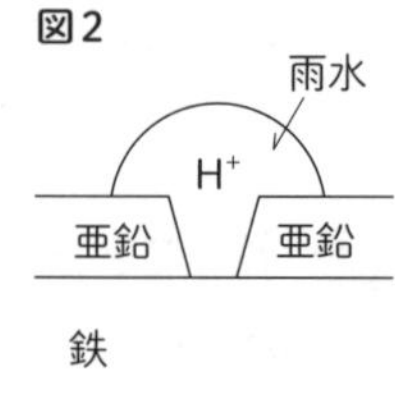

[　　　　　　　　　　　　　　　　　　　　　　　　]

5 次の実験について，あとの問いに答えなさい。 〔大阪〕

実験 電流を流しやすくするために食塩水をしみこませたろ紙を，図のようにガラス板の上にしき，その上に赤色のリトマス紙A，Bと青色のリトマス紙C，Dを置いた。次に中央にうすい水酸化ナトリウム水溶液をしみこませた糸を置き，ガラス板とろ紙の両端を金属製のクリップでとめ，クリップ間に15～20 Vの電圧を加え数分間電流を流したところ，1つのリトマス紙の色が変化した。

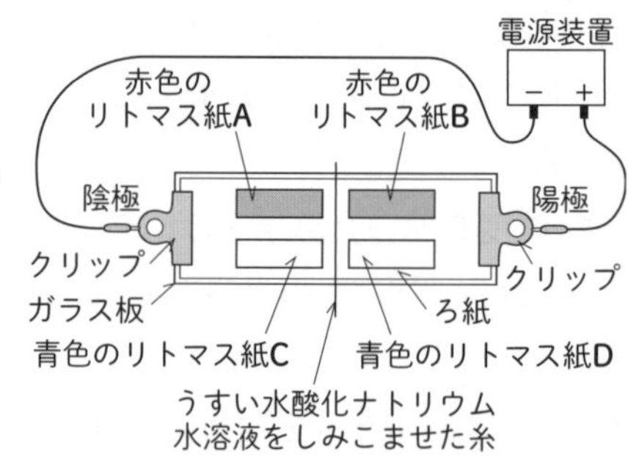

(1) 実験において，A～Dのうち，色が変化したリトマス紙はどれか，1つ選び，記号を書きなさい。 [　　　]

(2) 次の文中の①，②，④，⑤から適切なものを1つずつ選び，記号を書きなさい。また，③には，電離のようすを表す式を，化学反応式を用いて表しなさい。

①[　　　] ②[　　　] ③[　　　　　　　　　] ④[　　　] ⑤[　　　]

実験において，うすい水酸化ナトリウム水溶液をしみこませた糸から①〔**ア** ＋の電気　**イ** －の電気〕を帯びたものが②〔**ウ** 陽極　**エ** 陰極〕に向かって移動し，リトマス紙の色が変化した。

また，水酸化ナトリウム水溶液中で，水酸化ナトリウムは，NaOH →（　③　）のように電離している。

これらのことから，④〔**オ** 水素イオン　**カ** ナトリウムイオン　**キ** 水酸化物イオン〕が⑤〔**ク** 酸性　**ケ** アルカリ性〕の水溶液の性質を示す原因となっていると考えられる。

6 **次の文章を読んで，あとの問いに答えなさい。** 〔高田高〕

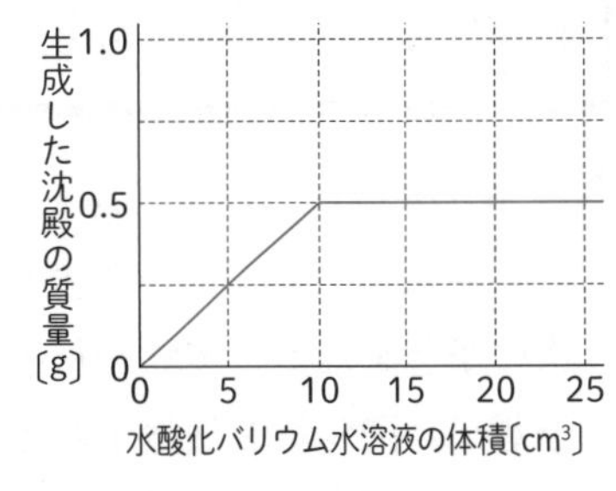

うすい硫酸とうすい水酸化バリウム水溶液を混合すると，白い沈殿が生成する。いま，硫酸 10 cm³ に水酸化バリウム水溶液を少しずつ加えていったら，加えた水酸化バリウム水溶液の体積と生成した沈殿の質量との関係は右のグラフのようになった。

(1) この化学反応は何とよばれるか，次の**ア**～**オ**から1つ選びなさい。 [　　　]

ア 分解　**イ** 酸化　**ウ** 還元　**エ** 中和　**オ** 燃焼

難問 (2) 次の①，②のように，条件を変えて実験を行ったら，それぞれの実験結果はどうなるか，下の**ア**～**カ**のグラフからそれぞれ1つずつ選びなさい。 ①[　　　] ②[　　　]

①2倍の濃度にした硫酸 10 cm³ に，はじめの実験と同じ濃度の水酸化バリウム水溶液を少しずつ加えていく。

②はじめの実験と同じ濃度の硫酸 10 cm³ に，2倍の濃度にした水酸化バリウム水溶液を少しずつ加えていく。

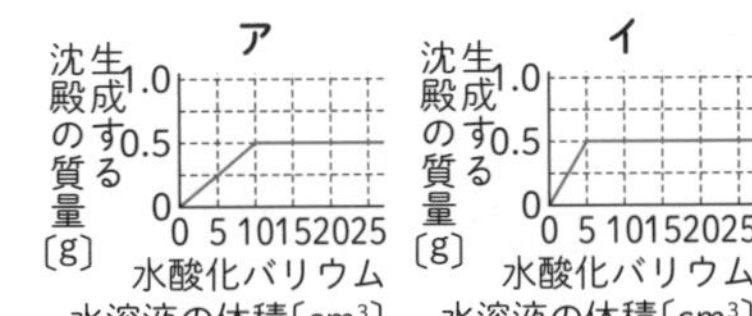
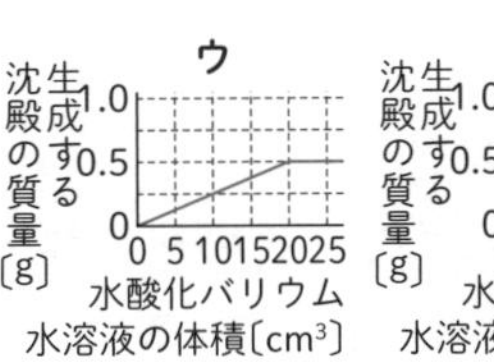
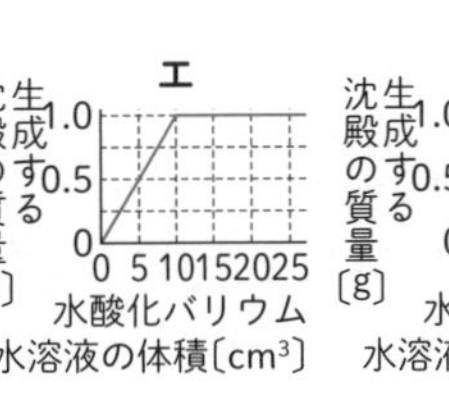
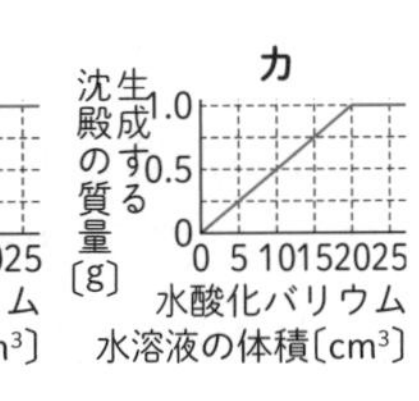

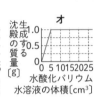

7 **次の文は，「燃料電池」についてまとめた実験レポートの一部である。これについて，あとの問いに答えなさい。** 〔和歌山－改〕

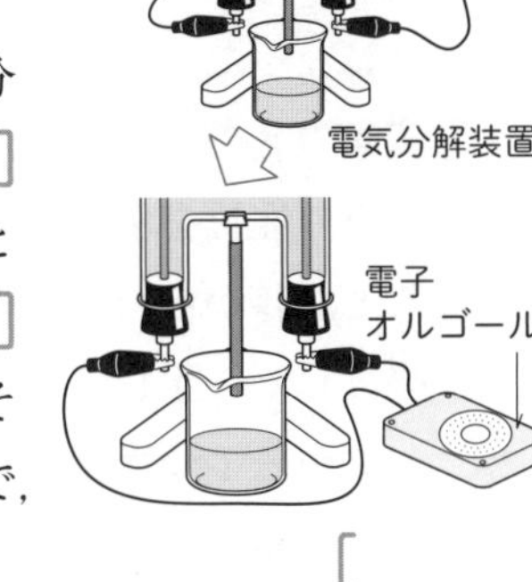

図のように，炭素棒を電極とした電気分解装置に，水酸化ナトリウムを溶かした水を入れ，一定時間電気分解させると，気体Aと気体Bが1：2の割合で発生した。その後，電源装置をはずし，電子オルゴールをつないだところ，しばらく鳴り続けた。このことから，この電気分解装置は，電池のはたらきをしたといえる。

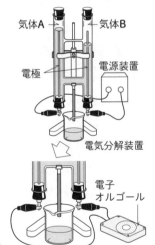

(1) 水酸化ナトリウムは，水溶液中でナトリウムイオンと何イオンに分かれるか，化学式で書きなさい。 [　　　]

(2) (1)のように，物質が水に溶けて陽イオンと陰イオンに分かれることを何というか，書きなさい。 [　　　]

(3) 気体Aが発生したほうの電極は何極か。また，その気体は何か。その組み合わせとして適切なものを，次の**ア**～**エ**の中から1つ選んで，その記号を書きなさい。 [　　　]

ア 陽極，水素　**イ** 陽極，酸素　**ウ** 陰極，水素　**エ** 陰極，酸素

(4) この装置が電池のはたらきをしているとき，何エネルギーを電気エネルギーに変換しているか，書きなさい。 [　　　]

(5) 電子オルゴールが鳴っている間，電気分解でできた気体Aと気体Bは反応し，もとの水にもどる化学変化が起こっている。この化学変化を，化学反応式で書きなさい。

[　　　]

〔　　月　　日〕

理解度診断テスト②

本書の出題範囲 pp.72～87　時間 35分　得点 /50点　理解度診断 A B C

解答⇨別冊 p.21

1 次の実験について，あとの問いに答えなさい。〔山口〕

Yさんは，酸化銀が酸素と銀からできていることを学習し，酸化銀について，次の予想をたて，実験を行った。

図1

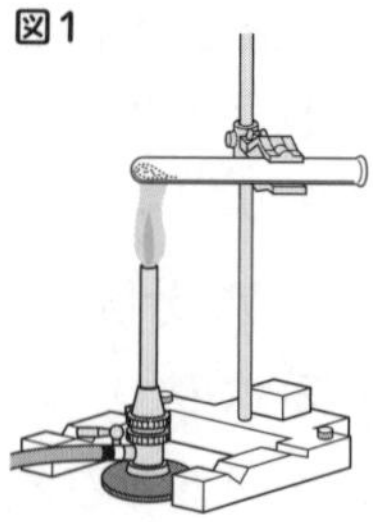

予想 1. 酸化銀を加熱すると，酸素と銀に分解できる。

2. 酸化銀の質量とそれに含(ふく)まれる銀の質量の間には，比例の関係がある。

実験 a 黒色の酸化銀を2.0gはかりとり，試験管に入れた。

b 酸化銀を入れた試験管の質量をはかったあと，**図1**のように試験管を加熱した。

c 酸化銀が白色の物質に変化しはじめたとき，火のついた線香を試験管の中に入れてようすを観察した。観察後に，線香を試験管からとり出した。

d 酸化銀がすべて白色の物質に変化したとき，加熱をやめた。

e 試験管が冷えたあと，白色の物質が入った試験管の質量をはかった。

f 試験管の中の白色の物質をとり出した。

g fでとり出した白色の物質を乳棒でこすり，その後，金づちでたたいた。

h aの酸化銀の質量を4.0g，6.0g，8.0gと変えて，b，d，eの操作を行った。**表**は，実験の結果をまとめたものである。

表

酸化銀の質量〔g〕	2.0	4.0	6.0	8.0
bではかった質量〔g〕	26.6	28.6	30.6	32.6
eではかった質量〔g〕	26.4	28.3	30.1	32.0

(1) 酸化銀と同じように，化合物に分類される物質はどれか，次の**ア**～**エ**から1つ選びなさい。(4点)　〔　　〕

ア 銅　**イ** 塩素　**ウ** 硫黄(いおう)　**エ** アンモニア

(2) **予想**1を確かめるために行った操作について，次の①，②に答えなさい。

①**実験**のcの下線部で，酸素が発生したことがわかった。このとき，火のついた線香はどのようになったか，書きなさい。(4点)
〔　　　　〕

②**実験**のgの下線部で，白色の物質が金属特有の性質を示したことから，銀であることがわかった。このとき，各操作の結果として，正しい組み合わせを，右の**ア**～**エ**から1つ選びなさい。(3点)　〔　　〕

	ア	イ	ウ	エ
乳棒でこする	光沢が出た	光沢が出た	白色のまま変化しなかった	白色のまま変化しなかった
金づちでたたく	うすく広がった	こまかく砕けた	うすく広がった	こまかく砕けた

(3) 銀原子を●，酸素原子を○で表すと，酸化銀は●○●と表せる。このモデルを用いて，実験で起こる，酸化銀が銀と酸素に分かれる化学変化を表すと，どのようになるか，**図2**の□の中に描(か)き入れて完成しなさい。(4点)

図2

□ → □ ＋ ○○

(4) **予想**2を確かめるために，**表**をもとにして「酸化銀の質量」と「白色の物質の質量」との関係を表すグラフを**図3**に描きなさい。(4点)

図3

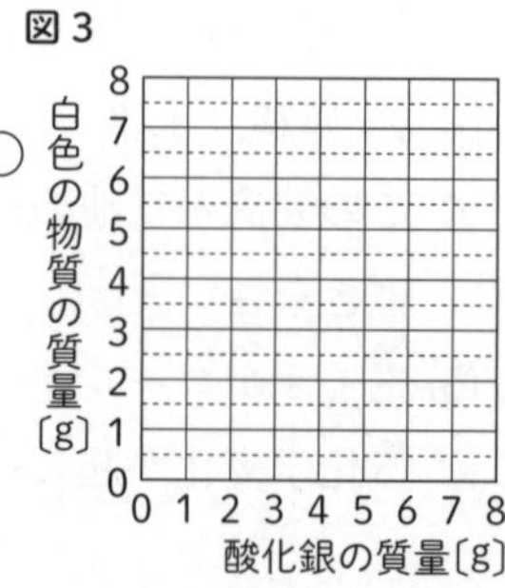

2 次の実験について，あとの問いに答えなさい。 〔開成高〕

うすい塩酸に異なる金属板を入れると電池になって，電流をとり出すことができる。図のように，金属板Aと金属板Bをうすい塩酸に入れ，プロペラのついたモーターをつないだ装置を使って電池の実験をした。金属板Aと金属板Bの組み合わせをかえることにより，次のa～dの実験結果を得た。

実験結果

a．Aを亜鉛板(あえんばん)，Bを銅板にすると，モーターについたプロペラは，時計回りに回転した。

b．Aを銅板，Bを亜鉛板にすると，モーターについたプロペラは，反時計回りに回転した。

c．Aを銅板，Bをマグネシウムリボンにすると，モーターについたプロペラは，反時計回りに回転した。さらに，プロペラの回転の速さは，aやbの場合よりもはやかった。

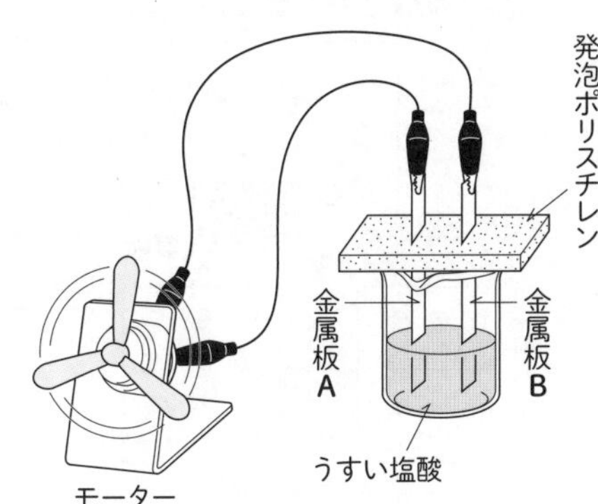

d．Aを亜鉛板，Bをマグネシウムリボンにすると，モーターについたプロペラは，反時計回りに回転した。

(1) 文章中の下線部において，ビーカー中のうすい塩酸を次のア～エに変えたとき，電池ができるものはどれか，1つ選び，記号で答えなさい。(4点) ［　　］

ア 食塩水　　イ エタノール　　ウ 砂糖水　　エ 精製水

(2) Aが亜鉛板でBが銅板の電池では，＋極となる金属は，亜鉛，銅のどちらの金属か，元素記号で答えなさい。(5点) ［　　］

(3) 実験した電池の－極では，金属の表面で原子が電子を失って陽イオンとなり，うすい塩酸の中に溶(と)け出していく。Aが銅板でBが亜鉛板の電池における－極の変化を，例にならって式で表しなさい。ただし，①には元素記号，②にはイオンを表す化学式，③には数字を書くこと。ただし，③の答えが1の場合は，省略せず1と答えなさい。(4点×3)

①［　　］　②［　　］　③［　　］

例：$Na \longrightarrow Na^{+} + e^{-}$　：e^{-}は電子1個を表す

(①) $\longrightarrow$ (②) ＋ (③)e^{-}

(4) Aが銅板でBが亜鉛板の電池において，電子が－極から導線を通って，＋極にn個流れたとき，＋極の表面では，水素分子は何個できるか，数字をnを使って表しなさい。ただし，＋極の表面では，うすい塩酸中の水素イオンが，流れてくる電子をすべて受けとり，水素分子となったとする。(5点) ［　　］

思考力

(5) a～dの実験結果から，亜鉛，銅，マグネシウムをうすい塩酸中で電子を失って陽イオンになりやすい順に並べたものはどれか，ア～カから1つ選び，記号で答えなさい。(5点) ［　　］

ア 亜鉛，銅，マグネシウム　　イ 亜鉛，マグネシウム，銅
ウ 銅，マグネシウム，亜鉛　　エ 銅，亜鉛，マグネシウム
オ マグネシウム，亜鉛，銅　　カ マグネシウム，銅，亜鉛

解答⇨別冊 p.22

● 精選 図解チェック&資料集 物質

●次の空欄にあてはまる語句を答えなさい。

★ 物質のすがた

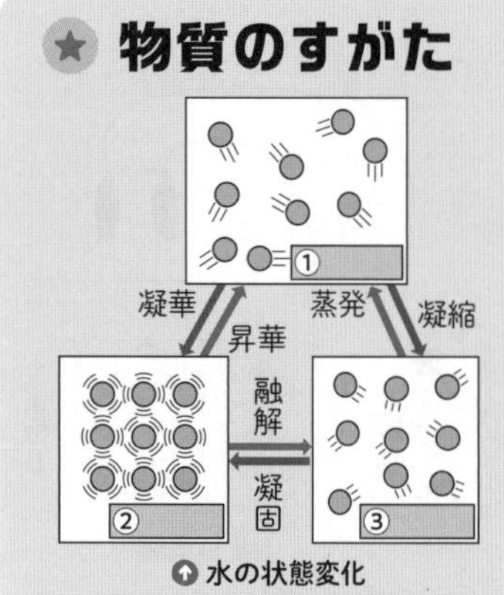

↑水の状態変化

★ 水溶液

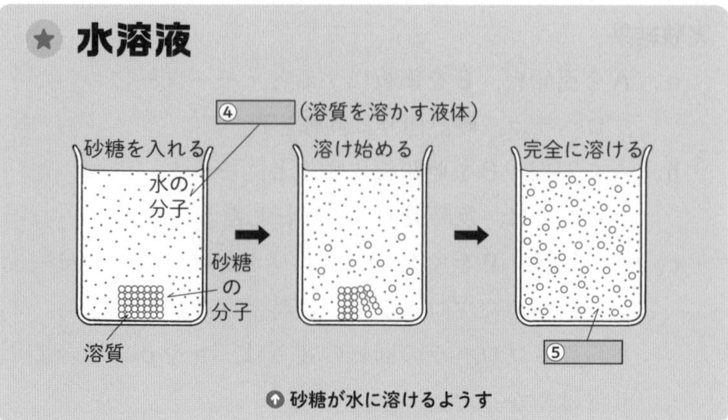

↑砂糖が水に溶けるようす

★ 気体の集め方

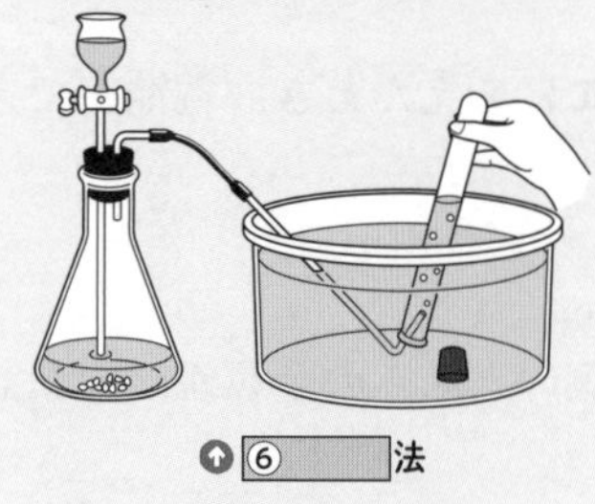

↑⑥　法

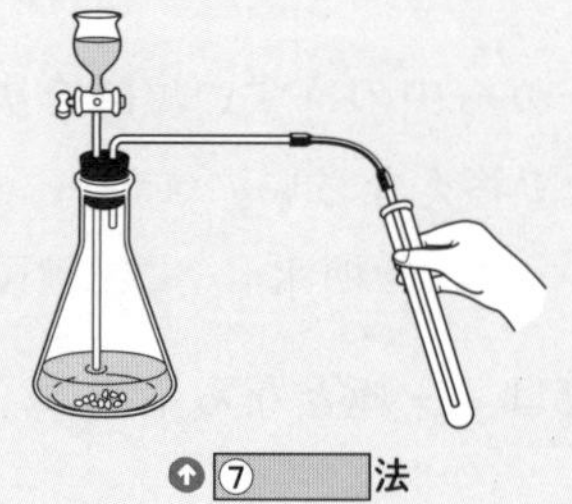

↑⑦　法

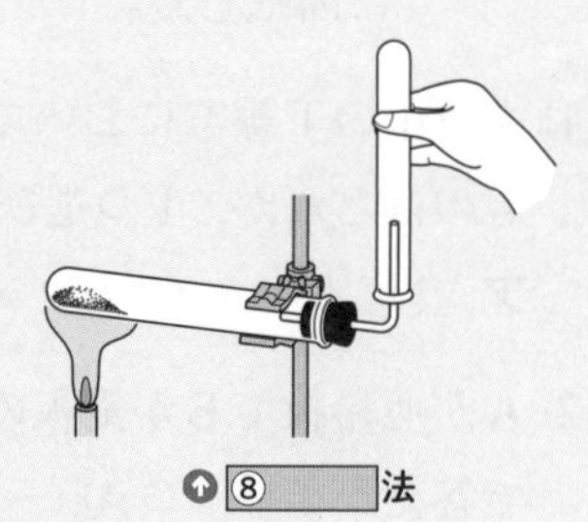

↑⑧　法

★ 物質の分解

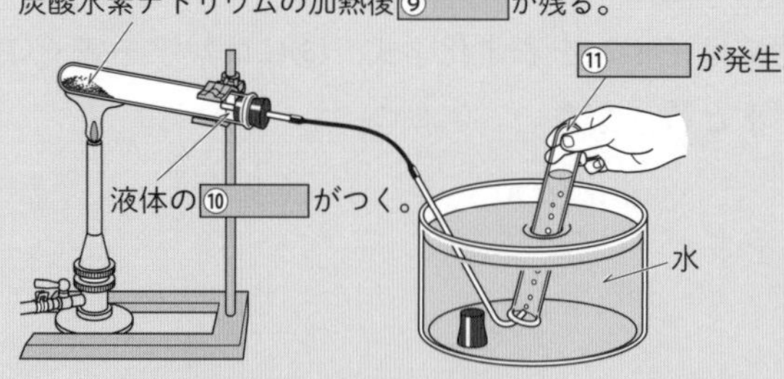

↑炭酸水素ナトリウムの熱分解

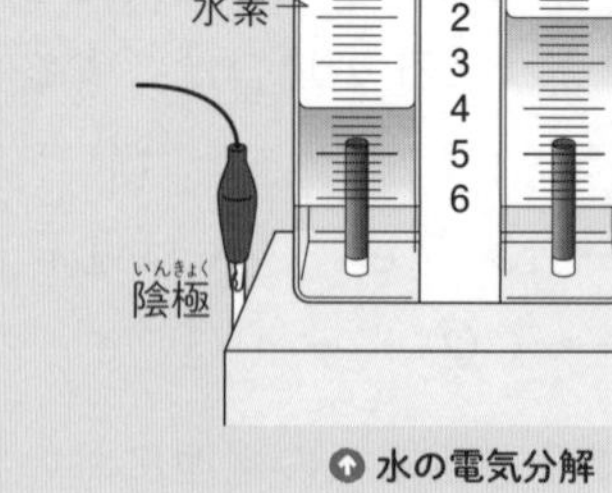

↑水の電気分解

★ 化学変化とイオン

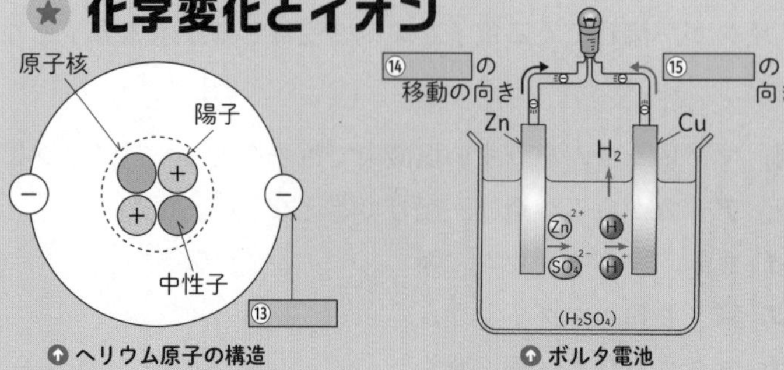

↑ヘリウム原子の構造　↑ボルタ電池

直流の電流を流すと，ア～エのうち⑯　のリトマス紙の色が変わる。

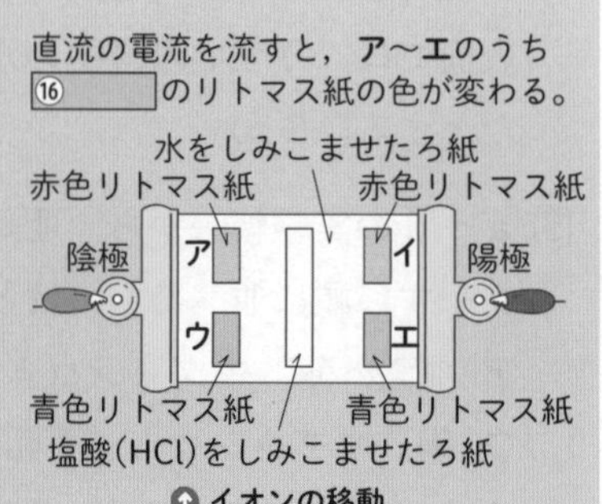

↑イオンの移動

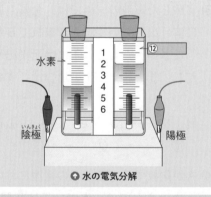

第3章 生 命

第3章　生命

1 生物のつくりと分類

STEP 1　まとめノート

月　　日

解答 ⇨ 別冊 p.22

① 観察器具の使い方 ★★

(1) **ルーペ**……〈**ルーペの使い方**〉ルーペは目に①＿＿固定し，観察するものを前後に動かして観察しやすい位置を探す。

(2) **顕微鏡**……〈**ピントの合わせ方**〉対物レンズとプレパラートを②＿＿ながらピントを合わせる。

② 花のつくりとはたらき ★★

(1) **花**……〈**花のつくり**〉花の中心から，めしべ，おしべ，③＿＿，がくの順に配列されている。おしべの先にある④＿＿には，⑤＿＿が入っている。めしべの先端の部分を⑥＿＿という。めしべの基部のふくれた部分は⑦＿＿で，その中に⑧＿＿がある。

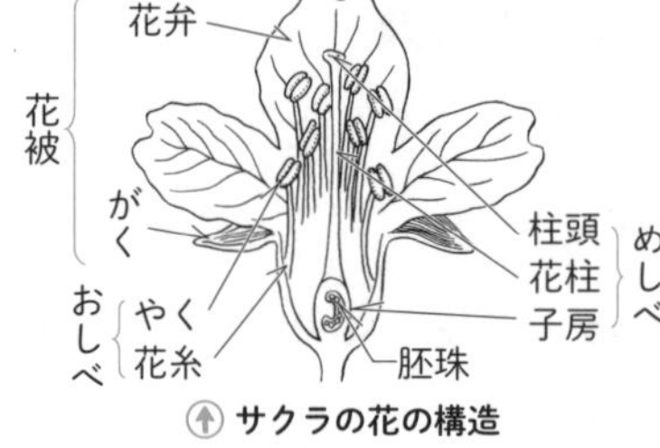

サクラの花の構造

〈**受粉**〉花粉がめしべの柱頭につくことを⑨＿＿という。受粉すると，胚珠はやがて⑩＿＿になり，子房は⑪＿＿になる。

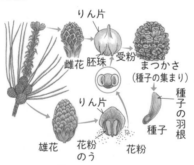

(2) **子房がない花**……〈**マツの花**〉マツやイチョウには子房がなく，⑫＿＿がむき出しになっている。マツの枝の先には赤い球形の雌花がつき，枝のもとには多数の雄花がつく。雌花，雄花ともに多数の⑬＿＿からできており，雌花には胚珠が，雄花には⑭＿＿がついている。

りん片
雌花　胚珠
受粉
まつかさ
（種子の集まり）
種子の羽根
種子
りん片
雄花
花粉のう
花粉

マツの花と受粉

ズバリ暗記
- 受粉のあと，胚珠は種子になり，子房は果実になる。
- マツやイチョウには子房がなく，胚珠がむき出しになっている。

③ 植物のなかま ★★

(1) **種子植物の分類**……〈**被子植物と裸子植物**〉胚珠が子房に包まれている植物を⑮＿＿，マツやイチョウなど，子房がなく胚珠が露出している植物を⑯＿＿という。

〈**単子葉類と双子葉類**〉被子植物は，

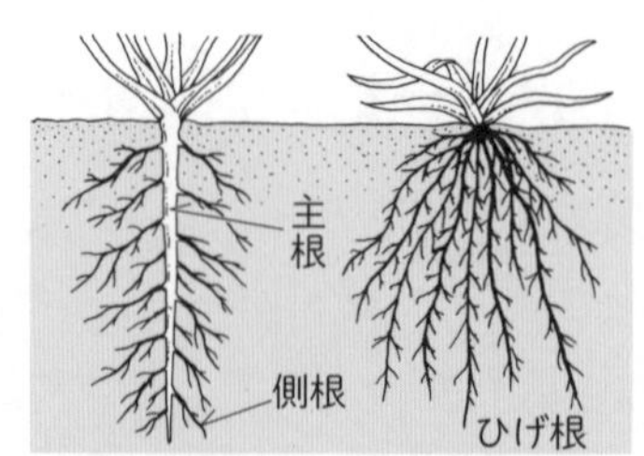

双子葉類の根　　単子葉類の根

①
②
③
④
⑤
⑥
⑦
⑧
⑨
⑩
⑪
⑫
⑬
⑭
⑮
⑯

入試Guide
花のつくりは，図とあわせて覚えておこう。また，受粉後に種子，果実となる場所もおさえておくとよい。

⑰　　が1枚の単子葉類と，2枚の双子葉類に分けられる。**単子葉類**の葉脈は**平行脈**で，根はひげ根である。**双子葉類**の葉脈は**網状脈**(もうじょうみゃく)で，根は主根と側根に分かれている。

〈**合弁花類と離弁花類**(りべんかるい)〉双子葉類は，⑱　　がくっついている**合弁花類**と，1枚ずつ離(はな)れている**離弁花類**に分けられる。

(2) **種子をつくらない植物**……〈**シダ植物**〉根・茎(くき)・葉の区別や**維管束**(いかんそく)があり，⑲　　をつくってふえる。

〈**コケ植物**〉根・茎・葉の区別はなく，からだ全体で水分をとり入れて生活する。胞子(ほうし)をつくってふえる。右の図で，xは根のように植物体を固着する役割をもつ⑳　　，yは胞子をつくる㉑　　である。

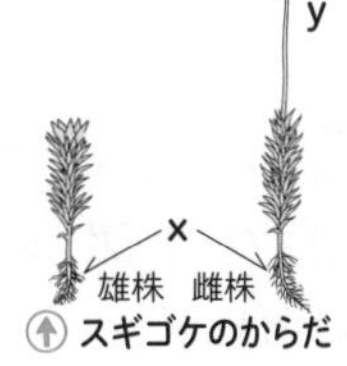

↑スギゴケのからだ

❹ 動物の分類 ★★

(1) **背骨をもつ動物**……〈**セキツイ動物の分類**〉背骨をもつ動物を**セキツイ動物**といい，魚類，㉒　　，ハ虫類，鳥類，ホ乳(にゅう)類の5種類に分類することができる。

〈**セキツイ動物の生まれ方**〉ホ乳類は，子が母親の体内で育って生まれる。このような生まれ方を㉓　　という。ホ乳類以外のセキツイ動物は，親が産んだ卵から生まれる。このような生まれ方を㉔　　という。魚類，両生類は殻(から)のない卵から，ハ虫類，㉕　　は殻のある卵から生まれる。

〈**体温の変化**〉ホ乳類と鳥類のほとんどは，体温を一定に保つことができる。このような動物を㉖　　という。これに対し，外温とともに体温が変化する動物を㉗　　という。

(2) **背骨をもたない動物**……〈**無セキツイ動物**〉背骨をもたない動物を**無セキツイ動物**という。無セキツイ動物には，昆虫(こんちゅう)類，甲殻(こうかく)類，クモ類などをふくむ㉘　　（節足動物はからだが外骨格におおわれ，あしに節がある）や，貝やイカのなかまである㉙　　（内臓をおおう外とう膜がある），ミミズのなかまである環形動物などがある。

ズバリ暗記
- 単子葉類は子葉が1枚，葉脈は平行脈，根はひげ根である。
- ホ乳類は恒温動物で胎生，鳥類は恒温動物で卵生である。

⑰
⑱
⑲
⑳
㉑
㉒
㉓
㉔
㉕
㉖
㉗
㉘
㉙

・入試Guide・
さまざまな動物がどの種類に分類されるかを問う問題が頻出(ひんしゅつ)である。生まれ方や呼吸方法，生活場所や体温変化のようすを確認しておこう。

Let's Try 差をつける記述式

① 顕微鏡(けんびきょう)のピントを合わせるとき，対物レンズとプレパラートを離しながら行うのはなぜですか。

Point 対物レンズとプレパラートを近づけすぎると，どのような危険があるかを考える。

[　　　　　　　　　　]

② ハ虫類は両生類と比べて陸上での生活に適しているといえるのはなぜですか。

Point 卵のようすや呼吸の方法などから考える。

[　　　　　　　　　　]

月　　日

STEP 2 実力問題

ねらわれるココが
- 顕微鏡の操作手順
- 花のつくりとはたらき
- 生物の分類基準

解答⇨別冊 p.22

1 **顕微鏡で観察を行うときの注意点を示した次の文の①，②の{　　}の中から，それぞれ適当なものを１つずつ選び，その記号を書きなさい。**〔愛媛〕

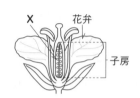

①[　　　]　②[　　　]

接眼レンズ　調節ねじ　対物レンズ　プレパラート

Ⅰ 顕微鏡は，直射日光の①{ア あたる　イ あたらない}明るい場所に置く。

Ⅱ 観察するときは，まず顕微鏡を横から見ながら調節ねじを回し，対物レンズとプレパラートを，できるだけ②{ウ 近づける　エ 遠ざける}。その後，接眼レンズをのぞきながら，調節ねじを下線部のときと反対に回してピントを合わせる。

2 **右の図は，アブラナの花の断面を模式的に示したものである。受粉後に種子となるXは何とよばれるか，書きなさい。**〔北海道〕

[　　　　　]

X　花弁　子房

3 **ルーペを使った観察の仕方についてまとめた次の文のA～Cにあてはまる語句の組み合わせとして最も適切なものをあとのア～エから１つ選び，記号を書きなさい。**

[　　　]〔長野〕

イチゴを手にとって観察するときには，ルーペをできるだけ目に近づけ，［ A ］を動かさずに，［ B ］を前後に動かして，よく見える位置をさがす。このとき，実際よりも大きく見えるが，このイチゴの像は［ C ］である。

ア　Aイチゴ　Bルーペ　C虚像

イ　Aイチゴ　Bルーペ　C実像

ウ　Aルーペ　Bイチゴ　C虚像

エ　Aルーペ　Bイチゴ　C実像

4 **図のように，コウモリ，ニワトリ，トカゲ，アサリを，それぞれがもつ特徴をもとに分類した。P～Sは，それぞれ卵生，胎生，恒温動物，変温動物のいずれかである。これについて，次の問いに答えなさい。**〔愛媛〕

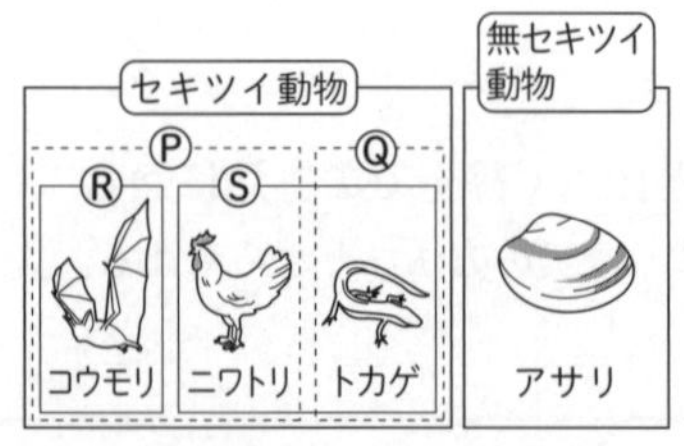

得点UP!

1 ピントを合わせるときは，対物レンズとプレパラートを離しながらピントを合わせる。

Check! 自由自在①
被子植物の根・茎・葉のつくりを調べてみよう。

2 おしべのやくには花粉が入っている。花粉がめしべの柱頭につくことを受粉という。受粉後，子房は果実になる。

3 動かせるものを観察するときは，観察するものを前後に動かしてピントを合わせる。

(1) 図において，アサリは無セキツイ動物に分類されるが，内臓などが[　　]膜とよばれる膜でおおわれているという特徴をもつことから，さらに軟体動物に分類される。[　　]にあてはまる適当な言葉を書け。

［　　　　　］

(2) 次の文の①，②の｛　　｝の中から，それぞれ適当なものを1つずつ選び，その記号を書け。

①［　　　］　②［　　　］

トカゲは，①｛**ア**　えら　　**イ**　肺｝で呼吸を行い，体表は②｛**ウ**　外骨格　**エ**　うろこ｝でおおわれている。

(3) 胎生と変温動物は，図の**P**～**S**のどれにあたるか。それぞれ1つずつ選び，**P**～**S**の記号で書け。

胎生［　　　　］

変温動物［　　　　］

得点UP!

4 (1)無セキツイ動物はさらに，軟体動物，節足動物，その他の無セキツイ動物に分けられる。

(2)トカゲはハ虫類のなかまである。

5 次の文章を読んで，あとの問いに答えなさい。　〔栃木〕

植物を観察すると，さまざまな特徴が見えてくる。ある特徴に着目して，それがあてはまるか，あてはまらないかによって，植物をなかま分けすることができる。次の図は，ある中学校の周辺で観察された植物を，からだのつくりの特徴にもとづいて，あてはまる場合は〔はい〕へ，あてはまらない場合は〔いいえ〕へ分け，**A**から**F**のグループに整理したものである。

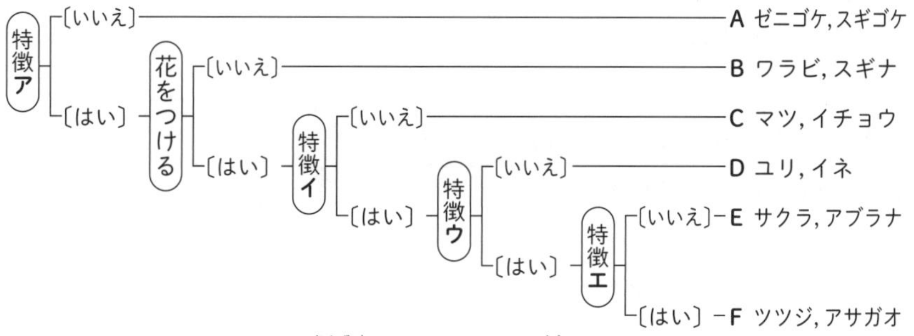

(1) 特徴**ア**～**エ**のうち，「維管束があり，根・茎・葉の区別がある」を示しているのはどれか。**ア**～**エ**のうちから1つ選び，記号で書きなさい。

［　　　］

(2) 被子植物のなかまはどれか。グループ**A**から**F**のうちからすべて選び，記号で書きなさい。また，被子植物のなかまの特徴を，「胚珠」という語を用いて簡潔に書きなさい。　記号［　　　　　　］

特徴［　　　　　　　　　　　　　　　　　　］

(3) 子孫のふやし方の特徴に着目すると，別のなかま分けができる。この場合，図のグループ**A**・**B**，グループ**C**～**F**はそれぞれ同じなかまにまとめられる。それぞれ何をつくって子孫をふやすか。

グループ**A**・**B**［　　　　　］

グループ**C**～**F**［　　　　　］

Check! 自由自在②

シダ植物，コケ植物のからだの特徴を調べてみよう。

5 (1)コケ植物には，維管束や根・茎・葉の区別がなく，からだ全体で水分を吸収して生活している。

(2)被子植物は果実をつくる。

(3)グループ**A**・**B**では胞子のうの中にできる。グループ**C**～**F**では，胚珠が成長してできる。

STEP 3 発展問題

解答⇨別冊 p.23

1 **右の図1はステージ上下式顕微鏡を表している。この顕微鏡を用いて行う観察について，次の問いに答えなさい。ただし，この顕微鏡は上下左右が逆向きに見えるものとする。**　〔大阪星光学院高－改〕

図1

(1) 顕微鏡の使い方について，次の**ア**～**カ**に示す手順を『**ア**』を最初として正しい順に並べ，記号で答えなさい。

〔**ア** →　　→　　→　　→　　→　　〕

ア 対物レンズをいちばん低倍率にする。

イ 接眼レンズをのぞき，調節ねじを回し，プレパラートと対物レンズを遠ざけながら，ピントを合わせる。

ウ 顕微鏡の斜め上からプレパラートを見ながら，試料(見たいもの)が視野の真ん中にくるように，ステージの上でプレパラートを移動させる。

エ 接眼レンズをのぞきながら反射鏡としぼりを調節し，視野全体が同じ明るさになるようにする。

オ しぼりを調節して，観察したいものがよりよく見えるようにする。

カ 真横から見ながら，調節ねじを回し，プレパラートと対物レンズをできるだけ近づける。

(2) 顕微鏡で観察を行うとき，観察の場所として最も適する場所はどのような条件のところか，次の文中の□に適する語句を答えなさい。

□が入らない，明るく水平な場所で観察する。

〔　　　　〕

(3) 接眼レンズをのぞくと，**図2**の右のように視野に試料が見えた。この試料を視野の中央に見えるようにするには，プレパラートを**図2**の左の**ア**～**ク**のどの方向に移動させればよいか，その方向を記号で答えなさい。

〔　　〕

図2

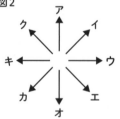

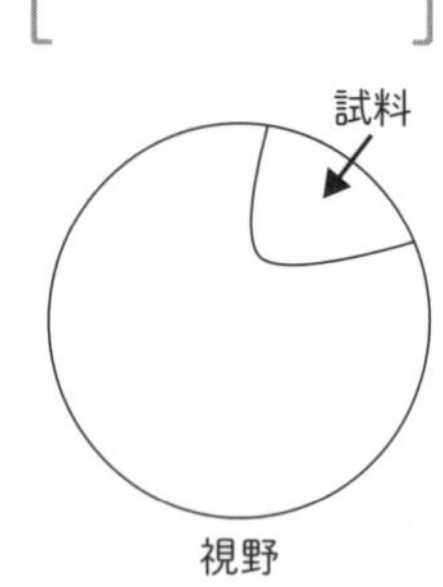

2 **植物のからだのつくりとはたらきについて，あとの問いに答えなさい。**　〔長崎〕

春菜さんは，理科の授業で，身近な植物の観察を行うことになった。そこで春菜さんは，校庭に咲いていたタンポポと海岸沿いに生えているマツを観察することにした。

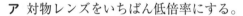

観察1　春菜さんは，タンポポをよく観察してみると小さな花がたくさん集まっていることに気づいた。そこで，小さな1つの花をとり外してルーペで観察した。**図1**は，タンポポの1つの花をスケッチしたものである。

さらに図鑑で調べてみると，タンポポは被子植物のなかまであることがわかった。

図1

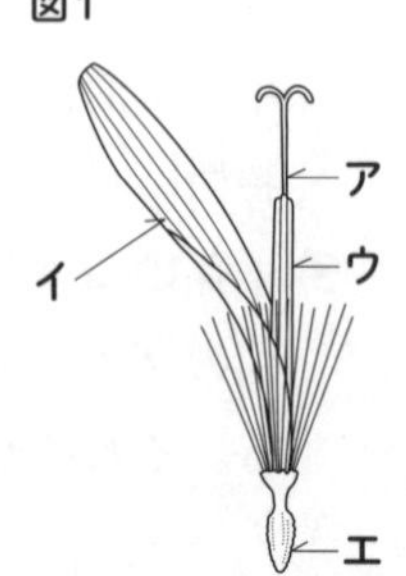

観察2 次に春菜さんは，マツについて調べた。マツは裸子植物であり，花は雄花と雌花に分かれていることがわかった。また，種子は受粉後1年以上かかってできることがわかった。**図2**はマツの花，**図3**はマツの花のりん片をスケッチしたものである。

図2

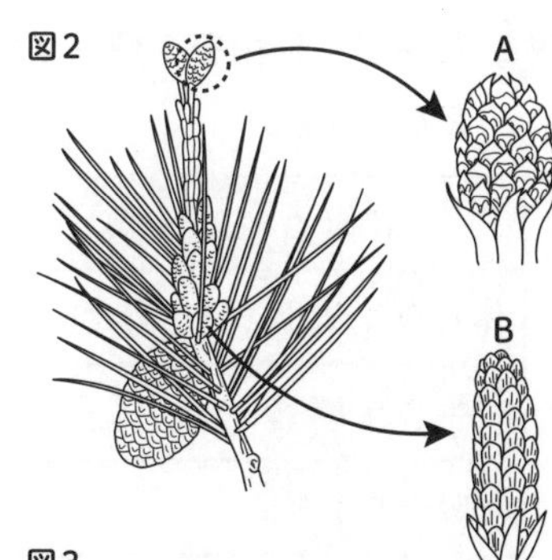

図3

C　D

(1) タンポポのような花弁のつき方をする植物を何類というか。その名称を答えなさい。また，そのなかまとして最も適当なものは，次のどれか，記号で答えなさい。

名称[　　　　　　] 記号[　　　　]

ア サクラ　**イ** ツツジ
ウ スギゴケ　**エ** アブラナ

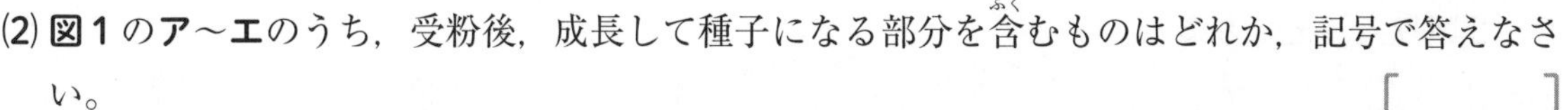

(2) **図1**の**ア**～**エ**のうち，受粉後，成長して種子になる部分を含むものはどれか，記号で答えなさい。[　　　]

(3) タンポポの子葉の数，葉脈のようす，根のつき方の組み合わせとして最も適当なものは，右のどれか，記号で答えなさい。[　　　]

	子葉の数	葉脈のようす	根のつき方
ア	1枚	網目状	ひげ根
イ	1枚	平行	主根と側根
ウ	2枚	網目状	主根と側根
エ	2枚	平行	ひげ根

(4) **図2**，**図3**の**A**～**D**のうち，将来まつかさになる部分と雄花のりん片を示したものの組み合わせとして最も適当なものは，次のどれか，記号で答えなさい。[　　　]

	まつかさになる部分	雄花のりん片
ア	A	C
イ	A	D
ウ	B	C
エ	B	D

思考力 **(5)** 果実をつくるか，つくらないかという点で，裸子植物と被子植物にはちがいが見られる。このことについて，裸子植物と被子植物のそれぞれの花のつくりにおける特徴にふれながら，どちらの植物が果実をつくるのかを説明しなさい。

[　　　　　　　　　　　　　　　　　　　　]

3 **植物のなかまは，下の表のように分類される。また，図のa～cは，学校にある植物をくわしく観察し，スケッチしたものである。あとの問いに答えなさい。**〔鹿児島－改〕

コケ植物	シダ植物	裸子植物	(　　)植物	
			単子葉類	双子葉類

a

ヒヤシンス

b

イヌワラビ

c

スギゴケ

(1) 表の(　　)にあてはまる言葉を書きなさい。[　　　]

独創的 **(2)** 図の**c**の植物のなかまは，水の吸収と移動にかかわるからだのつくりが**a**，**b**の植物のなかまとちがっている。どのようにちがうか，説明しなさい。

[　　　　　　　　　　　　　　　　　　　　]

4 **セキツイ動物をⅠ類～Ⅴ類になかま分けし，それぞれの特徴を表にまとめた。あとの問いに答えなさい。** 〔西大和学園高〕

	Ⅰ類	Ⅱ類(子)	Ⅱ類(親)	Ⅲ類	Ⅳ類	Ⅴ類
体表のようす	（ ① ）	しめった皮膚		（ ② ）	（ ③ ）	毛
生まれ方	卵生					胎生
呼吸のしかた	えら		肺			
体温調節	まわりの温度によって変化			ほぼ一定に保つ		

⑴（ ① ）～（ ③ ）に最適な語句を下から1つずつ選び，記号で答えなさい。ただし，同じ記号を2回以上答えてもよい。

①[　　　] ②[　　　] ③[　　　]

ア しめった皮膚　　**イ** 毛
ウ うろこ　　**エ** 羽毛

⑵ 生まれ方が同じ卵生でも，Ⅲ類やⅣ類と，Ⅰ類やⅡ類では異なる点がある。Ⅲ類やⅣ類の特徴を述べた次の文の（ ④ ），（ ⑤ ）に最適な語句を答えなさい。

「Ⅲ類やⅣ類は，（ ④ ）のある卵を（ ⑤ ）に産む。」

④[　　　] ⑤[　　　]

⑶ 次の動物をⅠ類～Ⅴ類に分類し，ローマ数字Ⅰ～Ⅴで答えなさい。ただし，同じローマ数字を2回以上答えてもよい。

A[　　　] B[　　　] C[　　　] D[　　　] E[　　　]

A ウナギ　　**B** イルカ　　**C** イモリ
D ヤモリ　　**E** コウモリ

5 **図1の6種類の生物について，あとの問いに答えなさい。** 〔茨城〕

図1

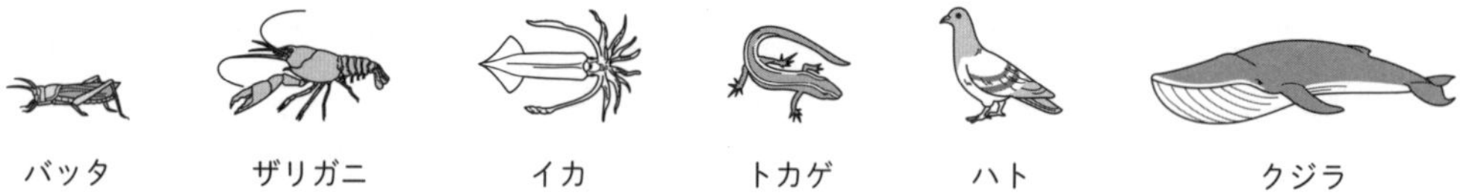

バッタ　ザリガニ　イカ　トカゲ　ハト　クジラ

⑴ バッタやザリガニ，イカのように背骨をもたない動物を何というか，書きなさい。

[　　　]

⑵ バッタとザリガニのからだの外側は，外骨格という殻でおおわれている。外骨格のはたらきについて説明しなさい。

[　　　]

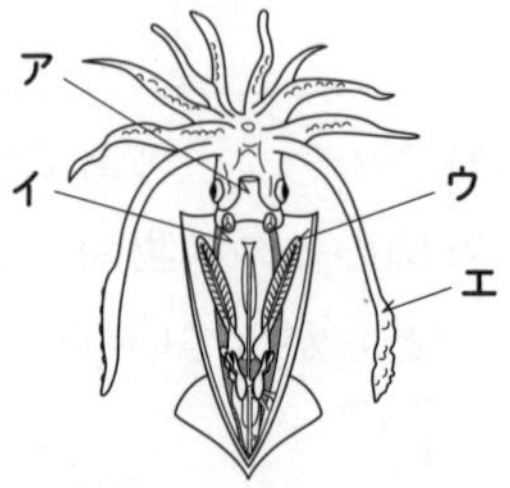

⑶ 図2は解剖したイカのからだの中のつくりを示したものである。次の①，②の問いに答えなさい。

①イカのからだには，内臓とそれを包みこむやわらかい膜がある。このやわらかい膜を何というか，書きなさい。 [　　　]

図2

ア
イ
ウ
エ

②イカの呼吸器官を**図2**の**ア**～**エ**の中から1つ選び，その記号を書きなさい。また，イカと同じ呼吸器官をもつ生物を，**図1**のイカをのぞく5種類の生物の中から1つ選んで，その生物名を書きなさい。

記号[　　　]　生物[　　　　　]

(4) **図1**の生物の中で，クジラだけがもつ特徴を説明した文として正しいものを，次の**ア**～**エ**の中から1つ選んで，その記号を書きなさい。　[　　　]

ア　からだの表面は，しめったうろこでおおわれている。
イ　外界の温度が変わっても体温が一定に保たれる恒温動物である。
ウ　メスの体内(子宮)で子としてのからだができてから生まれる。
エ　親はしばらくの間，生まれた子の世話をする。

6　**まさみさんは，スギゴケとイヌワラビを観察し，それぞれ図1と図2のようにまとめた。これについて，あとの問いに答えなさい。**　〔三重〕

図1　スギゴケ　　図2　イヌワラビ

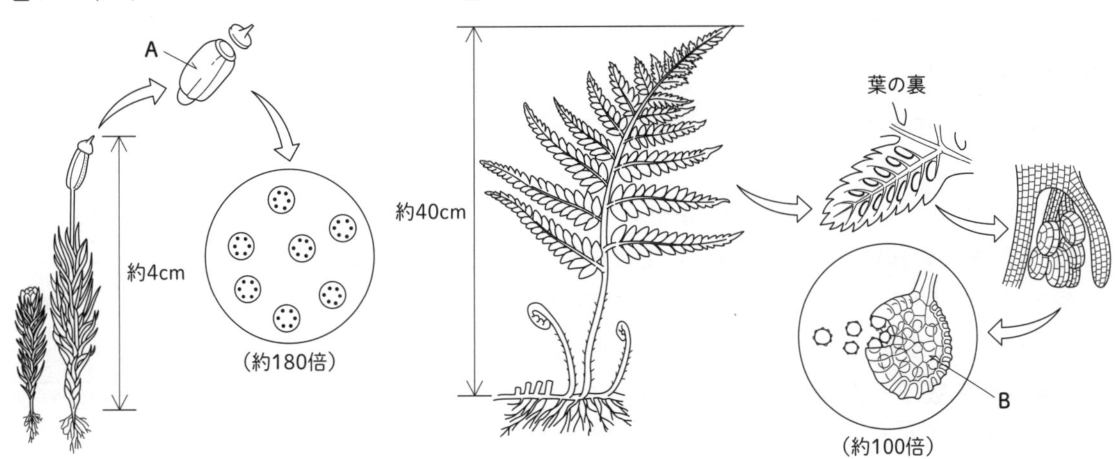

(1) スギゴケとイヌワラビのうち，スギゴケだけにあてはまる特徴はどれか。最も適当なものを次の**ア**～**エ**から1つ選び，その記号を書きなさい。

[　　　]

ア　雄株と雌株に分かれている。
イ　維管束がある。
ウ　光合成を行う。
エ　種子をつくる。

(2) **図1**に示した**A**と**図2**に示した**B**は，同じ名称でよばれている。これらの部分を何というか，その名称を書きなさい。

[　　　　　]

(3) スギゴケとイヌワラビは，水や養分をからだのどこからとり入れているか。それぞれの植物について，簡単に書きなさい。

スギゴケ[　　　　　　　　　　]
イヌワラビ[　　　　　　　　　　]

月　日

2 生物のからだのつくりとはたらき

STEP 1 まとめノート

解答⇨別冊 p.24

① 植物のからだのつくり ★★

(1) **葉・根**……**〈葉脈〉**葉の表面に見られる筋を葉脈という。右の図のxは水分を通す管の①＿＿，yは栄養分を通す管の②＿＿である。道管と師管のまとまりを③＿＿という。

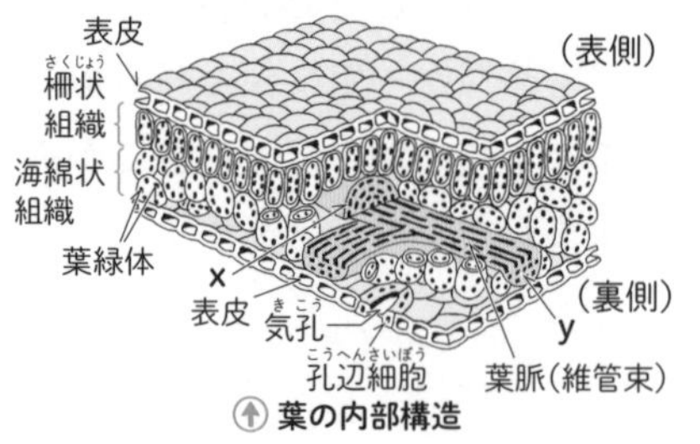

↑ 葉の内部構造

〈蒸散〉植物のからだから水が水蒸気となって空気中に出ていく現象で，主として葉の④＿＿で行われる。
└→気孔は葉の裏側に多く分布する

〈根のつくり〉根の先端には細かな⑤＿＿がついている。根の断面には，維管束(いかんそく)が放射状に並んでいる。

② 光合成と呼吸 ★★★

(1) **光合成**……**〈光合成の条件〉**植物が⑥＿＿のエネルギーを使って，水と⑦＿＿から⑧＿＿などの栄養分をつくるはたらきを，**光合成**という。光合成は，細胞(さいぼう)の中にある緑色の⑨＿＿で行われる。

〈光合成産物の移動〉デンプンは水に溶(と)けにくいので，水に溶けるショ糖などに変えられてから⑩＿＿を通って植物の各部に運ばれる。また，光合成で発生する⑪＿＿は，葉の⑫＿＿から空気中へ放出される。

(2) **光合成と呼吸**……**〈呼吸〉**生物が生きていくために必要なエネルギーを得るため，⑬＿＿をとり入れて⑭＿＿を出すはたらき。
└→植物はつねに呼吸を行っている

〈光合成と呼吸〉光があたらないとき，植物は呼吸だけを行う。光が十分にあたるとき，呼吸より光合成を盛んに行う。右の図のように実験すると，AのBTB液は緑色から⑮＿＿色，BのBTB液は⑯＿＿色になる。
┌→BTB液は，二酸化炭素がへると青色になり，ふえると黄色になる

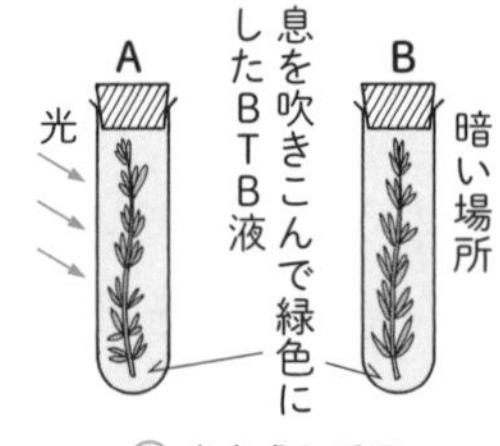

↑ 光合成と呼吸

ズバリ暗記
- 道管は水分を通し，師管は栄養分を通す。
- 光合成では，葉緑体で水と二酸化炭素からデンプンと酸素がつくられる。

③ ヒトのからだのつくりとはたらき ★★

(1) **消化と吸収**……**〈食物の分解〉**消化液に含(ふく)まれ，食物を化学的に分解する物質を⑰＿＿という。
┌→消化酵素は，決まった物質にだけ，くり返しはたらく

〈栄養分の消化〉デンプンは唾液(だえき)，すい液，小腸の壁(かべ)から出る消化酵素(こうそ)に消化され，最終的に⑱＿＿まで分解される。タンパク質は胃液，すい液，小腸の壁から出る消化酵素に消化され，最終的に⑲＿＿まで分解される。脂肪(しぼう)は，肝臓(かんぞう)でつくられる⑳＿＿とすい液によって消化され，

①＿＿
②＿＿
③＿＿
④＿＿
⑤＿＿
⑥＿＿
⑦＿＿
⑧＿＿
⑨＿＿
⑩＿＿
⑪＿＿
⑫＿＿
⑬＿＿
⑭＿＿
⑮＿＿
⑯＿＿
⑰＿＿
⑱＿＿
⑲＿＿
⑳＿＿

脂肪酸と㉑　　　に分解される。

〈**栄養分の吸収**〉右の図は小腸の内壁を拡大したもので，Xを㉒　　　という。**ブドウ糖**と**アミノ酸**は，柔毛の毛細血管に吸収され，肝臓に運ばれる。**脂肪酸**と**モノグリセリド**は，柔毛の㉓　　　に吸収される。

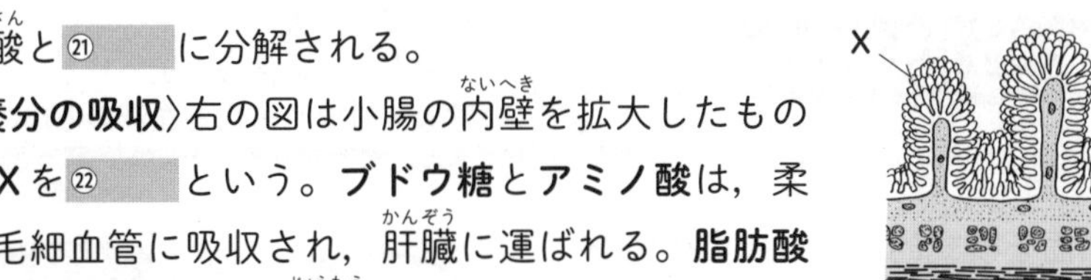

小腸の内壁

(2) **血液循環**……〈**血液の成分**〉赤血球は赤い色素である㉔　　　の性質を利用して酸素を運ぶ。㉕　　　には，体内に入った細菌を食べて殺すはたらきがある。血液の液体成分を㉖　　　という。

〈**血管**〉心臓から血液をからだの各部に送る血管を㉗　　　，からだの各部から血液を心臓に送り返す血管を㉘　　　という。動脈と静脈の間には，毛細血管が張りめぐらされている。血液中の血しょうは毛細血管からしみ出して㉙　　　になり，細胞との間で物質のやりとりを行う。
（血管の壁はうすく，ところどころに弁がある）

〈**血液の循環**〉血液が心臓から出て肺を通り，心臓へもどる循環を㉚　　　，血液が心臓から出て全身をめぐり，心臓へもどる循環を㉛　　　という。

(3) **呼吸と排出**……〈**肺のつくり**〉口や鼻から入った空気は気管を通って肺に入る。気管の先は気管支に分かれ，その先には，右の図のYのような㉜　　　が多数集まっている。肺胞では，そのまわりをとりまいている毛細血管との間でガス交換が行われる。

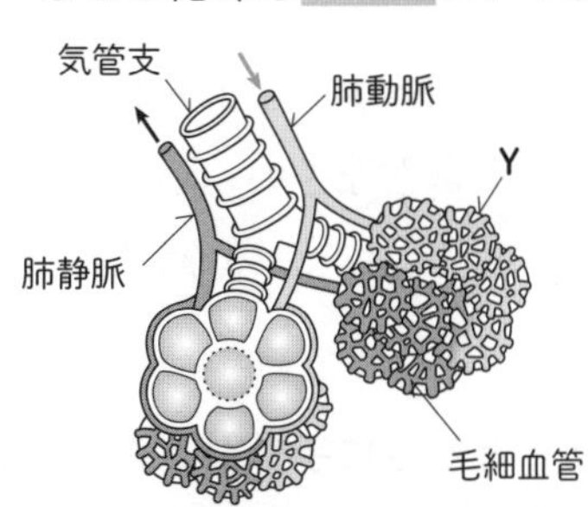

肺のつくり

〈**アンモニアの排出**〉タンパク質の分解によって生じたアンモニアは有害なため，㉝　　　で尿素に変えられてから，㉞　　　でこしとられ，尿として排出される。

(4) **刺激と反応**……〈**神経系**〉神経系は，**脳**と**脊髄**からなる㉟　　　と，感覚神経と運動神経からなる末しょう神経に分けられる。

〈**反射**〉大脳に関係なく，無意識に起こる反応を㊱　　　という。
（熱いものにふれると手を引っこめる反応は，脊髄から命令が出される）

ズバリ暗記
- 消化によってデンプンはブドウ糖に，タンパク質はアミノ酸になる。
- 酸素を多く含む血液を動脈血，二酸化炭素を多く含む血液を静脈血という。

㉑ ＿＿＿＿
㉒ ＿＿＿＿
㉓ ＿＿＿＿
㉔ ＿＿＿＿
㉕ ＿＿＿＿
㉖ ＿＿＿＿
㉗ ＿＿＿＿
㉘ ＿＿＿＿
㉙ ＿＿＿＿
㉚ ＿＿＿＿
㉛ ＿＿＿＿
㉜ ＿＿＿＿
㉝ ＿＿＿＿
㉞ ＿＿＿＿
㉟ ＿＿＿＿
㊱ ＿＿＿＿

・入試Guide・
血液が循環する方向や，多く含まれる物質が頻出である。酸素や栄養分が多く含まれる血液をおさえておこう。

Let's Try 差をつける記述式

① ヘモグロビンの性質について，「酸素の多い所では」という書き出しに続けて書きなさい。

Point 酸素の多い所と，酸素の少ない所でのちがいを考える。

[（酸素の多い所では）　　　　　　　　　　]

② 小腸の内壁にたくさんの柔毛があることは，どのような点で都合がよいか，説明しなさい。

Point 小腸の内壁の表面積に注目して考える。

[　　　　　　　　　　]

STEP 2 実力問題

ねらわれるココが
- 光合成と呼吸
- 刺激と反応の信号の伝わり方
- 呼吸・排出や消化と血液の循環の関係

解答⇨別冊 p.24

1 **右の図は，右目の横断面を模式的に表したものである。物体を見るとき，その物体の像を結び，光の刺激を敏感に受けとる細胞がある部分はどこか，図のア〜エの中から1つ選んで，その記号を書きなさい。**

[　　　]〔和歌山〕

2 **次の文章を読んで，あとの問いに答えなさい。**〔青森〕

右の図は，ある種子植物の葉の断面のつくりを模式的に表したものである。

(1) Aを何というか，書きなさい。

[　　　]

(2) 葉でつくられた栄養分は，図の**ア**，**イ**のどちらを通り，からだ全体へ運ばれるか。記号とその名称を書きなさい。

記号[　　　]　名称[　　　]

重要 **3** **熱いものに手がふれるととっさに手を引っこめるような，意識とは関係なく起こる反応を何というか。名称を書きなさい。また，この意識とは関係なく起こる反応の例として，最も適当なものを，次のア〜エから1つ選びなさい。**

名称[　　　]　記号[　　　]〔京都〕

ア 口の中に食物が入ったので，唾液が出た。
イ 文字を書き間違えたので，消しゴムで消した。
ウ 友達によびかけられたので，ふり返った。
エ ボールが飛んできたので，とろうとジャンプした。

4 **ヒトの心臓の断面を図のように示した。A〜Dは心臓の4つの部屋を，E〜Gは血管をそれぞれ示している。これについて，次の問いに答えなさい。**〔長野〕

(1) 血液が流れていく順に，A〜Dを左から並べて書きなさい。ただし，1番目はAとする。

[A →　　→　　→　　]

重要 (2) 動脈血が流れているのはどこか，A〜Gからすべて選び，記号を書きなさい。

[　　　]

得点UP!

1 物体から出た光が目に入ると，レンズで屈折し，網膜に像を結ぶ。

Check! 自由自在①
ヒトの目はカメラのつくりと似ている。目の各部分がカメラのどの部分の役割をしているか調べてみよう。

2 根から吸収された水は道管を通って運ばれる。葉でつくられた栄養分は，師管を通って運ばれる。

3 危険を避けるためのとっさの反応のほかに，からだのはたらきを維持するためにひとりでに起こる反応も，反射によるものである。

4 全身から送り返された血液は右心房へ入り，右心室から肺へ送り出される。肺から心臓へもどった血液は左心房へ入り，左心室から全身へ送り出される。動脈血は，酸素を多く含む血液である。

5 次の文章を読んで，あとの問いに答えなさい。 〔栃木〕

図1は，ヒトの器官どうしの血管のつながりを模式的に表したものである。A，B，C，Dは，肝臓，腎臓，小腸，肺のいずれかを表している。また，E，F，G，Hは血管を表しており，血管E，血管Hを流れる血液の向きはそれぞれ，aまたはb，cまたはdのいずれかである。

実際には，心臓から出た血管は末端へいくにつれて枝分かれして毛細血管となる。毛細血管では，酸素や栄養分などのさまざまな物質が血管内にとりこまれたり，血管外に出されたりしている。

図1

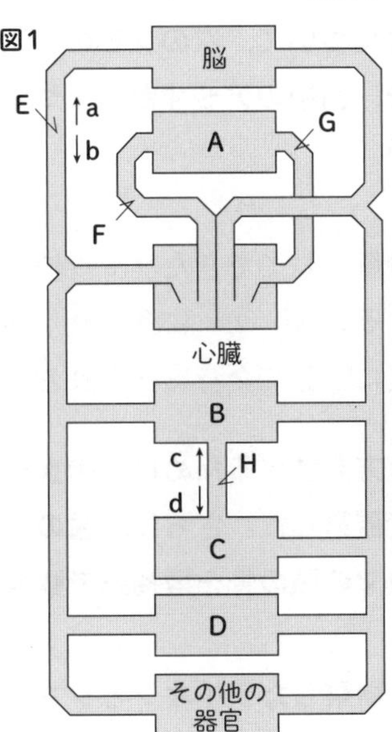

(1) 図1で，血管Fを流れる血液よりも，血管Gを流れる血液のほうが，含まれる酸素の量が多い。このとき，血管Eと血管Hを流れる血液の向きの組み合わせはどれか。 重要 [　　]

ア aとc　　イ aとd
ウ bとc　　エ bとd

(2) 図2は，図1の器官A，B，C，Dのいずれかで見られるつくりの模式図であり，毛細血管にとり囲まれた小さなうすい袋が多数集まっている。図2のつくりが見られる器官はどれか。A，B，C，Dの中から選び，記号で書きなさい。また，図2の小さなうすい袋の名称を書きなさい。

記号[　　] 名称[　　]

図2

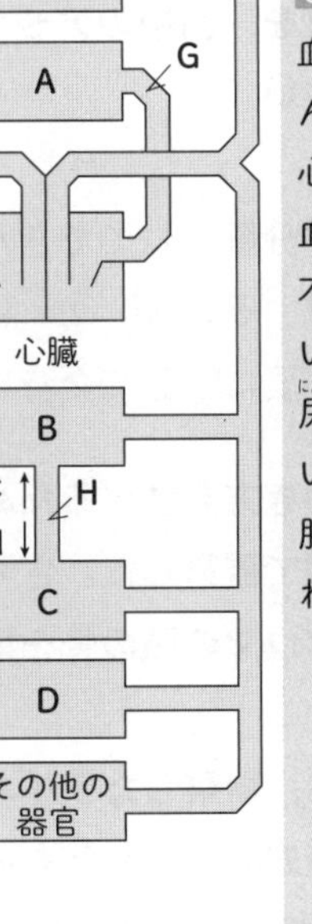

(3) 次の文章は，酸素が毛細血管内から毛細血管外の細胞にわたされる過程について述べたものである。［①］，［②］にあてはまる語をそれぞれ書きなさい。 ①[　　] ②[　　]

> 血液中の赤血球によって全身に運ばれてきた酸素は，毛細血管内で［①］に溶けこむ。［①］の一部は毛細血管からしみ出て［②］となり，これによって酸素が毛細血管外の細胞にわたされる。

(4) 毛細血管外の細胞にわたされた酸素は，細胞の呼吸という反応に使われる。この反応が行われる目的は何か。「栄養分」という語を用いて簡潔に書きなさい。

[　　]

得点UP!

5 全身に運ばれる血液は酸素を多く含んでおり，全身から心臓にもどってくる血液は二酸化炭素や不要物を多く含んでいる。アンモニアは尿素などの害の少ない物質に変えられて，肝臓から腎臓に送られる。

(2)小さなうすい袋が多数あることによって，表面積が大きくなり，気体交換の効率がよくなる。

Check! 自由自在② 各血液成分のはたらきについて，詳しく調べてみよう。

重要

6 **図はヒトの消化にかかわる器官を表した模式図である。デンプンの消化について，次の文章の ① ， ② に適する器官を，図中のア～オから１つずつ選んで記号で答えなさい。** 〔沖縄〕

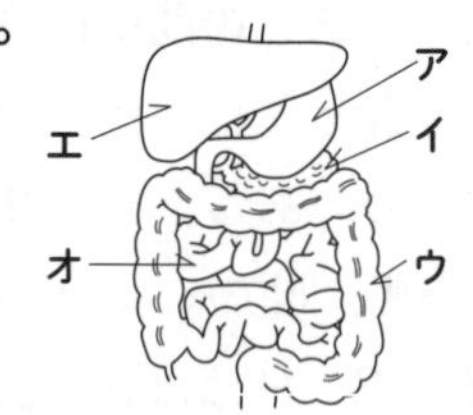

①［　　　］ ②［　　　］

デンプンが分解されてできたブドウ糖は， ① の柔毛で吸収されて毛細血管に入る。その後 ② に運ばれ，別の物質になって一時たくわえられたあと，必要に応じて全身に送られる。

7 **動物の目のつき方を調べるために，肉食動物のライオンと草食動物のシマウマを動物園で観察した。さらに，歯のつくりについて調べるために，ライオンとシマウマの頭の骨を博物館で観察した。**

図１と図２は，観察したライオンとシマウマの頭の骨を模式的に表したものであり，表は，観察の結果をまとめたものである。

図１　　図２

	ライオン	シマウマ
目のつき方	前向きに目がついている。	横向きに目がついている。
歯のつくり	とがった形の歯が発達。	平たい形の歯が発達。

ライオンとシマウマの目のつき方と歯のつくりからわかることについて説明した文章として最も適当なものを，次のア～エの中から選んで，その記号を書きなさい。 〔愛知〕

［　　　］

ア ライオンとシマウマの目のつき方について比べたとき，前方の広い範囲が立体的に見え，距離を正確につかみやすいのはライオンである。また，歯のつくりについて比べたとき，えさをすりつぶすための歯が発達しているのもライオンである。

イ ライオンとシマウマの目のつき方について比べたとき，前方の広い範囲が立体的に見え，距離を正確につかみやすいのはライオンである。また，歯のつくりについて比べたとき，えさをすりつぶすための歯が発達しているのはシマウマである。

ウ ライオンとシマウマの目のつき方について比べたとき，前方の広い範囲が立体的に見え，距離を正確につかみやすいのはシマウマである。また，歯のつくりについて比べたとき，えさをすりつぶすための歯が発達しているのはライオンである。

エ ライオンとシマウマの目のつき方について比べたとき，前方の広い範囲が立体的に見え，距離を正確につかみやすいのはシマウマである。また，歯のつくりについて比べたとき，えさをすりつぶすための歯が発達しているのもシマウマである。

得点UP!

6 デンプンは唾液，すい液，小腸の壁の消化酵素によって分解され，最終的にブドウ糖になる。ブドウ糖は小腸の柔毛で吸収され，肝臓へ運ばれる。

7 肉食動物の目は顔の正面につき，草食動物の目は顔の側面についている。また，肉食動物では鋭い犬歯が発達しているのに対し，草食動物では門歯や臼歯が発達している。

Check! 自由自在③

肉食動物と草食動物の消化器官のちがいについて調べてみよう。

8 **林の中と外で生えている植物の種類がちがう理由は，光のあたり方が関係しているのではないかと考え，林の中のオシダと林の外のタンポポを用いて実験を行った。これについて，あとの問いに答えなさい。** 〔長野〕

実験 ①無色透明(とうめい)の同じポリエチレンの袋(ふくろ)**A**～**F**を用意し，林の中のオシダの葉を**A**と**D**に，林の外のタンポポの葉を**B**と**E**に，それぞれ同じ質量を入れ，**C**と**F**には葉を入れなかった。すべての袋に呼気を十分吹き込んだ後，袋の中の気体全体に対する酸素の割合を気体検知管で調べ，袋を閉じた。

②**A**～**C**には，**図1**のように，林の中と同程度の弱い光を，**D**～**F**には，**図2**のように，**A**～**C**よりも強い光をあて続けた。

③２時間後，すべての袋の中の気体全体に対する酸素の割合を気体検知管で調べ，実験の結果を表にまとめた。

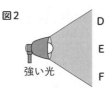

図1

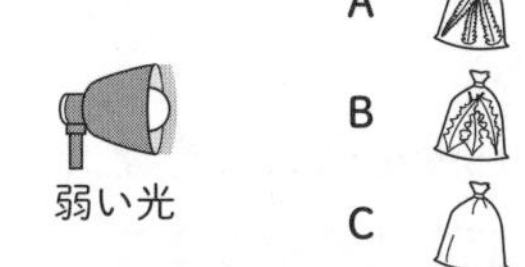

図2

強い光
D
E
F

	A	B	C	D	E	F
光をあてる直前の酸素の割合〔%〕	18.3	18.3	18.3	18.3	18.3	18.3
2時間後の酸素の割合〔%〕	19.0	15.9	18.3	19.2	19.4	18.3

(1) 実験で，**C**を用意した理由として最も適切なものを，次の**ア**～**エ**から１つ選び，記号で答えなさい。 〔　　　〕

ア 光が酸素を二酸化炭素に変えていることを確かめるため。

イ 光がオシダとタンポポの蒸散のはたらきに影響(えいきょう)をあたえないことを確かめるため。

ウ 葉緑体で光合成が行われていることを確かめるため。

エ 実験に用いた袋は，袋の中の酸素の割合に影響しないことを確かめるため。

(2) **a**，**b**にあてはまる最も適切なものを，下の**ア**～**ウ**から１つずつ選び，記号を書きなさい。また，**c**にあてはまる適切な言葉を，光合成と呼吸により出入りする酸素の量にふれて書きなさい。

a〔　　　〕 b〔　　　〕

c〔　　　　　　　　　　　　〕

A，**D**，**E**では酸素の割合が［ a ］。これは，オシダとタンポポが光合成をさかんに行ったためである。一方，**B**では酸素の割合が［ b ］。これは，タンポポの［ c ］からである。このことから，タンポポと比べて，オシダは弱い光でも光合成ができ，うす暗い林の中で生活できると考えられる。

ア 増えている　　**イ** 減っている　　**ウ** 変わらない

得点UP!

8 (2)光合成がさかんに行われると，袋の中の酸素の割合は大きくなる。一方，光合成が行われなければ，呼吸によって酸素の割合は小さくなる。

STEP 3 発展問題

解答⇨別冊 p.25

1 生物のからだや細胞（さいぼう）のしくみについて，次の問いに答えなさい。〔秋田〕

(1) **表1** は，A～Cの生物が行うはたらきや細胞のつくりについてまとめたものである。

①**表1** のs，tに入るのは，○，×のどちらか，それぞれ書きなさい。

s［　　］ t［　　］

②**表1** で示したPの部分を観察しやすくするために，ある染色液を使ったところ，赤く染まった。ある染色液とは何か，書きなさい。

［　　］

表1

		A ヒト	B オオカナダモ	C ゾウリムシ
はたらき	呼吸を行う	○	○	s
	光合成を行う	×	t	×
細胞のつくり	顕微鏡（けんびきょう）で観察したときのスケッチ	ほおの内側の粘膜 P 0.05mm	葉 0.05mm	0.05mm
	u	○	○	○
	v	×	○	×

○…あてはまる　×…あてはまらない

③次の文が正しくなるように，［X］，［Y］にあてはまる語句を書きなさい。

X［　　］ Y［　　］

AとBは，Cのような生物に対して［X］生物とよばれ，成長の過程として，［Y］と，それによってふえた１つ１つの細胞が大きくなることをくり返す。

④次の**ア**～**エ**は，**表1** のu，vのいずれかに入れることができる。uに入れることができるものはどれか。すべて選んで記号を書きなさい。［　　］

ア 細胞膜（まく）がある。　**イ** 細胞壁（へき）がある。　**ウ** 葉緑体がある。　**エ** 核（かく）がある。

(2) 下の図は，ヒトのからだのある部分における毛細血管と細胞との物質のやりとりを示す模式図である。また，**表2** は図のD～Gの物質について説明したものである。

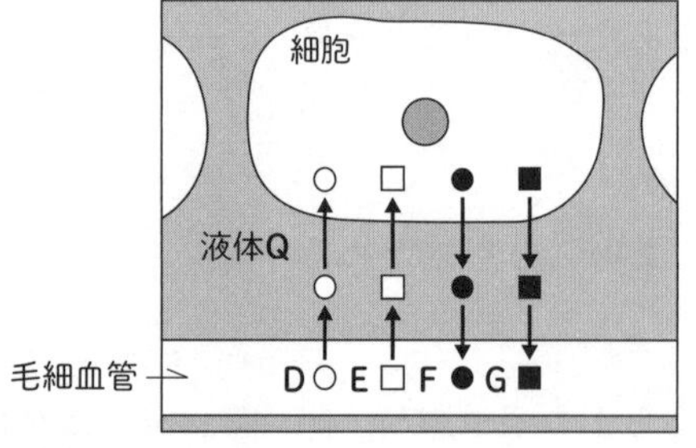

表2

D	空気中に存在する物質
E	小腸の柔毛（じゅうもう）で吸収されてから，毛細血管に入って運ばれる物質
F	空気中に存在する物質
G	タンパク質が分解してできる有害な物質で，最終的に尿（にょう）となって排出（はいしゅつ）される

①図で，細胞のまわりを満たしている液体Qを何というか，書きなさい。

［　　］

②D，Eにあてはまる物質は何か，次から１つずつ選んで記号を書きなさい。

D［　　］ E［　　］

ア ブドウ糖　**イ** 脂肪酸（しぼうさん）　**ウ** アンモニア
エ モノグリセリド　**オ** 酸素

思考力 ③Gが血液中に入ってから尿がつくられるまでの過程を，２つの器官名を示し，それぞれのはたらきにふれて書きなさい。

［　　］

2 次の文章を読んで，あとの問いに答えなさい。 〔長崎〕

図は，ヒトの反応が起こるときの信号の伝わり方を，模式的に示したものである。ヒトは感覚器官で外からの刺激を受けとり，その信号は神経 a を通じて脳や脊髄へ伝わる。さらに脳や脊髄からの信号は神経 b を通じて運動器官(筋肉)に伝わり，その結果さまざまな反応が起こる。

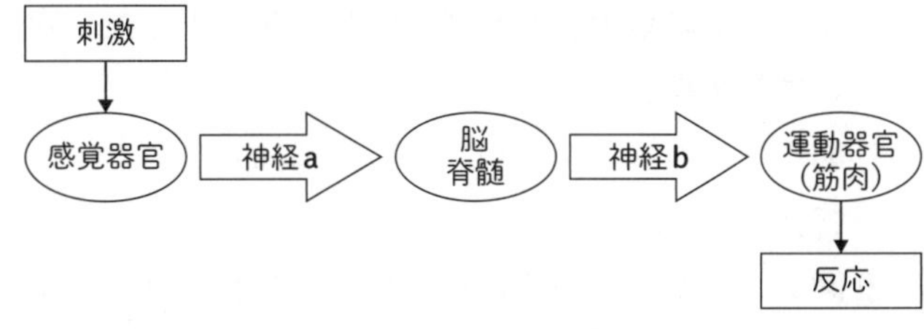

(1) 神経 a と神経 b の名称をそれぞれ書きなさい。

a［　　　　］ b［　　　　］

(2) ヒトの反応のうち，意識して起こす反応を反応 X とし，熱いものに手がふれると熱いと感じる前に無意識に手を引っこめる反応を反応 Y とする。反応 Y が起こるときの信号が伝わる経路について，反応 X とのちがいを含めて説明しなさい。

［　　　　　　　　　　　　　　　　］

3 ヒトの消化について調べるために，次の実験を行った。あとの問いに答えなさい。 〔和歌山〕

実験 唾液のはたらきを調べる。

Ⅰ 4 本の試験管 A～D にうすいデンプンのりを 5 cm³ ずつとり，試験管 A，C にはうすめた唾液 2 cm³ を，試験管 B，D には同量の水を入れ，4 本の試験管の液の量を等しくし，よく振ってかき混ぜた。

Ⅱ 図のように 40℃の湯で 10 分間あたため，湯からとり出した。

Ⅲ 試験管 A，B に，ヨウ素液を 2 ～ 3 滴ずつ加えてよく混ぜ，それぞれの色の変化を観察した。

デンプン＋唾液 A　デンプン＋水 B　デンプン＋唾液 C　デンプン＋水 D
40°Cの湯

Ⅳ 試験管 C，D に，ベネジクト液を少量加えてある操作をし，それぞれの色の変化を観察した。

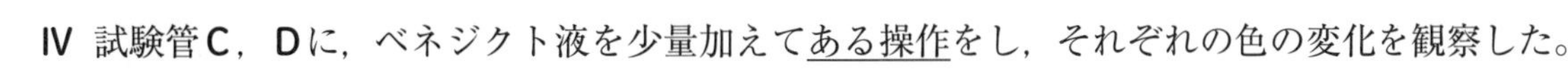

(1) 実験のⅣの下線はどのような操作か，書きなさい。

［　　　　］

(2) 次の文は，この実験の結果とわかったことをまとめたものである。文中の ① ， ② にあてはまる試験管を図の A～D の中からそれぞれ 1 つずつ選んで，その記号を書きなさい。また， ③ ， ④ にあてはまる適切な内容をそれぞれ書きなさい。

①［　　　］ ②［　　　］

③［　　　　　　　　　　　　］

④［　　　　　　　　　　　　］

> この実験から，試験管 A，B のうち試験管 ① だけが青紫色になり，試験管 C，D のうち試験管 ② だけが赤褐色になった。
>
> 実験のⅢの結果から，唾液によって， ③ ことがわかる。また，実験のⅣの結果から，唾液によって， ④ ことがわかる。

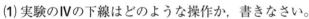

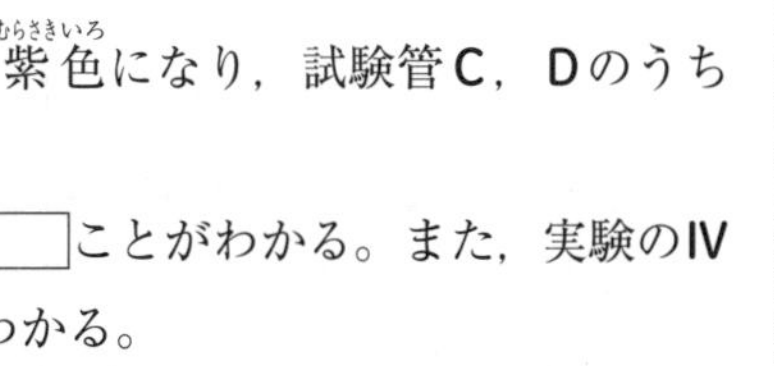

4 **サクラとキャベツを観察し，サクラの花の断面（図１）と，キャベツの葉のようす（図２）をスケッチした。次の問いに答えなさい。** 〔栃木〕

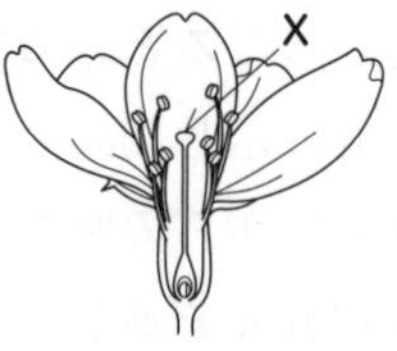

図2

⑴ 図１のＸのような，めしべの先端（せんたん）部分を何というか，答えなさい。 ［　　　］

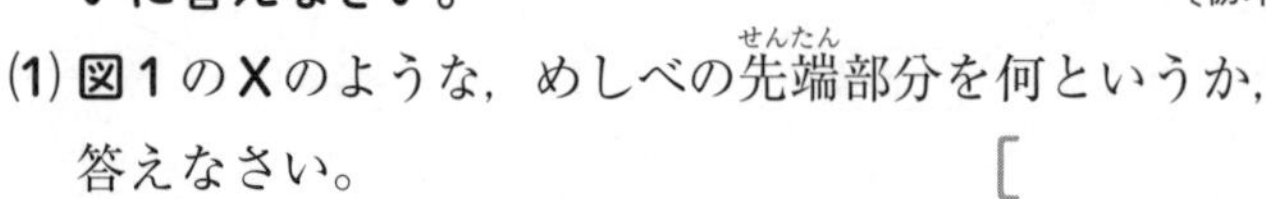

⑵ 図２のキャベツの葉のつくりから予想される，茎（くき）の横断面と根の特徴（とくちょう）を適切に表した図の組み合わせはどれか。**ア**～**エ**から選び，記号を書きなさい。 ［　　　］

ア　AとC

イ　AとD

ウ　BとC

エ　BとD

（茎）

A　B

（根）

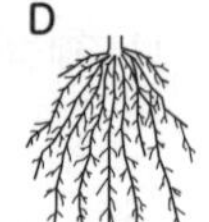

独創的

5 **次の文章を読んで，あとの問いに答えなさい。** 〔ラ・サール高〕

腎臓（じんぞう）は，腎臓の中にある約100万個の単位構造（図）を通して，血液中にある余分な水分や塩分，尿素（にょうそ）などの不要物を尿として体外へ排出（はいしゅつ）する。

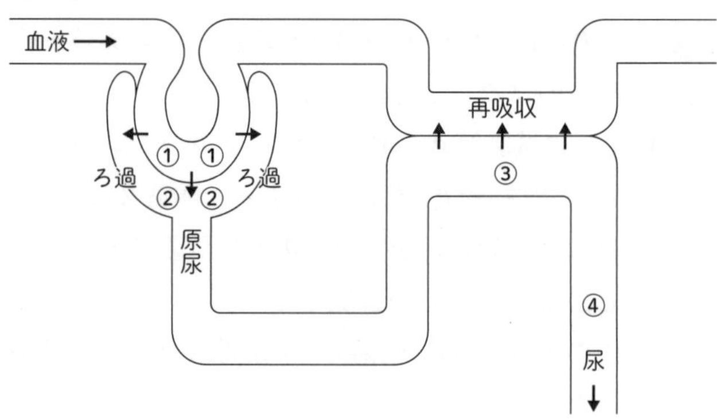

この不要物の排出のしくみを説明する。血液が①へ流れると，タンパク質以外の血しょうの成分が②へろ過される。ろ過された液を原尿とよぶ。原尿が③を流れる間に，血液の塩分濃度（のうど）に応じて水と塩分が適切に再吸収される。尿素はあまり再吸収されないが，ブドウ糖はすべて再吸収される。再吸収されなかった不要物は，④に集められ，尿として体外へ排出される。

イヌリンは，ヒトの血液に含（ふく）まれない糖類である。また，ヒトはイヌリンを分解できない。このイヌリンを血液中に注射すると，②へろ過されたあと，再吸収されずに尿としてすべて体外へ排出される。そこで，血液中にイヌリンを注射し，一定時間後に，②の原尿と④の尿を採取し，そこに含まれるイヌリンと尿素の濃度を測定した。表は，結果をまとめたものである。なお，１分間につくられた尿の量は，1 mLであった。

	原尿中の濃度〔mg/mL〕	尿中の濃度〔mg/mL〕
イヌリン	1	120
尿素	0.3	21

⑴ 原尿が尿になるとき，イヌリンの濃度は何倍に濃縮されるか，答えなさい。 ［　　　］

⑵ 1分間につくられた原尿の量は何mLか，答えなさい。 ［　　　］

⑶ 1分間につくられた原尿に含まれる尿素の量は何mgか，答えなさい。 ［　　　］

⑷ 1分間につくられた尿に含まれる尿素の量は何mgか，答えなさい。 ［　　　］

⑸ 1分間に再吸収された尿素の量は何mgか，答えなさい。 ［　　　］

6 ホウセンカを用いて次の観察・実験を行った。これについて，あとの問いに答えなさい。ただし，ワセリンや油は，水や水蒸気を通さない性質をもつものとする。 〔京都〕

観察 ホウセンカの葉脈のようすを観察する。

実験 **操作①** 葉の枚数や大きさや色，茎(くき)の長さや太さがそれぞれほぼ同じホウセンカの枝**A**～**C**を用意し，右の表に示した条件でワセリンをぬる。

枝**A**	すべての葉の表側にのみワセリンをぬる
枝**B**	すべての葉の裏側にのみワセリンをぬる
枝**C**	すべての葉の両側にのみワセリンをぬる

操作② 90 mL の水が入ったメスシリンダーを3本用意し，枝**A**～**C**を，右の**図1**のようにそれぞれさし，油を注いで水面をおおう。

操作③ 光が十分にあたる，風通しのよい場所に3時間おき，それぞれのメスシリンダーの水の減少量を調べる。

図1

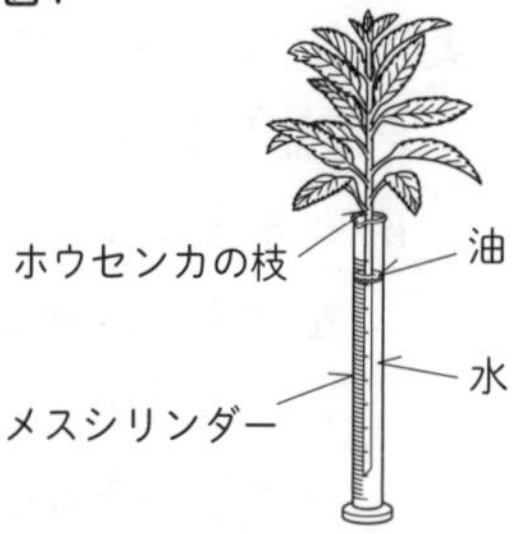

ホウセンカの枝
油
水
メスシリンダー

結果 観察の結果，ホウセンカの葉脈は下の**図2**のような網状脈(もうじょうみゃく)であった。

実験の結果，枝**A**～**C**をさしたそれぞれのメスシリンダーの水の減少量は，右の表のようになった。

図2

	水の減少量
枝**A**をさしたメスシリンダー	6.6 mL
枝**B**をさしたメスシリンダー	2.2 mL
枝**C**をさしたメスシリンダー	1.0 mL

(1) 結果の**図2**のような網状脈をもつ，ホウセンカと同じなかまの植物として最も適当なものを，次の**ア**～**エ**から1つ選びなさい。 [　　　]

ア アブラナ　**イ** イネ　**ウ** ゼニゴケ　**エ** トウモロコシ

(2) 次の文章は，結果に関して述べたものの一部である。文章中の X に入る最も適当な語句を，漢字2字で書きなさい。また，Y，Z に入る語句の組み合わせとして最も適当なものを，あとの**ア**，**イ**から選びなさい。 X[　　　　] 記号[　　　]

植物のからだの中に吸い上げられた水が，おもに気孔(きこう)を通して，植物のからだの表面から水蒸気となって蒸発する現象を X という。この現象によって，メスシリンダーの水は減少したと考えられる。

結果の表のように，枝**A**をさしたメスシリンダーは，枝**B**をさしたメスシリンダーと比べて水の減少量が多かった。これは，葉の Y 側のほうが Z 側より気孔の数が多いことによると考えられる。また，枝**C**をさしたメスシリンダーでも水が減少していたことから，水は葉以外のからだの表面からも水蒸気となって蒸発すると考えられる。

ア Y：表　Z：裏　**イ** Y：裏　Z：表

難問 **(3)** 実験で用いたホウセンカと葉の枚数や大きさや色，茎の長さや太さがそれぞれほぼ同じホウセンカの枝を1本用意し，ワセリンを一切ぬらずに，90 mL の水が入ったメスシリンダーに，実験の**図1**のようにさし，油を注いで水面をおおう。このメスシリンダーを，光が十分にあたる，風通しの良い場所に3時間置く。このときの，メスシリンダーの水の減少量は何 mL になると考えられるか，結果の表から求めたものとして最も適当なものを，次の**ア**～**オ**から1つ選びなさい。 [　　　]

ア 4.4 mL　**イ** 5.6 mL　**ウ** 7.8 mL　**エ** 8.8 mL　**オ** 9.8 mL

〔　　月　　日〕

理解度診断テスト①

本書の出題範囲 pp.92〜109　時間 35分　得点 /50点　理解度診断 A B C

解答⇨別冊 p.26

1 次の文章を読んで，あとの問いに答えなさい。〔山口－改〕

金魚を飼っているYさんは，昼間に水中の水草の葉から泡が出ていることに気づき，水草の光合成を確かめるために，次の実験を行った。

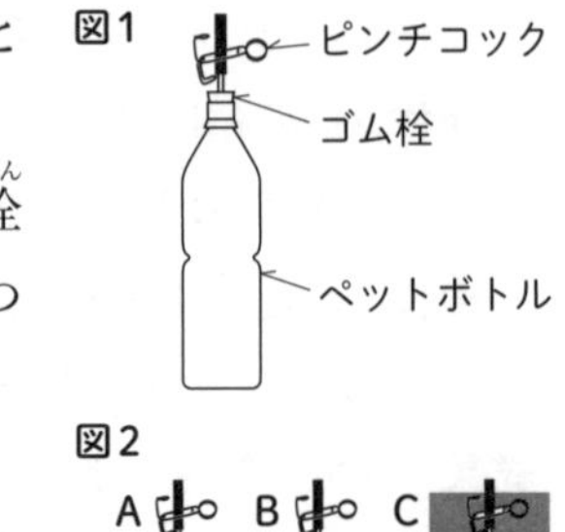

実験 Ⅰ ビーカーに入れた水道水にBTB液を加え，青色になったことを確認したあと，息を吹きこんで液の色を黄色にした。

Ⅱ ペットボトルを用いた**図1**のような装置を3つ用意した。ゴム栓をはずし，そのうちの1つは**Ⅰ**の溶液のみで満たし，残りの2つは一晩暗所においたオオカナダモを入れて**Ⅰ**の溶液で満たした。その後，それぞれの装置から気泡を追い出してゴム栓をした。

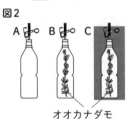

Ⅲ **図2**のように，オオカナダモを入れずに日光にあてるものを装置**A**，オオカナダモを入れ日光にあてるものを装置**B**，オオカナダモを入れ箱をかぶせて日光にあてないようにするものを装置**C**とする。装置**A**，**B**，**C**を日光があたる場所に数時間置いたあと，各装置のペットボトル内のBTB液の色を確認したところ，装置**B**のBTB液は青色になったが，装置**A**と**C**は黄色のままだった。

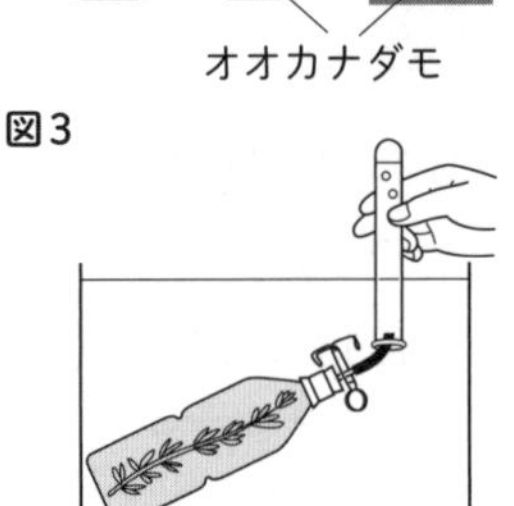

Ⅳ 装置**B**のオオカナダモからは気泡が発生したため，**図3**のように，水を入れた水そうの中でピンチコックを開け，発生した気体を試験管に集めた。試験管に集めた気体に火のついた線香を入れたところ，線香が激しく燃えた。

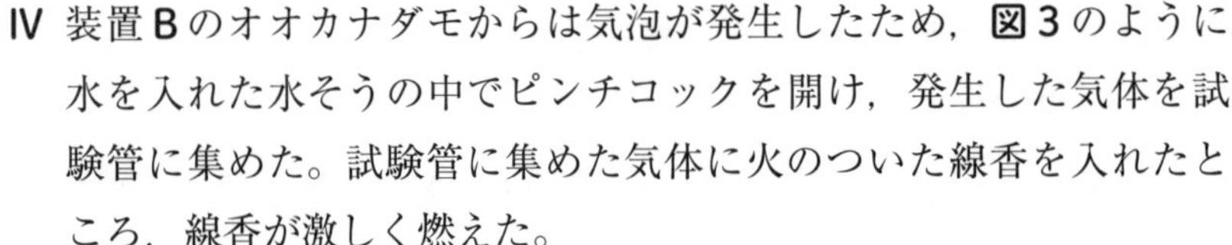

図3

Ⅴ 装置**B**と**C**からオオカナダモの葉をとり出し，熱湯につけたあとにヨウ素液を数滴かけ，色の変化を観察した。装置**B**のオオカナダモの葉は青紫色に染まったが，装置**C**の葉は色が変わらなかった。

重要 **(1)** 次の文は，実験の**Ⅲ**における装置**B**のBTB液の色の変化から，液の性質がどのように変化したかについて説明したものである。［①］，［②］にあてはまる語を，下の**ア**〜**ウ**からそれぞれ選び，記号で答えなさい。(4点×2)

①［　　　　］ ②［　　　　］

> BTB液の色が黄色から青色に変化したことから，液の性質は，［①］から［②］に変化したことがわかる。

ア 酸性　**イ** 中性　**ウ** アルカリ性

(2) 実験の**Ⅲ**において，装置**A**と装置**B**の実験結果を比較すると，BTB液の色がオオカナダモのはたらきにより変化したことがわかる。このとき，装置**A**の実験を，装置**B**の実験の対照実験という。対照実験とは，実験条件をどのようにして行う実験か。書きなさい。(6点)

［　　　　　　　　　　　　　　　　　　　　］

(3) 実験の**Ⅴ**において観察した，装置**B**と**C**のオオカナダモの葉をそれぞれ顕微鏡で観察すると，どちらの葉の細胞内にも小さな粒が見られ，**B**のオオカナダモの葉の細胞内の粒は青紫色に染まっていた。これらの小さな粒を何というか。書きなさい。(4点)　［　　　　］

2 ヒトのからだを循環(じゅんかん)する血液について述べた次の文章を読み，あとの問いに答えなさい。

〔筑波大附高－改〕

ヒトのからだには，すみずみまで血液がいきわたるようにからだ全体に毛細血管がはりめぐらされている。血液は，円盤(えんばん)形の赤血球のほか，[①]や[②]などの固形の成分と，血しょうという液体の成分でできている。赤血球は毛細血管の壁(かべ)を通りぬけられないが，血しょうは，しみ出して[③]となり細胞(さいぼう)のまわりを満たす。[③]には，血しょうにとけて運ばれてきた栄養分だけでなく，酸素も含(ふく)まれている。肺でとり入れられた酸素は，赤血球に含まれる[④]という物質により，からだのすみずみまで運ばれる。

(1) 文中の[①]～[④]にあてはまる語句をそれぞれ答えなさい。ただし，[①]は出血した血液を固めるはたらきをする血球，[②]は外界から入ってきた細菌(さいきん)などの異物を取りこむはたらきをする血球である。また，[①]～[③]は漢字で答えること。(4点×4)

①[　　　] ②[　　　] ③[　　　] ④[　　　]

(2) 血液は，肺循環と体循環という２つの経路を通って全身を循環する。次の図は，からだ全体の器官と血管を模式的に表している。四角は心臓，肝臓(かんぞう)，腎臓(じんぞう)，肺，小腸のどれかを表し，血管に沿う矢印は血液の流れの向きを表している。それぞれの器官と血管のつながり方や矢印の表し方で最も適切な図はどれか。**ア**～**エ**から1つ選び，記号で答えなさい。(4点)

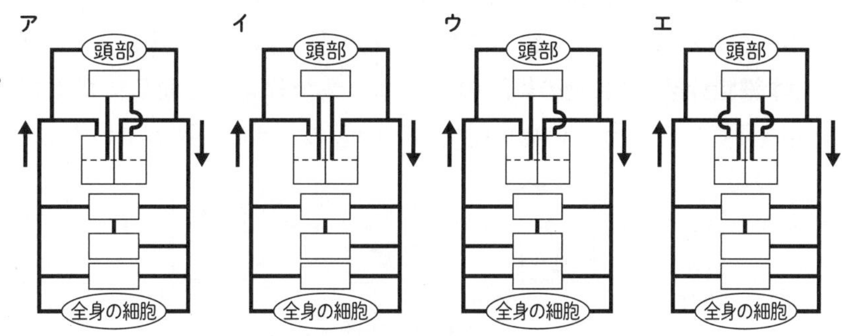

図中の の部分は2本の血管が立体的に交差していることを表している。

[　　　]

3 次の文章を読んで，あとの問いに答えなさい。

〔愛媛－改〕

動物は，生活のようすやからだのつくりなどの特徴(とくちょう)から，なかま分けすることができる。右の図は，イカ，イモリのスケッチである。

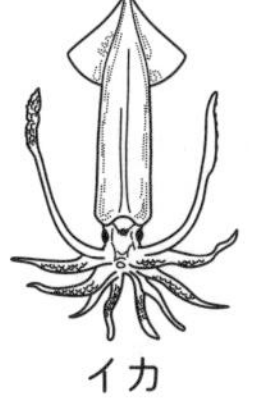

イカ

イモリ

(1) 次の文の[①]，[②]にあてはまる適当な言葉を書きなさい。(3点×2)

①[　　　] ②[　　　]

イカは，無セキツイ動物であるが，内臓などが[①]膜とよばれるやわらかい膜でおおわれているという特徴をもつことから，さらに[②]動物に分類される。

(2) 次の文の[①]，[②]にあてはまる適当な呼吸器官の名称(めいしょう)を書きなさい。(3点×2)

①[　　　] ②[　　　]

イモリは，卵からかえった直後と成体になってからでは呼吸のしかたが異なる。卵からかえった直後は，[①]と皮膚(ひふ)で呼吸しているが，成体になってからは[②]と皮膚で呼吸する。

第3章 生命

3 生物の成長・遺伝・進化

STEP 1 まとめノート

月　日

解答⇨別冊 p.26

1 生物の成長と細胞 ★★

(1) **生物の成長**……〈**植物の根の成長**〉植物の根を観察すると，図のようになる。根の①＿＿近くがよく成長している。

〈**細胞分裂**(さいぼうぶんれつ)〉1つの細胞が2つの細胞に分かれることを②＿＿という。

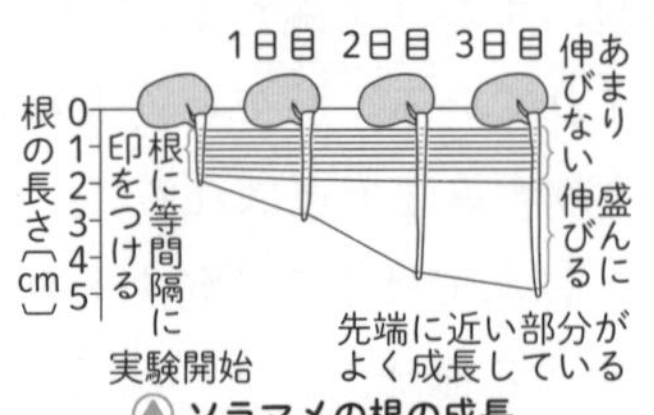

ソラマメの根の成長

〈**生物の成長**〉生物の成長は，細胞分裂によって細胞の③＿＿がふえ，ふえた細胞が大きくなることによって起こる。

(2) **細胞分裂の過程**……〈**染色体**〉細胞分裂が始まると，核(かく)の内部にひものような④＿＿が現れる。染色体は複製され，数が⑤＿＿倍になり，2つに分かれていく。染色体の数は生物の種類によって決まっている。
└核の形が消え染色体が現れる
└ヒトは46本

〈**体細胞分裂**〉分裂後の細胞の染色体の数が分裂前と同じになる細胞分裂を⑥＿＿という。植物細胞では下の図のように分裂していく。

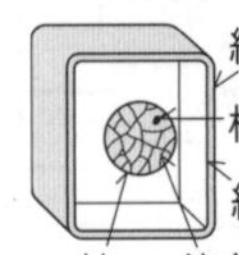

→
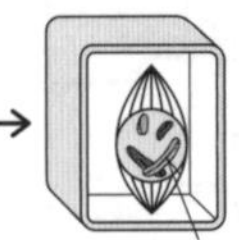

→
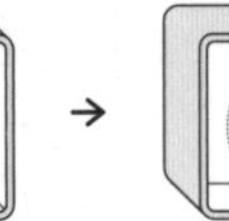

→

→
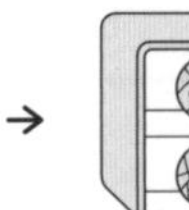
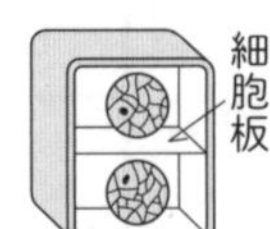

植物の体細胞分裂

2 生物のふえ方 ★★

(1) **生物のふえ方**……〈**生殖**(せいしょく)〉生物が子をつくることを⑦＿＿という。

〈**無性生殖**〉生殖細胞によらず，性に関係なく新しい個体をつくるしくみを⑧＿＿という。

〈**有性生殖**〉生物が雄(おす)と雌(めす)によって子孫をふやす方法を⑨＿＿という。

(2) **動物のふえ方**…〈**生殖細胞**〉子孫を残すための特別な細胞を⑩＿＿という。雌の卵巣でつくった⑪＿＿と，雄の精巣でつくった⑫＿＿がある。

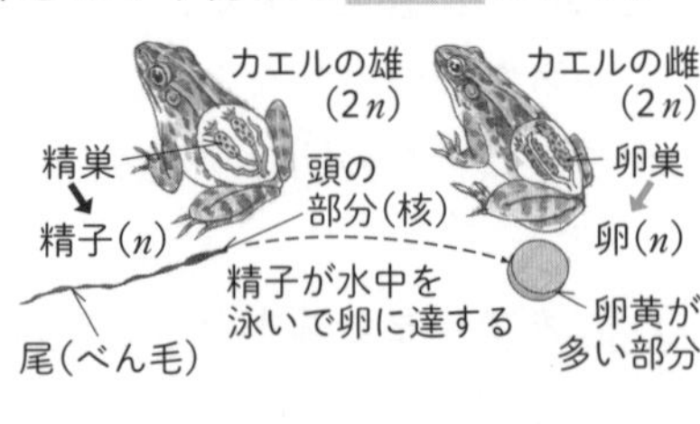

〈**受精**〉卵の核と精子の核が合体することを⑬＿＿といい，受精してできた新しい細胞を⑭＿＿という。受精卵は体細胞分裂をくり返して⑮＿＿になる。受精卵から成体になるまでの過程を⑯＿＿という。
└受精直後の細胞の数は1つである
└自分で食物をとれるまでをいうことが多い

精子　卵細胞の核　卵　べん毛を失う(精子の核)　受精(2n)　合体　受精卵
(※nは染色体数)

動物(カエル)の体外受精

ズバリ暗記
- 雌の卵巣でつくられた卵の核と雄の精巣でつくられた精子の核が合体することを受精という。受精卵は体細胞分裂をして胚になる。

①＿＿
②＿＿
③＿＿
④＿＿
⑤＿＿
⑥＿＿
⑦＿＿
⑧＿＿
⑨＿＿
⑩＿＿
⑪＿＿
⑫＿＿
⑬＿＿
⑭＿＿
⑮＿＿
⑯＿＿

入試Guide
体細胞分裂のようすは，図で確認しておこう。どのような順に分裂が進むかを問う問題が頻出(ひんしゅつ)である。

(3) **植物のふえ方**……〈**生殖細胞**〉雌の生殖細胞を卵細胞，雄の生殖細胞を⑰　　という。

〈**被子植物の受精**〉おしべのやくでつくられた⑱　　が，めしべの⑲　　につくことを受粉という。受粉した花粉は⑳　　を伸ばし始める。花粉管がめしべの子房内の㉑　　の中の㉒　　に達すると，精細胞の核と卵細胞の核が合体して㉓　　する。受精すると，体細胞分裂をくり返して，図のように，子房は㉔　　に，胚珠は㉕　　に，受精卵は㉖　　になる。

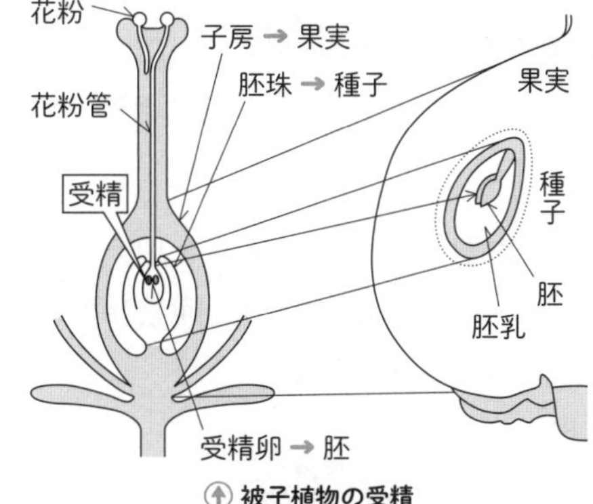

被子植物の受精

❸ 遺伝と進化 ★★★

(1) **形質と遺伝**……〈**形質と遺伝**〉生物のもつ形や性質の特徴を形質といい，形質が子やそれ以降の世代に現れることを㉗　　という。生物の形質は細胞の染色体にある㉘　　によって子孫に伝えられる。

〈**無性生殖と有性生殖**〉無性生殖では，子は親とまったく同じ遺伝子を受けつぎ，親と㉙　　形質が現れる。有性生殖では，子は遺伝子を両親から受けつぐので，子の形質は親と異なる場合がある。（遺伝子は親と子で異なる）

(2) **減数分裂**……〈**減数分裂**〉生殖細胞ができるとき，細胞は染色体の数がもとの細胞の半分になる特別な分裂である㉚　　をする。このため，生殖細胞が受精してできる子の細胞の染色体の数は親と同じになる。

(3) **遺伝の規則性**……〈**遺伝の規則性**〉自家受粉をくり返したとき，子孫につねに同じ形質が現れる系統を純系という。対立形質をもつ純系どうし（それぞれ AA，aa と表す）をかけ合わせたとき，子（Aa と表される）に現れる形質を㉛　　の形質といい，現れなかった形質を㉜　　の形質という。このとき，子に顕性の形質しか現れなかったことを**顕性の法則**という。

〈**遺伝子の本体**〉遺伝子の本体は㉝　　という物質である。

(4) **生物の進化**……〈**進化の証拠**〉形やはたらきは異なっていても，共通の祖先から変化したと考えられる器官を㉞　　という。

ズバリ暗記
- 対立形質をもつ純系どうしをかけ合わせたとき，子に現れる形質を顕性の形質といい，現れなかった形質を潜性の形質という。

⑰
⑱
⑲
⑳
㉑
㉒
㉓
㉔
㉕
㉖
㉗
㉘
㉙
㉚
㉛
㉜
㉝
㉞

・入試Guide・
純系どうしの個体の交配によってできた子の形質や，その子どうしの交配によってできた孫の形質がよく出題されている。

Let's Try　差をつける記述式

生物のからだが成長するしくみを，細胞のようすに注意して説明しなさい。

Point 細胞の数と，細胞の大きさについて考える。

［　　　　　　　　　　　　］

STEP 2 実力問題

ねらわれるココが
- 体細胞分裂による生物の成長
- 無性生殖と有性生殖による生物のふえ方
- 染色体の数の変化と遺伝の法則

解答⇨別冊 p.27

1 次の問いに答えなさい。

(1) 図のA～Cは，タマネギの根の細胞に染色液を加えて核を赤く染め，顕微鏡で観察したときのスケッチである。ただし，観察はすべて同じ倍率で行ったものとする。あとの問いに答えなさい。〔青森〕

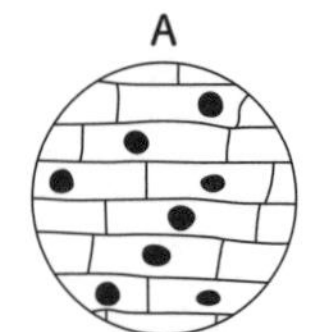

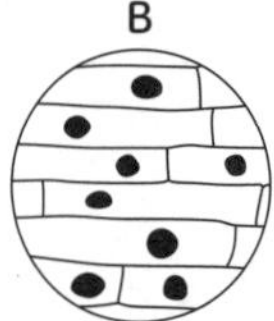

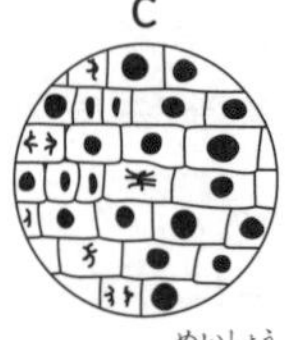

①核を赤く染めるのに適した染色液の名称を書きなさい。

[　　　　]

②図のA～Cの中で，根の先端に最も近いものはどれか，その記号を書きなさい。また，そのように考えた理由を書きなさい。

記号[　　]　理由[　　　　　　]

(2) 下の図は，ヒキガエルの発生のようすをスケッチしたものである。ア～エを発生した順に並べかえたとき，3番目となるものはどれですか。

[　　]〔栃木〕

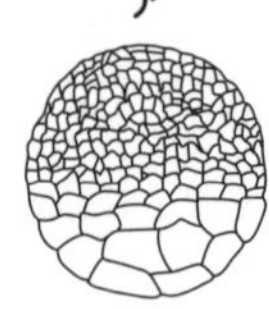

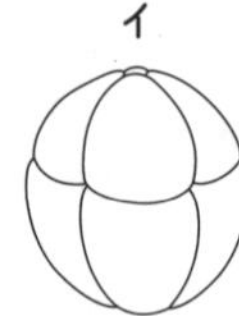

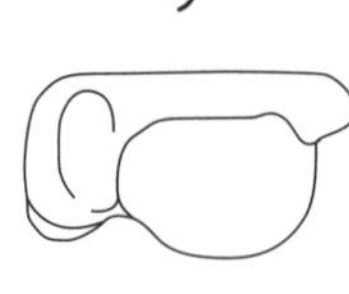

(3) 被子植物では，受粉すると花粉から花粉管がのびる。花粉管の中を移動していく細胞を何というか。次のア～エの中から1つ選び，その記号を書きなさい。[　　]〔埼玉〕

ア 精子　**イ** 精細胞　**ウ** 卵　**エ** 卵細胞

(4) 精子や卵がつくられるときに行われる減数分裂では，からだの細胞と比べて，染色体の数はどうなるか。次のア～エのうちから最も適当なものを1つ選び，その記号を書きなさい。[　　]〔千葉〕

ア 2倍になる　**イ** 変わらない

ウ 半分になる　**エ** 4分の1になる

重要

(5) 水田でヒキガエルの卵を見つけた。ルーペを用いて観察すると，図のように細胞の数が4個の胚が見えた。ヒキガエルの卵や精子の染色体の数は11本である。このことから，図のXの細胞の核の中に含まれる染色体は何本か，書きなさい。

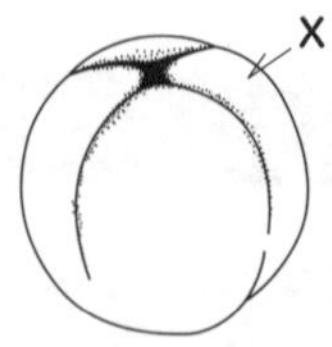

[　　　　]〔兵庫〕

得点UP!

1 (1)①染色液は，核や染色体をよく染め，細胞を観察しやすくする。

②成長が盛んな部分は，細胞分裂が活発に行われている。

(2)受精卵は細胞分裂をくり返して細胞の数をふやしていく。

(3)花粉管の中を移動する細胞の核と卵細胞の核が受精する。

(4)卵や精子などの生殖細胞は，染色体の数が体細胞の半分である。

Check! 自由自在①

いろいろな生物の染色体の数を調べてみよう。

重要

(6) 丸い種子のエンドウとしわの種子のエンドウを親として子の代を得たところ，子の代はすべて丸い種子のエンドウになった。次に，子の代の種子をまいて育てたエンドウを自家受粉して孫の代を得たところ，全体のうち丸い種子は3024個だった。このとき，しわの種子はおよそ何個であると考えられるか，次の**ア**～**エ**の中から最も近いものを1つ選んで，その記号を書きなさい。

[　　　　]〔茨城〕

ア 0個　　**イ** 1000個

ウ 3000個　　**エ** 9000個

2 **図1はアメーバのふえ方を，図2はカエルのふえ方を，それぞれ模式的に示したものである。これについて，次の問いに答えなさい。**〔群馬〕

図1

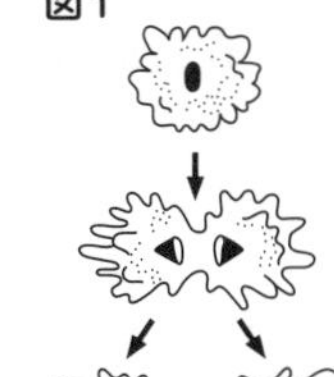

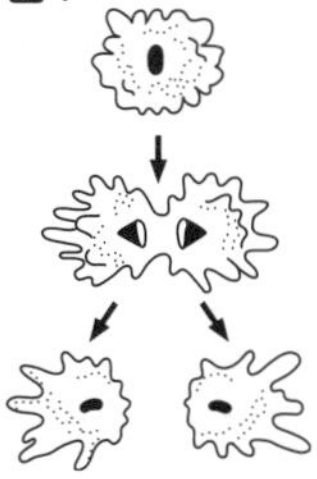

(1) **図2**のような生殖(せいしょく)に対して，**図1**のように分裂(ぶんれつ)によってふえる生殖を何というか，書きなさい。[　　　　]

(2) 次の文は，**図2**のカエルの生殖について述べたものである。文中の［①］～［③］にあてはまる言葉を，それぞれ書きなさい。

卵や精子などの細胞(さいぼう)は［①］とよばれ，［②］分裂という細胞分裂によってつくられる。［②］分裂の結果，卵や精子の染色体の数は，もとの細胞の［③］になっている。受精卵は両親の染色体を引きつぐ。

図2

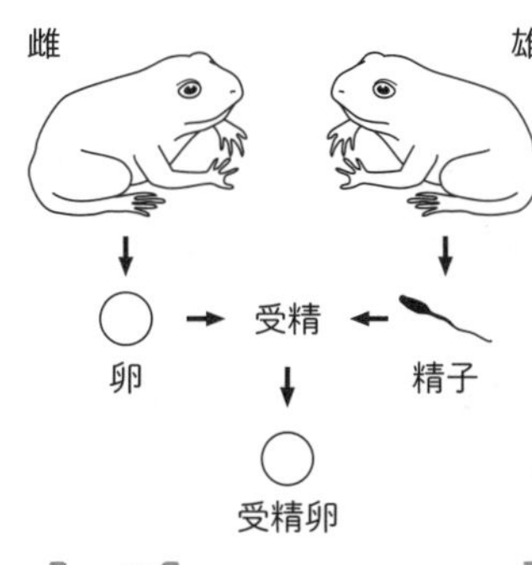

①[　　　　] ②[　　　　] ③[　　　　]

重要

(3) **図2**のような生殖に関して，ある形質について顕性(けんせい)の形質を現す遺伝子(いでんし)をA，潜(せん)性の形質を現す遺伝子をaで表し，遺伝子の組み合わせがAaの場合は，**図3**のように表すとする。両親がもつ遺伝子の組み合せがそれぞれAaであり，この遺伝子が分離(ぶんり)の法則にしたがうとするとき，

図3

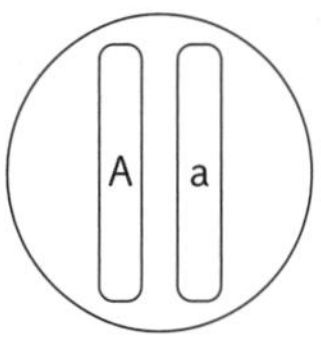

A　a

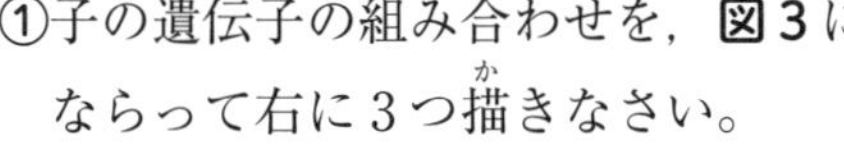

①子の遺伝子の組み合わせを，**図3**にならって右に3つ描(か)きなさい。

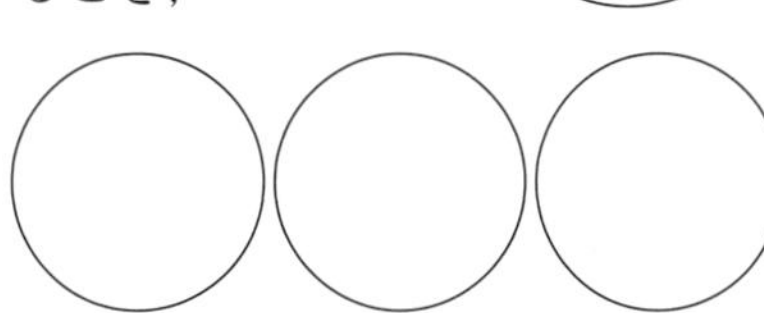

②この両親から252匹の子が生まれるとすると，顕性の形質が現れる子は，そのうち何匹生まれると考えられるか，書きなさい。

[　　　　]

得点UP!

(6)孫の代の丸としわの数の比は3：1になる。

2 (1)雄(おす)と雌(めす)がかかわらない生殖である。

(2)生殖細胞は減数分裂によってつくられるので，染色体の数がもとの細胞の半分になっている。生殖細胞どうしが受精すると，染色体の数がもとの細胞と同じになる。

(3)両親の遺伝子がAaのとき，子の遺伝子は表のようになる。

	A	a
A	AA	Aa
a	Aa	aa

Check! 自由自在②

同じ染色体にない2対の対立形質はどのように遺伝するか，表を書いて調べてみよう。

STEP 3 発展問題

解答⇨別冊 p.27

1 細胞分裂と生物の成長に関する次の問いに答えなさい。〔静岡ー改〕

(1) **図1**のように，水につけて成長させたタマネギの根の先端部分を5 mmほど切りとり，<u>約60℃の湯であたためたうすい塩酸に数分間入れた</u>あと，試験管からとり出して水洗いした。これをスライドガラスにのせ，柄つき針で軽くつぶしてから，核を観察しやすくするための染色液を1滴落としてカバーガラスをかけた。その後，その上にろ紙をのせ，根をおしつぶして，顕微鏡で観察した。

図1

うすい塩酸
約60°Cの湯
スライドガラス
柄つき針
カバーガラス
染色液
ろ紙

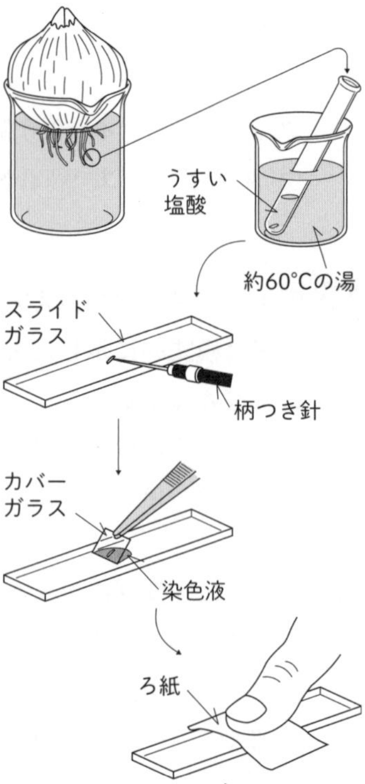

①下線部の操作を行う目的は何か。その目的を，細胞どうしという語を用いて，簡単に書きなさい。

[　　　　　　　　　　　　　　　　　　　　]

②次の**ア**～**エ**の中から，核を観察しやすくするための染色液として，最も適切なものを1つ選び，記号で答えなさい。[　　　]

ア BTB液　　**イ** ヨウ素液
ウ ベネジクト液　　**エ** 酢酸オルセイン液

③**図2**は，顕微鏡で観察したときの，タマネギの根の細胞のようすをスケッチしたものである。

図2

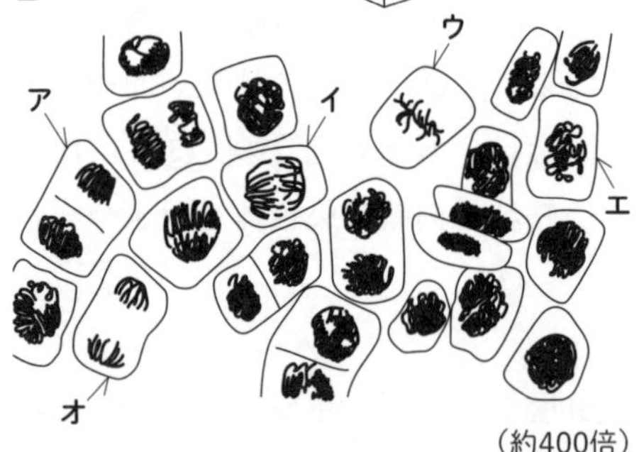

(約400倍)

a **図2**の**ア**～**オ**の細胞を，**エ**をはじまりとして細胞が分裂していく順に並べ，記号で答えなさい。

[**エ**→　　　　　　　]

独創的 b 体細胞分裂によって新しくできた2つの細胞の核には，もとの細胞と同じ数で，同じ内容の(同じ遺伝子がある)染色体が含まれる。体細胞分裂において，もとの細胞と同じ数で，同じ内容の(同じ遺伝子がある)染色体が含まれるようになるしくみを，「染色体が」という書き出しで書きなさい。[染色体が　　　　　　　　　　]

(2) タマネギの根は，細胞のどのような変化によって成長するか。体細胞分裂の結果を含めて，簡単に書きなさい。[　　　　　　　　　　　　　　　　　]

2 「無性生殖」の説明や具体例として正しいものをすべて選びなさい。〔お茶の水女子大附高〕

ア 生殖細胞が必要　　**イ** 無性生殖を行う生物が有性生殖を行うことはない
ウ アメーバが細胞分裂を行う　　**エ** 必ず減数分裂が起こる
オ 子の遺伝子は親とまったく同じ　　**カ** ジャガイモに果実ができる

[　　　　　　]

3 **図は，ジャガイモのいもから芽や根が出たようすをスケッチしたものである。ジャガイモは，いもから新しい個体をつくることができ，このような生殖の方法を無性生殖という。このことについて，次の問いに答えなさい。** 〔高知〕

(1) 無性生殖について述べた文として正しいものを，次の**ア**～**エ**から１つ選び，その記号を書きなさい。 [　　　]

ア 無性生殖では生殖細胞が受精をすることで新しい個体をふやす。
イ 無性生殖は植物だけにみられる生殖の方法である。
ウ 無性生殖では親と同一の形質をもつ子が生じる。
エ 無性生殖と有性生殖の両方を行うことができる生物はいない。

独創的 (2) 次のⅠ群の a ～ d は無性生殖を行う植物名であり，Ⅱ群の**ア**～**エ**は無性生殖で新個体をつくる植物のからだの一部分の名称である。Ⅰ群の a ～ d の植物から１つだけ選択し，その記号を書き，次に，選択した植物が無性生殖で新個体をつくるからだの一部分の名称をⅡ群の**ア**～**エ**から１つ選び，その記号を書きなさい。 Ⅰ群[　　　] Ⅱ群[　　　]

Ⅰ群

a オニユリ	b オランダイチゴ
c サツマイモ	d チューリップ

Ⅱ群

ア ほふく茎	**イ** 球根
ウ むかご	**エ** 塊根

4 **次の文章を読んで，あとの問いに答えなさい。** 〔新潟－改〕

カエルの卵を観察したところ，時間の経過とともに，カエルの卵は細胞分裂をくり返しながら変化していった。図は，カエルの受精卵が細胞分裂をくり返しながら変化していくようすを，模式的に表したものである。

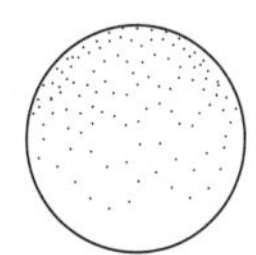
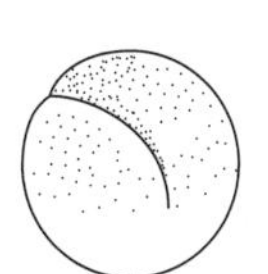
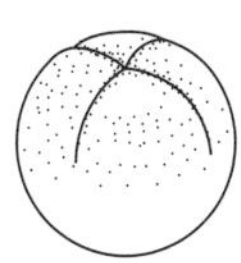
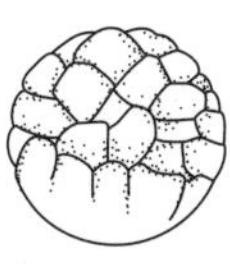
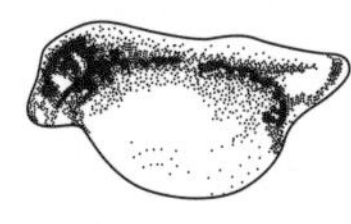

(1) 受精卵が細胞分裂をくり返しながら変化し，その生物に特有のからだを完成させていく過程を何というか，その用語を書きなさい。 [　　　]

(2) 次の文は，受精卵が細胞分裂をくり返しながら，おたまじゃくしの形ができはじめるまでの変化のようすについて述べたものである。文中の[X]，[Y]にあてはまる語句の組み合わせとして，最も適当なものを，あとの**ア**～**エ**から１つ選び，その記号を書きなさい。 [　　　]

細胞分裂は連続して起こり，しだいに細胞の数をふやしていく。このとき，１つ１つの細胞の大きさは[X]，１つ１つの細胞の核に含まれる染色体の数は[Y]。

ア〔X 変化せず，Y 変化しない〕
イ〔X 小さくなり，Y 変化しない〕
ウ〔X 変化せず，Y 減っていく〕
エ〔X 小さくなり，Y 減っていく〕

5 **右の図は，セキツイ動物の化石が発見される地質年代について示したものである。これについて，次の問いに答えなさい。** 〔和歌山〕

セキツイ動物の化石が発見される地質年代

5億年前　4億年前　3億年前　2億年前　1億年前　現在

古生代　中生代　新生代

魚類

A

B

(1) 図のA，Bにあてはまるセキツイ動物のグループの組み合わせとして最も適切なものを，次の**ア**～**エ**の中から１つ選んで，その記号を書きなさい。 [　　]

	A	B
ア	ハ虫類	ホ乳類
イ	ハ虫類	鳥類
ウ	両生類	ホ乳類
エ	両生類	鳥類

(2) 水中から陸上へと生活場所を広げるため，セキツイ動物はさまざまなからだのしくみを変化させた。このうち，「移動のための器官」と「卵のつくり」について，ハ虫類で一般的に見られる特徴(とくちょう)を魚類と比較(ひかく)して，それぞれ書きなさい。

移動のための器官[　　]

卵のつくり[　　]

6 **次の文章を読んで，あとの問いに答えなさい。** 〔宮城〕

エンドウの種子の形には丸形としわ形がある。丸形の純系としわ形の純系のエンドウを交配すると，子にあたる種子はすべて丸形になった。次に，子にあたる種子を育てて自家受粉させると，孫にあたる種子には，丸形としわ形がおよそ３：１の比で現れた。

(1) 種子の形を決める遺伝子を，丸形はA，しわ形はaで表すとき，丸形の純系個体を表す遺伝子の組み合わせを書きなさい。 [　　]

思考力

(2) 下線部の交配で丸形の純系の花粉を使うとき，交配相手となるしわ形の純系個体での自家受粉をさけるための操作として，最も適切なものを，次の**ア**～**エ**から１つ選び，記号で答えなさい。 [　　]

ア つぼみの時期におしべをとり除く。　**イ** つぼみの時期にめしべをとり除く。

ウ 花が咲いたらおしべをとり除く。　**エ** 花が咲いたらめしべをとり除く。

(3) 孫にあたる種子で，丸形のものを1200個育てて自家受粉させる。そのうちの何個体において，丸形としわ形の両方の種子ができると予想されるか，最も適切なものを，次の**ア**～**オ**から１つ選び，記号で答えなさい。 [　　]

ア 300個体　**イ** 400個体　**ウ** 600個体　**エ** 800個体　**オ** 900個体

7 **次の文章を読んで，あとの問いに答えなさい。** 〔開成高－改〕

親の形質が子孫に伝わることを遺伝という。遺伝に法則性があることを，エンドウの交配からオーストリアのメンデルが発見した。形質を決定する遺伝子の本体は，細胞(さいぼう)の染色体に含(ふく)まれる[①]という物質である。

ある種のガでは，白い体色をもつ個体(白個体)と，黒い体色をもつ個体(黒個体)がいることが知られており，体色は遺伝子によって決定される。このようにどちらか一方の形質が現れる形質の組を［ ② ］という。

体色を決定する遺伝子の性質を調べるために，以下の**実験1～3**を行った。

実験1 純系の白個体と，純系の黒個体を交配させたところ，生まれた個体はすべて黒個体だった。

実験1の結果から，白い体色が［ ③ ］の形質，黒い体色が［ ④ ］の形質であることがわかった。

実験2 **実験1**で生まれた個体どうしを自由に交配させたところ，白個体，黒個体がともに生まれ，その数の比から，体色はメンデルの分離の法則にしたがって遺伝することがわかった。

実験3 **実験2**で生まれた個体どうしを自由に交配させたところ，白個体，黒個体がともに生まれ，その数の比は**実験2**と同じになった。

体色を決定する遺伝子は，一個体の親が生める子の数に直接は影響しない。しかし自然環境の中では，ガがすむ森の樹皮の色が黒い場合には，黒個体のほうが鳥に見つかりにくく，白個体は鳥に見つかりやすい。逆に，森の樹皮が白い場合には，白個体のほうが鳥に見つかりにくく，黒個体は鳥に見つかりやすい。そのため体色を決定する遺伝子は，鳥に食べられてしまう個体の数に影響する。鳥に食べられてしまった個体は次の世代の子を生むことができないので，結果として体色を決定する遺伝子は，次の世代の子を生むことができる個体の数に影響をおよぼす。鳥に食べられてしまった場合，どのような影響が出るかを考えるために**実験4～5**を行った。

実験4 **実験2**で生まれた個体のうち，黒個体をすべてとり除いた。そののち，白個体どうしを自由に交配させた。

実験5 **実験2**で生まれた個体のうち，白個体をすべてとり除いた。そののち,黒個体どうしを自由に交配させた。

(1) 文中の［ ① ］～［ ④ ］にあてはまる適切な語句を答えなさい。

①［　　　］ ②［　　　］ ③［　　　］ ④［　　　］

(2) 純系の白個体の遺伝子の組み合わせをAA，純系の黒個体の遺伝子の組み合わせをBBと表すことにする。**実験2**で生まれた黒個体に含まれる遺伝子の組み合わせをすべて答えなさい。

［　　　］

独創的 **(3)** **実験3**で生まれた個体にしめる白個体の割合を%で答えなさい。小数点以下を四捨五入し，整数で答えなさい。

［　　　］

独創的 **(4)** **実験4**で生まれた個体にしめる白個体の割合を%で答えなさい。小数点以下を四捨五入し，整数で答えなさい。

［　　　］

難問 **(5)** **実験5**の結果として適切なものを，次の**ア～オ**の中から1つ選び，記号で答えなさい。

［　　　］

ア すべて白個体が生まれた。

イ 白個体と黒個体の両方が生まれ，白個体の割合は**実験3**の結果よりもふえた。

ウ 白個体と黒個体の両方が生まれ，白個体と黒個体の割合は**実験3**の結果と同じになった。

エ 白個体と黒個体の両方が生まれ，黒個体の割合は**実験3**の結果よりもふえた。

オ すべて黒個体が生まれた。

第3章 生命

自然と人間

STEP 1 まとめノート

月　日

解答⇨別冊 p.28

① 生物どうしのつながり ★★★

(1) **食物連鎖**……〈**生態系**〉ある地域に生活する生物とそれをとり巻く環境をひとまとまりにとらえたものを①＿＿という。

〈**食物連鎖**〉自然界で生活する生物の間にある食べる・食べられるの関係によるつながりを②＿＿という。通常は，光合成を行う植物から始まり，植物を食べる草食動物へ続き，草食動物を食べる③＿＿へと続いていく。食物連鎖は陸上，水中，土中などさまざまな場所で見られる。また，実際の食物連鎖は，網の目のように複雑につながっているので，これを④＿＿という。

〈**生物の数量関係**〉ふつうは，食べる生物より食べられる生物のほうが，個体数は⑤＿＿ので，全体としては右図のように⑥＿＿の形になっている。生物の数量の関係は⑦＿＿いるといえる。

⬆ 生物の数量関係

〈**数量関係の変化**〉例えば，右図のように，何らかの原因で草食動物の数量がふえた場合，植物の数量は⑧＿＿，肉食動物の数量は⑨＿＿。その結果，草食動物の数量は⑩＿＿。このようにして生物の数量関係は時間をかけて⑪＿＿がとれた状態にもどっていく。

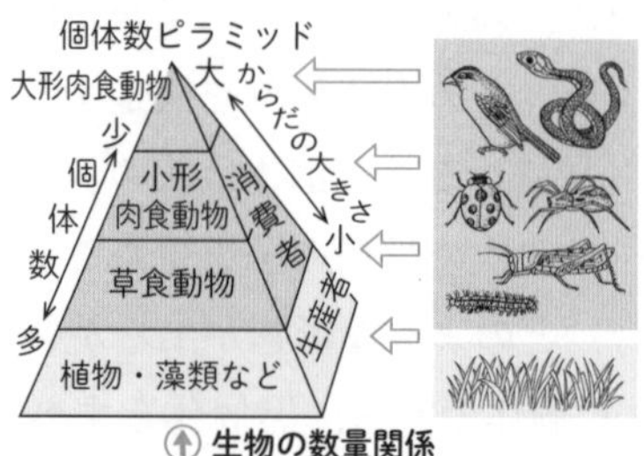

⬆ 数量関係の変化

(2) **自然界における生物の役割**……〈**生産者**〉光合成を行って，無機物（二酸化炭素と水）から有機物をつくる植物（葉緑体をもつ植物）などを⑫＿＿という。

〈**消費者**〉有機物をつくることができず，他の生物から有機物を得ている草食動物や肉食動物などを⑬＿＿という。草食動物を一次消費者といい，肉食動物を二次消費者，三次消費者，…という。

〈**分解者**〉生物の死がいや動物の排出物などの有機物を無機物に分解する（呼吸のはたらきで分解する）消費者を特に⑭＿＿という。カビやキノコのなかまの⑮＿＿や乳酸菌や大腸菌のなかまの⑯＿＿などの微生物，土中の小動物が分解者である。

ズバリ暗記
- 生産者は有機物をつくり出す植物，消費者は有機物を食べて使う草食動物と肉食動物，分解者は有機物を分解する菌類と細菌類，土中の小動物である。

①＿＿
②＿＿
③＿＿
④＿＿
⑤＿＿
⑥＿＿
⑦＿＿
⑧＿＿
⑨＿＿
⑩＿＿
⑪＿＿
⑫＿＿
⑬＿＿
⑭＿＿
⑮＿＿
⑯＿＿

入試Guide

海の中や土の中の食物連鎖についても確認しておこう。海の中での生産者の多くは植物プランクトンである。土の中では，落ち葉が生産者の役割を果たすことが多い。

(3) **自然界における物質の循環**……〈**炭素の循環**〉生産者が二酸化炭素から有機物を合成している。これを各生物が⑰ の際に使い，生活するためのエネルギーを得ている。分解者は有機物を無機物に分解している。

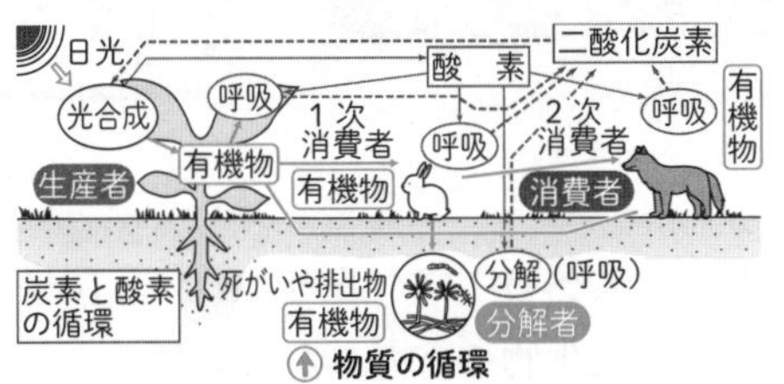

物質の循環

② 環境調査と環境保全 ★★

(1) **環境調査**……〈**大気汚染**〉マツの葉の⑱ の汚れ具合や，⑲ の原因となる⑳ 酸化物や硫黄酸化物の量から大気の汚染状況を調べる。
(→プレパラートに斜め上から光をあて，顕微鏡で観察する)

〈**水質汚染**〉生息している水生生物の種類から水の汚れを調べる。
(→指標生物という)

(2) **環境保全**……〈**地球温暖化**〉空気中の㉑ やメタンが増加して，地球の平均㉒ が少しずつ㉓ している。これを㉔ という。

〈**オゾン層の破壊**〉スプレーなどに使われていた㉕ は，上空で㉖ を破壊するため，太陽からの㉗ が強まり，生物に影響が出る。

〈**人間と自然**〉人間の活動によって，ある地域にそれまで生息していなかった種類の生物がもちこまれ，野生化したものを㉘ という。これに対して，もともとその地域に生息している生物を㉙ という。

③ 自然の災害と恩恵 ★★

(1) **天空からの恵み**……〈**太陽エネルギー**〉ソーラーパネルを用いた㉚ 発電が行われている。

〈**風**〉風のエネルギーを利用した㉛ 発電が行われている。

(2) **気象の災害と恩恵**……〈**災害**〉㉜ による暴風雨，㉝ や秋雨前線による大雨や大雪，水不足など。

(3) **火山の災害と恩恵**……〈**災害**〉噴火の際の溶岩流や火砕流，火山灰の噴出など。
(→マグマの特徴によって，噴火のようすが異なる)

〈**恩恵**〉火山のつくる美しい景観，火山の周辺にわき出る㉞ ，マグマの熱を利用した㉟ 発電など。

(4) **地震の災害と恩恵**…〈**災害**〉建物の倒壊，土砂崩れ，㊱ などの直接的被害と，電気・水道・ガスの寸断や㊲ などの2次災害など。
(→震源が海底のときに発生する)

〈**恩恵**〉隆起してできた土地は人間の生活活動に利用されている。

ズバリ暗記
- 二酸化炭素やメタンなどの温室効果ガスが空気中にふえると，地球の平均気温が上昇する。それにより，海水面が上昇する。

⑰ ____
⑱ ____
⑲ ____
⑳ ____
㉑ ____
㉒ ____
㉓ ____
㉔ ____
㉕ ____
㉖ ____
㉗ ____
㉘ ____
㉙ ____
㉚ ____
㉛ ____
㉜ ____
㉝ ____
㉞ ____
㉟ ____
㊱ ____
㊲ ____

Let's Try 差をつける記述式

個体数がつりあっている地域で，草食動物の数を減らすと，植物と肉食動物の個体数はどうなりますか。

Point 植物は草食動物に食べられ，肉食動物は草食動物を食べる。

[　　　　　　　　　　　　　　　　　　　　]

月　　日

STEP 2 実力問題

ココがねらわれる
- 食物連鎖と生物の数量関係
- 自然界における炭素の循環
- 地球環境の調査と環境破壊への対策

解答⇨別冊 p.29

1 次の問いに答えなさい。

(1) 下の図は，自然界における食べる・食べられるという関係を模式的に示したものである。図に示された生物のうち，最も数量の少ないものはどれか，書きなさい。　［　　　　］〔群馬〕

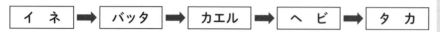

イ　ネ ➡ バッタ ➡ カエル ➡ ヘ　ビ ➡ タ　カ

(2) 生態系において，太陽の光エネルギーを利用して無機物から有機物をつくり出す植物などの生物を消費者に対して何というか，その名称(めいしょう)を書きなさい。　［　　　　］〔埼玉〕

(3) 土の中には，菌類(きんるい)や細菌類などの微生物(びせいぶつ)が生活している。これらの微生物は，自然界でのはたらきから何とよばれるか，書きなさい。　［　　　　］〔兵庫－改〕

重要 (4) 図は，つりあいのとれた状態の生態系における植物，草食動物，肉食動物の数量(生物量)の関係を模式的に表したものである。この生態系において，何らかの原因で草食動物がふえたあと，つりあいのとれた状態にもどるまでに起こるそれぞれの数量の変化について，次のA～Cを変化が起こる順に並べたものとして適切なのは，下の**ア**～**エ**のうちではどれですか。　［　　　　］〔東京〕

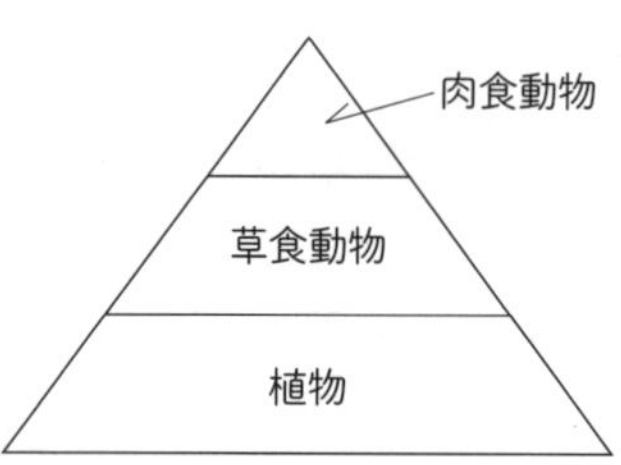

A　草食動物の数量が減る。

B　植物の数量がふえ，肉食動物の数量が減る。

C　植物の数量が減り，肉食動物の数量がふえる。

ア　A→B→C
イ　A→C→B
ウ　C→A→B
エ　C→B→A

重要 (5) 図のA～Dは，それぞれ生産者，消費者(草食動物)，消費者(肉食動物)，分解者のいずれかである。オオカナダモは，A～Dのどれにあたるか，図のA～Dから，適当なものを１つ選び，その記号を書きなさい。　［　　　　］〔愛媛〕

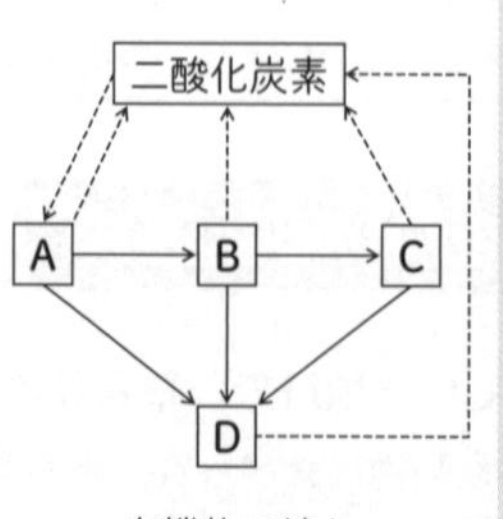

得点UP!

1 (1)食べられるものほど数量は多く，食べるものほど数量は少ない。

(2)植物は光合成を行うことにより，水と二酸化炭素から有機物をつくり出している。

Check! 自由自在①
さまざまな生活場所における生物の生産者・消費者を調べてみよう。

(4)生物の数量は，えさが減ると減り，えさがふえるとふえる。また，捕食者(ほしょくしゃ)が減るとふえ，捕食者がふえると減る。

(5)オオカナダモは生産者である。生産者は光合成を行うので，二酸化炭素をとり入れる。すべての生物は呼吸を行うので，二酸化炭素を排出(はいしゅつ)する。

2 **次の文の［①］，［③］に入る適切な語句を書きなさい。また，［②］に入る適切なものを，あとのア～エから１つ選んで，その記号を書きなさい。**〔兵庫〕

ある地域の生物と生物以外の環境を１つのまとまりとしてとらえたものを［①］という。環境が変化し，ある生物の個体数が変化すると，その生物を食べる生物やその生物に食べられる生物の個体数にも影響する。図は，ある地域での生物の数量的な関係を，ピラミッドの形で模式的に表したものである。例えば，気温が変化して草食動物が増加すると，［②］，長期的に見れば，つりあいのとれた状態にもどると考えられる。生物の間の，食べる・食べられるの関係のつながりを［③］といい，えさとなる生物が生息できる環境を再生していくことが必要である。

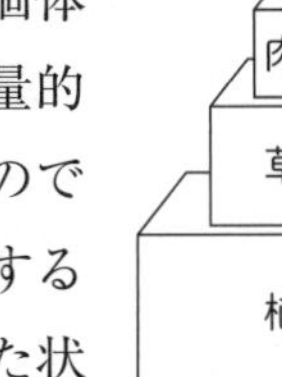

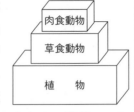

①［　　　　　　］　②［　　　　］　③［　　　　　　］

ア　一時的に，植物の減少と肉食動物の増加が起こり，その後，草食動物が減少し

イ　植物，肉食動物とも数量は変化せず，草食動物は増加し続け

ウ　一時的に，植物は減少するが，肉食動物の数量は変化せず，草食動物が増加し続け

エ　一時的に，植物の増加と肉食動物の減少が起こり，その後，草食動物が減少し

重要

3 **図は，自然界における炭素を含む物質の流れについて示したものである。次の問いに答えなさい。**〔石川〕

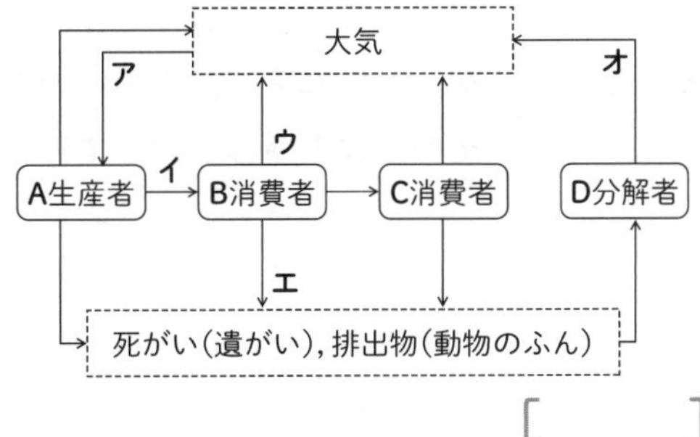

(1) 菌類・細菌類は，図のＡ～Ｄのどれにあたるか，１つ選び，その記号を書きなさい。［　　　］

(2) ア～オの矢印のうち，有機物の流れを表すものを２つ選び，その記号を書きなさい。［　　　　］

4 **次の文中の［①］，［②］にあてはまる語を書きなさい。**〔茨城〕

地球は，液体の水が存在するのにちょうどよい太陽からの距離にある。大気中の温室効果ガスや海水などのはたらきもあり，地球全体の平均気温は約15℃に保たれ，生物が生存しやすい環境となっている。また，地球の上空10～50 km の範囲にある［①］層が生物に有害な太陽からの［②］を吸収している。こうしたいろいろな要因のおかげで，地球は太陽系の中でただ１つ，水が豊富にあり，生命が存在する惑星である。

①［　　　　　　］　②［　　　　　　］

得点UP!

2 ②生物の個体数は，捕食者がふえると減り，えさがふえるとふえる。

Check! 自由自在②

植物・草食動物・肉食動物の数量がつりあっている地域で，ある生物の数量が変化した場合，他の生物の数量はどのように変化するか調べてみよう。

3 (1)土の中の小動物や菌類・細菌類は生物の死がいや排出物を無機物に分解することにより，エネルギーを得ている。
(2) 大気との矢印は，無機物である二酸化炭素の流れを表している。

4 地球をとり巻くオゾン層は，生物に有害な太陽からの紫外線を弱めている。冷蔵庫やエアコンに使われていたフロンにはオゾンを壊す性質がある。

STEP 3 発展問題

解答⇨別冊 p.29

1 **次の問いに答えなさい。**

難問 (1) 川の水の汚(よご)れの程度は，そこにいる水生生物の種類でおおよそ知ることができる。きれいな水，少し汚(きたな)い水，汚い水，たいへん汚い水の４段階に分けた場合，きれいな水にいる生物(幼虫を含(ふく)む)を２つ選びなさい。〔お茶の水女子大附属〕[　　][　　]

ア アメリカザリガニ　**イ** セスジユスリカ　**ウ** ミズカマキリ　**エ** ヘビトンボ
オ タニシ　**カ** サカマキガイ　**キ** サワガニ

(2) 食べる・食べられるの関係の中で，生き物は「生産者」，「消費者」，「分解者」に分けられる。右の図の生き物の中で「消費者」にあたるものをすべて選び，記号で答えなさい。〔大阪教育大附高(平野)－改〕

[　　　　]

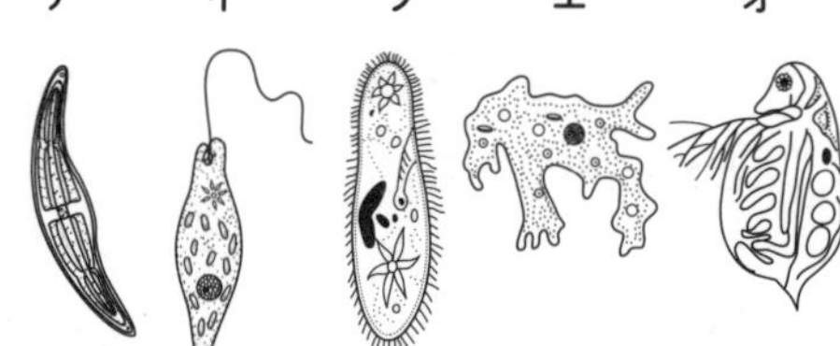

(3) 次の文の［①］，［②］に適語を入れなさい。〔東海高－改〕

食物連鎖(れんさ)の中で〔大腸菌(だいちょうきん)・キノコ・カビ・オサムシ・乳酸菌(にゅうさんきん)〕は［①］者の役割を果たしていて，動物の死がいやふん，枯れ葉などの［②］を二酸化炭素などの無機物にかえている。

①[　　　　]　②[　　　　]

2 **右の図は，ある地域における野生生物の数量的な関係を，食物連鎖の段階別に模式的に示したものである。Cは生産者，BはCを食べる一次消費者，AはBを食べる二次消費者であり，生物の量はCからAになるほど少なくなる。これまで，この地域では，野生生物の種類に変化はなく，その生物の量は安定しており，ほぼ一定に保たれていた。次の［　］は，あるとき，Bの生物の量が大きく変化してから，再び全体の生物の量につりあいがとれ，安定するまでの過程をa～eの順に示したものである。文中の［①］，［②］，［③］にあてはまるものの組み合わせとして最も適するものをあとのア～エの中から１つ選び，その記号を書きなさい。ただし，この地域では，他の地域との間で野生生物の移動はまったくないものとする。**

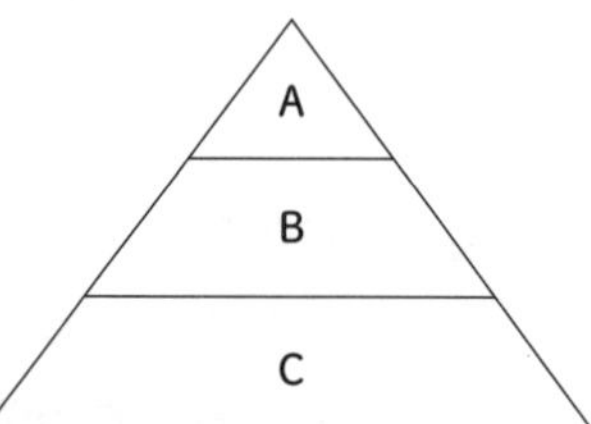

[　　　]〔神奈川〕

a　Bの生物の量が［①］した。
b　Cの生物の量が増加し，Aの生物の量が［②］した。
c　Bの生物の量が［③］した。
d　Cの生物の量が減少し，Aの生物の量が増加した。
e　a～dの過程を経て，再び全体の生物の量のつりあいがとれるようになった。

ア ①：減少　②：減少　③：増加
イ ①：減少　②：増加　③：減少
ウ ①：増加　②：減少　③：増加
エ ①：増加　②：増加　③：減少

3 花だんの土の中の菌類(きんるい)や細菌類のはたらきについて調べるため，次の実験を行った。〔愛知〕

実験 1 花だんの土と，焼いた花だんの土を用意し，いずれも土の温度が室温になるまで放置した。

2 デンプン溶液を寒天で固め，図のように，ペトリ皿**A**の寒天には花だんの土を，ペトリ皿**B**の寒天には焼いた花だんの土を，それぞれ少量ずつ中央にのせた。

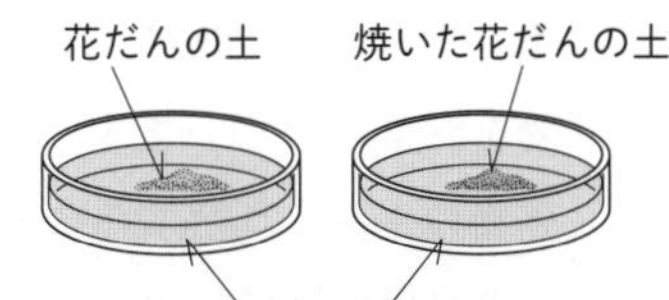

3 ペトリ皿**A**，**B**にふたをして3日間放置したあと，ペトリ皿**A**，**B**の土をとり除き，それぞれの寒天に，ある溶液を加えて色の変化を観察した。

実験の**3**で，ペトリ皿**A**では，土がのせてあった部分の寒天は色が変化しなかったが，土をのせてなかった部分の寒天は青紫色に変化していた。また，ペトリ皿**B**では，全体が青紫色に変化していた。

次の文章は，**実験**の**3**で用いた溶液と，土の中の菌類や細菌類のはたらきについて説明したものである。文章中の［①］，［②］のそれぞれにあてはまる語句の組み合わせとして最も適当なものを，あとの**ア**〜**エ**の中から選んで，その記号を書きなさい。［　　　］

> **実験**の**3**で，寒天に加えた溶液は［①］である。また，ペトリ皿**B**では，全体が青紫色に変化したのに対し，ペトリ皿**A**の土をのせてあった部分の寒天の色が変化しなかったのは，土の中の菌類や細菌類がデンプンを［②］ためである。

ア ① ヨウ素液　② 分解した　**イ** ① ヨウ素液　② 分解しなかった
ウ ① ベネジクト液　② 分解した　**エ** ① ベネジクト液　② 分解しなかった

4 Yさんは，身近な環境(かんきょう)問題として，自動車の排出(はいしゅつ)ガスによる空気の汚(よご)れに興味をもち，次の観察を行った。あとの問いに答えなさい。〔山口〕

独創的

観察 ① 自動車の交通量が多い道路沿いに生えているマツの木の地面から高さ1.5 mにある葉を採集してきた。

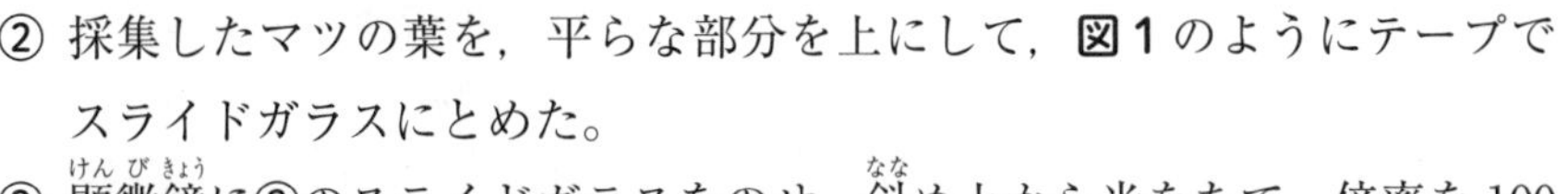

② 採集したマツの葉を，平らな部分を上にして，**図1**のようにテープでスライドガラスにとめた。

図1

マツの葉　光　観察か所　テープ

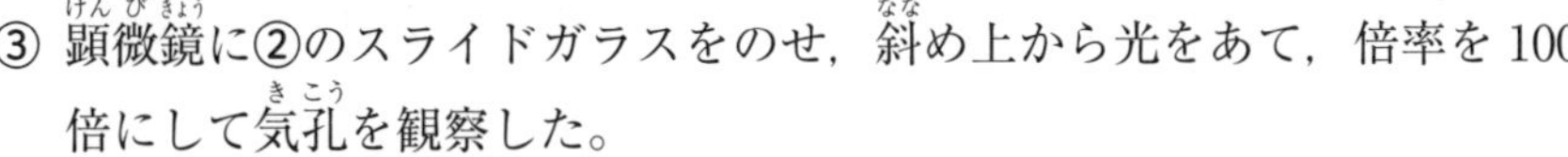

③ 顕微鏡(けんびきょう)に②のスライドガラスをのせ，斜(なな)め上から光をあて，倍率を100倍にして気孔(きこう)を観察した。

④ <u>顕微鏡の視野の中で観察した，気孔の総数に対する，汚れでつまった気孔の数の割合を，気孔の汚れの度合いとし</u>，この値を空気の汚れのめやすとした。

(1) **図2**は，観察の③において，マツの葉の気孔を顕微鏡で観察したときの汚れのようすを，模式的に表したものである。観察の下線部の方法で計算すると，**図2**の気孔の汚れの度合いは何%か，求めなさい。［　　　］

図2

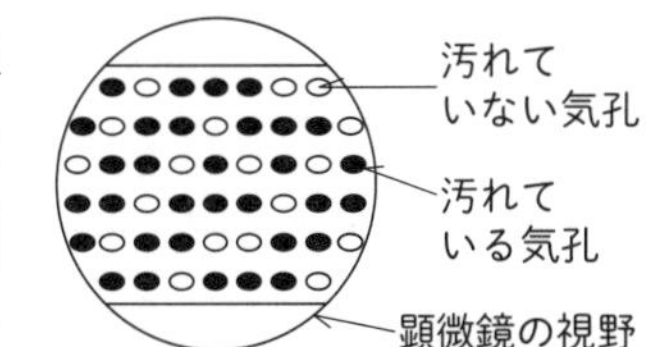

(2) 自動車の排出ガスが，空気の汚れに影響(えいきょう)を与えているかどうかを確かめるためには，Yさんが観察で使用したマツの葉のほかに，「複数の場所」から採集したマツの葉の気孔を観察し，結果を比較(ひかく)する必要がある。「複数の場所」を決めるときの条件は何か，書きなさい。［　　　］

5 次の文は，自然環境の問題についての先生と生徒の会話である。あとの問いに答えなさい。

〔福井〕

先生：自然界で生物は，それ以外の生物やまわりの環境から影響を受け，同時にまわりの環境に影響をおよぼしています。その生物とそれをとり巻く環境のひとまとまりを［ ① ］としてとらえ，生物の生活を理解することはたいへん重要な視点です。この［ ① ］を構成する生物を役割によって3つの集団に分類することができますね。

生徒：はい。無機物から有機物をつくる集団とつくらない集団があり，a 有機物をつくらない集団はさらに2つの集団に分けられます。

先生：そのとおりです。そして，自然界では，さまざまな生物がつりあいを保っています。ただ，このつりあいは永遠に保たれているわけではありません。例えば，遠足で訪れたとなり町の湿原も，川の水が流れこまなくなると［ ② ］の順で変化していくことになるでしょう。

生徒：なるほど。ところで，人間も自然界のつりあいの中で生活しているのでしょうか。

先生：もちろんです。ただし，人口の増加や産業の発展にともない，自然界のつりあいに大きな影響をおよぼしています。図を見てください。これは，大気中の二酸化炭素濃度の月平均値の変化を示したグラフです。b このグラフからどのようなことがわかりますか。

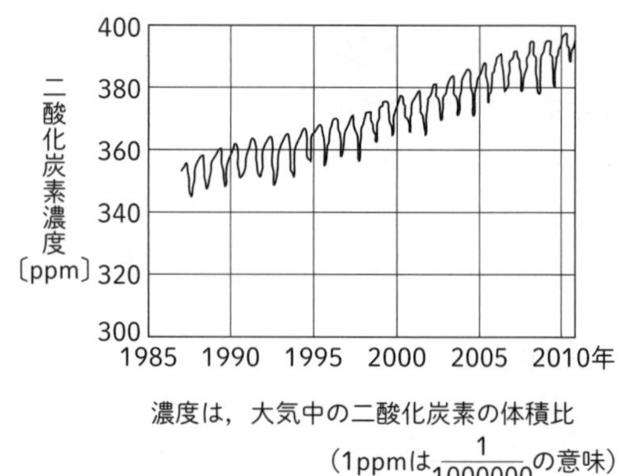

濃度は，大気中の二酸化炭素の体積比
（1ppmは$\frac{1}{1000000}$の意味）

(1) 文中の［ ① ］に入る最も適当な語句を漢字3文字で書きなさい。 ［　　　　］

(2) 下線部aの2つの集団の中で，生物の死がいや排出物を養分としてとり入れて無機物に分解し，エネルギーをとり出す生物の集団を何といいますか。また，この集団の中で，フレミングがある生物の分泌物から医薬品であるペニシリンを発見した。その生物の名称を書きなさい。

生物の集団［　　　　］ 生物の名称［　　　　］

思考力 (3) 文中の［ ② ］には，変化の過程を示した次の**ア**～**ウ**が入る。変化の順を記号で書きなさい。 ［　　　　］

ア 樹木が進出し，林になる。 **イ** かれた植物や土砂などが堆積する。

ウ 陸地化が進み，草原になる。

独創的 (4) 下線部bについて，グラフからわかることは何か，最も適当なものを次の**ア**～**エ**から選んで，その記号を書きなさい。 ［　　　　］

ア グラフが波のように変化しているのは，昼と夜で二酸化炭素濃度がちがうからである。

イ 1990年と2010年を比較すると，二酸化炭素濃度は約2倍である。

ウ 2010年では，大気全体の約40%が二酸化炭素である。

エ 1990年からの20年間で，二酸化炭素濃度が約1割増加している。

(5) 二酸化炭素やメタンなどのように，地球表面から放射される熱を吸収し，一部を地球表面に向かって放射する気体を何というか，その名称を書きなさい。 ［　　　　］

6 **次の文章を読んで，あとの問いに答えなさい。** 〔栃木一改〕

生物は，水や土などの環境やほかの生物とのかかわり合いの中で生活している。**図1**は，自然界における生物どうしのつながりを模式的に表したものであり，矢印は有機物の流れを示し，**A**，**B**，**C**，**D**には，生産者，分解者，消費者(草食動物)，消費者(肉食動物)のいずれかがあてはまる。また，**図2**は，ある草地で観察された生物どうしの食べる・食べられるの関係を表したものであり，矢印の向きは，食べられる生物から食べる生物に向いている。

図1

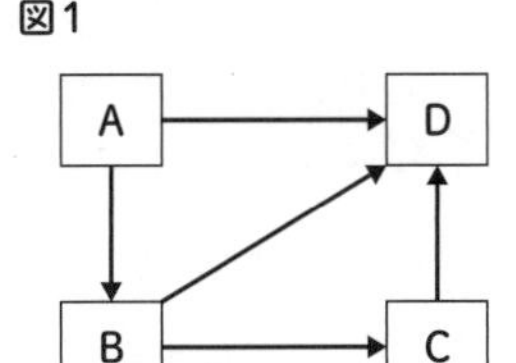

図2

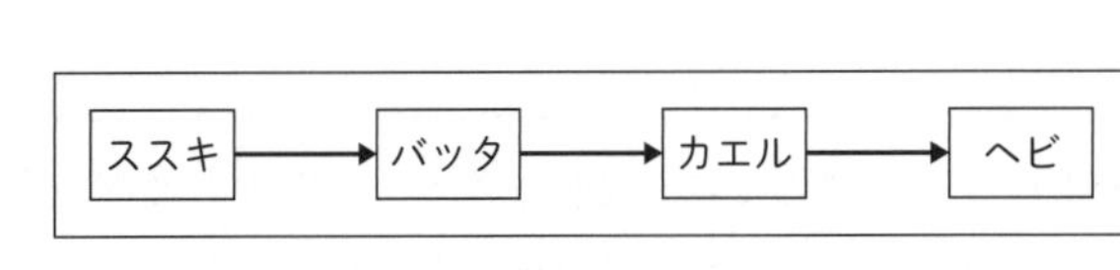

(1) 下線部について，次の問いに答えなさい。
①ある地域に生活するすべての生物と，それらの生物をとり巻く水や土などの環境とを，1つのまとまりとしてとらえたものを何というか。 [　　　　]
②さまざまな生物の食べる・食べられるの関係を何というか。 [　　　　]

(2) **図1**において，**D**にあてはまるものは次のうちどれか。 [　　　　]
ア 生産者　**イ** 分解者　**ウ** 消費者(草食動物)　**エ** 消費者(肉食動物)

(3) **図1**において，**A**にあてはまる生物として適切なものを，**図2**の中から選んで1つ答えよ。
[　　　　]

(4) ある草地では，生息する生物が**図2**の生物のみで，生物の数量のつり合いが保たれていた。この草地に，外来種がもち込まれた結果，各生物の数量は変化し，ススキ，カエル，ヘビでは最初に減少が，バッタでは最初に増加がみられた。次の問いに答えなさい。
①外来種に対して，その地域に従来から存在していた生物のことを何というか。
[　　　　]
②この外来種がススキ，バッタ，カエル，ヘビのいずれかを食べたことがこれらの変化の原因であるとすると，外来種が食べた生物はどれか。ただし，この草地には外来種を食べる生物は存在せず，生物の出入りはないものとする。 [　　　　]
③外来種がもち込まれて②の生物を食べた後，速やかに外来種が駆除された場合，各生物の数量はどのように変化してもとに戻るか，簡単に書きなさい。
[　　　　　　　　　　　　　　　　]
④③の場合とは異なり，外来種を適切に駆除できなかった場合，①の生物にもたらされる影響について正しく説明したものを，次の**ア**～**エ**からすべて選び，記号で答えなさい。
[　　　　]
ア ススキ，カエル，ヘビは減少し続け，バッタは増加し続ける。
イ 外来種はバッタの増加が原因で減少していき，いずれは絶滅する。
ウ ススキ，カエル，ヘビ，バッタがすべて草地からいなくなることがある。
エ 外来種を含めた，新たな食べる・食べられるの関係ができていく。

〔　　月　　日〕

理解度診断テスト②

本書の出題範囲 pp.112〜127　時間 35分　得点 /50点　理解度診断 A B C

解答⇨別冊 p.30

1 エンドウのからだのつくりと遺伝について，次の問いに答えなさい。〔山形〕

(1) 図1は，エンドウの花の断面を模式的に表したものである。Aの部分は何とよばれるか，漢字2字で書きなさい。（5点）〔　　　〕

図1

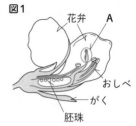

重要 (2) 次は，エンドウの生殖について述べたものである。あとの問いに答えなさい。

> エンドウのような被子植物では，受粉すると，花粉から伸びた花粉管が胚珠に向かって伸び，a 精細胞の核と卵細胞の核が合体して受精卵ができる。受精卵は細胞分裂をくり返して胚となり，胚珠全体が種子になる。

図2

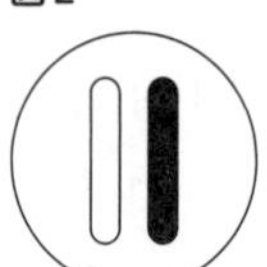

図2は，エンドウのからだの細胞の核がもつ染色体の一部を模式的に表したものである。図2をもとに，下線部aがもつ染色体を模式的に表したものを，右のア〜カからすべて選び，記号で答えなさい。（5点）〔　　　〕

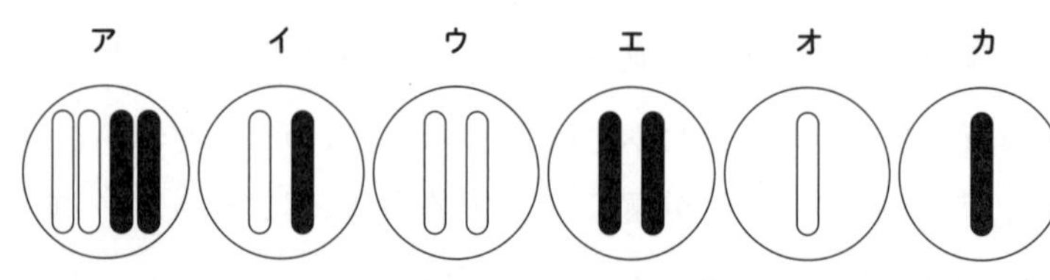

重要 (3) 次は，メンデルが行った遺伝の実験について述べたものである。あとの問いに答えなさい。

> エンドウの種子の形には，丸い種子としわのある種子がある。メンデルは，図3のように，b 丸い種子をつくる純系のエンドウのめしべに，しわのある種子をつくる純系のエンドウの花粉をつけた。できた種子(子)は，すべて丸い種子であった。次に，その c 丸い種子(子)をまいて自然の状態で育てると，種子(孫)には，丸い種子が5474個と，しわのある種子が1850個でき，その数の比はおよそ3：1になった。

図3

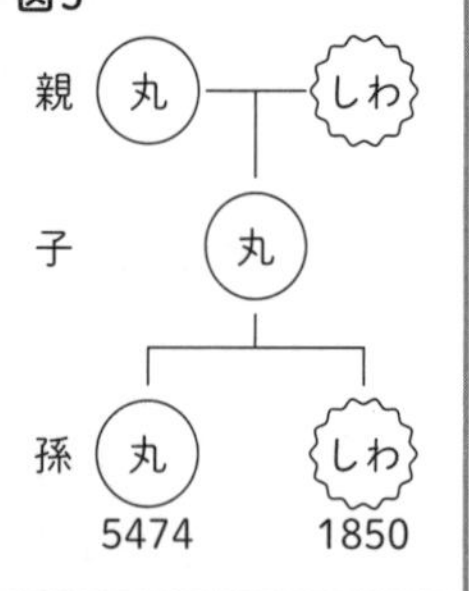

①エンドウの種子の形を丸くする遺伝子をR，しわにする遺伝子をrとすると，下線部bの遺伝子の組み合わせと下線部cの遺伝子の組み合わせは，それぞれどのように表されるか，書きなさい。（5点×2）　b〔　　　〕　c〔　　　〕

②下線部cの丸い種子をまいて育てたエンドウのめしべに，しわのある種子をまいて育てたエンドウの花粉をつけると，生じる丸い種子としわのある種子の数の比はどうなるか，最も簡単な整数の比で書きなさい。（5点）〔　　　〕

独創的 (4) メンデルの実験のあと，遺伝子の研究が進み，染色体に含まれるDNAが遺伝子の本体であることが明らかになった。いくつかの課題があるものの，科学技術の進歩により，現在では，遺伝子を操作する技術は広く利用され始めている。遺伝子を操作する技術はどのように利用されているか，事例を1つ書きなさい。（5点）

〔　　　　　　　　　　〕

2 **次の文を読み，あとの問いに答えなさい。ただし，問いの中に出てくる「糖」は，デンプンが分解されてできる糖，すなわち，ブドウ糖が２分子あるいは３分子程度結びついてできる糖を表すこととする。** 〔東京学芸大附高一改〕

校庭のよく茂った林の下の土と落葉をコップに一杯とり，これを木綿の袋に入れて実験室にもち帰った。300 cm^3 の水を入れたビーカーの中にこの袋を浸し，中身をよく水と混ぜてから袋をしぼり，水をこしとった。しばらく置いた後，その上ずみ液をビーカーPに 40 cm^3 入れた。また，別のビーカーQには水を 40 cm^3 入れた。PとQのビーカーに１％デンプンのりを 40 cm^3 ずつ入れ，ゴミが入らないようにアルミホイルでおおい，実験室内で室温(28℃)に２日間おいた後に，ビーカー内の液体の性質を調べた。

４本の試験管A～Dを用意し，AとCにはビーカーPの液を，BとDにはビーカーQの液を同量ずつ入れ，それぞれに右の表に示す処理を行った。

試験管の記号	A	B	C	D
加えた液	ヨウ素液		ベネジクト液	
行った操作	軽く振ってしばらく置く		ガスバーナーで十分に加熱する	
反応の結果	ごく薄い青紫色となった	濃い青紫色となった	赤褐色の沈殿が生じた	変化なし

(1) 次の文のうち，AとBの試験管の反応を比べてわかることはどれですか。(5点) [ ]

ア AとBの試験管の中には，糖が生じている。
イ Aにはデンプンが多く，Bにはデンプンが少ないことがわかる。
ウ Aにはデンプンが少なく，Bにはデンプンが多いことがわかる。
エ Aには酸素が少なく，Bには酸素が多いことがわかる。
オ Aには二酸化炭素が少なく，Bには二酸化炭素が多いことがわかる。

(2) 次の文のうち，CとDの試験管の反応を比べてわかることはどれですか。(5点) [ ]

ア Cにはデンプンがあるが，Dにはデンプンがないことがわかる。
イ Cには糖があるが，Dには糖がないことがわかる。
ウ Cには糖がないが，Dには糖があることがわかる。
エ Cにはタンパク質があるが，Dにはタンパク質がないことがわかる。
オ Cには酸素があるが，Dには酸素がないことがわかる。

(3) 次の文のうち，この実験から導き出せる結論として最も適当なものはどれですか。(5点)

ア デンプンは，水に溶けると自然に分解して糖に変化する。 [ ]
イ 土や落葉を混ぜてろ過した水は，デンプンと糖の両方を増加させる。
ウ 土や落葉を混ぜてろ過した水は，デンプンを増加させる。
エ 土や落葉を混ぜてろ過した水は，糖をデンプンに変化させる。
オ 土や落葉を混ぜてろ過した水は，デンプンを糖に変化させる。

(4) この実験でBとDの試験管を用意した理由として，正しいものはどれですか。(5点)

ア 水の中で，糖が自然にデンプンに変わるかどうかを調べるため。 [ ]
イ 土や落葉の中で，糖からデンプンができるかどうかを調べるため。
ウ デンプンが酸素のはたらきで，二酸化炭素となるかどうかを調べるため。
エ 水の中で，デンプンが自然に糖に変わるかどうかを調べるため。
オ 土や落葉の中には，デンプンがもともとあるかどうかを調べるため。

解答⇨別冊 p.31

精選 図解チェック&資料集 生命

●次の空欄にあてはまる語句を答えなさい。

生物の分類

セキツイ動物					無セキツイ動物				
ホ乳類	鳥類	ハ虫類	両生類	魚類	①[　]動物 昆虫類	①[　]動物 甲殻類	①[　]動物 その他	軟体動物	その他
ネコ	ハト	ワニ	カエル	イワシ	バッタ	エビ	クモ	イカ	クラゲ
②[　]	卵生								
恒温		変温							

生物のからだのつくりとはたらき

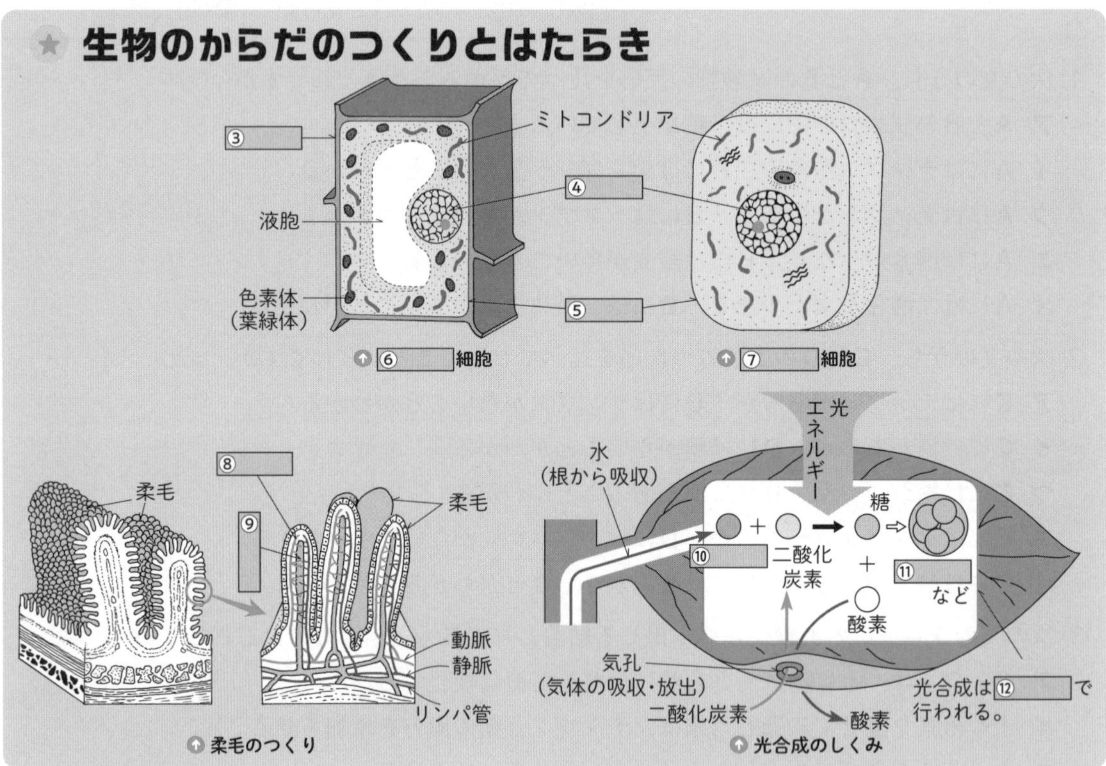

細胞分裂

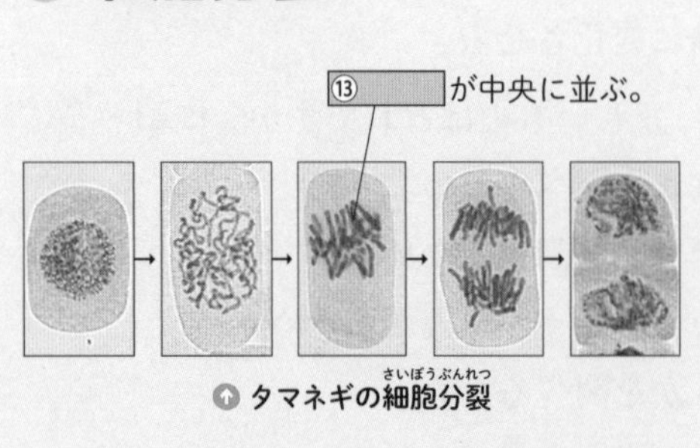

タマネギの細胞分裂

生物のつりあい

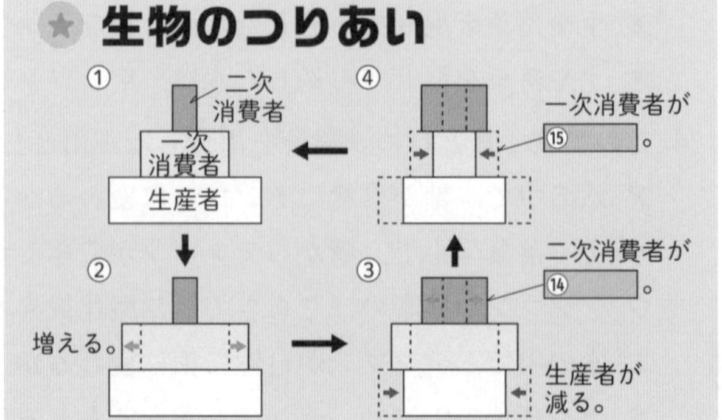

第4章 地　球

第4章 地球

月　日

1 大地の変化

STEP 1 まとめノート

解答⇨別冊 p.31

① 火山と火成岩 ★★

(1) **火山の活動**……**〈火山の噴火〉**地球内部で岩石がどろどろにとけた高温の物質を①　　という。地下のマグマが上昇し，高圧のガスとともに地表に噴き出す現象が噴火である。

〈火山噴出物〉噴火によって火口から噴き出した物質を②　　という。火山噴出物に含まれる気体が③　　で，その主成分は水蒸気である。マグマが吹き飛ばされて空中で固まった直径 2 mm 以下の粒を④　　という。直径 2 mm 以上のものには，火山れきや火山弾などがある。また，マグマが地表に流れ出たものを溶岩という。

楯状火山

成層火山

ドーム状火山

↑ 火山の形

〈火山の形と噴火〉マグマの粘り気が⑤　　と，傾斜のゆるい楯状火山になり，⑥　　噴火する。マグマの粘り気が⑦　　と，盛り上がった形のドーム状火山になり，⑧　　噴火する。マグマの粘り気が中程度だと成層火山になる。

（楯状火山 └→ハワイのマウナロア火山など／ドーム状火山 └→雲仙普賢岳，昭和新山など／成層火山 └→桜島，富士山など）

(2) **火成岩の特徴**……**〈火成岩〉**マグマが冷えて固まってできた岩石を火成岩という。このうち，マグマが地表や地表付近で急に冷えて固まってできた流紋岩，安山岩，玄武岩などの火成岩を⑨　　，マグマが地下深くでゆっくり冷えて固まってできた花こう岩，閃緑岩，斑れい岩などの火成岩を⑩　　という。

〈火成岩の組織〉右の図のAは火山岩に特徴的なつくりで，⑪　　といい，xの部分を⑫　　，yの部分を⑬　　という。Bは深成岩に特徴的なつくりで，⑭　　という。

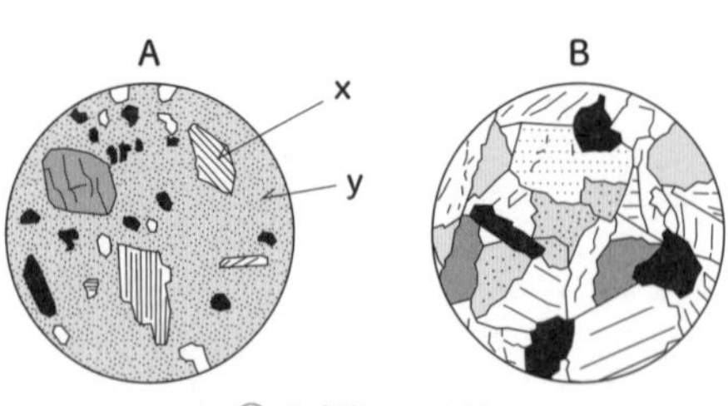

↑ 火成岩のつくり

〈鉱物〉マグマに含まれる物質が結晶になった粒を鉱物という。粘り気の強いマグマが冷え固まった火成岩には⑮　　っぽい鉱物(無色鉱物)が多く含まれ，粘り気の弱いマグマが冷え固まった火成岩には⑯　　っぽい鉱物(有色鉱物)が多く含まれている。

ズバリ暗記
- マグマの粘り気が強いほど，噴火が激しくなる。
- 斑状組織は火山岩，等粒状組織は深成岩のつくりである。

①
②
③
④
⑤
⑥
⑦
⑧
⑨
⑩
⑪
⑫
⑬
⑭
⑮
⑯

入試Guide
マグマの粘性と火山の形，できる火成岩の色などは関連づけて覚えておこう。また，代表的な火成岩もあわせて覚えておくとよい。

② 地　震 ★★★

(1) **地震(じしん)の発生と伝わり方**……〈**震源と震央**〉地震が発生した地下の点を ⑰ といい，震源の真上の地表での地点を ⑱ という。

〈**地震波と地震のゆれ**〉震源で発生する地震波のうち，はやく伝わるものを ⑲ ，おそく伝わるものを ⑳ という。下の図のように，P 波の到着によって最初に起こる A のゆれを ㉑ ，S 波の到着によってあとから起こる B のゆれを ㉒ という。P 波が伝わってから S 波が伝わるまでの時間が ㉓ で，震源までの距離(きょり)が大きくなるほど長くなる。

初期微動はカタカタと小さくゆれる

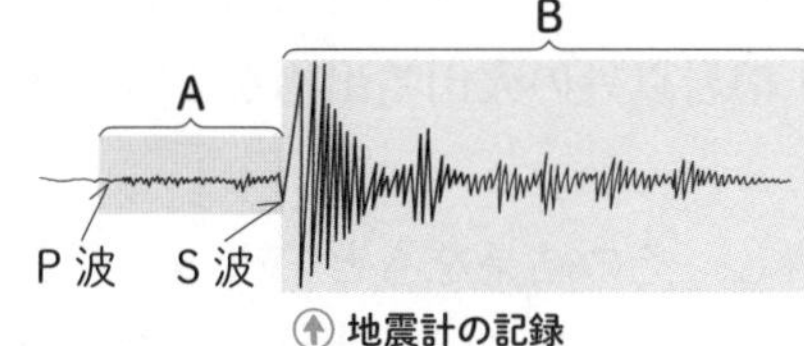

地震計の記録

(2) **地震の大きさ**……〈**ゆれの大きさ**〉観測地点におけるゆれの程度を，0 ～7 の ㉔ 段階で表したものを ㉕ という。

〈**地震の規模**〉地震によって出されるエネルギーの大きさ（地震の規模）は ㉖ （記号 M）で表される。

マグニチュードが 1 大きくなると，エネルギーは約 32 倍になる

(3) **地震の起こる場所**……〈**プレートの動き**〉日本付近の太平洋側では，㉗ が ㉘ の下に沈(しず)みこんでいる。2 つのプレートの境界付近で地震が発生しやすい。

③ 地　層 ★★

(1) **地層と堆積岩(たいせきがん)**……〈**地層のでき方**〉風化された岩石が流水によって ㉙ され，運搬されて海底などに堆積し，地層をつくる。

岩石が水や大気によって破壊されたり変質したりすることを風化という

〈**堆積岩**〉直径 2 mm 以上の粒(つぶ)でできた堆積岩を ㉚ ，直径 2 ～ 0.06 mm の粒でできた堆積岩を ㉛ ，直径 0.06 mm 以下の粒でできた堆積岩を ㉜ という。火山噴出物でできた堆積岩を ㉝ という。

(2) **地層からわかること**……〈**化石**〉地層が堆積した当時の環境(かんきょう)を知ることができる化石を ㉞ ，地層が堆積した年代を知ることができる化石を ㉟ という。

ズバリ暗記
- 震度は地震によるゆれの程度，マグニチュードは地震の規模を表す。
- 示相化石は堆積した環境を，示準化石は堆積した年代を示す。

⑰ ____
⑱ ____
⑲ ____
⑳ ____
㉑ ____
㉒ ____
㉓ ____
㉔ ____
㉕ ____
㉖ ____
㉗ ____
㉘ ____
㉙ ____
㉚ ____
㉛ ____
㉜ ____
㉝ ____
㉞ ____
㉟ ____

Let's Try 差をつける記述式

① 日本付近で起こる地震の震源が，太平洋側から日本海側に向かって深くなるのはなぜですか。

Point 地震の原因となるプレートの動きを考える。

[　　　　]

② 示準化石にふさわしいのは，どのような地域や期間に生息した生物ですか。

Point 遠く離(はな)れた地域間での地層の年代を比較(ひかく)するために必要な条件を考える。

[　　　　]

月　日

STEP 2 実力問題

ココがねらわれる
- 火成岩のつくりとでき方，マグマの性質
- プレートの動きと震源の深さの関係
- 示準化石と示相化石の特徴

解答⇨別冊 p.32

1 火山について，次の問いに答えなさい。

(1) 火山の地下にある，岩石が液状にとけた高温の物質を何というか，答えなさい。
[　　　　　　] 〔鹿児島〕

(2) 火山の噴火によって火口から噴き出される火山ガスや溶岩などを火山噴出物という。火山ガス・溶岩以外の火山噴出物を１つ書きなさい。
[　　　　　　] 〔鹿児島〕

重要 (3) いろいろな火山を観察し，その結果をもとに火山の形を３つに分類した。図のA～Cは，分類した火山の形を模式的に表したものである。下の文は，A，B，Cの形の火山について，マグマと噴火のようすを比較し，説明したものである。文中の ① ， ② のそれぞれにあてはまる語の組み合わせとして最も適当なものを，あとのア～エの中から選んで，その記号を書きなさい。
[　　　] 〔愛知〕

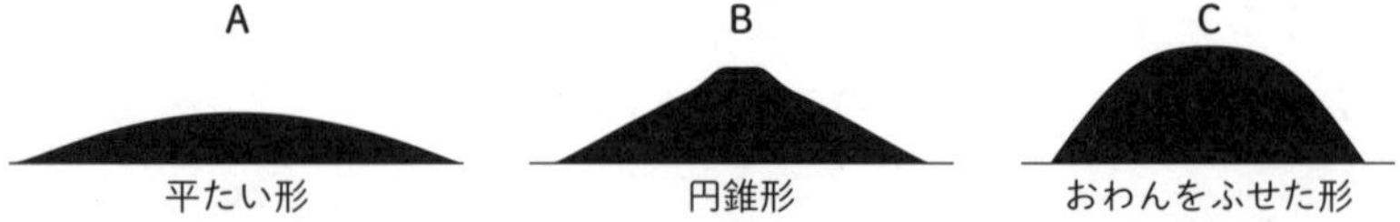

A，B，Cを比較すると，マグマの粘り気が最も強いのは ① であり， ② 噴火が起こりやすい。

ア ① A　② 激しい
イ ① A　② おだやかな
ウ ① C　② 激しい
エ ① C　② おだやかな

重要 **2 川原で採集した岩石を調べたところ，次のような観察結果が得られた。図は，この岩石をルーペで観察したスケッチである。この岩石の組織とでき方について，正しいものはどれか，あとのア～エの中から１つ選んで，その記号を書きなさい。**

観察結果 同じくらいの大きさの鉱物がきっちりと組み合わさっていて，石基の部分が見られなかった。
[　　　] 〔茨城〕

	組織	でき方
ア	等粒状組織	地下の深い所でゆっくりと冷えて固まった。
イ	等粒状組織	地表や地表の近くではやく冷えて固まった。
ウ	斑状組織	地下の深い所でゆっくりと冷えて固まった。
エ	斑状組織	地表や地表の近くではやく冷えて固まった。

得点UP!

1 (2)火山噴出物には，マグマが空気中で冷えて固まった物質が含まれる。

(3)粘り気の強いマグマは流れにくいため，盛り上がった形の火山になり，噴火すると大量の火山灰などを噴き出す。

Check! 自由自在①
日本にはどのような火山があるか調べてみよう。

2 マグマがゆっくり冷えると，大きく成長した結晶だけが組み合わさったつくりになる。このようなつくりは，深成岩に見られる。

Check! 自由自在②
いろいろな火成岩の特徴について調べてみよう。

3 **次の問いに答えなさい。** 〔青森〕

(1) ある地震(じしん)により，ある地点にとどくＰ波とＳ波の伝わる速度とＰ波とＳ波によるゆれの大きさについて述べた文として最も適切なものを，次の**ア**～**エ**の中から１つ選び，その記号を書きなさい。

［　　　］

ア Ｐ波よりもＳ波のほうが伝わる速度がはやく，Ｐ波よりもＳ波によるゆれのほうが大きい。

イ Ｐ波よりもＳ波のほうが伝わる速度がはやく，Ｐ波よりもＳ波によるゆれのほうが小さい。

ウ Ｐ波よりもＳ波のほうが伝わる速度が遅(おそ)く，Ｐ波よりもＳ波によるゆれのほうが大きい。

エ Ｐ波よりもＳ波のほうが伝わる速度が遅く，Ｐ波よりもＳ波によるゆれのほうが小さい。

(2) 東日本の海溝(かいこう)付近におけるプレートの動きや震源の分布について述べた文として適切でないものを，次の**ア**～**エ**の中から１つ選び，その記号を書きなさい。

［　　　］

ア 海洋プレートは海溝に向かって動いている。

イ 海溝付近では海洋プレートが大陸プレートの下に沈(しず)みこんでいる。

ウ 震源は海溝に沿うように帯状に分布している。

エ 震源の深さは海溝付近では深く，西に向かうほど浅くなっている。

4 **図は，川の流れに運ばれて海に流れこんだ泥(どろ)・砂・れきが，海底に堆積(たいせき)するようすを示した模式図である。ア～ウには，それぞれ泥・砂・れきのいずれかが多く堆積する。泥が最も多く堆積するのはどこか，最も適当なものを１つ選び，その記号を書きなさい。** 〔千葉〕

［　　　］

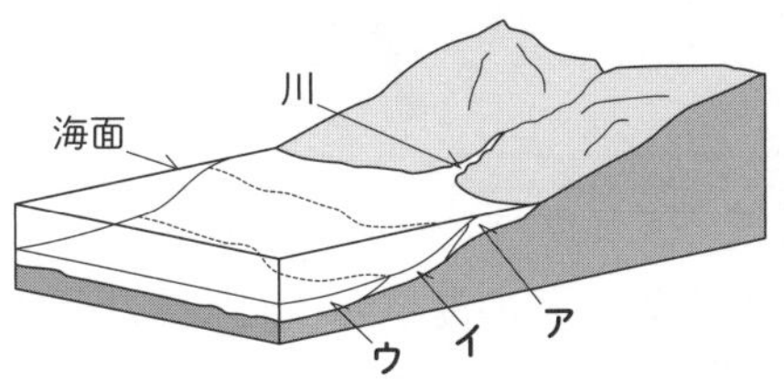

重要

5 **次のア～エのうち，示準化石の説明とその例の組み合わせとして，最も適当なものはどれか，１つ選び，その記号を書きなさい。** 〔岩手〕

［　　　］

	説明	例
ア	地層が堆積した年代を決めるのに役立つ。	サンゴ
イ	地層が堆積した年代を決めるのに役立つ。	フズリナ
ウ	地層が堆積した当時の環境(かんきょう)を知ることができる。	サンゴ
エ	地層が堆積した当時の環境を知ることができる。	フズリナ

得点UP!

3 (1) Ｐ波はゆれの方向が波の進行方向と平行な縦波(たてなみ)であるため，初期微動(しょきびどう)はカタカタと小さなゆれになる。Ｓ波はゆれの方向が波の進行方向と垂直な横波であるため，主要動はユサユサと大きなゆれになる。

Check! 自由自在③

日本付近のプレートにはどのようなものがあるか調べてみよう。

4 流水によって運(うん)搬(ぱん)された土砂などのうち，粒が大きいものははやく沈(しず)むため海岸付近に堆積し，粒の小さいものほど遠くまで運ばれて沖に堆積する。

5 サンゴは，その化石を含(ふく)む地層があたたかく浅い海底に堆積したことを示す。フズリナは，その化石を含む地層が古生代に堆積したことを示す。

STEP 3 発展問題

解答⇨別冊 p.32

1 図は，三原山と雲仙普賢岳の火山灰を，それぞれ観察したときのスケッチである。これについて，次の問いに答えなさい。 〔静岡〕

(1) 図に見られるチョウ石，カンラン石，カクセン石などは，マグマが冷えて固まるときにできた結晶の粒である。このような結晶の粒は，一般に何とよばれるか。その名称を書きなさい。

［　　　　］

三原山の火山灰

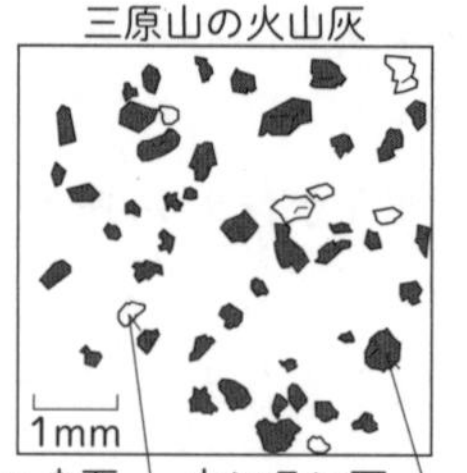

雲仙普賢岳の火山灰

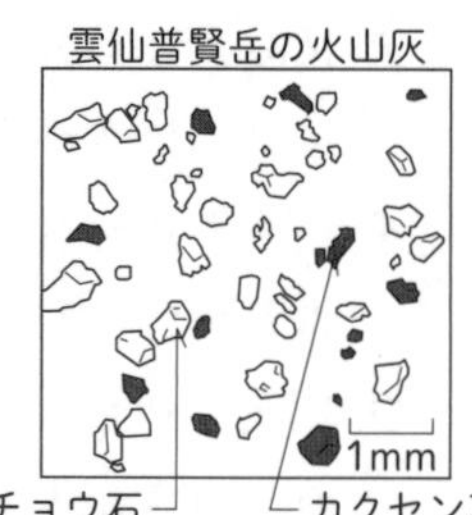

(2) 図の三原山と雲仙普賢岳の火山灰のようすを比べると，三原山の火山灰に見られるある特徴から，三原山は，雲仙普賢岳に比べ傾斜がゆるやかな形の火山であると推測できる。この推測の根拠となる，図の三原山の火山灰に見られる特徴と，そのような特徴をもつ火山灰のもととなるマグマに多く見られる性質を，それぞれ簡単に書きなさい。

火山灰の特徴［　　　　］　マグマの性質［　　　　］

2 火成岩のでき方を調べるために，次の観察と実験を順に行った。これについて，あとの問いに答えなさい。 〔栃木〕

観察 花こう岩と安山岩をそれぞれルーペで観察して，次のように結果をまとめた。

花こう岩	安山岩
全体的に白っぽい岩石である。大きな結晶が，すき間なく組み合わさっている。	花こう岩よりも黒っぽい岩石である。形がわからないほど小さい粒の中に，やや大きめの結晶が散らばっている。

実験 Ⅰ 約80℃の濃いミョウバンの水溶液をつくり，2つのペトリ皿A，Bに注いだ。

Ⅱ ペトリ皿A，Bを約80℃の湯が入った水槽につけて，しばらく放置した。結晶が十数個できたところで，ペトリ皿Aはそのままにし，ペトリ皿Bのみを氷水が入った水槽に移した。

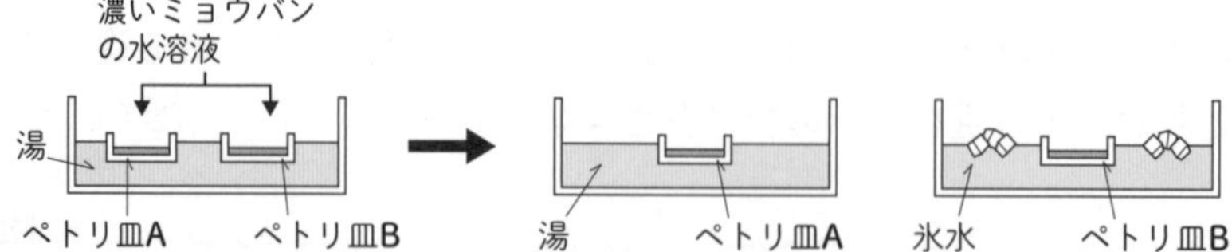

(1) 花こう岩が白っぽく見える理由として最も適切なものはどれか。 ［　　］

ア 鉱物の粒が大きいため。　**イ** 鉱物の粒が小さいため。

ウ 無色鉱物が多いため。　**エ** 無色鉱物が少ないため。

(2) 安山岩のような岩石のつくりを何というか。

［　　　　］

(3) 下の文章は，観察と実験の結果より，安山岩に見られる大きめの結晶（けっしょう）と小さい粒（つぶ）が，それぞれどのようにしてできたか考察したものである。[①]にあてはまるのはA，Bのどちらか，記号で書きなさい。また，[②]，[③]にあてはまる語句をそれぞれ書きなさい。

①[　　　] ②[　　　] ③[　　　]

> 結晶が安山岩と似たつくりになったのは，ペトリ皿[①]である。このことから，安山岩で観察された大きめの結晶は，[②]冷やされたので十分に成長でき，小さい粒は，[③]冷やされたので十分に成長できなかったものであると考えられる。

3 **表は，地点A〜Cについて，ある地震（じしん）における震源からの距離（きょり）とゆれが始まった時刻をまとめたものである。これについて，あとの問いに答えなさい。** 〔岐阜〕

表

地点	A	B	C
震源からの距離〔km〕	61	140	183
初期微動（しょきびどう）が始まった時刻	9時59分35秒	9時59分46秒	9時59分52秒
主要動が始まった時刻	9時59分43秒	10時00分04秒	10時00分15秒

(1) **表**から，この地震において，初期微動を伝える波の速さは何km/sとわかるか。小数第2位を四捨五入して，小数第1位まで書きなさい。 [　　　]

思考力

(2) 地点Pでは，初期微動が始まってから主要動が始まるまでの時間が15秒であった。震源から地点Pまでの距離についてあてはまるものを，次の**ア**〜**エ**から1つ選び，記号で書きなさい。

[　　　]

ア 61 km未満　　**イ** 61 km以上140 km未満

ウ 140 km以上183 km未満　　**エ** 183 km以上

(3) 次の文中の[①]，[②]にあてはまる言葉をそれぞれ書きなさい。

①[　　　] ②[　　　]

> 観測地点での地震のゆれの強さは[①]で表され，10階級に分けられている。また，地震の規模の大小は[②]〔記号M〕で表される。

(4) 地震について，正しく述べている文はどれか。次の**ア**〜**オ**から2つ選び，記号で書きなさい。

[　　　] [　　　]

ア 地震が発生した地下の場所を震央という。

イ 初期微動と主要動が始まった時刻に差が生じるのは，それぞれのゆれを伝える波の発生する時刻がちがうからである。

ウ 地震が発生すると，土地が隆起（りゅうき）したり，沈降（ちんこう）したりすることがある。

エ 日本付近で発生する地震は，大陸側のプレートが太平洋側のプレートの下に沈（しず）みこむときに大きな力がはたらくことで発生すると考えられている。

オ くり返しずれて活動したあとが残っている断層を活断層といい，今後も活動して地震を起こす可能性がある断層として注目されている。

4 地震が起こるしくみについて，次の問いに答えなさい。 〔兵庫〕

(1) 右の図は地震が起こるときに生じる断層の1つを模式図で表している。図のような断層ができるとき，岩石にはたらく力の加わる向きを→で示した図として適切なものを，次の**ア**～**エ**から1つ選んで，その記号を書きなさい。

[ ]

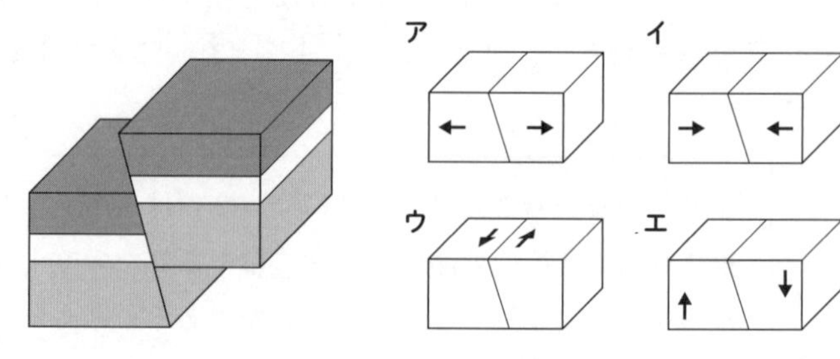

(2) プレートの境界付近で起こる地震について説明した次の文の ① ～ ③ に入る語句の組み合わせとして適切なものを，あとの**ア**～**エ**から1つ選んで，その記号を書きなさい。

[ ]

西日本の太平洋沖には，大陸プレートである ① プレートと海洋プレートであるフィリピン海プレートとの境界がある。このようなプレートの境界付近では， ② プレートの下に沈みこむ ③ プレートに引きずられた ② プレートのひずみが限界になり，もとに戻ろうと反発して地震が起こると考えられている。

ア ①ユーラシア ②大陸 ③海洋 **イ** ①ユーラシア ②海洋 ③大陸
ウ ①北アメリカ ②大陸 ③海洋 **エ** ①北アメリカ ②海洋 ③大陸

5 次の文章を読んで，あとの問いに答えなさい。 〔富山〕

図1の地図に示した**A**～**D**の地点で，地下の地層を調査した。**図2**は，各地点での調査の結果を示す柱状図である。この地域では地層は一定の傾きでそれぞれ平行に重なって広がっており，調べてみると火山灰の層は同一のものだった。また，しゅう曲は見られず，**図1**の-------で示す位置に，ほぼ垂直に地層がずれるような断層が1つあることがわかっている。

図1

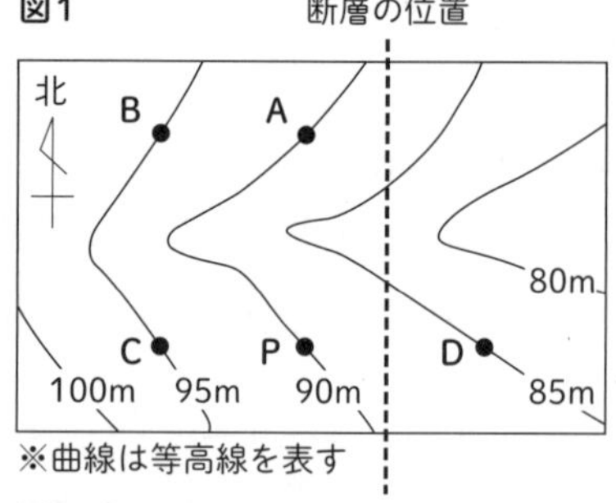

※曲線は等高線を表す

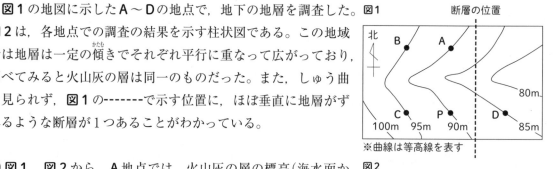

図2

A B C D
0 2 4 6 8 10
地表からの深さ〔m〕
砂岩
火山灰
泥岩
れきと砂

(1) **図1**，**図2**から，**A**地点では，火山灰の層の標高(海水面からの高さ)は約何mか，答えなさい。

[ ]

重要

(2) **図2**で，砂岩の層からはサンゴの化石が見つかった。これについての説明文の ① ， ② にあてはまる適切な言葉を，下の**ア**～**カ**から1つずつ選び，それぞれ記号で答えなさい。

①[ ] ②[ ]

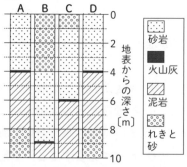

サンゴの化石は ① であり，砂岩の層が堆積した当時は ② だったことを示す。

ア 中生代 **イ** 新生代 **ウ** 冷たい海 **エ** あたたかい海
オ 示相化石 **カ** 示準化石

(3) 図1のP地点で調査を行った場合，火山灰の層が見られるのは，地表から約何mの深さか，答えなさい。 [　　　　]

難問

(4) この地域の断層についてD地点の標高や火山灰の層の深さから考えると，断層によって東側・西側のどちらが約何mずれて低くなったか，答えなさい。

どちらが[　　　　] 約何m低くなった[　　　　]

6 **日本の各地から4種類の岩石を集め，観察を行った。そのスケッチが図のA～Dである。これについて，あとの問いに答えなさい。** 〔高知学芸高〕

A　B　C　D

x　y

(1) A～Dのうち，うすい塩酸をかけると気体が発生するのはどれか。記号で1つ答えなさい。また，その気体の名称を答えなさい。 記号[　　] 名称[　　　　]

(2) A～Dのうち，岩石のつくられた年代がわかる化石が含まれているのはどれか。記号で1つ答えなさい。 [　　]

(3) (2)のような，岩石のつくられた年代を知る手がかりとなる化石を一般に何化石というか，答えなさい。 [　　　　]

(4) Cのx，yの部分をそれぞれ何というか，答えなさい。また，このような組織を何というか，答えなさい。 x[　　　　] y[　　　　]

組織[　　　　]

(5) A～Dのうち，マグマが冷えて固まった岩石はどれか。記号で2つ答えなさい。また，それぞれの岩石のできた場所やでき方を説明しなさい。

記号[　　] でき方[　　　　　　　　]

記号[　　] でき方[　　　　　　　　]

(6) A～Dの岩石の名称として適当なものを次からそれぞれ1つずつ選び，記号で答えなさい。

A[　　] B[　　] C[　　] D[　　]

ア セキエイ　**イ** 花こう岩　**ウ** チャート　**エ** 石灰岩

オ 玄武岩　**カ** 砂岩　**キ** ウンモ

7 **Mさんが火山Pについて調べた次の内容を読んで，あとの問いに答えなさい。** 〔大阪－改〕

●火山Pは数百年前に噴火し，その際の火山灰は，火山Pの西側に比べて東側に厚く降り積もった。

(1) 火山Pのように，おおむね過去1万年以内に噴火したことがある火山，および現在活発に活動している火山は何とよばれるか，書きなさい。 [　　　　]

(2) 次の文中の①，②から適切なものをそれぞれ1つずつ選びなさい。①[　　] ②[　　]

> 火山Pが数百年前に大量の火山灰を噴出したとき，火山Pの火口付近には，①〔**ア** 東風　**イ** 西風〕が吹いていたと考えられる。降り積もった火山灰が長い年月をかけて固まると，②〔**ウ** 石灰岩　**エ** 凝灰岩〕とよばれる堆積岩となる。

第4章 地球

月　日

2 天気とその変化

STEP 1 まとめノート

解答⇨別冊 p.33

1 気圧と風 ★

(1) **気　圧**……**〈気圧の単位〉**地表面が大気の重さによって受ける圧力を気圧(大気圧)といい，①＿＿(記号：hPa)で表される。海面の平均気圧は，約②＿＿hPa(1気圧)である。

〈高さと気圧〉上空へいくほど，その上にある空気の量が少なくなるため，気圧は③＿＿なる。

〈気圧の分布〉天気図で，気圧が等しい地点を結んだ線を等圧線という。等圧線に囲まれ，周囲より気圧が高い所を④＿＿，周囲より気圧が低い所を⑤＿＿という。

(2) **風**……**〈風の観測〉**風は風向・風速・風力で示す。風向は，風が吹(ふ)いてくる方向を16方位で表す。右の図では，風向は⑥＿＿，風力は⑦＿＿である。

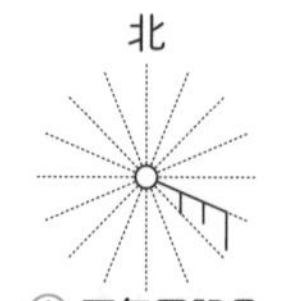

↑天気図記号

〈気圧と風〉風は気圧が高い所から低い所へと吹く。等圧線の間隔(かんかく)がせまいほど，風は⑧＿＿なる。高気圧の中心には下降気流があり，地表付近では高気圧の中心から⑨＿＿回りに風が吹き出す。一方，低気圧の中心には上昇気流(じょうしょうきりゅう)があり，地表付近では低気圧の中心に向って⑩＿＿回りに風が吹きこむ。

〈海陸風〉海岸地方では，よく晴れた日の昼間は⑪＿＿が吹き，夜間は⑫＿＿が吹く。
└昼間は陸上の気温が海上より高くなり，夜間は逆になるために起こる

〈地球規模の風〉日本の上空を一年中吹いている西風を⑬＿＿という。

2 大気中の水 ★★

(1) **湿(しつ)　度(ど)**……**〈空気中の水蒸気〉**空気中に含(ふく)むことができる水蒸気の限度の量を⑭＿＿という。飽和(ほうわ)水蒸気量は気温が高くなると大きくなる。水蒸気を含む空気を冷やすとき，水蒸気が凝結(ぎょうけつ)し始める温度を⑮＿＿という。
空気中にそれ以上水蒸気を含むことができない↵

〈湿度〉空気1 m^3 中に含まれている水蒸気量の，その気温における飽和水蒸気量に対する割合を百分率で表した値を⑯＿＿という。

(2) **雲**……**〈雲のでき方〉**空気が上昇すると，しだいに気圧が低くなるため⑰＿＿して気温が下がり，露点(ろてん)に達すると水蒸気が凝結して雲になる。

〈水の循環(じゅんかん)〉地球上の水は，状態変化をくり返しながらたえまなく循環している。この循環の原動力は，太陽のエネルギーである。

ズバリ暗記
- 高気圧は風が時計回りに吹き出し，低気圧は反時計回りに吹きこむ。
- 空気中の水蒸気が凝結し始める温度を露点という。

①＿＿
②＿＿
③＿＿
④＿＿
⑤＿＿
⑥＿＿
⑦＿＿
⑧＿＿
⑨＿＿
⑩＿＿
⑪＿＿
⑫＿＿
⑬＿＿
⑭＿＿
⑮＿＿
⑯＿＿
⑰＿＿

入試Guide
湿度の求め方が頻出(ひんしゅつ)である。乾湿計を用いる方法，飽和水蒸気量から求める方法どちらも確認しておこう。

③ 前線と天気 ★★★

(1) **気団と前線**……**〈気団〉**日本の天気に影響(えいきょう)を与える気団には右の図のようなものがあり，x を⑱　　気団，y を⑲　　気団という。

〈前線〉寒気が暖気の下にもぐりこみ，暖気をおし上げて進むときできる前線を⑳　　という。寒冷前線の上空には㉑　　や積雲が発達し，しばしば雷雨(らいう)をともなう。また，暖気が寒気の上にはい上がって進むときできる前線を㉒　　という。温暖前線の前方には㉓　　や高層雲が広がり，雨が長時間続くことが多い。寒気と暖気の勢力が等しいとき，㉔　　ができ，前線付近では長雨が続く。6月ごろにできる停滞前線は㉕　　，9月ごろにできる停滞前線は㉖　　ともいう。寒冷前線が温暖前線に追いついてできる前線を㉗　　という。

（寒冷前線が通過すると，気温が急に下がる）（温暖前線が通過すると，気温が上がる）

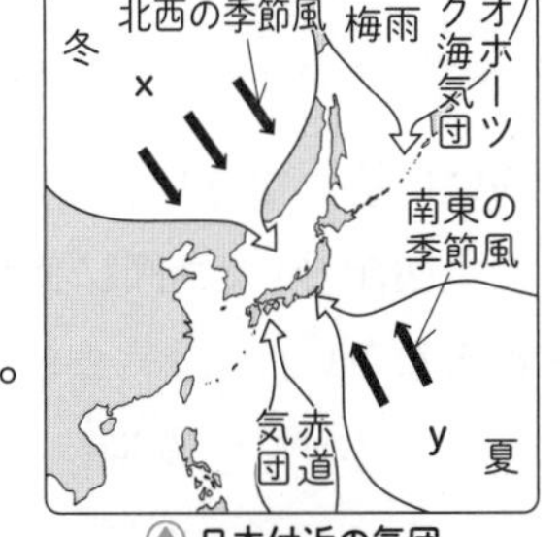

日本付近の気団

(2) **低気圧・高気圧**……**〈低気圧と天気〉**低気圧の中心付近では㉘　　気流によって厚い雲が生じ，くもりや雨になりやすい。

〈高気圧と天気〉高気圧の中心付近は㉙　　気流のため雲が生じにくく，晴れることが多い。

④ 四季の天気 ★★

(1) **冬・夏の天気**……**〈冬の天気〉**気圧配置は㉚　　型になり，㉛　　の季節風が吹く。日本海側に多量の雪が降り，太平洋側は乾燥(かんそう)して晴れる。

（シベリアに高気圧，オホーツク海に低気圧ができる）

〈夏の天気〉気圧配置は㉜　　型になり，㉝　　の季節風が吹く。日本列島は太平洋高気圧におおわれ，蒸し暑い日が続く。

(2) **春・秋の天気**……**〈春と秋の天気〉**㉞　　と低気圧が西から東へ交互(こうご)に通過し，周期的に天気が変わる。

〈台風〉北緯5°～20°の太平洋上で発生する低気圧を㉟　　という。熱帯低気圧が発達し，最大風速が㊱　　m/s 以上になったものが台風である。

ズバリ暗記
- 寒冷前線は積乱雲をともない，激しい雨や雷雨のあと気温が下がる。
- 温暖前線は乱層雲をともない，おだやかな長雨のあと気温が上がる。

⑱
⑲
⑳
㉑
㉒
㉓
㉔
㉕
㉖
㉗
㉘
㉙
㉚
㉛
㉜
㉝
㉞
㉟
㊱

Let's Try 差をつける記述式

① 冬に，暖房(だんぼう)している室内の窓ガラスに水滴(すいてき)がつくのはなぜですか。

Point 窓ガラス付近の空気の温度について考える。

[　　　　　　　　　　　　　　　　]

② 冬の季節風を吹き出すシベリア気団は乾燥しているのに，日本海側に大雪が降るのはなぜですか。

Point シベリア気団から吹き出した風が水蒸気を含(ふく)む場所を考える。

[　　　　　　　　　　　　　　　　]

STEP 2 実力問題

ねらわれる ココが
- 天気図記号や等圧線の読みとり
- 前線付近の大気の断面と雲のようす
- 日本の四季の天気の特徴

解答⇨別冊 p.34

1 **気象について，次の問いに答えなさい。**

(1) 右の図はある地点の天気図記号(天気図に使われる記号)である。風向，天気を答えなさい。〔沖縄－改〕

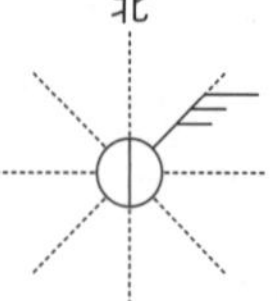

風向［　　　　　］
天気［　　　　　］

(2) 下の図で，低気圧の風の吹(ふ)き方を表しているのはどれか。最も適当なものを次の**ア**～**エ**から1つ選んで記号で答えなさい。〔沖縄－改〕

［　　　　］

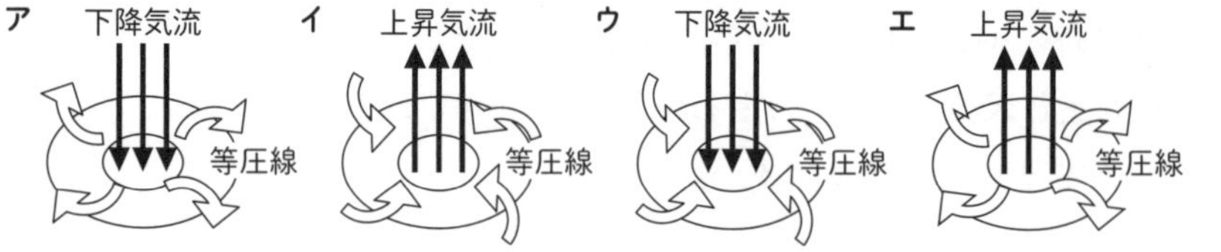

ア 下降気流　等圧線　イ 上昇気流　等圧線　ウ 下降気流　等圧線　エ 上昇気流　等圧線

(3) 日本上空での風は西から東へ吹いており，低気圧，移動性高気圧も西から東へ移動していく。日本上空を吹いている風を何といいますか。〔沖縄－改〕

［　　　　］

重要 (4) 下の表は，気温と飽和(ほうわ)水蒸気量の関係を表したものである。この表を用いて，気温28℃，露点(ろてん)16℃の空気の湿度(しつど)は何％か，求めなさい。〔茨城〕

［　　　　］

気温〔℃〕	12	16	20	24	28	32
飽和水蒸気量〔g/m³〕	10.7	13.6	17.3	21.8	27.2	33.7

(5) 次の［　　］の中の文章は，自然界における雲のでき方を説明したものである。文章中の［①］，［②］，［③］にあてはまる語句として適切なものを，あとの**ア**～**カ**の中から1つずつ選び，記号で答えなさい。ただし，同じものは2度以上用いないこと。〔静岡〕

①［　　　］　②［　　　］　③［　　　］

> 地表付近の空気が上昇すると，上空にいくほど［①］ため，［②］。そのとき，［③］ため，ついには湿度が100％になり，水蒸気が水滴(すいてき)に変化し始め，雲ができる。

ア 空気が収縮する　　**イ** 空気の温度が下がる
ウ まわりの気圧が低くなる　　**エ** 空気が膨張(ぼうちょう)する
オ 空気の温度が上がる　　**カ** まわりの気圧が高くなる

得点UP!

1 (1)風向は，風が吹いてくる方向である。

(2)低気圧の中心付近には上昇気流(じょうしょうきりゅう)があり，高気圧の中心付近には下降気流がある。

Check! 自由自在①
地球の大気の循環(じゅんかん)について詳(くわ)しく調べてみよう。

(4)空気1 m³に含(ふく)まれる水蒸気量は，その空気の露点における飽和水蒸気量に等しい。

(5)気体には，膨張すると温度が下がる性質がある。気温が下がると飽和水蒸気量が小さくなるので，空気中の水蒸気量が飽和水蒸気量に等しくなるとき，湿度が100％になる。このときの気温が露点である。

2 右の図について，次の問いに答えなさい。〔茨城〕

重要 (1) A 地点付近の前線面と雲のようすを表した模式図を，次のア～エの中から１つ選んで，その記号を書きなさい。

［　　　］

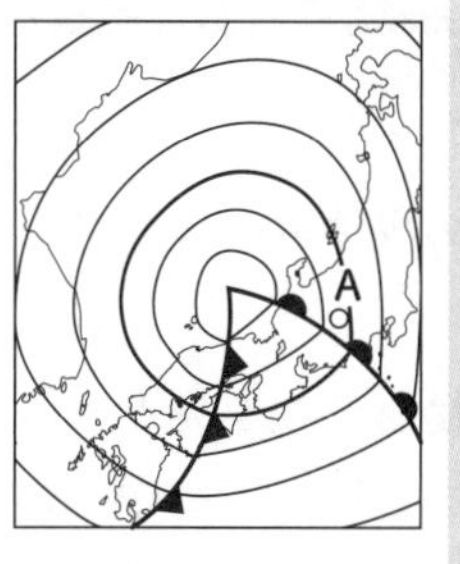

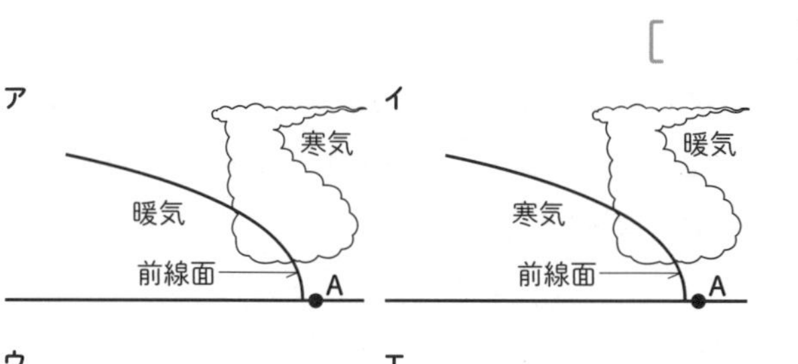

(2) A 地点付近で見られる雲を，次のア～エの中から１つ選んで，その記号を書きなさい。

［　　　］

ア 積雲　　イ 積乱雲
ウ 巻雲　　エ 乱層雲

3 右の図は，ある季節の特徴(とくちょう)的な天気図である。図のような気圧配置を特徴とする季節における日本の天気を説明した文として，最も適当なものを，Ⅰ群ア～ウから１つ選びなさい。また，この季節において，日本の天気が最も影響(えいきょう)を受ける気団の名まえと，その気団の性質の組み合わせとして最も適当なものを，Ⅱ群カ～サから１つ選びなさい。〔京都〕

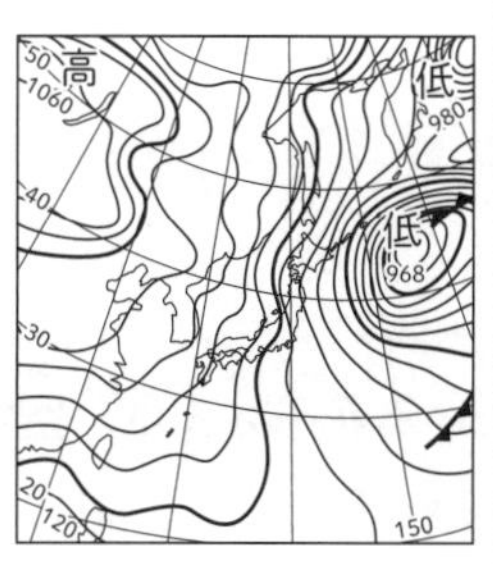

Ⅰ群［　　　］　Ⅱ群［　　　］

Ⅰ群 ア 太平洋から南東の季節風が吹き，蒸し暑い日が続く。
　イ 日本海側では雪の日が多く，太平洋側では乾燥(かんそう)した晴れの日が多い。
　ウ 東西にわたって帯状に雲が停滞(ていたい)し，雨の日が多い。

Ⅱ群

	気団の名まえ	気団の性質
カ	オホーツク海気団	温暖・乾燥
キ	オホーツク海気団	寒冷・乾燥
ク	オホーツク海気団	寒冷・湿潤(しつじゅん)
ケ	シベリア気団	温暖・乾燥
コ	シベリア気団	寒冷・乾燥
サ	シベリア気団	寒冷・湿潤

得点UP!

2 A 地点付近には温暖前線が見られる。温暖前線は暖気が寒気の上にはい上がるように進む前線で，前線の前方に層状の雲が広がる。

3 シベリアに高気圧，日本列島の東の海上に低気圧ができる気圧配置を，西高東低の気圧配置という。この時期の日本の天気は，シベリア高気圧から吹(ふ)き出す季節風の影響を受ける。

Check! 自由自在② 日本の各季節の特徴を調べてみよう。

STEP 3 発展問題

解答⇨別冊 p.34

1 **5月のある日の昼休み，理香さんは学校で気象観測を行った。これについて，次の問いに答えなさい。** 〔長崎〕

(1) 見通しのよい場所で空を見上げると，雨は降っておらず，雲量は5であった。また，風向風速計を使って風向と風力を測定したところ，北東の風，風力3であった。このときの天気図記号として最も適当なものを，次の**ア**～**エ**から選びなさい。

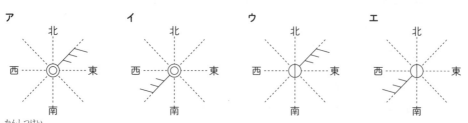

［　　］

ア　**イ**　**ウ**　**エ**

(2) 乾湿計(かんしつけい)の目盛りが右の図のようになっていた。このときの湿度は何%か。右の湿度表を用いて答えなさい。

［　　　　］

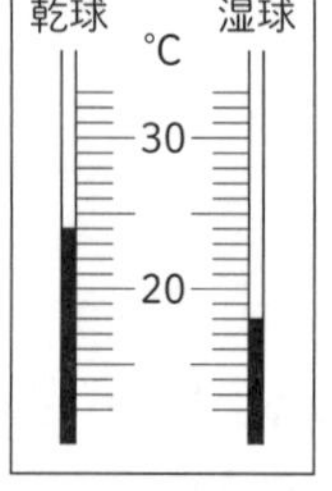

乾球温度計と湿球温度計の示す温度の差〔℃〕

乾球温度計が示す温度〔℃〕	1	2	3	4	5	6	7
27	92	84	77	70	63	56	50
26	92	84	76	69	62	55	48
25	92	84	76	68	61	54	47
24	91	83	75	67	60	53	46
23	91	83	75	67	59	52	45
22	91	82	74	66	58	50	43

2 **徳島県に住んでいる花子さんは，空気中の水蒸気が水滴(すいてき)に変化するようすを調べるために，ある日の9時に実験を行った。これについて，あとの問いに答えなさい。** 〔徳島〕

実験 Ⅰ 実験室内の空気を十分に換気(かんき)したあと，くみ置きの水を金属製のコップに半分ほど入れ，室温とくみ置きの水の温度がほぼ同じになっていることを確かめ，室温を測定した。

Ⅱ 右の図のように，氷を入れた試験管でコップの中の水の温度をすばやく下げ，コップの表面に貼(は)り付けたセロハンテープの境目付近がくもりはじめたときの水温を測定した。

温度計　氷　セロハンテープ

結果 室温 16.0℃　くもりはじめたときの水温 12.0℃

(1) 表は，気温と飽和(ほうわ)水蒸気量の関係を示したものである。この実験室の空気の体積を400 m^3 とすると，9時における実験室内の水蒸気の量は何gになるか，求めなさい。ただし，水蒸気は，実験室内に一様に存在するものとする。［　　　　］

気温〔℃〕	飽和水蒸気量〔g/m^3〕	気温〔℃〕	飽和水蒸気量〔g/m^3〕
4	6.4	12	10.7
6	7.3	14	12.1
8	8.3	16	13.6
10	9.4	18	15.4

(2) 9時における実験室の湿度(しつど)は何%か，小数第1位を四捨五入して整数で求めなさい。

［　　　　］

3 海陸風について調べるため，次の実験を行った。これについて，あとの問いに答えなさい。

〔千葉〕

実験1　**Ⅰ**　**図1**のように，プラスチックの容器に同じ質量の砂と水を入れた。

Ⅱ　砂と水それぞれに，同じように電球の光をあてた。

Ⅲ　光をあて始めてから，1分ごとに，砂と水の表面の温度を赤外線温度計で測定した。

図1

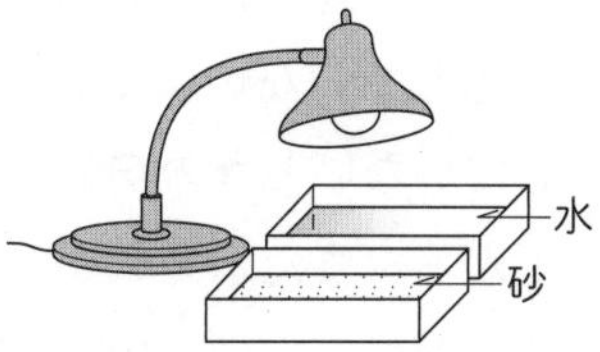

水
砂

実験2　**Ⅰ**　**実験1**と同じように，プラスチックの容器に同じ質量の砂と水を入れた。

Ⅱ　砂と水をあたため，両方とも表面の温度を40℃程度にし，室温で放置した。

Ⅲ　放置し始めてから，1分ごとに，砂と水の表面の温度を赤外線温度計で測定した。

実験3　**図2**のように水槽(すいそう)をしきり板で2つに分け，**A**には冷えた保冷剤を入れ，線香のけむりを満たした。**B**には木の台を入れ，**A**の保冷剤と高さをそろえた。しばらく放置したあと，しきり板を静かに上に引きぬき，空気のようすを観察した。

図2

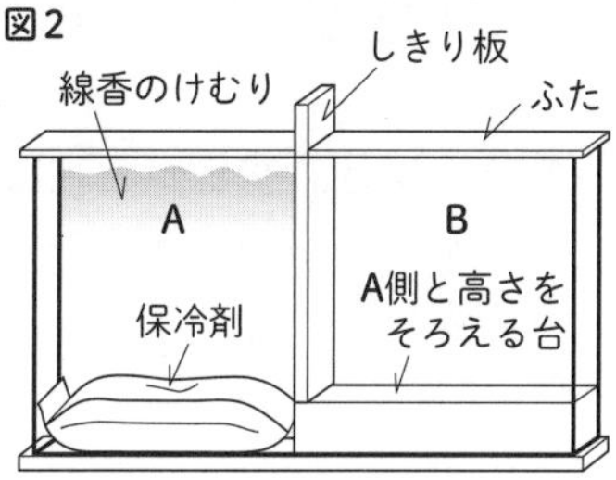

線香のけむり
しきり板
ふた
A
B
保冷剤
A側と高さをそろえる台

思考力

(1) 次の**表1**は**実験1**の，**表2**は**実験2**の測定結果である。**表1**，**表2**の**a**～**d**は，それぞれ「砂」か「水」のどちらかである。あとの**ア**～**エ**のうちから最も適当な組み合わせを1つ選び，その記号を書きなさい。

［　　　］

表1

時間〔分〕		0	1	2	3	4	5
温度〔℃〕	a	29.4	31.3	32.1	32.9	33.4	34.2
	b	29.5	35.8	37.8	40.5	42.4	44.0

表2

時間〔分〕		0	1	2	3	4	5
温度〔℃〕	c	40.4	38.0	36.9	35.9	34.8	33.9
	d	40.4	39.0	37.9	36.8	35.9	35.2

ア　**a**：砂　**b**：水　**c**：水　**d**：砂　　**イ**　**a**：砂　**b**：水　**c**：砂　**d**：水

ウ　**a**：水　**b**：砂　**c**：水　**d**：砂　　**エ**　**a**：水　**b**：砂　**c**：砂　**d**：水

(2) **実験3**で，しきり板を静かに上に引きぬいたときの水槽の中のようすを**X群**の**ア**～**ウ**のうちから，また，あたたかい空気と冷たい空気の密度の大きさの関係を**Y群**の**ア**～**ウ**のうちから，最も適当なものをそれぞれ1つずつ選び，その記号を書きなさい。

X群［　　　］　**Y群**［　　　］

X群　**ア**　**A**の空気は水槽の下部で**B**側に移動し，**B**の空気は水槽の上部で**A**側に移動した。

イ　**A**の空気は水槽の上部で**B**側に移動し，**B**の空気は水槽の下部で**A**側に移動した。

ウ　**A**，**B**の空気は不規則に混じり合った。

Y群　**ア**　あたたかい空気は冷たい空気より密度が大きい。

イ　あたたかい空気は冷たい空気より密度が小さい。

ウ　あたたかい空気と冷たい空気の密度は同じ。

4 **次の文章を読んで，あとの問いに答えなさい。** 〔大阪教育大附高(池田)〕

標高H〔m〕の山をこえて，**A→B→C→D**と風が吹いている。風上の**A**地点(標高0m)の空気の温度は，30℃であった。標高1000mの**B**地点から**C**地点までは，雲が発生して雨が降っている。**C**地点から**D**地点までは，雲は発生していない。なお，水蒸気が飽和していないときの空気が，上昇して温度が下がる割合を乾燥断熱減率といい，100mにつき1.0℃下がる。また水蒸気が飽和している空気が，雲をつくりながら上昇して温度が下がる割合を湿潤断熱減率といい，100mにつき0.5℃下がる。なお，高さによる露点の変化はないものとする。また飽和水蒸気量は以下の数値を使うこと。

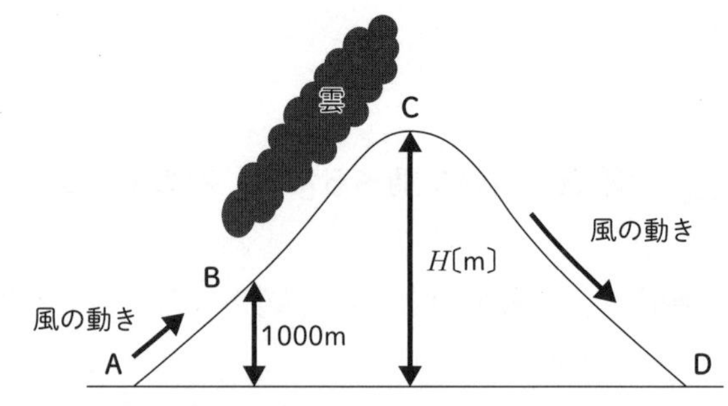

空気の温度〔℃〕	0	5	10	15	20	25	30	35	40
飽和水蒸気量〔g/m^3〕	4.8	6.8	9.4	12.8	17.3	23.1	30.4	39.6	51.1

(1) 上の図は，空気が山肌に沿って上昇することによって雲ができる例を示したが，自然界ではこの原因以外にも雲ができる場合がある。次の文章はその一例を説明したものである。文中の［①］～［③］にあてはまる適当な語句を答えなさい。

①[　　　　] ②[　　　　] ③[　　　　]

冷たい気団(寒気団)とあたたかい気団(暖気団)は，すぐには混じり合わずに気団の間には，境界面ができることが知られている。この境界面のことを［①］といい，［①］と地面が交わっている部分を［②］という。［①］付近では［③］気流が発生しており，雲ができやすい。

(2) 図のように，風が山を吹きこえたとき，空気の温度が上がり，乾燥する現象を何というか，答えなさい。

[　　　　]

(3) **A**地点の露点を求めなさい。

[　　　　]

(4) **C**地点の高さHを2000mとしたとき，**D**地点の空気の温度は何℃か求めなさい。

[　　　　]

(5) **D**地点での空気の湿度は，何%であるか。小数第1位を四捨五入して整数で答えなさい。

[　　　　]

難問 **(6)** 空気のかたまりが上昇し，雲が発生すると温度変化が小さくなる。この原因を簡潔に説明しなさい。

[　　　　]

5 次の文章を読んで，あとの問いに答えなさい。〔佐賀〕

図1はある地点における，ある年の4月1日2時から4月2日23時にかけての気温と湿度(しつど)を1時間おきに，風向を4時間おきに測定したものである。

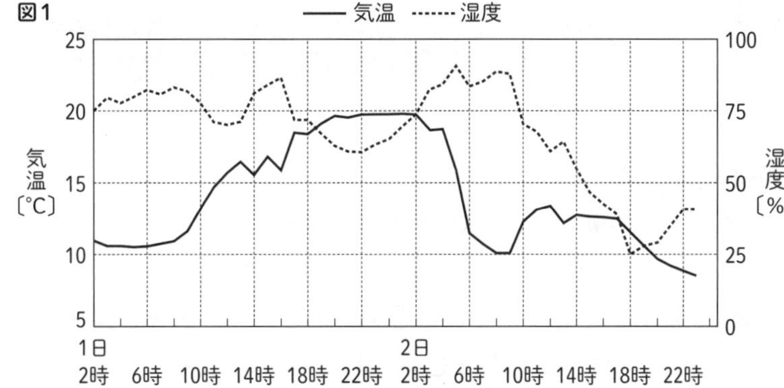

(1) **図2**は寒冷前線と温暖前線の横断面を模式的に表した図である。①～③は気団がある部分を示しており，矢印**X**，**Y**のどちらか一方向に寒冷前線が進む。寒気団がある部分と寒冷前線の進む方向の組み合わせとして正しいものを，次の**ア**～**エ**の中から1つ選び，記号を書きなさい。［　　　］

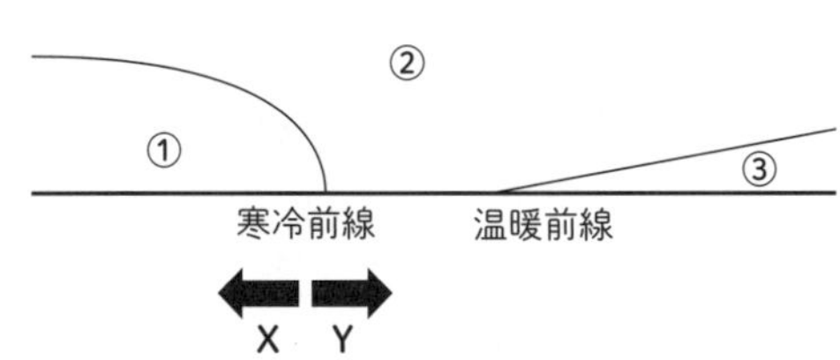

	寒気団がある部分	寒冷前線の進む方向
ア	①，③	X
イ	①，③	Y
ウ	②	X
エ	②	Y

(2) この地点では，**図1**の期間内に寒冷前線が通過した。寒冷前線が通過した時間帯として最も適当なものを，次の**ア**～**カ**の中から1つ選び，記号を書きなさい。［　　　］

ア 1日8時～12時　**イ** 1日14時～18時　**ウ** 1日22時～2日2時
エ 2日2時～6時　**オ** 2日10時～14時　**カ** 2日18時～22時

6 次の文章を読んで，あとの問いに答えなさい。〔同志社高一改〕

右の図は気象庁のWebサイトからダウンロードしたある年の4つの天気図である。HはH高気圧を，Lは低気圧を表す。

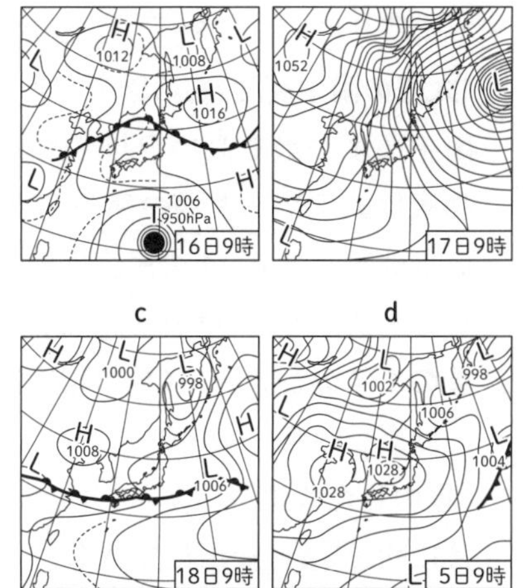

(1) この天気図**a**～**d**のうちで，冬型の気圧配置と考えられるものを答えなさい。［　　　］

独創的

(2) **a**の図中下部にTと表示してあるものも低気圧であるが，**c**のLとは異なる点もある。次の文章のうち，Tのみにあてはまるものをすべて選び，記号で答えなさい。

ア 寒気と暖気のおし合いによって発達する。
イ 地上では中心から外側に風が吹き出している。
ウ 中国から日本へと東に移動していく。
エ 熱帯の海上で発達する。
オ 前線をともなわない。

月　日

3 地球と宇宙

STEP 1 まとめノート

解答⇨別冊 p.35

1 天体の1日の動き ★★★

(1) **太陽の1日の動き**……〈**太陽の日周運動**〉太陽は，朝，①＿＿の空からのぼり，昼ごろ南の空を通り，夕方，西の空に沈(しず)む。

〈**南中**〉天体が真南にくることを②＿＿という。天体が南中したとき，地平線から天体までの角度を③＿＿という。

〈**天球**〉天体は，右の図のように大きな丸い天井の上を動くように見える。この大きな球面を天球という。天球上で観測者の真上の位置を④＿＿という。

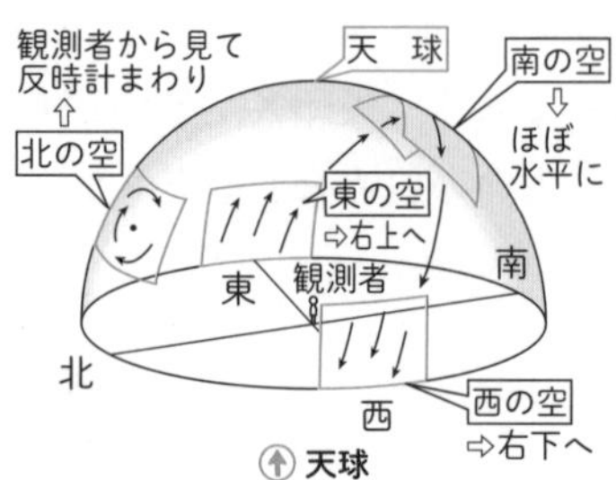

天球

(2) **星の1日の動き**…〈**星の日周運動**〉星は，東の空では右斜(なな)め上へ，南の空では右へ，西の空では右斜め下へ移動する。北の空では⑤＿＿をおよその中心として⑥＿＿回りに回転する。

〈**星の動く速さ**〉星は1時間あたり約⑦＿＿°回転する。
（24時間で360°回転する）

(3) **天体の日周運動と地球の自転**…〈**地球の自転**〉地球は，⑧＿＿を軸(じく)として，⑨＿＿から⑩＿＿へ自転している。天体の日周運動は，地球の⑪＿＿による見かけの運動である。

2 天体の1年の動き ★★★

(1) **太陽の1年の動き**……〈**日の出・日の入りの位置**〉太陽が真東からのぼり，真西に沈む日を春分・秋分という。日の出・日の入りの位置が，1年で最も北寄りになる日を⑫＿＿，最も南寄りになる日を⑬＿＿という。

〈**太陽の南中高度**〉右の図のように，太陽の南中高度が最も高い日は⑭＿＿で，その高度は約78°，太陽の南中高度が最も低い日は⑮＿＿で，その高度は約32°である。
（約78°：90°－緯度＋23.4°で求まる）（約32°：90°－緯度－23.4°で求まる）
春分・秋分の日の南中高度は，90°－緯度で求めることができる。

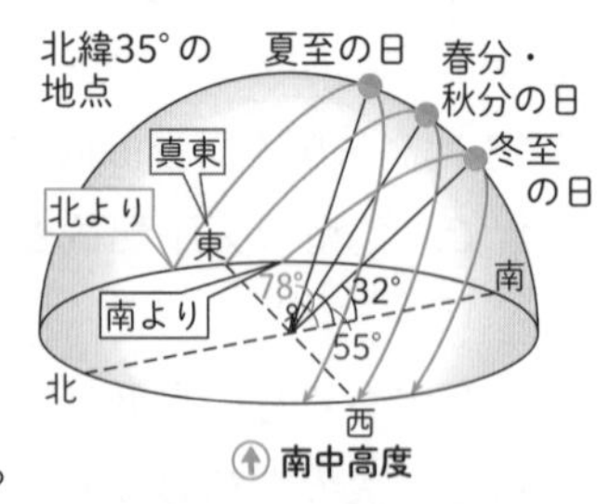

南中高度

(2) **星の1年の動き**……〈**星の年周運動**〉同じ時刻に決まった星の見える方向は東から西へ移り変わっていく。

〈**星の見える位置の変化**〉同じ時刻に決まった星の見える位置は，1か月に約⑯＿＿°変化していく。
（12か月で360°変化する）

ズバリ暗記
- 地球が地軸を中心に西から東へ自転しているから，天体は東から西へ動くように見える。また，その速さは1時間に15°である。

①＿＿
②＿＿
③＿＿
④＿＿
⑤＿＿
⑥＿＿
⑦＿＿
⑧＿＿
⑨＿＿
⑩＿＿
⑪＿＿
⑫＿＿
⑬＿＿
⑭＿＿
⑮＿＿
⑯＿＿

入試Guide
1時間後，1か月後などに星がどの位置に見えるかがよく問われる。この時，方位に注意して考える必要がある。

〈**星座と太陽の位置**〉地球から見て太陽と同じ方向にある星座は東から西へ，太陽は星座の間を西から東へ動くように見える。天球上の太陽の通り道を⑰ といい，黄道に沿ってある12の星座を⑱ という。

〈**地球の公転**〉地球は，地軸(ちじく)を公転面の垂線に対して23.4°傾(かたむ)けて，太陽のまわりを1年の周期で回っている。これを地球の⑲ という。

星の年周運動は，地球の公転による見かけの動きである。

③ 太陽と月 ★★★

(1) **太　陽**……〈**太陽のようす**〉高温の⑳ からできていて，多量の光を放出している。太陽の外側に広がる高温で希薄(きはく)なガスを㉑ といい，表面にのびる濃(こ)い高温のガスを㉒ という。直径は地球の約109倍で，表面温度は約6000℃である。

〈**黒点**〉まわりより温度が低いために，黒いしみのように見えるものを㉓ という。黒点が動くことから，太陽は㉔ することがわかり，黒点の形が変わることから，太陽は㉕ をしていることがわかる。

(2) **月**……〈**月のようす**〉直径は地球の約4分の1で，太陽の光を㉖ しながら，地球のまわりを公転している。そのために月の満ち欠けが起こる。

〈**太陽と月**〉太陽の直径は月の約400倍であるが，地球からの距離(きょり)も太陽は月の約400倍であるために，ほとんど同じ大きさに見える。

〈**日食と月食**〉太陽が月にかくされる現象を㉗ (皆既日食，金環日食，部分日食などがある)といい，満月が地球の影(かげ)に入る現象を㉘ という。

④ 太陽系と宇宙 ★★

(1) **太陽系**……〈**太陽系**〉太陽を中心とする天体の集まりを㉙ という。

〈**恒星**(こうせい)〉自ら光を出す天体を㉚ という。太陽系には太陽がある。

〈**惑星**(わくせい)〉恒星のまわりを公転する天体を㉛ という。太陽系には8つあり，岩石からできている地球型惑星とガスからできている木星型惑星がある。(水星，金星，地球，火星，木星，土星，天王星，海王星)

〈**衛星**〉惑星のまわりを公転する天体を㉜ という。

〈**小惑星とすい星**〉火星と木星の間にある岩石質の天体を㉝ という。だ円軌道(きどう)を動き，氷と細かなちりからできる天体を㉞ という。

(2) **銀河と銀河系**……〈**銀河系**〉星団(恒星の集団)や星雲(ガスやちりの集団)や多数の恒星がつくる天体の大集団を㉟ という。太陽系を含(ふく)む銀河を㊱ という。

ズバリ暗記
- 太陽の黒点が移動することから，太陽が自転していることがわかる。黒点の形が変わることから，太陽が球形をしていることがわかる。

⑰ ____
⑱ ____
⑲ ____
⑳ ____
㉑ ____
㉒ ____
㉓ ____
㉔ ____
㉕ ____
㉖ ____
㉗ ____
㉘ ____
㉙ ____
㉚ ____
㉛ ____
㉜ ____
㉝ ____
㉞ ____
㉟ ____
㊱ ____

Let's Try 差をつける記述式

大きさの異なる太陽と月が，地球上からはほぼ同じ大きさに見える理由を説明しなさい。

Point 太陽と月の直径の長さと地球からの距離について考える。

[　　　　　　　　　　　　　　　　　　　　]

STEP 2 実力問題

ココがねらわれる
- 季節によって見える星座と地球の公転
- 太陽の観測，月の満ち欠けと見える時刻と方向
- 地球・太陽・月の位置関係と日食・月食

解答⇨別冊 p.35

1 **天体について，次の問いに答えなさい。**

(1) 地球の自転による太陽の1日の見かけの動きを何というか，書きなさい。〔秋田－改〕

[　　　　　　]

(2) 日本で真夜中に直接見ることができない惑星(わくせい)を，次のア～エからすべて選びなさい。〔群馬〕

[　　　　　　]

ア 火星　　**イ** 水星　　**ウ** 木星　　**エ** 金星

(3) 図は，2012年5月21日に静岡県内で観測された金環(きんかん)日食を模式的に表したものである。日食は，地球から見ると天体Aが太陽に重なり，太陽がかくされる現象である。天体Aとは何か，その名称(めいしょう)を書きなさい。〔静岡〕

[　　　　　　]

重要 **2** **大地さんは地球，太陽の位置および星座の方向の関係を図1のようにまとめて，農耕と星の動きとの関係について調べた。すると，日本のある地域では，図2のすばるが明け方に南中する時期に，ある植物の種まきをするとよいという言い伝えがあることがわかった。この言い伝えから，この植物の種まきを行うのに最も適している時期の地球の位置を表すのは，図1のア～エのうちのどれか，答えなさい。**

[　　　　] 〔岡山－改〕

図1

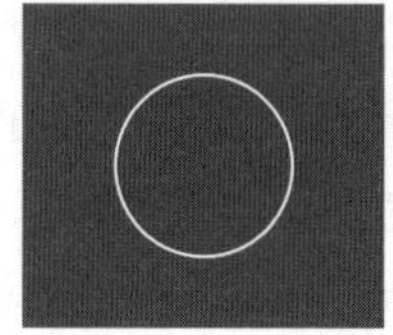

図2

3 **太陽の黒点の動きを調べるために，ある年の9月13日と9月15日の9時に，天体望遠鏡にとりつけた太陽投影板上の記録用紙に投影された黒点をスケッチした。図は，それぞれのスケッチである。次の問いに答えなさい。** 〔徳島〕

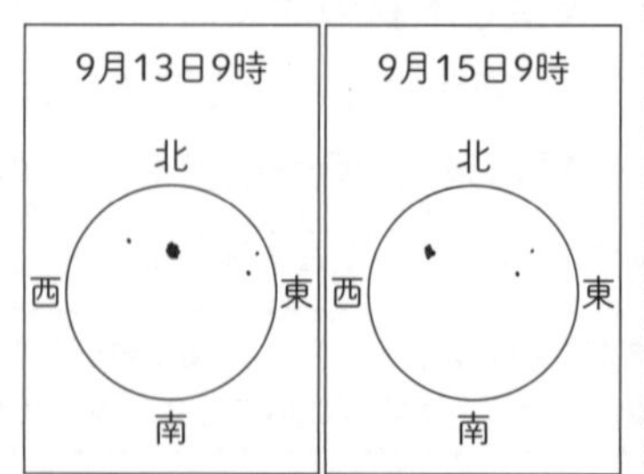

(1) 図のように，黒点が移動することから，太陽はある運動をしていることがわかる。この運動を何というか，書きなさい。

[　　　　　　]

(2) 黒点が黒く見える理由は何か，書きなさい。

[　　　　　　　　　　　　]

得点UP!

1 (2)内惑星は真夜中に地球から観測することはできない。

(3)太陽・月・地球の順に一直線上に並ぶと日食が起きる。

2 すばると同じ方向に見えるおうし座が明け方に南中する位置で考える。

Check! 自由自在①
黄道12星座にはどのようなものがあるか調べてみよう。

3 (1)太陽も自ら回転している。そのため，表面にある黒点は動いているように見える。

(2)太陽の表面温度は約6000°Cで，黒点の温度は約4000°Cである。

4 山口県のある地点で，ある日の午前0時に南の空を観察したところ，図1のように，オリオン座のベテルギウスが南中していた。次の問いに答えなさい。

〔山口〕

図1

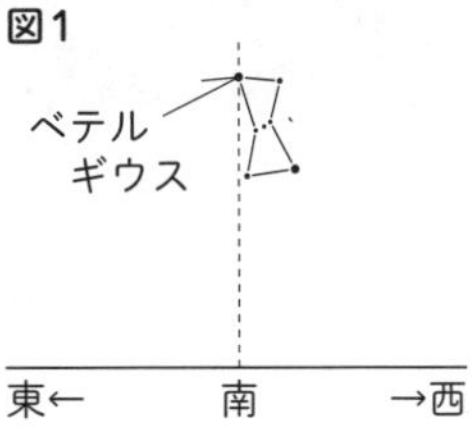

ベテル
ギウス

東←　南　→西

(1) ベテルギウスは，太陽のように自ら光を出している。このような天体を何といいますか。

［　　　　］

重要 (2) 1か月後の午前0時に，同じ地点でベテルギウスを観察すると，1か月前より西に移動した位置に見えた。ベテルギウスのこの夜の南中時刻は何時か，**図2**をもとに，最も適切なものを次の**ア**～**エ**から選び，記号で答えなさい。

図2

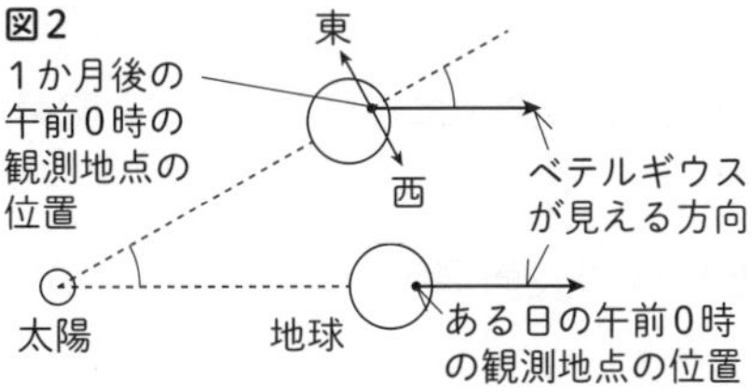

1か月後の
午前0時の
観測地点の
位置

東

西

ベテルギウス
が見える方向

太陽

地球

ある日の午前0時
の観測地点の位置

［　　　　］

ア 午後10時　**イ** 午後11時　**ウ** 午前1時　**エ** 午前2時

5 月について，次の問いに答えなさい。

〔三重一改〕

(1) 月のように，惑星（わくせい）のまわりを公転している天体を何というか，その名称（めいしょう）を書きなさい。［　　　　］

重要 (2) 図は，ある日の日の入り後に観察した月と金星の位置を，模式的に表したものである。金星の近くにある月はどのような形に見えるか，最も適当なものを次の**ア**～**エ**から1つ選び，その記号を書きなさい。

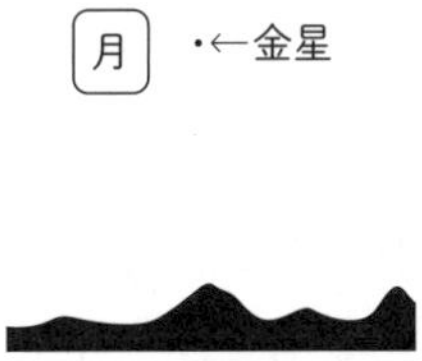

［　　　　］

月　・←金星

ア

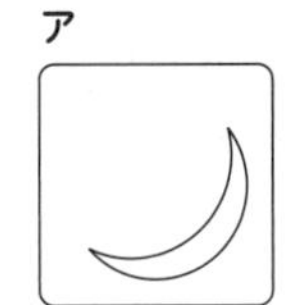

イ

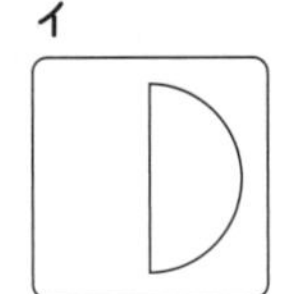

ウ

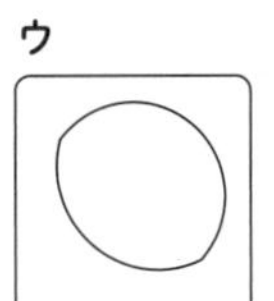

エ

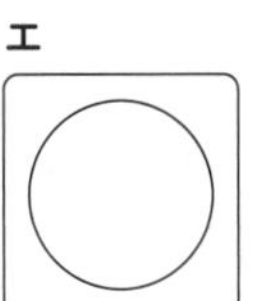

6 天体について，次の問いに答えなさい。

〔北海道〕

(1) 次の文の［①］にあてはまる数字を書きなさい。また，［②］にあてはまる語句を書きなさい。

太陽系には，太陽のまわりを公転している惑星が［①］個ある。この太陽系は，うずを巻いたレンズ（円盤（えんばん））状の形をした，約1000億個から約2000億個の恒星（こうせい）の集団である［②］系に属している。

①［　　　　］②［　　　　］

重要 (2) 図は，太陽と月，地球の位置関係を模式的に示したものであり，◐印**A**～**H**は，月の位置を示している。日食が起こるときの月の位置として，最も適当なものを，**A**～**H**から選びなさい。

［　　　　］

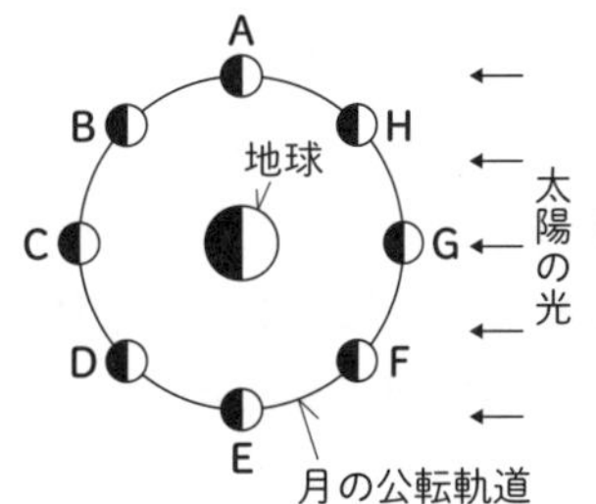

得点UP!

4 (2) 1か月後の午前0時にベテルギウスを観察すると，真南より西に30°回転して見える。星は1時間に15°回転するので，30°回転するのに何時間かかったかを求める。

5 (2) 金星は地球よりも内側を公転しているので，金星は地球から見ると，いつも太陽に近い方向にある。よって，図は西の空を表している。

Check! 自由自在②
月の形と見える時刻，方向について調べてみよう。

6 (1) ①太陽系の惑星は，水星，金星，地球，火星，木星，土星，天王星，海王星である。
(2) 日食が起こるのは，地球・月・太陽の順に一直線上に並ぶときである。

STEP 3 発展問題

解答⇨別冊 p.35

1 **太陽や月および惑星に関して，次の問いに答えなさい。** 〔広島大附高〕

(1) 図は太陽が南中したとき，屈折式の天体望遠鏡で太陽投影板を用いて，太陽を観察したものである。点線の円は望遠鏡の視野を，実線の円は太陽の像を示している。望遠鏡の鏡筒が固定されているとき，この後，太陽の像は投影板のどちらの方向に動くか，最も適当なものを，次の**ア**～**エ**から1つ選び，記号で答えなさい。［　　］

北
西
東
南

ア 東　**イ** 西　**ウ** 南　**エ** 北

(2) 太陽の表面温度と黒点の表面温度は約何℃か。最も適当なものを，次の**ア**～**オ**からそれぞれ1つずつ選び，記号で答えなさい。 太陽［　　］ 黒点［　　］

ア 1000℃　**イ** 2000℃　**ウ** 4000℃　**エ** 6000℃　**オ** 8000℃

(3) 地球から太陽までの距離は，地球から月までの距離の約何倍か。最も適当なものを，次の**ア**～**オ**から選び，記号で答えなさい。［　　］

ア 4倍　**イ** 40倍　**ウ** 400倍　**エ** 4000倍　**オ** 40000倍

(4) 太陽と月の直径は地球の直径の約何倍か。最も適当なものを，次の**ア**～**ケ**からそれぞれ1つずつ選び，記号で答えなさい。 太陽［　　］ 月［　　］

ア 0.25倍　**イ** 0.5倍　**ウ** 2倍　**エ** 4倍　**オ** 10倍
カ 40倍　**キ** 100倍　**ク** 400倍　**ケ** 1000倍

(5) 日食や月食は，月がどのようなときに起こる可能性があるか。最も適当なものを，次の**ア**～**オ**からそれぞれ1つずつ選び，記号で答えなさい。 日食［　　］ 月食［　　］

ア 新月　**イ** 上弦の月　**ウ** 満月　**エ** 下弦の月　**オ** 三日月

難問 (6) 満月から次の満月までは約29.5日であるが，これを30日として月の公転周期を求めなさい。ただし，答えは小数第2位を四捨五入し，小数第1位まで求めなさい。［　　］

(7) 2012年は金星の太陽面通過という現象が起こった。金星以外にこの現象を起こす可能性のある惑星の名称を答えなさい。［　　］

独創的 **2** **太陽の表面を観察するときの手順や観察結果について答えなさい。** 〔筑波大附属駒場高〕

(1) 天体望遠鏡を使って観察するときの手順を示した下の①から⑤の文中の［ a ］と［ b ］に適する語を入れなさい。 a［　　］ b［　　］

① ファインダーは必ずキャップでふさいでおく。
② 天体望遠鏡に太陽投影板としゃ光板をとりつけ，投影板に記録用紙を固定する。
③ 天体望遠鏡を太陽に向け，地面にできる望遠鏡の［ a ］が最も小さくなるようにする。
④ 接眼レンズと投影板との［ b ］を調節する。
⑤ 記録用紙に描いた円と同じ大きさで太陽の像がはっきり見えるようにピントを合わせる。

(2) 天体望遠鏡を固定したとき，太陽が視野から外れていく方向を太陽の西とする。毎日同じ時刻に太陽の表面観察をしたときに黒点が移動する方向はどれですか。［　　］

ア 東から西へ　**イ** 西から東へ　**ウ** 北から南へ　**エ** 南から北へ
オ 一定の方向はない

3 **次の問いについて，正しいものをそれぞれ選び，記号で答えなさい。**　〔お茶の水女子大附高ー改〕

独創的
(1) 太陽に最も近い恒星までの距離はおよそ何光年か。最も適切なものを１つ選びなさい。

ア 0.04 光年　**イ** 0.4 光年　**ウ** 4 光年　**エ** 40 光年　**オ** 400 光年　［　　］

(2) 東京で，ある日の夜，カシオペヤ座が天頂と北極星を結ぶ線を横切っていた(図中の**A**)。この時刻から３時間後のカシオペヤ座の見え方を描いた図として，最も適切なものを図中の**ア**～**エ**の中から１つ選びなさい。　［　　］

A　イ　ウ　ア　北極星　エ

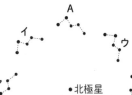

4 **次の文章を読んで，あとの問いに答えなさい。**　〔福井〕

札幌，福井，福岡の３地点における夏至の日の太陽の南中時刻，南中高度を国立天文台の Web サイトで調べ，表にまとめた。**図１**は，３地点の位置を示したものである。

地点	南中時刻	南中高度
札幌	11 時 36 分	70.4°
福井	11 時 57 分	77.4°
福岡	12 時 20 分	79.9°

図１

札幌　福井　福岡

(1) ３地点で，太陽の南中時刻が異なっているのは地球のある運動が原因である。地球のこの運動を何というか，書きなさい。　［　　］

(2) **図２**は，福井で観察される，日の出から日の入りまでの太陽の通り道を表した模式図である。このうち，夏至の日の太陽の通り道はどれか，最も適当なものを**図２**の①～③から選んで，その番号を書きなさい。また，夏至の日の太陽の南中高度を表すものはどれか，最も適当なものを次の**ア**～**エ**から選んで，その記号を書きなさい。ただし，**B**，**C**，**D**は太陽が南中する位置を表す。

図２

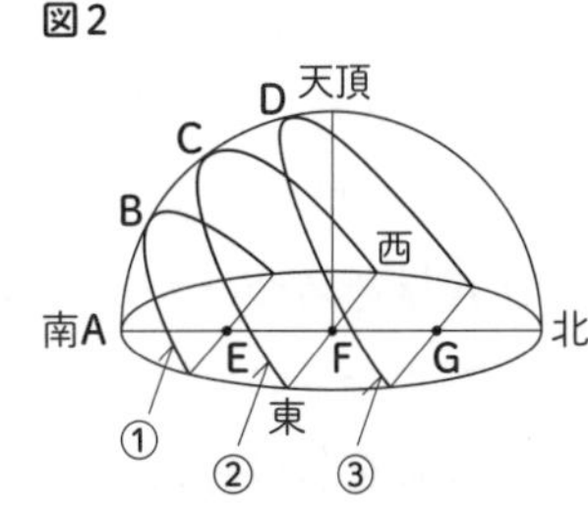

通り道［　　］　南中高度［　　］

ア ∠AEB　**イ** ∠AFC　**ウ** ∠AGD　**エ** ∠AFD

(3) 南中高度のように，１年を周期として変化するものはどれか，最も適当なものを次の**ア**～**エ**から選んで，その記号を書きなさい。　［　　］

ア 月の満ち欠け　**イ** 真夜中に見える星座の位置

ウ 太陽の黒点の数　**エ** 日没時に見える金星の方向

(4) 福岡の緯度は何度か，表から求めなさい。ただし，地球の地軸は，公転面に対して垂直な方向から 23.4° 傾いているものとする。　［　　］

思考力
(5) ３地点におけるこの日の昼の長さの関係を表すものはどれか，最も適当なものを次の**ア**～**エ**から選んで，その記号を書きなさい。ただし，札幌，福井，福岡の昼の長さをそれぞれ**X**，**Y**，**Z**とし，昼の長さは日の出から日の入りまでの時間とする。　［　　］

ア X＝Y＝Z　**イ** X＞Y＞Z　**ウ** X＜Y＜Z　**エ** X＜Z＜Y

(6) 白夜の時期の北極付近では，太陽が沈まないのに，日中の気温は同じ時期の福井に比べて低い。これは，地表があたたまりにくいことが原因のひとつであるが，この理由を「太陽の高度が低く，」に続けて，簡潔に書きなさい。

［太陽の高度が低く，　　］

5 **ある日の日の出の1時間前に金星と火星を観察すると，図1のように見えた。図2は，この日の太陽(◎)と金星(●)，地球(○)の位置関係を模式的に示したものである。次の問いに答えなさい。** 〔北海道－改〕

図1

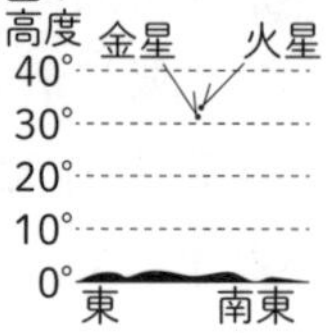

高度 金星 火星

40°

30°

20°

10°

0°

東 南東

図2

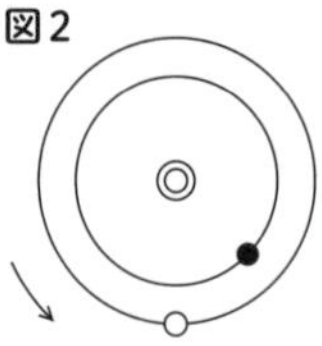

(1) 火星の公転軌道と，図の日の火星(★)の位置を図に描き加えたものとして，最も適当なものを，ア～エから選びなさい。 [　　　]

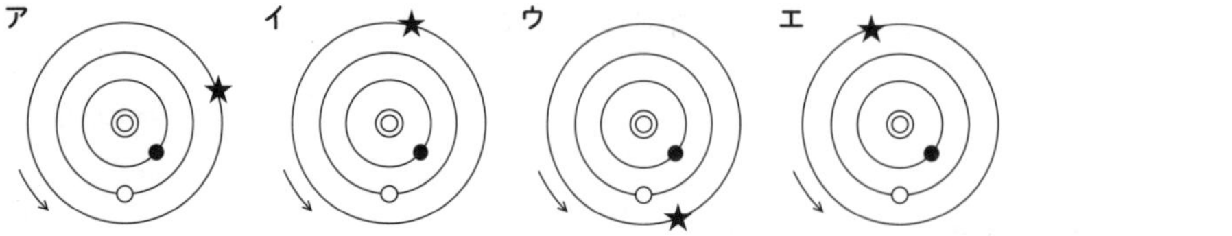

ア　イ　ウ　エ

(2) 次の文の①～③の{ }にあてはまるものを，それぞれア，イから選びなさい。なお，金星の公転周期はおよそ0.6年，火星の公転周期はおよそ1.9年である。

①[　　　] ②[　　　] ③[　　　]

図の日の1か月後の日の出の1時間前に，金星と火星を観察すると，図の日に比べて金星の高度は①{ア 高く　イ 低く}なり，金星と火星は②{ア 離れて　イ 近づいて}見えると考えられる。また，金星の見かけの大きさは③{ア 大きく　イ 小さく}なると考えられる。

6 **次の文章を読んで，あとの問いに答えなさい。** 〔青雲高〕

1月1日の午前0時(真夜中)に真南にある恒星を探して，これをA星とよぶことにした。次の月，つまり2月1日の午前0時にも同じことをして，その星をB星とした。2か月後にはC星としていき，L星まで名まえをつけた。恒星はできるだけ黄道(太陽の通り道)の近くのものを使った。

(1) A星を名づけた次の夜，A星が真南にくるのは前日よりもどれだけはやいか，または遅いか，答えなさい。 [　　　]

(2) B星を名づけた夜，A星が真南にくるのは午前または午後の何時頃ですか。 [　　　]

(3) L星を名づけた夜の3か月後，A星が真南にくるのは午前または午後の何時頃ですか。 [　　　]

(4) L星を名づけた夜の3か月後，太陽はA～Lのどの星の方向にありますか。 [　　　]

難問

(5) L星を名づけた夜の3か月後，太陽が没してから4時間後に没する星は何か，A～Lの記号で答えなさい。 [　　　]

7 **次の文章を読んで，あとの問いに答えなさい。** 〔栃木〕

ある日の朝，太陽の大部分がかくされる日食を栃木県内で観察することができた。日食が観察されるときは，右図のように太陽と月と地球が一直線上に並ぶ。

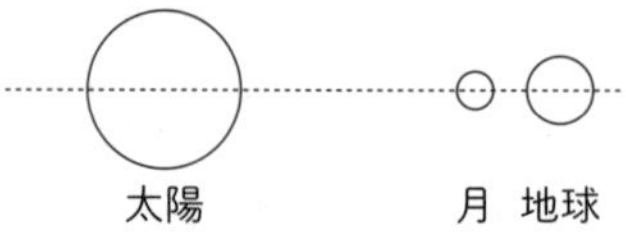

太陽　月　地球

(1) 次のうち，月について正しいことを述べているものはどれですか。 [　　　]

ア 太陽系の惑星である。　イ 大気でおおわれている。

ウ 地球のまわりを公転している。　エ みずから光を発する天体である。

思考力

(2) この日食が栃木県内で観察された時刻に，地球にできた影のようすを模式的に示した図はどれですか。ただし，黒い部分は影を表し，点Pは北極の位置を示している。また，地球の自転の向きは，北極の上空から見て反時計回りである。 [　　　]

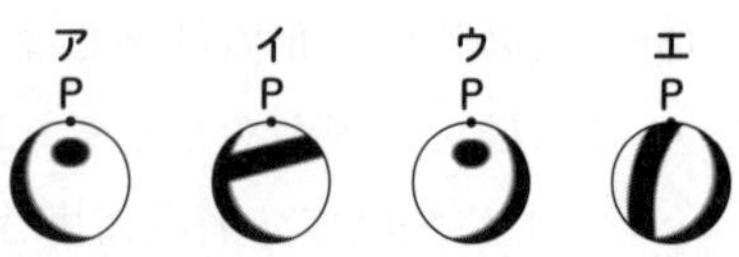

ア P　イ P　ウ P　エ P

独創的 (3) 太陽と月では実際の大きさがかなり異なるが，日食を観察した結果，太陽と月がほぼ同じ大きさで見えることがわかった。このことをモデルをつくって確かめることにした。太陽のモデルを直径140 cmの球，月のモデルを直径3.5 mmの球とすると，これらの直径の比は，実際の太陽と月の直径の比とほぼ等しくなる。月のモデルを自分から38 cm離(はな)れた位置に置く場合，これと同じ大きさに見えるようにするためには，太陽のモデルを自分から何m離れた位置に置けばよいですか。 [　　　]

(4) この日食が起きてから，何日か後に月食が起きたのは，次のうちどれですか。 [　　　]

ア 7日後　**イ** 14日後　**ウ** 21日後　**エ** 28日後

8 あとの問いに答えなさい。 〔愛光高－改〕

太陽系では，太陽を中心として，惑星(わくせい)がそのまわりを回っている。惑星は，太陽に近い側から水星，金星，地球，[①]，木星，土星，天王星，海王星の順に並んでおり，これらの惑星の公転軌道(きどう)はほぼ地球の公転軌道と同じ平面上にある。右図は天の北極から見た，太陽と，水星から地球までの惑星の軌道を示したものである。図に示された各惑星の公転軌道の半径は，実際の公転軌道の半径の比率と一致(いっち)するように描(えが)かれている。また，太陽系のまわりには，太陽と同様の恒星(こうせい)が無数にあり，これらが[②]とよばれる円盤状(えんばんじょう)の星の集団を形成している。地球は[②]の端(はし)のほうに位置し，[②]の中心の方向には恒星が密集しているので，夜空では，これが帯状に白い雲のように見える。この雲のように見える部分は[③]とよばれている。

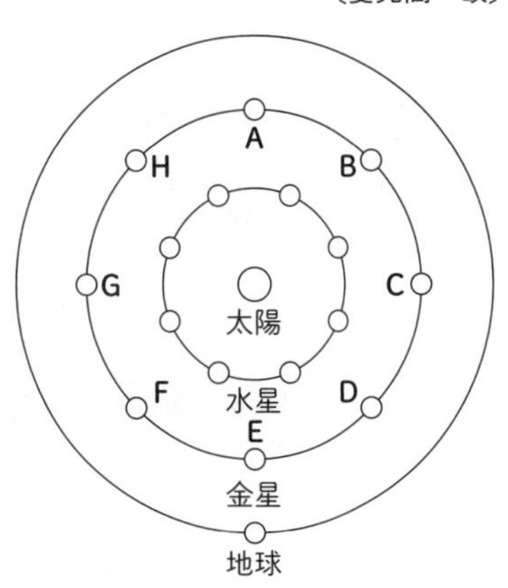

(1) 文中の[①]～[③]にあてはまる語句をそれぞれ答えなさい。

①[　　　] ②[　　　] ③[　　　]

独創的 (2) 木星には大きな衛星が，昔から観測されている。次の**ア**～**カ**から木星の衛星を2つ選び，記号で答えなさい。 [　　　] [　　　]

ア ミランダ　**イ** ガニメデ　**ウ** フォボス
エ イオ　**オ** タイタン　**カ** ディオネ

(3) 図の位置に地球があり，そこから次の①，②のような形をした金星が観察されたとき，金星の位置はどこか，最も適当な位置を上の図の**A**～**H**から1つずつ選び，記号で答えなさい。

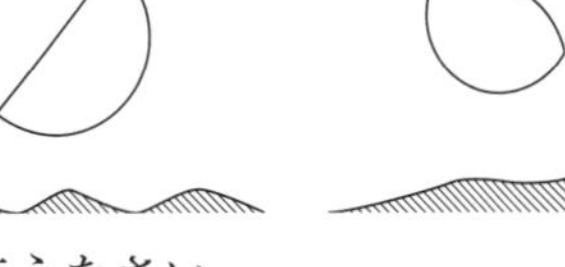

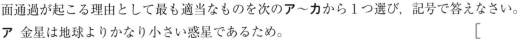

①[　　　] ②[　　　]

(4) 2012年6月6日には金星が太陽の前を横切る現象（金星の日面通過）が観察された。金星の日面通過が起こる理由として最も適当なものを次の**ア**～**カ**から1つ選び，記号で答えなさい。 [　　　]

ア 金星は地球よりかなり小さい惑星であるため。
イ 金星は地球とほぼ同じ大きさであるため。
ウ 金星は地球よりかなり大きい惑星であるため。
エ 北極星側から見ると，金星も地球も反時計回りに公転しているため。
オ 金星は，地球よりも太陽に近い公転軌道を回っているため。
カ 地球の公転面と金星の公転面がほぼ一致しているため。

〔　　月　　日〕

理解度診断テスト ①

本書の出題範囲 pp.132～155　時間 35分　得点 /50点　理解度診断 A B C

解答 ⇨ 別冊 p.37

1 **次の文章を読んで，あとの問いに答えなさい。** 〔福島－改〕

図1は，同じ標高の観測点**A**～**D**における地震**X**～**Z**のゆれの記録である。ただし，地震**X**～**Z**の震央は同じで，グラフの横軸は時刻，縦軸はゆれの大きさを表している。また，**図2**は，観測点**A**～**D**の位置を示したもので，**A**，**B**，**C**は北から南に直線状に並んでおり，**D**は**B**の真東にある。

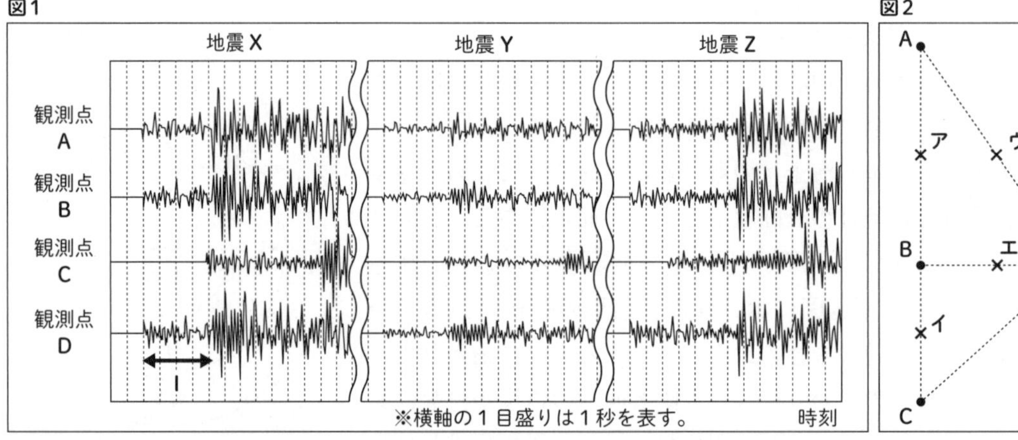

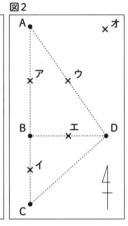

(1) **図1**の**I**は，P波が到着してからS波が到着するまでの時間を示している。この時間を何というか。書きなさい。(4点)

〔　　　　　　　　〕

(2) 地震**X**～**Z**の震央を推測するとどこになるか。**図2**の×印で示した**ア**～**オ**の中から最も適当なものを1つ選びなさい。(5点)

〔　　〕

(3) 地震**X**と地震**Y**の記録は，すべての観測点で，P波が到着してからS波が到着するまでの時間はほぼ等しいが，ゆれの大きさが異なることを示している。地震**X**と地震**Y**で大きな違いがあるものは何か。次の**ア**～**オ**の中から最も適当なものを1つ選びなさい。(5点)

〔　　〕

ア 震源の深さ　**イ** P波とS波の速さの比　**ウ** P波の速さ
エ S波の速さ　**オ** マグニチュード

(4) P波の到着時刻は，観測点**B**より観測点**C**のほうが遅く，地震**X**の場合は3.8秒後，地震**Z**の場合は2.3秒後であった。次の文は，地震**X**と地震**Z**の震央が同じであることをふまえて，P波の到着時刻の差が異なる理由をまとめたものである。(①)，(②)にあてはまるものは何か。(①)はあてはまる言葉を書き，(②)は**ア**，**イ**のどちらかを選びなさい。(5点×2)

①〔　　　　　　　　〕 ②〔　　〕

> 地震**X**は地震**Z**より(　　　①　　　)ので，観測点**B**の震源からの距離と観測点**C**の震源からの距離の差が②(**ア** 大きい　**イ** 小さい)から。

重要 **2 雲が発生するしくみについて調べるために，次のような実験を行った。下の［　　］の中の文は，この実験の結果から考えられることをまとめたものである。文中の［①］，［②］にあてはまるものの組み合わせとして最も適するものをあとのア～エの中から１つ選び，記号を書きなさい。**（6 点）

〔神奈川－改〕

［　　　］

実験 ぬるま湯で内部をぬらしたフラスコ内に，線香のけむりを入れた。このフラスコを，図のように，ゴム管を接続したゴム栓（せん）でふたをしてスタンドにとりつけ，ゴム管の一方に注射器をつないだ。また，フラスコ内の温度がわかるようにデジタル温度計も接続した。注射器のピストンをすばやく引いたり，おしたりしてフラスコ内のようすやフラスコ内の温度の変化を観察したところ，ピストンを引いたときに，フラスコ内が白くくもった。

ゴム栓
ゴム管
注射器
ピストン
フラスコ
スタンド
デジタル温度計

> ピストンを引いたときに，フラスコ内が白くくもったのは，ピストンを引いたことで，フラスコ内の空気が膨張（ぼうちょう）したことにより温度が［①］し，露点（ろてん）に達したことでフラスコ内の水蒸気が［②］したためと考えられる。

ア ①：低下　②：蒸発　　イ ①：低下　②：凝結（ぎょうけつ）
ウ ①：上昇（じょうしょう）　②：蒸発　　エ ①：上昇　②：凝結

独創的 **3 次の図は，沿岸のある都市で，夏の晴れた日の風の変化を記録したものである。矢印の長さは風速，向きは風向を示している。図を参考にして，以下の文中の［①］～［⑤］に適当な語句・数値（すうち）を記入しなさい。**（4 点×5）

〔久留米大附高－改〕

①［　　　］　②［　　　］　③［　　　］　④［　　　］　⑤［　　　］

海岸付近の風向の変化

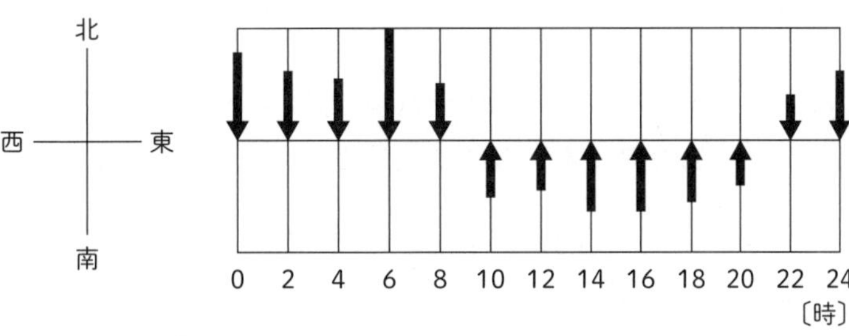

地上を陸から海に向かって吹（ふ）く風を陸風，地上を海から陸に向かって吹く風を海風という。陸風・海風のうち，6 時頃海岸付近に吹く風は［①］，14 時頃海岸付近に吹く風は［②］である。海風から陸風，あるいは陸風から海風に風向が変化する際，一時的になぎとよばれる無風状態になる。

図からなぎの時刻は午前は［③］時頃，午後は［④］時頃と判断できる。さらに図から，この都市では海が，東・西・南・北のうち［⑤］の方向にあると判断できる。

〔　　月　　日〕

理解度診断テスト②

本書の出題範囲 pp.132〜155　時間 35分　得点 /50点　理解度診断 A B C

解答⇨別冊 p.37

1 次の文章を読んで，あとの問いに答えなさい。

〔大阪星光学院高，鳥取－改〕

図1

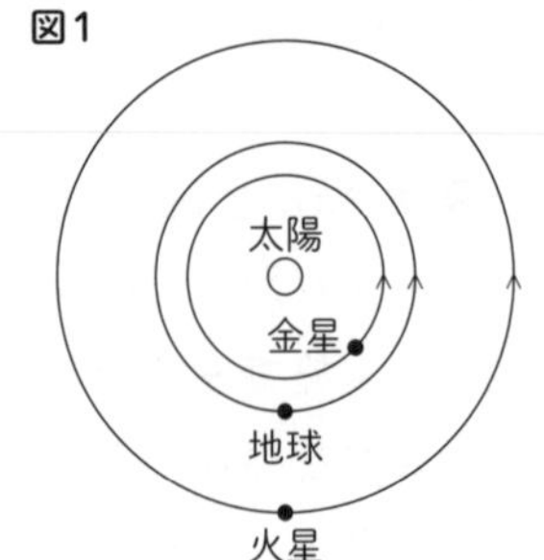

金星，地球，火星は，太陽を中心として一定の速さで円軌道を描きながら公転している惑星である。**図1**は金星，地球，火星の軌道のようすを表したものである。

重要

(1) **図1**の位置関係にあるとき，地球からは金星がどのように見えるか，次の**ア**〜**エ**から選び記号で答えなさい。（3点）〔　　〕

ア 日の出前の東の空に見える　**イ** 日の出前の西の空に見える
ウ 日没後の東の空に見える　**エ** 日没後の西の空に見える

(2) **図1**の位置関係にあるとき，地球から天体望遠鏡（像は上下左右逆に見える）で金星を見るとどのような形に見えるか，次の**ア**〜**オ**から選び記号で答えなさい。（3点）〔　　〕

ア　イ　ウ　エ　オ

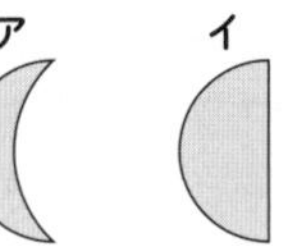

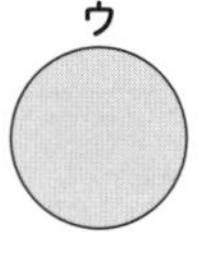

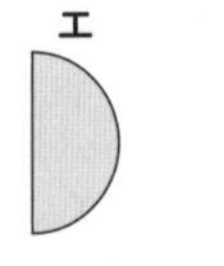

(3) 金星が地球の内側を公転している惑星であることの証拠として，適切なものを次の**ア**〜**カ**から2つ選び記号で答えなさい。（4点）〔　　〕〔　　〕

ア この惑星は，それ自身では光らないが，太陽の光を受けて光って見える。
イ この惑星は，いちじるしく満ち欠けする。　**ウ** この惑星は，ほとんど満ち欠けしない。
エ この惑星は，見かけの大きさが変化する。　**オ** この惑星は，真夜中でも見ることができる。
カ この惑星は，真夜中に見ることはできない。

(4) 金星と地球が**図1**の位置関係にあるときから，2か月間，観察を続けていくと，金星の形と見え方は変化していった。どのように変化していったか，簡単に書きなさい。なお，金星の公転周期は約0.62年である。（4点）

〔　　　　　　　　〕

独創的

(5) **図1**の位置関係にあるとき，地球から天体望遠鏡（像は上下左右逆に見える）で火星を見るとどのような形に見えるか，**(2)**の**ア**〜**オ**から選び記号で答えなさい。（3点）〔　　〕

(6) 火星が地球の外側を公転している惑星であることの証拠として，適切なものを**(3)**の**ア**〜**カ**から2つ選び記号で答えなさい。（5点）

〔　　〕〔　　〕

図2

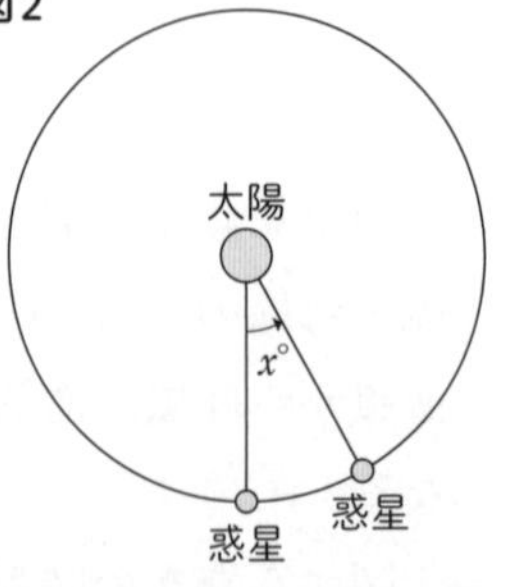

難問

(7) **図2**は，太陽のまわりを惑星が1日間移動したようすを表している。惑星が太陽のまわりを1日間移動した角度を$x°$とすると，地球と火星の$x°$はそれぞれいくらか。ただし，地球の公転周期を365日，火星の公転周期を687日とし，小数第3位を四捨五入して，小数第2位まで答えなさい。（4点×2）

地球〔　　〕　火星〔　　〕

2 **次の文章を読んで，あとの問いに答えなさい。** 〔滋賀ー改〕

ニュースで台風が接近していることを知り，滋賀県内のある地点で，次の調べ学習や実験，観測を行い，台風の進路について調べた。

調べ学習 天気図を調べたところ，台風が近畿（きんき）地方に向かって進んでいた。**図1**は，このときの天気図である。また，県内のある地点の天気，風向，風力を調べ，天気図に使う記号で示した。**図2**は，この記号を拡大したものである。

実験 **図3**のように，ゴム栓（せん）にガラス管を差しこみ，水を入れたガラスビンにゴム栓をした。すると，ガラス管内を水が上がり，ゴム栓の少し上で止まった。

観測 **図1**の台風は，調べ学習を行った次の日に，滋賀県付近を通過した。この日に，**図3**の装置の温度を一定に保ち，8時から1時間ごとに，ゴム栓からガラス管内の水面までの高さを測定した。また，測定した地点の近くにある気象台の風向の記録を調べた。**図4**は，その結果をまとめたものである。

図1

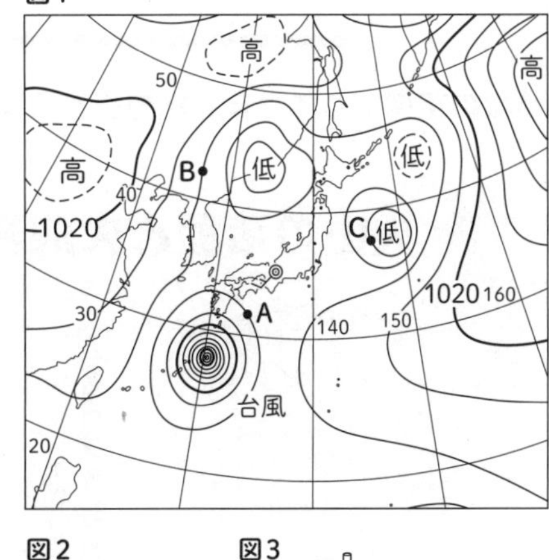

図2 **図3**

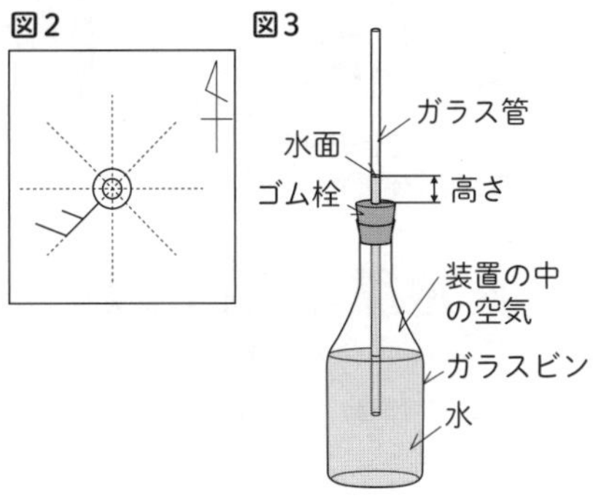

図4

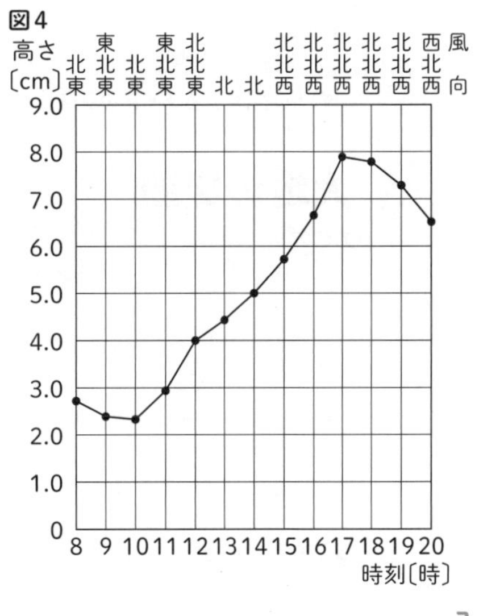

(1) **調べ学習**で，**図2**の記号で示されている天気，風向，風力を書きなさい。(2点×3)

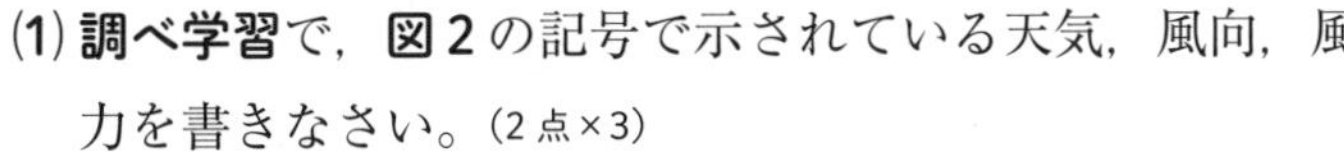

天気〔　　　　〕
風向〔　　　　〕
風力〔　　　　〕

(2) **調べ学習**で，**図1**の**A**～**C**の3地点を，気圧の高い順に並べ，記号で書きなさい。(4点)

〔　　→　　→　　〕

(3) **実験**や**観測**で，**図3**の装置は温度を一定に保つ必要がある。それはなぜか。「装置の中の空気」という言葉を用いて説明しなさい。(6点)

〔　　　　　　　　　　〕

(4) **観測**の結果の**図4**から，台風の中心が，測定した地点に最も近づいたと考えられるのは何時ごろか。また，測定した地点からみて東側，西側のどちらを通過したか。次の**ア**～**エ**から1つ選びなさい。(4点) 〔　　〕

ア 10時ごろに，測定した地点の東側を通過した。
イ 10時ごろに，測定した地点の西側を通過した。
ウ 17時ごろに，測定した地点の東側を通過した。
エ 17時ごろに，測定した地点の西側を通過した。

解答⇨別冊 p.38

精選 図解チェック&資料集 地球

●次の空欄にあてはまる語句を答えなさい。

火山の活動と火成岩

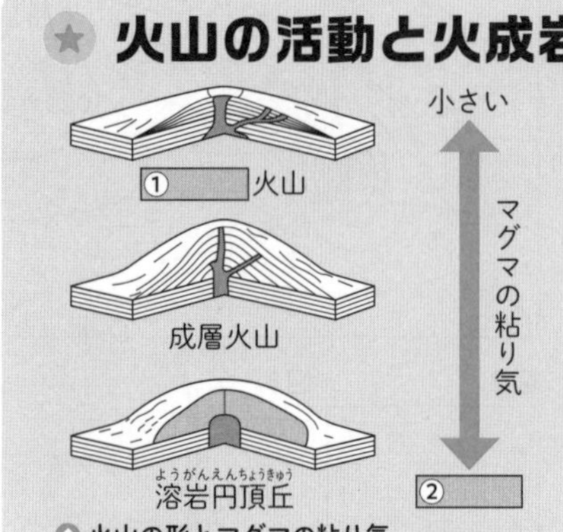

火山の形とマグマの粘り気

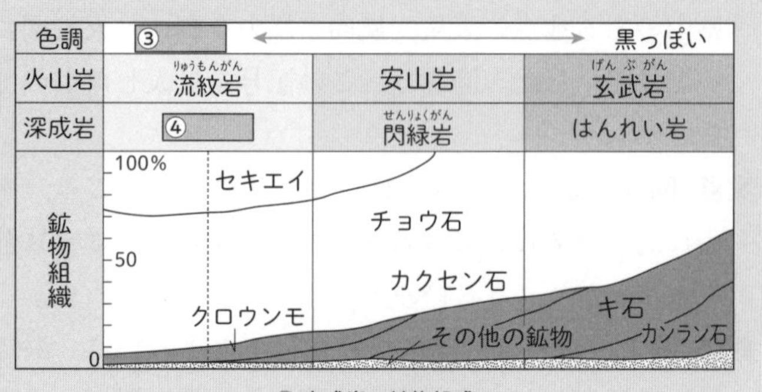

火成岩の鉱物組成

地震とそのゆれ

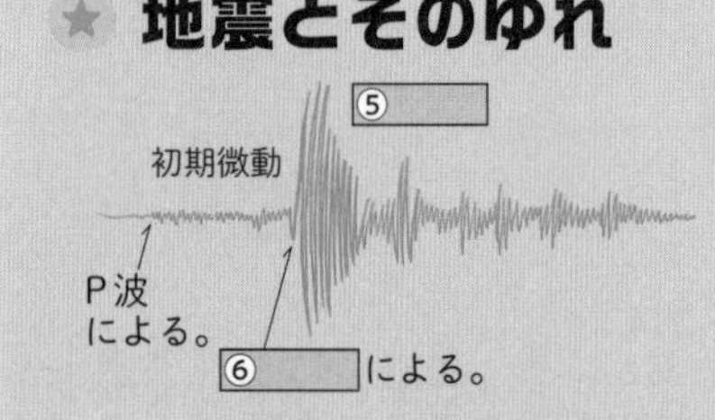

地震計による水平動の記録

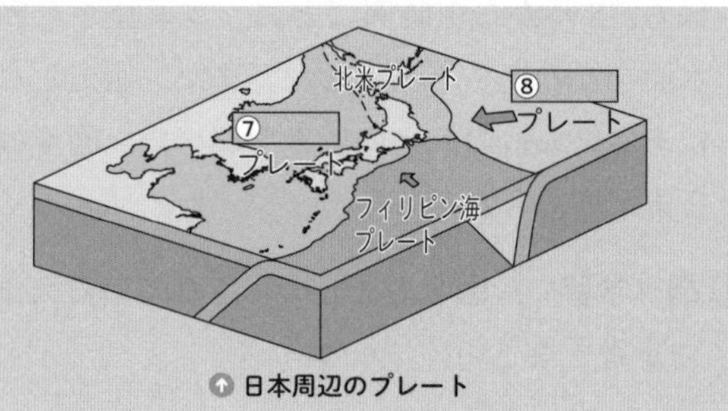

日本周辺のプレート

大地の変動

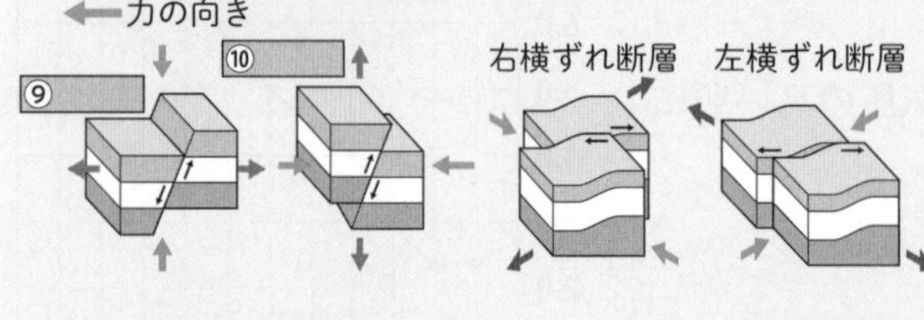

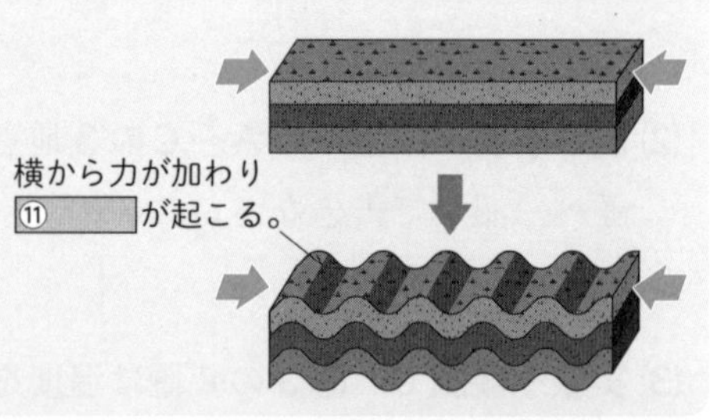

前線と雲

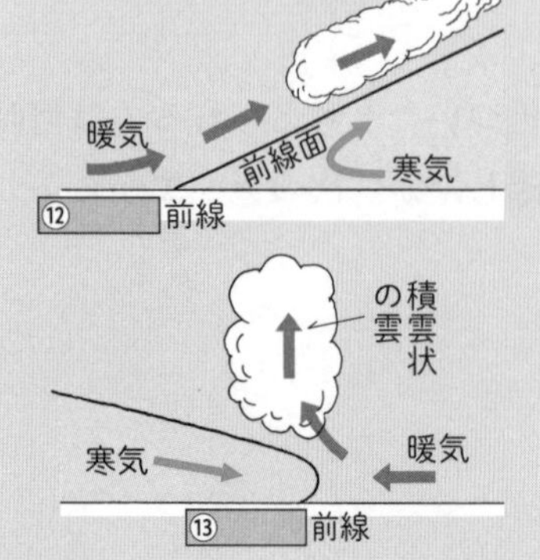

地球の公転

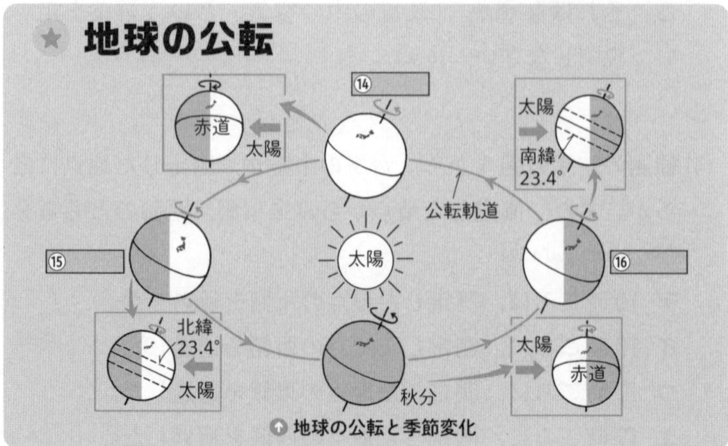

地球の公転と季節変化

思考力・記述問題対策
高校入試予想問題

思考力・記述問題対策

高校入試予想問題

出題傾向

※公立高校入試問題の場合。

1 どの都道府県でもエネルギー・物質・生命・地球の各分野からバランスよく出題されている。

2 各領域や単元が混ざり合って，総合問題になるケースも少なくない。

3 実験・観察が重視されている。方法や結果だけでなく，実験・観察の注意点や考察を問われることも多い。

4 選択肢で答える問題が多いが，作図や文章によって答える問題がふえてきている。

出題内容の割合
- エネルギー 約21.4％
- 物質 約28.8％
- 生命 約23.7％
- 地球 21.8％
- その他 約4.1％

【エネルギー】
- 電流に関する問題が多い。オームの法則を用いたり，発熱量を求めたりといった計算問題がよく出題される。
- 力・運動の分野では，物体にはたらく力や力の合成・分解といった作図が多く出題される。エネルギーの移り変わりに関する問題も多い。

【物　質】
- 気体の発生や性質に関する問題が多い。水溶液を区別する問題も多く見られる。
- 炭酸水素ナトリウムや水の電気分解に関する問題が頻出である。
- イオンや電池に関する問題が増加している。

【生　命】
- 動物のからだのつくりに関する問題が多い。消化・吸収・血液循環がよく出題されている。
- セキツイ動物の分類が多く出題されている。無セキツイ動物の分類も問われることがある。
- 遺伝の法則を用いる思考力問題が増加している。

【地　球】
- 恒星や金星の見え方，地球との位置関係が多く出題されている。
- 地震の記録から地震発生時刻や震源までの距離などを計算によって求める問題が多い。火成岩の組織や含まれる鉱物に関する問題も頻出である。
- 湿度や雲のでき方を問う問題が多く見られる。

【その他】
- 自然と人間に関する問題が多い。食物連鎖や自然災害がよく出題されている。

合格への対策

- **入試問題に慣れよう**…入試問題では，問題文が長く読解力が要求されたり，多くの分野の融合問題が出題されたりするため，戸惑うことがないよう過去問の演習をくり返そう。
- **実験・観察をおさえよう**…基本的な実験・観察の方法や結果，考察，注意点を理解しよう。
- **文章や図をかけるようにしよう**…用語の暗記だけでなく，用語の意味を文章で説明したり，図で表したりできるようにしておこう。
- **間違えた問題を見直そう**…理解不足により間違えた問題は，教科書や参考書で基本的な内容から復習しよう。

思考力・記述問題対策 ①

解答⇨別冊 p.38

1 電熱線の発熱について調べるために，次の実験を行った。あとの問いに答えなさい。〔群馬〕

実験Ⅰ 図1のような装置で，コップに水を入れてしばらく置いた後，水の温度を測定した。次に，スイッチを入れて電熱線a（6V−8W）に6Vの電圧を加えて，ときどき水をかき混ぜながら，1分ごとに5分までの温度を測定した。

Ⅱ 電熱線aのかわりに電熱線b（6V−4W）を用いて，**実験Ⅰ**と同様の操作を行った。

Ⅲ 電熱線aのかわりに電熱線c（6V−2W）を用いて，**実験Ⅰ**と同様の操作を行った。

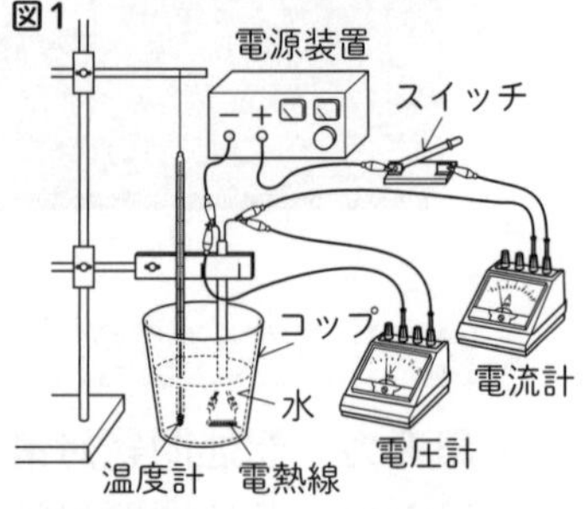

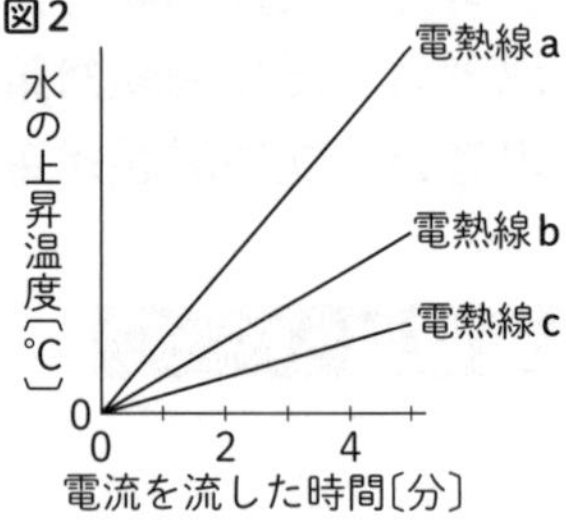

図2は，**実験Ⅰ～Ⅲ**において，電流を流した時間と水の上昇温度の関係を，グラフに表したものである。

(1) **実験Ⅰ**の回路図を，次の記号を用いて，描きなさい。

電熱線	スイッチ	電源	電流計	電圧計
			Ⓐ	Ⓥ

(2) **図2**のグラフからわかることについて，次の①，②の問いに答えなさい。

① 1つの電熱線に着目した場合の，電流を流した時間と水の上昇温度の関係について，簡潔に書きなさい。

② 3つの電熱線を比較した場合の，電熱線の消費電力と一定時間における水の上昇温度の関係について，簡潔に書きなさい。

(3) **実験Ⅰ**で，電熱線aから5分間に発生する熱量はいくらか，書きなさい。

(4) **実験Ⅰ**における電熱線aのかわりに，3つの電熱線a～cのうち2つをつないだものを用いて，**実験Ⅰ**と同様の操作を行ったところ，**図3**のXのようなグラフとなった。次の文は，2つの電熱線のつなぎ方について，**図3**からわかることをまとめたものである。文中の［①］，［②］にはa～cのうちあてはまる記号を書き，③については｛　｝内の**ア**，**イ**から正しいものを選びなさい。

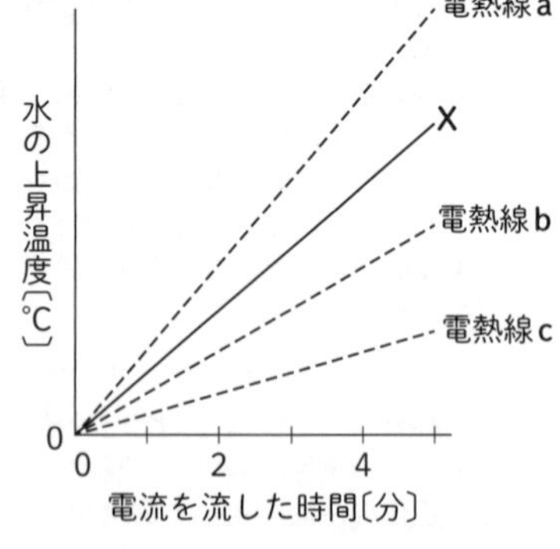

> **図3**のグラフの傾きから，電熱線［①］と電熱線［②］を③｛**ア** 直列　**イ** 並列｝につないだことがわかる。

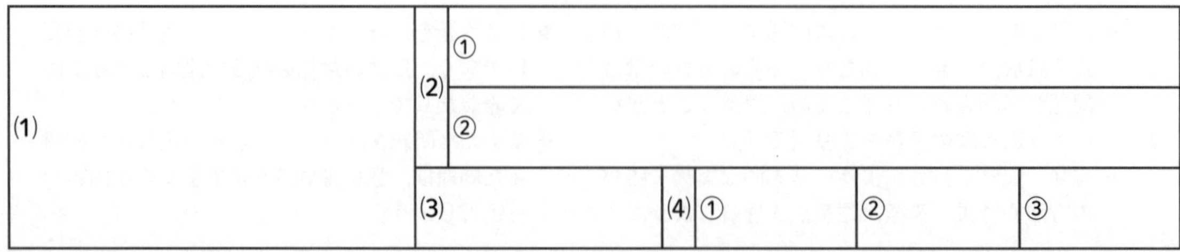

(1)	(2)	①
		②
	(3)	(4) ① ／ ② ／ ③

2 花子さんは授業で，物体のもつエネルギーについて調べるために，右の図のような材質が均一なレールと小球を用いて，次の実験を行った。ただし，小球がレールを離(はな)れることはないものとし，レール上の点 BC 間と点 DE 間は水平で，図の点線は基準面および基準面からの高さが等しい水平な面を表している。また，下の会話は，花子さんと先生が実験の後に交わしたものの一部である。これについて，あとの問いに答えなさい。〔京都一改〕

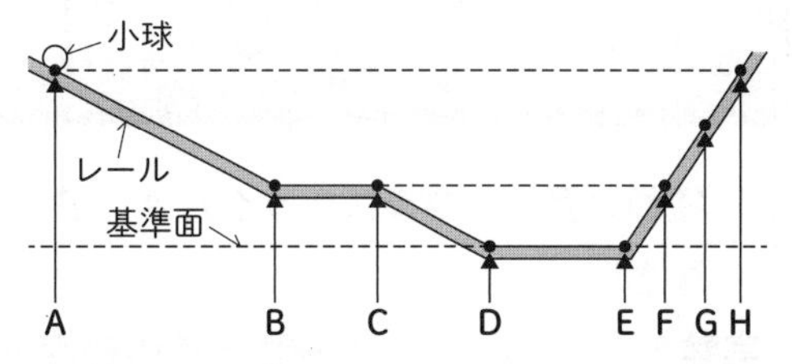

実験 小球を点Aに置き，静かに手を放して小球を転がし，小球が点Aと同じ高さの点Hに到達(とうたつ)するかどうかを調べる。

結果 小球は点Aから点B～点Fを経て，点Gまでのぼり，点Hには到達しなかった。

> 花子 授業で，位置エネルギーと運動エネルギーの和である[X]エネルギーは一定に保たれると勉強したので，小球は点Aと同じ高さの点Hに到達すると予想したのですが，到達しませんでした。
>
> 先生 レールを転がる小球に対しては様々な力がはたらきます。[X]エネルギーが別のエネルギーに移り変わるため，[X]エネルギーは保存されないということも以前の授業で勉強しましたね。
>
> 花子 なるほど，摩擦力(まさつりょく)や空気の抵抗(ていこう)がはたらくので，小球は点Hに到達しなかったのですね。

(1) 会話中の[X]に入る最も適当な語句を，ひらがな６字で書きなさい。

(2) 小球が図中の点Aから点Gまで運動するときの，小球のもつ位置エネルギーの大きさの変化を模式的に表したものとして最も適当なものを，次の**ア**～**カ**から１つ選びなさい。

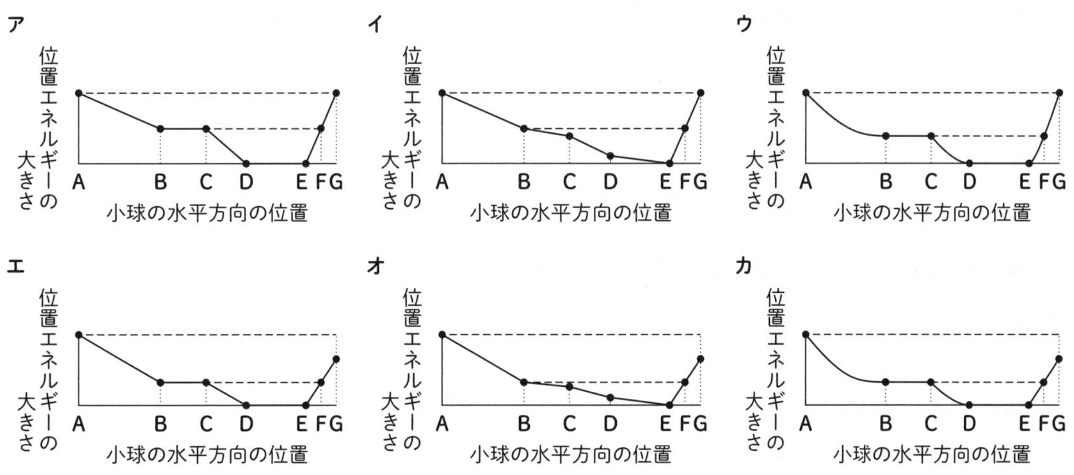

(3) 小球が点Aから点Gまで運動するときの，点B・点C・点Fにおける速さを比べた。このとき，小球の速さが最もはやい点と最も遅(おそ)い点を，B・C・Fからそれぞれ１つずつ選びなさい。

(1)	(2)	(3) 最もはやい点	最も遅い点

思考力・記述問題対策 ②

解答 ⇨ 別冊 p.38

1 種類の異なるプラスチック片A，B，C，Dを準備し，次の実験を行った。あとの問いに答えなさい。 〔栃木〕

実験1 プラスチックの種類とその密度を調べ，**表1**にまとめた。

実験2 プラスチック片A，B，C，Dは，**表1**のいずれかであり，それぞれの質量を測定した。

実験3 水を入れたメスシリンダーにプラスチック片を入れ，目盛りを読みとって体積を測定した。しかし，プラスチック片C，Dは水に浮(う)いてしまい，体積を測定できなかった。なお，水の密度は1.0 g/cm^{3}である。

表1

	密度〔g/cm^3〕
ポリエチレン	0.94〜0.97
ポリ塩化ビニル	1.20〜1.60
ポリスチレン	1.05〜1.07
ポリプロピレン	0.90〜0.91

(1) **実験2**，**3**の結果，プラスチック片Aの質量は4.3 g，体積は2.9 cm^{3}であった。プラスチック片Aの密度は何g/cm^{3}か。小数第2位を四捨五入して小数第1位まで書きなさい。

(2) プラスチック片Bと同じ種類でできているが，体積や質量が異なるプラスチックをそれぞれ水に沈(しず)めた。このときに起こる現象を，正しく述べたものはどれか，記号を書きなさい。

ア 体積が大きいものは，密度が小さくなるため，水に浮かんでくる。
イ 体積が小さいものは，質量が小さくなるため，水に浮かんでくる。
ウ 体積が小さいものは，密度が小さくなるため，水に浮かんでくる。
エ 体積や質量に関わらず，沈んだままである。

(3) **実験3**で用いた水の代わりに，**表2**のいずれかの液体を用いることで，体積を測定することなくプラスチック片C，Dを区別することができる。その液体として，最も適切なものはどれか。また，どのような実験結果になるか。**表1**のプラスチック名を用いて，それぞれ簡潔に書きなさい。

表2

	液体	密度〔g/cm^3〕
ア	エタノール	0.79
イ	なたね油	0.92
ウ	10%エタノール溶液	0.98
エ	食塩水	1.20

(1)	(2)	(3) 液体
実験結果		

2 酸化銅の反応について調べるため，次の実験を行った。あとの問いに答えなさい。 〔愛知〕

実験 ①黒色の酸化銅2.40 gに，乾燥(かんそう)した黒色の炭素粉末0.12 gを加え，よく混ぜてから試験管Aにすべてを入れた。

②図1のような装置をつくり，①の試験管Aをスタンドに固定した後，ガスバーナーで十分に加熱して気体を発生させ，試験管Bの石灰水に通した。

③気体が発生しなくなってから，ガラス管を試験管Bから取り出し，その後，ガスバーナーの火を消してから，空気が試験管Aに入らないようにピンチコックでゴム管をとめた。

図1

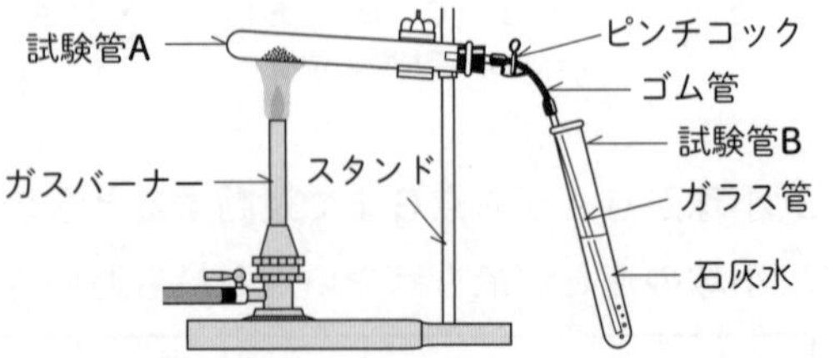

④その後，試験管Aを室温になるまで冷やしてから，試験管Aの中に残った物質の質量を測定した。

⑤次に，酸化銅の質量は2.40 gのままにして，炭素粉末の質量を0.15 g，0.18 g，0.21 g，0.24 g，0.27 g，0.30 gにかえて，①〜④までと同じことを行った。

実験の②では，石灰水が白く濁(にご)った。また，**実験**の⑤で，加えた炭素粉末が0.15 g，0.18 g，0.21 g，0.24 g，0.27 g，0.30 gのいずれかのとき，酸化銅と炭素がそれぞれすべて反応し，気体と赤色の物質だけが生じた。この赤色の物質を薬さじで強くこすると，金属光沢(こうたく)が見られた。

表は，**実験**の結果をまとめたものである。ただし，反応後の試験管Aの中にある気体の質量は無視できるものとする。

酸化銅の質量〔g〕	2.40	2.40	2.40	2.40	2.40	2.40	2.40
加えた炭素粉末の質量〔g〕	0.12	0.15	0.18	0.21	0.24	0.27	0.30
反応後の試験管Aの中にある物質の質量〔g〕	2.08	2.00	1.92	1.95	1.98	2.01	2.04

(1) **実験**で起こった化学変化について説明した文として最も適当なものを，次の**ア**〜**エ**の中から選んで，その記号を書きなさい。

ア 酸化銅は酸化され，同時に炭素も酸化された。
イ 酸化銅は還元(かんげん)され，同時に炭素も還元された。
ウ 酸化銅は酸化され，同時に炭素は還元された。
エ 酸化銅は還元され，同時に炭素は酸化された。

(2) **実験**では，黒色の酸化銅と黒色の炭素粉末が反応して，気体と赤色の物質が生じた。このときの化学変化を表す化学反応式を書きなさい。

(3) 酸化銅の質量を2.40 gのままにして，加える炭素粉末の質量を0 gから0.30 gまでの間でさまざまにかえて，**実験**と同じことを行ったとき，加えた炭素粉末の質量と発生した気体の質量との関係はどのようになるか。横軸(じく)に加えた炭素粉末の質量を，縦軸に発生した気体の質量をとり，その関係を表すグラフを右の**図2**に書きなさい。

図2

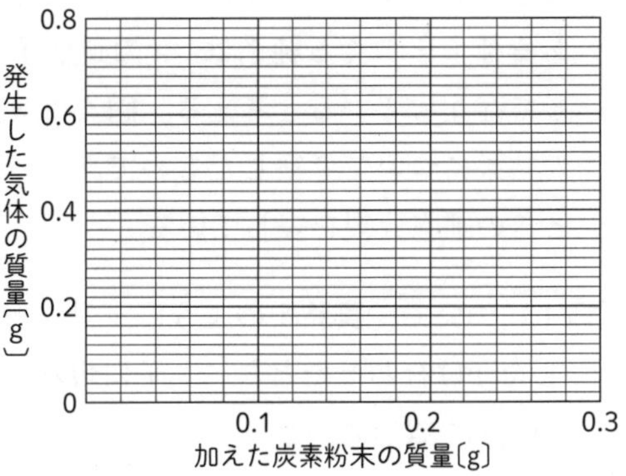

(4) 酸化銅の質量を3.60 g，加える炭素粉末の質量を0.21 gにかえて，**実験**と同じことを行った。このとき，気体と赤色の物質が生じたほか，黒色の物質が一部反応せずに残っていた。反応後の試験管中の赤色の物質と黒色の物質はそれぞれ何gか。次の**ア**〜**シ**の中から，それぞれ最も適当なものを選んで，その記号を書きなさい。

ア 0.69 g　**イ** 0.80 g　**ウ** 0.99 g　**エ** 1.20 g　**オ** 1.36 g　**カ** 1.52 g
キ 1.65 g　**ク** 1.76 g　**ケ** 2.00 g　**コ** 2.24 g　**サ** 2.40 g　**シ** 2.88 g

(1)	(2)	(3) 図2に記入

(4)	赤色の物質	黒色の物質

思考力・記述問題対策 ③

解答 ⇨ 別冊 p.39

1 **次の文を読んで，あとの問いに答えなさい。** 〔三重〕

みゆきさんは，遺伝について関心をもち，メンデルの行った実験と遺伝の規則性について調べたことを，次のⅠ，Ⅱのようにノートにまとめた。

【みゆきさんのノートの一部】

Ⅰ メンデルの行った実験

自家受粉をくり返して，純系のエンドウを得たメンデルは，そこから対立形質である丸い種子をつくる純系としわのある種子をつくる純系を選び，次の実験を行った。

実験1 **図1**のように，しわのある種子をつくる純系の花粉を使って，丸い種子をつくる純系の花に受粉させると，子にあたる種子では，すべて丸い種子が得られた。

実験2 **図2**のように，**実験1**で得られた子にあたる丸い種子を育てて自家受粉させると，孫にあたる種子では，丸い種子としわのある種子が，一定の割合で得られた。

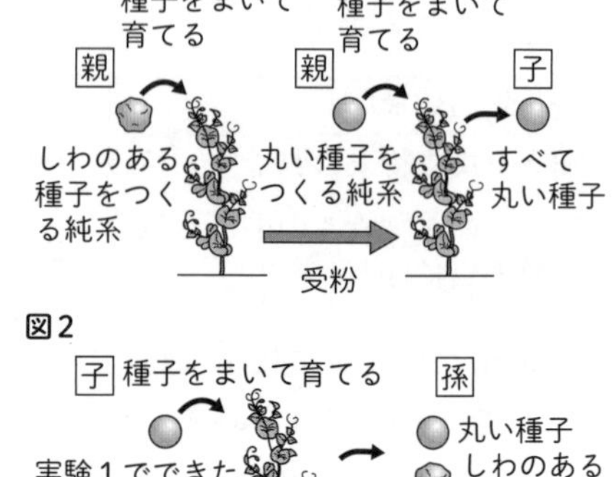

Ⅱ 遺伝の規則性

実験2を遺伝子の伝わり方で考えてみた。丸い種子をつくる遺伝子をA，しわのある種子をつくる遺伝子をaとする。**図3**のように，丸い種子をつくる純系は，Aの遺伝子をもつ染色体が対になって存在していると考える。同様に，しわのある種子をつくる純系は，aの遺伝子をもつ染色体が対になって存在していると考える。**図4**はメンデルが行った**実験2**の結果について考察したものである。**X**は生殖細胞ができるときの細胞分裂を表している。

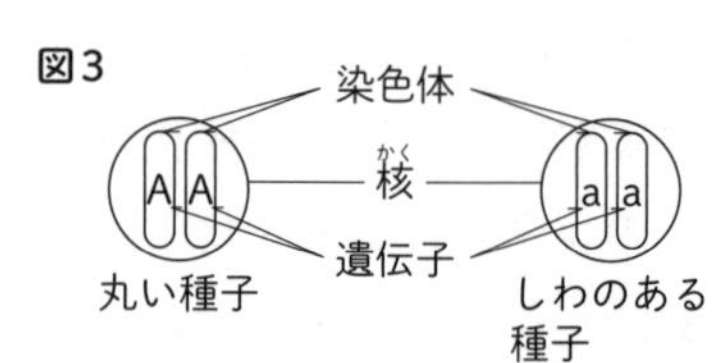

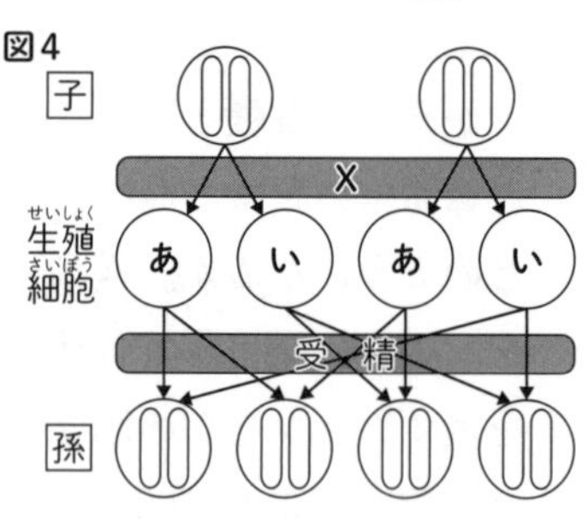

(1) Ⅰについて，**実験1**のように，対立形質をもつ純系の親どうしをかけ合わせたときに，子に現れる形質を何というか，その名称(めいしょう)を書きなさい。

(2) Ⅱについて，次の問いに答えなさい。

①**図4**の**あ**，**い**に入る生殖細胞はどれか。次の**ア**～**カ**から最も適当な組み合わせを1つ選び，その記号を書きなさい。

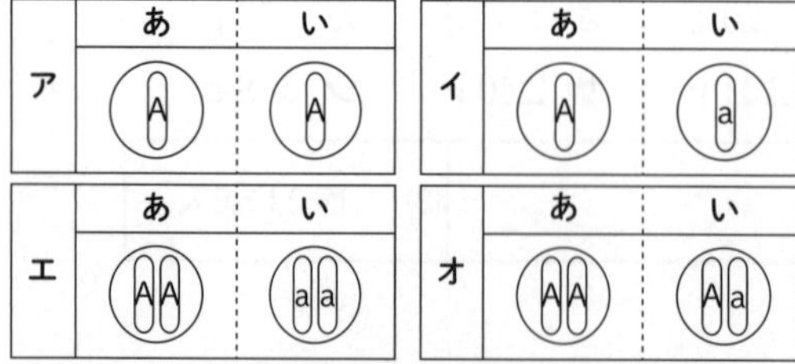

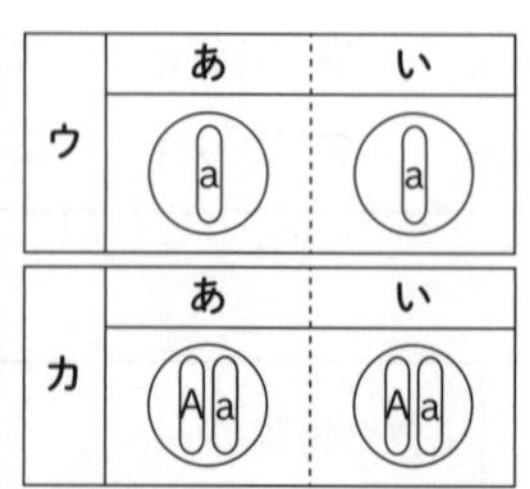

②次の文は，**図4**をもとに，孫にあたる種子の数について考えたものである。文中の［**う**］，［**え**］に入る数は何か，下の**ア**～**オ**から最も適当なものをそれぞれ1つずつ選びなさい。

孫にあたる種子の中で，しわのある種子が1800個得られたとすると，丸い種子は約［**う**］個得られ，丸い種子のうち，Aaの遺伝子をもつ種子は約［**え**］個得られる。

ア 900　**イ** 1800　**ウ** 3600　**エ** 5400　**オ** 7200

③孫にあたる種子のうち丸い種子だけをすべて育て，それぞれを自家受粉させたときに得られるエンドウの種子について，丸い種子としわのある種子の数の比はどうなるか，次の**ア**～**エ**から最も適当なものを1つ選び，その記号を書きなさい。

ア 7：1　**イ** 5：3　**ウ** 5：1　**エ** 3：1

(3) エンドウでは，生殖（せいしょく）によってもとの個体と同じ形質が現れるとは限らない。一方，さし木のような無性生殖では，もとの個体と同じ形質が現れる。無性生殖で，もとの個体と同じ形質が現れるのはなぜか，その理由を「遺伝子」という言葉を使って，簡単に書きなさい。

(1)	(2)	①	②	う	え	③
(3)						

2 **図1は，ある日の明け方に見られた月と火星のようすを示している。図2は，金星，地球，火星それぞれの公転軌道（きどう）と，太陽，地球，火星の位置関係を模式的に表したものである。これについて，次の問いに答えなさい。**〔愛媛〕

図1

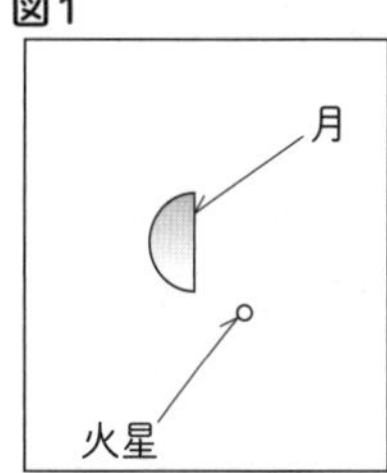

(1) **図2**の**ア**～**エ**のうち，**図1**で示される火星の位置として，最も適当なものを1つ選び，その記号を書け。

(2) 次の文の①，②の｛　｝の中から，それぞれ最も適当なものを1つずつ選び，その記号を書きなさい。

図1の7日前の日の月は，①｛**ア** 新月　**イ** 満月｝であり，②｛**ウ** 午前0時頃（ごろ）　**エ** 正午頃｝に南中した。

図2

金星の公転軌道
地球の公転の向き
太陽
地球
地球の自転の向き
火星の公転の向き
ア
イ
ウ
エ

(3) **図3**は，地球の公転面と月の公転面のようすを模式的に表したものであり，月の公転面は，地球の公転面とほぼ同一平面にある。次の文の①，②の｛　｝の中から，それぞれ最も適当なものを1つずつ選び，その記号を書きなさい。

日本で，満月の南中高度を夏と冬で比べると，①｛**ア** 夏が高い　**イ** 冬が高い　**ウ** 同じである｝。また，満月の南中高度を春分の頃と秋分の頃で比べると，②｛**ア** 春分の頃が高い　**イ** 秋分の頃が高い　**ウ** 同じである｝。

図3

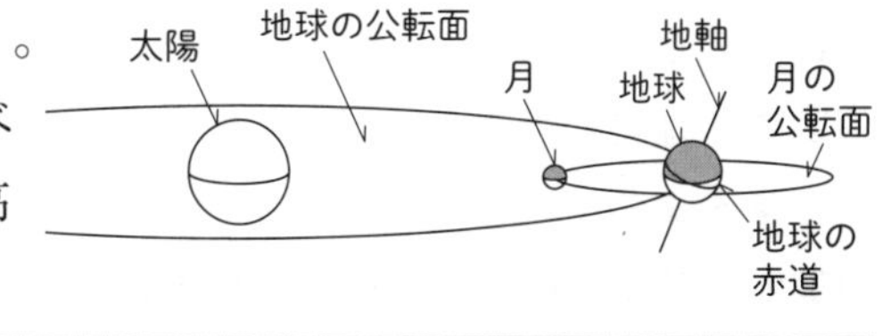

(1)	(2)	①	②	(3)	①	②

思考力・記述問題対策④

解答⇨別冊 p.39

1 **右の表は，日本のある地点において，太陽が沈(しず)んだ時刻と金星が沈んだ時刻を，毎月 15 日に記録して，まとめたものである。10 月 15 日に金星は観測できなかったので，調べてみると，太陽とほぼ同じ時刻に西に沈んでいたことが分かった。これについて，次の文の①，②の{　}の中から，それぞれ適当なものを 1 つずつ選び，その記号を書きなさい。** 〔愛媛〕

月／日	太陽が沈んだ時刻	金星が沈んだ時刻
4／15	18 時 39 分	20 時 33 分
5／15	19 時 02 分	21 時 31 分
6／15	19 時 21 分	21 時 59 分
7／15	19 時 21 分	21 時 40 分
8／15	18 時 56 分	20 時 54 分
9／15	18 時 51 分	19 時 47 分

同じ倍率の望遠鏡で 4 月 15 日と 9 月 15 日に観察した金星を比べると，小さく見えるのは，①{**ア** 4 月 15 日　**イ** 9 月 15 日}である。また，欠け方が大きいのは，②{**ウ** 4 月 15 日　**エ** 9 月 15 日}である。

①	②

2 **太郎さんがある日，テレビを見ていたとき，次のニュース速報が表示された。これについて，あとの問いに答えなさい。ただし，この地域の地下のつくりは均質で，地震(じしん)の伝わる速さは一定であるものとする。** 〔茨城一改〕

【ニュース速報】

10 時 24 分ごろ，地震がありました。震源地は○○県南部で，震源の深さは約 15 km，地震の規模を表すマグニチュード(M)は 4.2 と推定されます。この地震による津波の心配はありません。この地震により観測された最大震度は 3 です。

次は，太郎さんが気象庁のホームページなどで，この地震の震度分布や観測記録を調べ，まとめたノートの一部である。

【太郎さんのノートの一部】

この地震による各地の震度分布は，**図 1** のとおりであった。**図 1** の地点 **A**，**B** の観測記録は，下の表の通りであった。

地点	震源からの距離(きょり)	ゆれ始めた時刻	初期微動継続時間
A	42 km	10 時 24 分 12 秒	5 秒
B	84 km	10 時 24 分 18 秒	10 秒

図 1

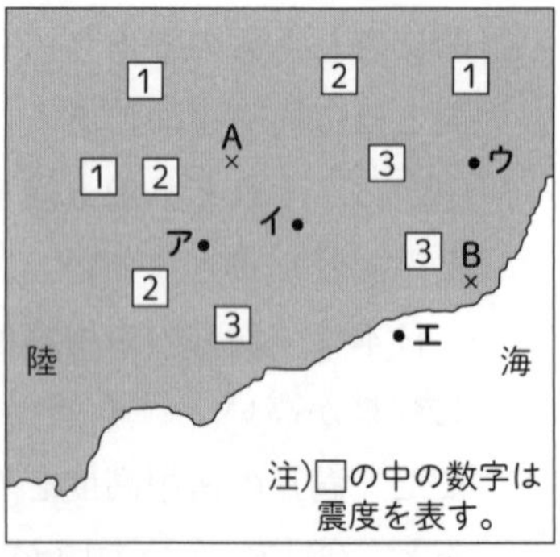

(1) この地震で，P 波の伝わる速さは何 km/s か，求めなさい。

(2) この地震の震央の位置として考えられる地点を，**図 1** の **ア**～**エ**の中から 1 つ選んで，その記号を書きなさい。

(3) 2 地点 **A**，**B** では，初期微動継続時間が異なっていた。震源からの距離と初期微動継続時間の関係について説明しなさい。「S 波の伝わる速さのほうが P 波の伝わる速さよりも遅(おそ)いので，」という書き出しに続けて説明しなさい。

(4) 地震が多く発生する日本では，地震災害から身を守るためのさまざまな工夫がされている。例えば**図2**では，変形したゴムがもとに戻ろうとするゴムの弾性という性質を利用して，地震による建物のゆれを軽減する工夫がされている。このような工夫で地震のゆれを軽減することができる理由を，「運動エネルギー」，「弾性エネルギー」の語を用いて説明しなさい。

図2

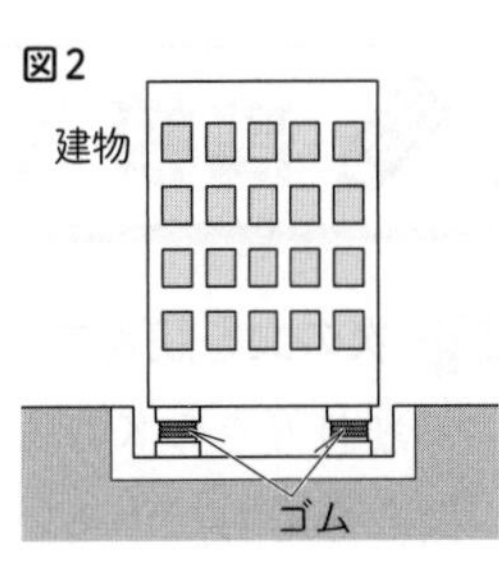

(1)	(2)
(3) S波の伝わる速さのほうがP波の伝わる速さよりも遅いので，	
(4)	

3 **図1のグラフがある。これは，北緯35°の京都において，ある日の太陽高度をグラフにしたものである。ただし，これは太陽の中心で測定したものなので，日の出，日の入りが高度0°ではない。次の問いに答えなさい。** 〔同志社高一改〕

図1

太陽高度〔°〕 90 60 30 0 −30
時刻〔時〕 0 1 2 3 4 5 6 7 8 9 10 11 12 13 14 15 16 17 18 19 20 21 22 23 0

(1) **図1**のグラフでは，正だけでなく，負の高度も表示されている。これは，水平線下で水平面に対して何度下向きに太陽があるかを表したものである。この日の南中高度が65°であるならば，太陽が最も低い位置にある北中高度は何度と考えられるか。最も適切なものを次の**ア**～**オ**から選び，記号で答えなさい。

ア −25°　**イ** −35°　**ウ** −45°　**エ** −55°　**オ** −65°

(2) **図1**のような太陽高度のグラフは，季節によっても，観測位置によっても大きく変化をする。**図2**は，京都と異なる場所での，異なる季節の太陽高度のグラフである。時間に対して，太陽高度が直線的に変化しているのが特徴である。このグラフを表しているのは，下にあげた観測場所，季節の組み合わせのうちどれか。最も適切なものを**ア**～**カ**から選び，記号で答えなさい。

図2

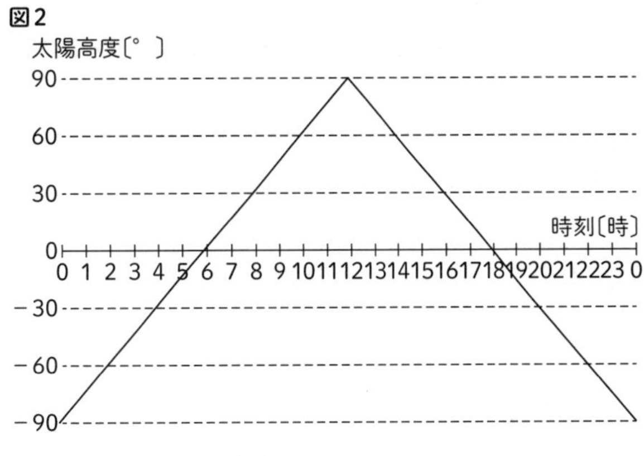

ア 北緯0°，夏至　**イ** 北緯0°，春分　**ウ** 北緯23°，夏至
エ 北緯23°，春分　**オ** 北緯90°，夏至　**カ** 北緯90°，春分

(1)	(2)

〔　　月　　日〕

高校入試予想問題 第1回

時間 50分 得点 　/100点 合格80点

解答⇨別冊 p.40

1 次の文を読んで，あとの問いに答えなさい。 〔鹿児島〕

理科好きのKさんは，自宅近くにある山に登った。その際，身のまわりの科学的なことがらに関心をもち，いろいろと考えた。

(1) Kさんは自宅で山に登る準備をしながら，窓から真南に見える山の方向の月を観察した。図は，Kさんが観察した月のようすをスケッチしたものである。観察した時刻として最も適当なものはどれか。記号で答えなさい。

ア 午前６時　　イ 正午

ウ 午後６時　　エ 午前０時

(2) Kさんは山に登り始めてすぐにのどがかわいたので，ペットボトルに入った飲料水を飲んだ。ペットボトルは，プラスチック製品の一種である。プラスチックについて述べたものとして，最も適当なものはどれか。記号で答えなさい。

ア プラスチックは有機物に分類され，一般的(いっぱんてき)なものは電流をよく通す。

イ プラスチックは有機物に分類され，一般的なものは電流を通しにくい。

ウ プラスチックは無機物に分類され，一般的なものは電流をよく通す。

エ プラスチックは無機物に分類され，一般的なものは電流を通しにくい。

(3) Kさんが山を登りながら見かけたア～オの生物のうち，生態系の中で分解者の役割をになうものをすべて選び，記号で答えなさい。

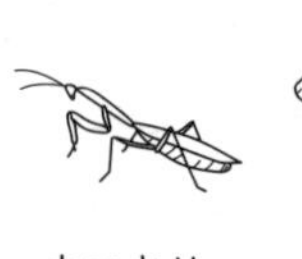

(4) Kさんは，山を下りる途中(とちゅう)で雷(かみなり)が鳴り出したので近くの山小屋に入り，窓から外をながめていた。すると，ほぼ同じ高さに見える向かい側の山の頂上に立っている鉄塔(てっとう)に落雷(らくらい)があり，落雷を見てから４秒後にその音が聞こえた。持っていた地図を使って，山小屋から向かい側の山頂までの距離(きょり)を調べると1380 mであった。これらのデータを用いて音の伝わる速さを求めると，何 m/s になるか，答えなさい。

(1)	(2)	(3)	(4)

2 次の文を読み，あとの各問いに答えなさい。 〔大阪教育大附高(平野)〕

同じ大きさの試験管を用いて，図１のような装置A～Cを準備し，光を照射して試験管内の水の量の変化を調べた。５時間後，試験管内の水が，装置Aでは a〔cm^3〕，装置Bでは b〔cm^3〕，装置Cでは c〔cm^3〕減少した。

図１

(1) 水の減少量 a ～ c の値の大小関係を，等号(＝)または不等号(>，<，≧，≦)を使って解答例のように表しなさい。

(解答例　x < y ＝ z ≦ w)

(2) 次の①～③に示す水の減少量はそれぞれいくらになるか，a～cの記号または各記号を使った式で答えなさい。ただし，植物体から出た水の量と植物体が吸い上げた水の量は同じであるとする。
①試験管の水面からの水の減少量
②茎(くき)だけからの水の減少量
③葉だけからの水の減少量

図2 ア イ 維管束 ウ エ オ カ キ

(3) (1)の大小関係が生じる原因となる植物のはたらきを何というか。

(4) **図2**は実験で使った植物の葉の断面を顕微鏡(けんびきょう)で観察したものである。(3)のはたらきは**図2**の**ア～キ**のどの部位で起こるか，記号で答えなさい。

(1)	(2) ①	②	③
(3)	(4)		

3 **電熱線a，bを用意し，次の実験を行った。これについて，あとの問いに答えなさい。**〔北海道〕

実験1 電熱線a，bのそれぞれについて，電熱線の両端(りょうたん)に加わる電圧を変えて，流れる電流の大きさを調べたところ，結果は表のようになった。

電圧〔V〕		0	2	4	6	8
電流〔mA〕	電熱線a	0	25	50	75	100
	電熱線b	0	100	200	300	400

実験2 **図1**のような装置を用意し，電圧計の示す電圧と電流計の示す電流の大きさの関係を調べた。

実験3 **図2**のような装置を用意し，電熱線に電流を流す前にカップの水の温度を測定した。次に，スイッチSを入れた状態で電流を流し，水をかき混ぜながら，1分ごとにカップの水の温度を測定した。電流を流してから5分後にスイッチSを切り，そのまま5分間測定を続けた。ただし，電熱線で発生した熱はすべて水の温度変化にのみ使われ，外部との熱の出入りはなく，回路に加えた電圧はつねに一定であったものとする。

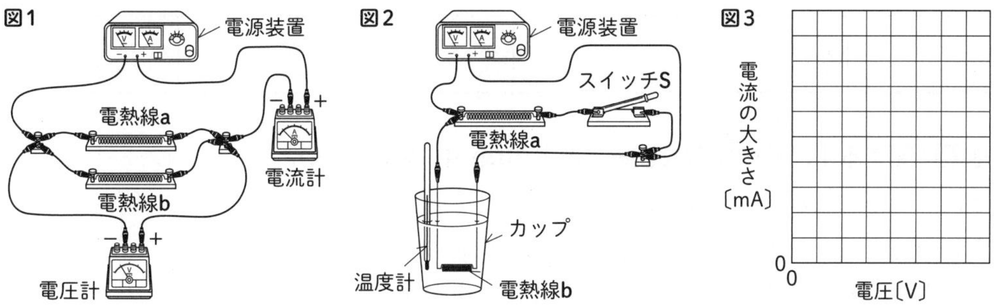

(1) **実験1**について，電熱線aの両端に加わる電圧と流れる電流の大きさの関係を**図3**のグラフに描(か)きなさい。その際，横軸(よこじく)，縦軸(たてじく)には目盛りの間隔(かんかく)(1目盛りの大きさ)がわかるように目盛りの数値(すうち)を書き入れ，**実験1**の結果から得られる5つの値(あたい)を，それぞれ•印ではっきりと記入すること。

(2) **実験2**において，電流計の示す電流の大きさが 300 mA のとき，電熱線 **a** に流れる電流の大きさは何 mA か，書きなさい。また，このとき電圧計の示す電圧は何 V か，書きなさい。

(3) **実験3**において，電流を流した時間とカップの水の上昇(じょうしょう)温度の関係を示すグラフとして，最も適当なものを，**ア**～**エ**から選びなさい。

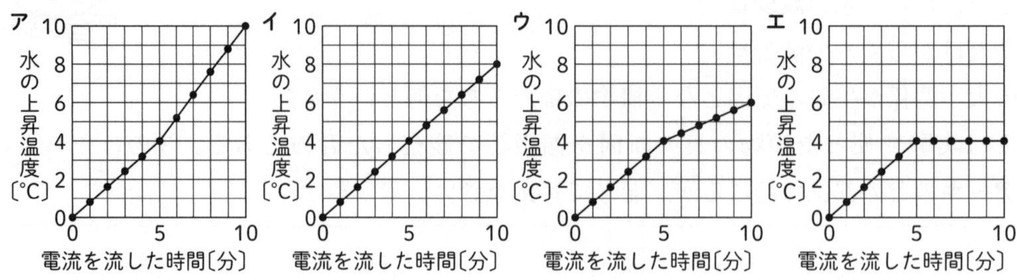

(1) 図3に記入	(2) 電流	電圧	(3)

4 **プラスチックA～E，およびそのいずれかの破片Xの体積と質量をはかった。図は，その結果である。これについて，次の問いに答えなさい。**

〔東京学芸大附高－改〕

(1) **X**は，**A**～**E**のどの破片か，書きなさい。

(2) 水 90 g に食塩 10 g を溶(と)かした水溶液(すいようえき)の密度は 1.07 g/cm^3 である。この水溶液の体積は何 cm^3 か。四捨五入により小数第1位まで求めなさい。

(3) **A**～**E**のうち，(2)の水溶液に沈(しず)むのはどれか，すべて書きなさい。

(4) **X**は，燃えにくく，水道管として使われる。**X**は次のうちどれか，書きなさい。

ア ポリエチレン　　**イ** ポリプロピレン

ウ ポリ塩化ビニル　　**エ** ポリエチレンテレフタラート

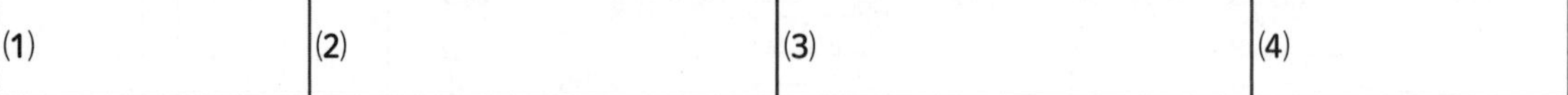

(1)	(2)	(3)	(4)

5 **次の地震(じしん)に関するⅠ，Ⅱの文章を読み，あとの問いに答えなさい。**　〔清風高〕

Ⅰ 地震とは，地下の岩石に$_{(i)}$巨大(きょだい)な力がはたらき，その力に岩石が耐(た)えきれなくなって一部が破壊(はかい)され，急激に$_{(ii)}$地層のずれが起きることである。岩石の破壊が最初に発生した場所を震源といい，そこから周囲に伝わるゆれを地震動という。地震動の成分には，P波，S波などがある。これらの波は，伝わる速さが異なっている。地震動のゆれの大きさは震度で表し，震度0～震度［ a ］の［ b ］段階に分けられている。

(1) 文中の[a]，[b]にあてはまる数値を答えなさい。

(2) 文中の下線部(i)の「巨大な力」が生じるのは，地表をおおうプレートどうしがぶつかることが原因である。

日本列島付近には４枚のプレートがあるが，そのうち，東北から北海道にかけて起きる地震の原因となるのは，図の**A**と**B**のプレートであると考えられる。

①この２枚のプレートの名称について正しい組み合わせを，次の**ア**～**エ**から選び，記号で答えなさい。

ア A ユーラシアプレート　B フィリピン海プレート
イ A 北アメリカプレート　B 太平洋プレート
ウ A 北アメリカプレート　B ユーラシアプレート
エ A ユーラシアプレート　B 太平洋プレート

②プレート**A**，**B**の動きを説明する文として正しいものを，次の**ア**～**エ**から選び，記号で答えなさい。

ア プレート**A**がプレート**B**のほうに移動し，その下に沈みこむ。
イ プレート**B**がプレート**A**のほうに移動し，その下に沈みこむ。
ウ プレート**A**がプレート**B**のほうに移動し，その上に乗り上げる。
エ プレート**B**がプレート**A**のほうに移動し，その上に乗り上げる。

(3) 下線部(ii)について，ごく最近の地質時代にくり返し活動した証拠があり，今後も大きな地震の震源になると考えられる地層のずれを何とよびますか。漢字３文字で答えなさい。

II ある地震動の到達時刻を，震源から離れた**X**～**Z**の３地点で観測した結果，表のようになった。表中の“－”は，測定機器の不具合により，データが得られなかったことを表している。地震波は地形や地質に関係なく一定の速度で伝わるものとする。

地点	P 波の到達時刻	S 波の到達時刻	震源からの距離
X	8 時 15 分 23 秒	－	63 km
Y	8 時 15 分 29 秒	－	105 km
Z	8 時 15 分 32 秒	8 時 15 分 50 秒	

(4) P 波の速度は何 km/s ですか。

(5) 地震発生時刻は何時何分何秒ですか。

(6) 震源から**Z**地点までの距離は何 km ですか。

(7) S 波の速度は何 km/s ですか。

(1) a	b	(2) ①	②	(3)
(4)		(5)		
(6)		(7)		

〔　　月　　日〕

高校入試予想問題 第2回

時間 40分　　合格80点　/100点

解答⇨別冊 p.40

1 次の文を読んで，あとの問いに答えなさい。〔長野〕

長野県内のある地点で，3月の連続した3日間の気象観測を行った。**図1**は，気象観測の結果をグラフに表したものである。この3日間の同じ時刻の天気図として，**図2**の**A**～**C**を用意した。ただし，**図2**の**A**～**C**は，日付順に並んでいるとは限らない。

図1

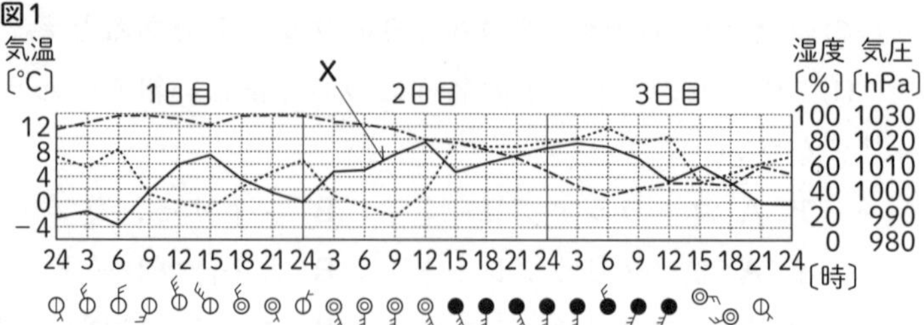

⑴ **図1**の，グラフ**X**が示す気象要素は何か，書きなさい。

⑵ **図3**は，**図1**の2日目12時の天気図記号である。この天気図記号から天気，風向，風力を読みとり，それぞれ書きなさい。

図2

A

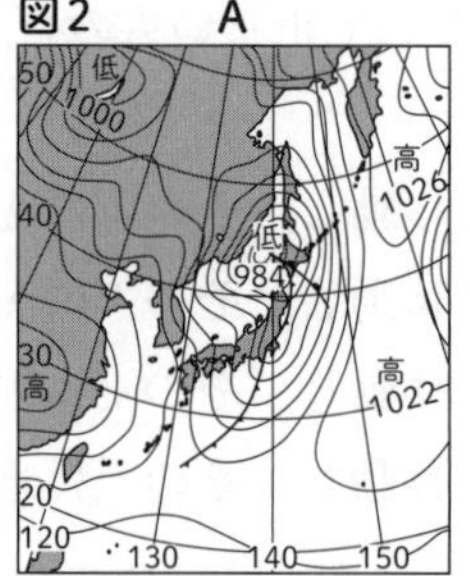

B

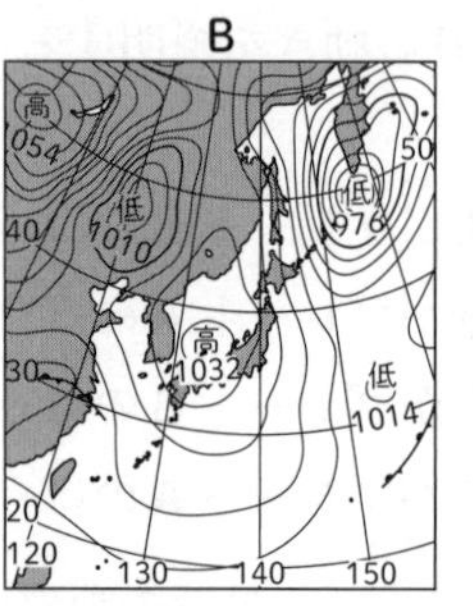

C

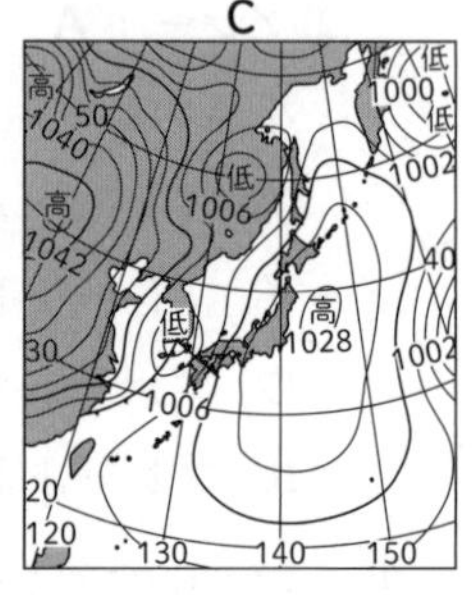

⑶ 1～3日目の天気図は**図2**の**A**～**C**のどれか，それぞれ記号を書きなさい。

⑷ **図1**から，寒冷前線はいつ観測地点を通過したと考えられるか，最も適切なものを次の**ア**～**エ**から1つ選び，記号を書きなさい。

図3

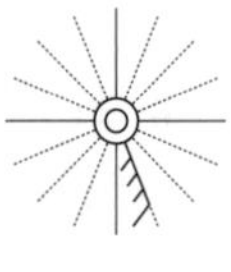

ア 1日目の12時から18時の間　**イ** 2日目の9時から15時の間
ウ 3日目の3時から9時の間　**エ** 3日目の12時から18時の間

⑸ 3日間の気象観測を終えた翌日（よくじつ），この観測地点では一日中同じ天気が続いた。この日の天気は何か，天気を表す語句を書きなさい。また，そのように判断した理由を，**図2**の天気図をもとに簡潔に書きなさい。

⑴		⑵天気	風向	風力
⑶1日目	2日目	3日目	⑷	
⑸天気	理由			

2 次の実験について，あとの問いに答えなさい。〔茨城－改〕

炭酸水素ナトリウムとうすい塩酸を使って，化学変化の前後の質量について調べるため，次の**実験1**，**実験2**を行ったところ，表のような結果になった。

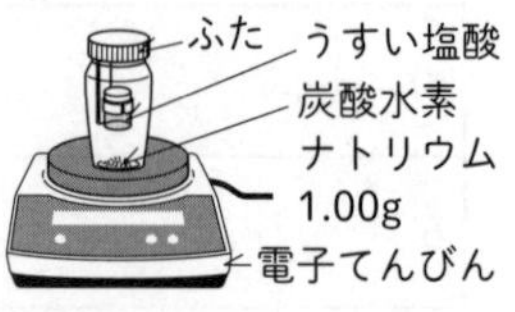

実験1　図のように容器に炭酸水素ナトリウム1.00 gとうすい塩酸を入れ，容器のふたを閉めて装置全体の質量をはかる。次に，ふたを閉めたまま，炭酸水素ナトリウムとうすい塩酸を反応させ，化学変化が終わったあ

ふた
うすい塩酸
炭酸水素ナトリウム 1.00g
電子てんびん

と，装置全体の質量をはかる。

実験2 **実験1**と同じ容器に炭酸水素ナトリウム1.00 gとうすい塩酸を入れ，容器のふたを閉めて装置全体の質量をはかる。

次に，ふたを開けて，炭酸水素ナトリウムとうすい塩酸を反応させ，化学変化が終わったあと，ふたを含(ふく)む装置全体の質量をはかる。

	化学変化前	化学変化後
実験1	102.43 g	102.43 g
実験2	102.43 g	101.91 g

(1) **実験1**，**実験2**において，容器内のようすがどのようになると，化学変化が終わったと考えられるか，書きなさい。

(2) **実験1**，**実験2**の化学変化では，炭酸水素ナトリウムと塩酸の2種類の物質から3種類の物質が生成する。生成する3種類の物質を化学式で書きなさい。

(3) **実験2**の結果について，化学変化の前後で質量が変化したのはなぜか，理由を書きなさい。

(1)		
(2)		
(3)		

3 次の実験について，あとの問いに答えなさい。

〔福島－改〕

実験1 Ⅰ 同じ高さhに静止させた質量の等しい物体**A**，**B**を，定滑車(ていかっしゃ)を用いて高さHまで引き上げた。**図1**は物体**A**を真上に，**図2**は物体**B**をなめらかな斜面(しゃめん)にそって引き上げたようすを表している。

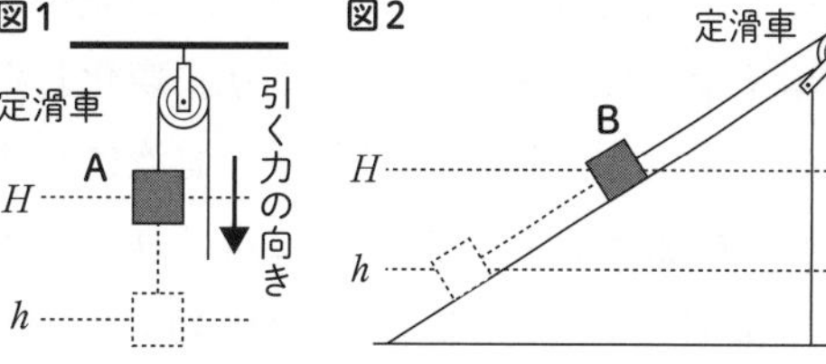

Ⅱ 物体**A**，**B**を高さHで静止させた状態から，物体**A**，**B**を引く糸を同時にはなして，物体**A**，**B**のもつエネルギーについて考察した。

実験2 **図3**のように，ばねと動滑車および糸を用いて，質量160 gの円柱状のおもりをつるした。次に，ばねが振動(しんどう)しないように，水を入れたビーカーを下からゆっくりと持ち上げると，おもりは傾(かたむ)くことなく，じょじょに水に沈(しず)んだ。なお，**図3**のxは，水面からおもりの底面までの距離(きょり)を表している。また，**図4**は，ばねののびとばねにはたらく力の大きさの関係を示している。

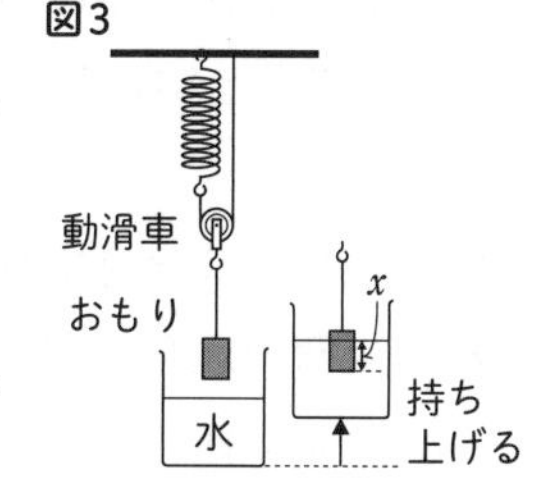

結果 ばねののびとxの関係は，**図5**のようになった。

ただし，糸はのびないものとし，ばねと糸および滑車の重さは考えないものとする。また，摩擦(まさつ)や空気の抵抗(ていこう)も考えないものとする。

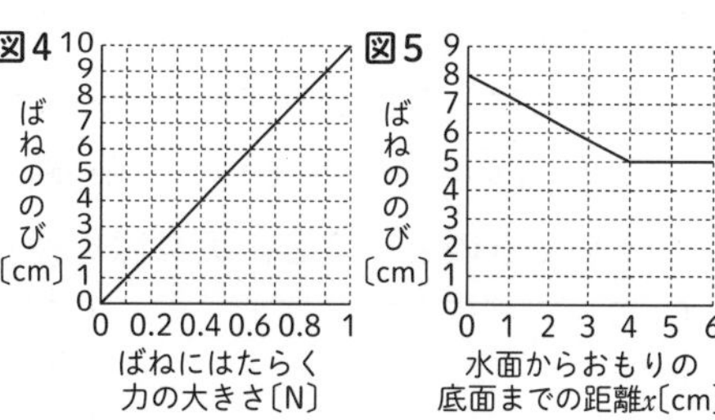

(1) **実験1**の**I**で，物体**A**，**B**を引く力がした仕事の大きさをそれぞれ W_1，W_2 とする。W_1 と W_2 の関係について正しく説明しているものはどれか。次の**ア**～**ウ**の中から1つ選びなさい。

ア W_1 と W_2 は等しい　　**イ** W_1 は W_2 より大きい　　**ウ** W_1 は W_2 より小さい

(2) **実験1**の**II**で，物体**A**が高さ h を通過する時刻における物体**A**，**B**の運動エネルギーをそれぞれ K_1，K_2 とする。次の文は，K_1 と K_2 の関係について述べたものである。[①]，[②]にあてはまるものは何か。[①]はあてはまる言葉を書き，[②]は下の**ア**～**オ**の中から1つ選びなさい。

> 糸をはなす直前の物体**A**と物体**B**の[①]エネルギーは等しく，糸を同時にはなしたあとの物体**A**と物体**B**の[①]エネルギーはそれぞれ一定に保たれる。また，物体**A**が高さ h を通過する時刻における物体**A**，**B**の位置エネルギーは，[　②　]。

ア 物体**A**，**B**ともに等しいので，K_1 と K_2 は等しい
イ 物体**A**のほうが物体**B**より小さいので，K_1 は K_2 より大きい
ウ 物体**A**のほうが物体**B**より小さいので，K_1 は K_2 より小さい
エ 物体**A**のほうが物体**B**より大きいので，K_1 は K_2 より大きい
オ 物体**A**のほうが物体**B**より大きいので，K_1 は K_2 より小さい

(3) **実験2**で，おもりの半分が水に沈(しず)んでいるとき，おもりにはたらく浮力(ふりょく)の大きさはいくらか，求めなさい。ただし，100 g の物体にはたらく重力の大きさを1 N とする。

(1)	(2) ①	②	(3)

4 次の文章を読んで，あとの問いに答えなさい。 〔東大寺学園高－改〕

セキツイ動物は進化するにつれ，心臓がより効率よく酸素を全身に運搬(うんぱん)できるつくりに変化した。図はそのようすを示した模式図である。血液に含(ふく)まれる赤血球は肺で酸素と結合し，全身に運ばれて酸素をはなすことで酸素を運搬する。いずれの動物も肺から心臓に入る動脈血は赤血球の95%が酸素と結合しており，全身から心臓に入る静脈血では赤血球の35%が酸素と結合しているものとする。ただし，肺動脈と大動脈に出ていく血液量は等しいものとする。

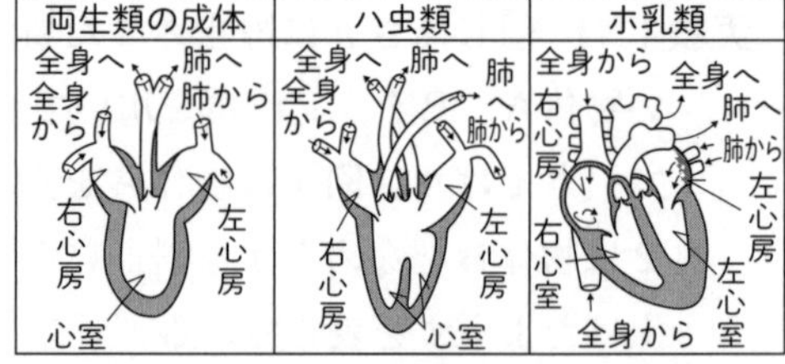

(1) ホ乳(にゅう)類では全身で酸素をはなすのは大動脈を通ったすべての赤血球のうち何%ですか。

(2) 両生類の成体では動脈血と静脈血が心室で混ざってしまう。完全に混ざり合うものとすると，大動脈を通った赤血球のうち何%が酸素と結合していますか。

(3) ハ虫類も両生類の成体と同じ2心房1心室だが，心室の中央には部分的に壁(かべ)があり，動脈血と静脈血は少し混ざりにくくなっている。いま，大静脈から心室に入った血液は大動脈と肺動脈に1：4の割合で出ていき，肺静脈から心室に入った血液は大動脈と肺動脈に4：1の割合で出ていくものとすると，大動脈を通る赤血球の何%が酸素と結合していますか。

(1)	(2)	(3)

中学

自由自在 理科

問題集

From Basic to Advanced

解答解説

受験研究社

解答編

中学 自由自在問題集 理科

第1章 エネルギー

1 光と音

STEP 1 まとめノート

本冊⇨pp.6〜7

1 ① 入射角 ② 反射角 ③ 乱反射
④ 虚像(きょぞう) ⑤ 屈折(くっせつ) ⑥ 屈折角
⑦ 入射角 ⑧ 屈折角 ⑨ 全反射
⑩ 焦点(しょうてん) ⑪ 焦点距離(しょうてんきょり) ⑫ 焦点
⑬ 直進 ⑭ 平行 ⑮ 実像
⑯ 虚像

2 ⑰ 波長 ⑱ 振幅(しんぷく) ⑲ 振幅
⑳ 高く ㉑ 波形 ㉒ 強く
㉓ 短い ㉔ 細い ㉕ 反射角
㉖ 振動(しんどう) ㉗ 真空 ㉘ 340
㉙ 振動数 ㉚ 共鳴 ㉛ 振動数

解説

1 ③ 紙などが光っているように見えないのは，表面が凸凹(でこぼこ)していて，光がさまざまな方向に**乱反射**するからである。

⑤ 入射光が水面に垂直だと，水中に入った光もそのまままっすぐに進む。

⑯ 虫眼鏡(むしめがね)を通して見える像は実像ではなく虚像である。

2 ㉑ ピアノとギターでは波形がちがう。

㉘ 温度が1℃上昇(じょうしょう)するごとに，音の速さは1秒に0.6 mずつはやくなる。温度t〔℃〕のときの音の速さは，$331.5+0.6t$〔m/s〕である。

㉚ 振動数の少しちがう2つのおんさを鳴らすと，うなりという現象が生じる。

㉛ 音源が近づくときは振動数が多くなるため音は高く聞こえ，遠ざかるときは振動数が少なくなるため音は低く聞こえる。

Let's Try 差をつける記述式

① (例)光が水中から空気中に出るとき，屈折して光の進む向きが変わるから。
② (例)音が空気中を伝わる速さは，光の速さよりはるかに遅(おそ)いから。

STEP 2 実力問題

本冊⇨pp.8〜9

1 (1) 右図
(2) 屈折角(くっせつかく)
(3) エ (4) ア

2 (1) イ (2) 175 m

3 (1) 510 m
(2) (例)音が伝わる速さは，光の速さと比べて非常に遅(おそ)いから。
(3) X—振動(しんどう) Y—波

解説

1 (1) 鏡にうつる像は，鏡を対称(たいしょう)の軸(じく)として**線対称な位置**にできる。

(2) 入射角と屈折角は，光線と入射点にたてた垂直な線(法線)とがつくる角である。

(3) 光が空気中からガラス中に入るときは，境界面から遠ざかるように，ガラス中から空気中に出るときは，境界面に近づくように折れ曲がって進む。

(4) 右図のように，ガラスを通して鉛筆(えんぴつ)を見ると，右にずれて見えることがわかる。

2 (1) 音は振動によって伝わるため，振動を伝えるものがない真空中では伝わらない。気体，固体は音を伝える。

(2) 音が1秒間に進んだ距離(きょり)は，音を出したときの自動車の位置からコンクリート壁(へき)までと，コンクリート壁から1秒後の自動車の位置までである。自動車の速さは10 m/sなので，1秒間に10 m進む。音を出したときの自動車の位置からコンクリート壁の位置までをx〔m〕とすると，

$2x-10=340\times1$

$x=175$ よって175 m

3 (1) 1.5秒分，花火が開く場所とたろうさんの距離は近くなったと考える。

$1.5\times340=510$〔m〕

(2) 光の速さは約30万km/s，音の速さは約340 m/sと，大きな差がある。そのため，光と音が同時に発せられても，光が届くまでの時間と音が届くまでの時間には差が生じる。

(3) 音は，**音源**の振動によって発生する。その振動が空気などの音を伝えるものを振動させるため，音が伝わる。

STEP 3 発展問題

本冊⇨pp.10〜13

1 (1) 鏡A―(1，1)　鏡B―(−1，−1)
(2) (−1，1)
(3) $1 \leqq x \leqq 5$
(4) ア　(5) 2，6

2 (1) ①右図　②右図
(2) 6 cm
(3) ①イ　②ウ　③イ
(4) イ

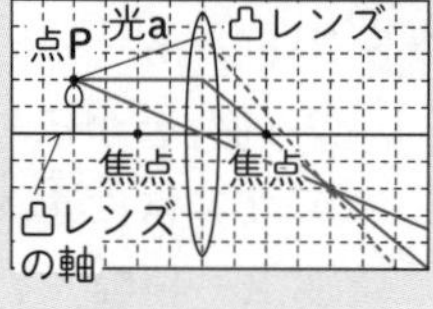

3 (1) エ　(2) ①長く　②大きく
(3) ウ
(4) 右図

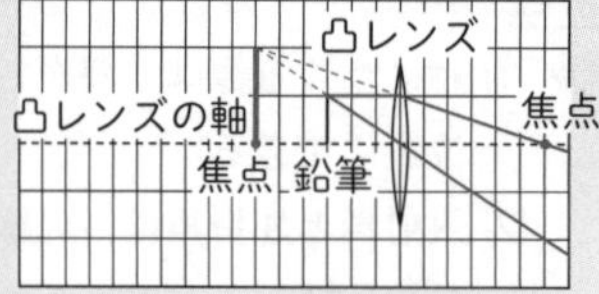

4 (1) 400 Hz　(2) ア，エ
(3) 338 m/s

5 (1) 大きい音―ア　高い音―ウ
(2) 875 m

6 (1) 391 m　(2) 221 m　(3) 170 m
(4) 1.3 秒　(5) 左に 340 m　(6) 3.3 秒

解説

1 (1) それぞれの鏡にうつる像は，それぞれの鏡を対称の軸としたときの線対称な位置にできている。
(2) 一方の鏡にうつる像が，もう一方の鏡にうつりできると考える。
(3) 鏡によってできる3つの像それぞれと，観測者の位置を結んだときに，鏡を通過すると像は見えている。
(5) 自分の正面がうつっている像の座標は，自分から近い順に，2，−4，6，…である。＋方向に見える像なので，2，6を選ぶ。

2 (1) ②物体の先端である点Pから出た光は，像の先端を通るように進む。
(2) 凸レンズから物体までの距離が焦点距離の2倍のとき，凸レンズからスクリーンまでの距離は凸レンズから物体までの距離と等しく，物体と同じ大きさの像ができる。凸レンズから物体までの距離が12 cmのとき凸レンズからスクリーンまでの距離も12 cmとなっていることから，焦点距離は6 cmである。
(3) 凸レンズの一部を厚紙でおおうと，**通過する光の量が少なくなる**ため，像は暗くなる。しかし，光が通過することに変わりはないため，像の大きさや形は変化しない。
(4) 物体が焦点と凸レンズの間にあるとき凸レンズを通して**虚像**が見える。しかし，焦点の位置に物体があるとき像は見えない。

3 (1) 上下左右が逆の像が見える。
(3) 凸レンズの焦点距離の2倍の位置に物体を置くと，反対側の焦点距離の2倍の位置に，物体と同じ大きさの倒立の実像ができる。
(4) レンズを通して進む光線を逆に延長して交わったところが鉛筆の先になる。

! ココに注意

物体が焦点の内側にあるときにできるのは，正立の虚像である。

4 (1) **図2**より，0.005秒間に2回振動しているので，
$2 \div 0.005 = 400$〔Hz〕
(2) 低い音を出すときは，弦の長さを長く，弦の張りを弱くするとよい。また，弦の太さを太くする方法もある。
(3) AさんとBさんの家は，
$4900 - 2200 = 2700$〔m〕離れている。
また，花火の音が聞こえた時刻には
$23 - 15 = 8$〔s〕の差があったことから，音の速さは
$2700 \div 8 = 337.5 \fallingdotseq 338$〔m/s〕

5 (1) 大きい音は**図2**より振幅が大きいものを選び，高い音は**図2**より振動数が多いものを選ぶ。
(2) 音は5秒間に，汽笛を鳴らし始めた船の位置から岸壁までと，岸壁から5秒後の船の位置までの距離を移動する。船の速さは10 m/sなので，5秒間に50 m進む。汽笛を鳴らしたときの船の位置から岸壁の位置までをx〔m〕とすると，
$2x - 50 = 340 \times 5$
$x = 875$　よって875 m

6 (1) マイクDでは1.15秒後に音が観測されたことから，音の速さは340 m/sより，
$340 \times 1.15 = 391$〔m〕
(2) マイクCと壁との間をx〔m〕とする。スピーカーで音を発してから1.8秒後に2回目の音が観測されたことより，
$340 \times 1.8 = 391 + x$
$x = 221$〔m〕

(3) 1回目の音はマイクAとCで同時に観測されたことより，スピーカーからマイクAとスピーカーからマイクCまでの距離は等しい。よって，391－221＝170〔m〕

(4) スピーカーで音を発してから，マイクCで1回目の音が観測されるまで，170÷340＝0.5〔s〕かかる。よって，1.8－0.5＝1.3〔s〕

(5) スピーカー(台車B)とマイクDの距離は，
340×2.15＝731〔m〕
よって，(1)より，731－391＝340〔m〕，左に動いている。

(6) マイクAとマイクD(壁)との距離は，170＋170＋221＝561〔m〕
1回目の音が聞こえた後，壁で反射して2回目の音が聞こえるため，561×2÷340＝3.3〔s〕後に2回目の音が聞こえる。

なるほど資料

光ファイバーの原理

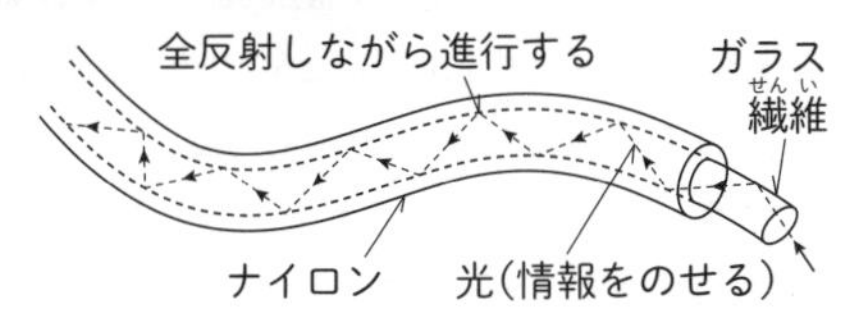

2 力と圧力

STEP 1 まとめノート

本冊⇨pp.14～15

1 ① 変形 ② 運動 ③ 垂直抗力 ④ 弾性力
⑤ 摩擦力 ⑥ 張力 ⑦ 重力 ⑧ 反発し
⑨ 引き ⑩ 反発し ⑪ 引き ⑫ N
⑬ 1 N ⑭ 大きさ ⑮ 作用点 ⑯ 原点
⑰ フック ⑱ 大きさ ⑲ 逆(反対)
⑳ 同一直線 ㉑ 重さ ㉒ ばねばかり
㉓ 質量 ㉔ 上皿てんびん

2 ㉕ 大きい ㉖ 反比例 ㉗ 比例 ㉘ 圧力
㉙ N/m^2 ㉚ Pa ㉛ 面を垂直におす力
㉜ 力がはたらく面積 ㉝ 大気圧(気圧)
㉞ 1013 ㉟ 76

解説

1 ④ ゴムやばねは弾性に富んだ物質である。しかし，大きな力で引くともとにもどらなくなる。この限界を**弾性限界**という。

⑤ 床の上で木片をすべらせると，木片の速さがだんだんおそくなるのは**摩擦力**がはたらくからである。

⑦ 重力も，磁石の力や電気の力と同じように，離れていてもはたらく力である。

⑭ 力とは，**大きさ**と**向き**をもった量なので，矢印で表される。このような量をベクトルという。

⑯ ばねにつるすおもりの質量が大きいほど，ばねの伸びが大きくなるのは，おもりにはたらく重力が大きくなるからである。

⑱～⑳ つりあう2つの力は，1つの物体に対してはたらいている。

2 ㉙，㉚ **1 N/m^2＝1 Pa** であり，同じ単位といえる。また，圧力の単位として，N/cm^2(ニュートン毎平方センチメートル)が使われることもある。

㉝ 大気圧は，上空にいくほど小さくなる。

㉞，㉟ **1 気圧＝1013 hPa**＝760 mmHg(水銀柱ミリメートル)である。

Let's Try 差をつける記述式

(例)スキー板のほうが圧力が小さくなるから。

STEP 2 実力問題

本冊⇨pp.16～17

1 A―作用点 B―力の大きさ C―力の向き

2 (1) フックの法則

(2) (例)ばねBのほうが伸びにくい。2つのばねに同じ大きさの力がはたらいたとき，ばねBはばねAより伸びないからである。

3 1000 Pa

4 (1) エ　(2) 800 Pa

5 (1) 50 g　(2) 9.0 cm

6 (1) イ　(2) ア

解説

1 力のはたらく点を作用点といい，力を表すには，作用点，力の向き，力の大きさの3つの要素を矢印で表す。

2 (2) グラフより，引く力の大きさが同じ4Nであるときのばね A の伸びは 2 cm，ばね B の伸びは 1 cm である。

3 A面の面積は 0.2×0.1＝0.02〔m^2〕
また，物体が床を垂直におす力は 20 N だから，求める圧力は，20÷0.02＝1000〔Pa〕

4 (1) レンガをどのようにおいても，スポンジにかかる力の大きさは変わらない。

(2) 力がかかっているスポンジの面積は 15×20＝300 cm^2＝0.03 m^2 だから，スポンジが板から受ける圧力は 24〔N〕÷0.03〔m^2〕＝800〔Pa〕

5 (1) ばねXの伸びが 4.0 cm のとき，ばねにはたらく力の大きさは 0.20 N であるので，ばねXの伸びが 6.0 cm のとき，ばねXにはたらく力の大きさは 0.30 N。よって，80－30＝50 g

(2) ばねXに，120－75＝45 g より 0.45 N の力がはたらく。

6 (2) 実験①の a では，スポンジと接する面積が実験②の4倍より，②のときの水と容器の合計の質量は 240÷4＝60〔g〕　よって，水の量は 60－40＝20〔g〕

STEP 3 発展問題

本冊⇨pp.18～21

1 (1) 0.4 N　(2) 240 g　(3) 質量

2 (1) ① 1.5 cm　② 0.5 N　③エ
(2) ①ア　②ウ

3 (1) 0.8 N　(2) 24 cm　(3) 24 cm

4 (1) 記号―B　圧力― 2700 Pa
(2) 56 個　(3) ①ア　②ウ

5 120°

6 (1) エ　(2) イ　(3) 21 cm

7 (1) **(例)ばねの伸びは，ばねにはたらく力の大きさに比例する(比例の関係)。**
(2) フックの法則
(3) 右図
(4) 2 cm
(5) 2.5 cm

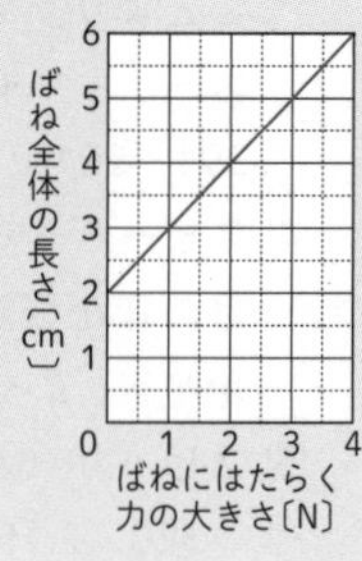

8 イ

解説

1 (2)(3) 分銅にはたらく重力も $\frac{1}{6}$ になるので，月面上でも，地球上と同じようにつりあう。よって，上皿てんびんでは，質量をはかっていることになる。

ココに注意
重さはばねばかりではかるので，物体が置かれた場所や状態によって異なる。

2 (1)③ 25 cm から，おもり1個でばねが伸びる分の 1.5 cm を引けばよい。25－1.5＝23.5〔cm〕

(2)① ばねAには，100 g のおもり2つ分がかかる。100 g で 5 cm 伸びるから，5×2＝10〔cm〕

② ばねAが 15 cm 伸びているので，おもりの質量は，100×(15÷5)＝300〔g〕　ばねBは，100 g で 2 cm 伸びるので，2×3＝6〔cm〕伸びている。

3 (1) それぞれのばねに 0.4 N の力がかかることになる。

(2) それぞれのばねに 0.2 N の力がかかることになる。

(3) ばねAとBにそれぞれ別のおもりをつるし，その結果，ばねの長さが同じになり，2つのおもりの重さの合計が 1 N になるときを考える。ばねAに 0.8 N，ばねBに 0.2 N の力がかかったとき，ばねA，Bともに 24 cm の長さになる。

4 (1) 台と物体Xが接する面積が小さいほど圧力は大きくなるので，Bの面を下にしたときが最も圧力は大きい。求める圧力は，0.54〔N〕÷0.0002〔m^2〕＝2700〔Pa〕

(2) 台が物体X1個から受ける圧力は，0.54〔N〕÷0.0003〔m^2〕＝1800〔Pa〕　1800 Pa＝18 hPa より，1000〔hPa〕÷18〔hPa〕＝55.5…≒ 56〔個〕

5 力A，力Bを1辺とする平行四辺形の対角線が合力 F_1 であるため，力A，力B，力 F_1 の大きさがすべて 1 N であるなら，平行四辺形は正三角形2個の組み合わせとなる。よって，力Aと力Bの間の角度は 60＋60＝120〔°〕

6 (3) 沈(しず)む深さは，雪と接する面積に反比例する。

よって，$5.0\times\frac{1470}{350}=21$〔cm〕

7 (3)(4) ばねは，おもりの個数が2個ふえると0.5 cm伸びるから，0.5 Nで0.5 cm伸びる。おもりを2個つるしたとき，ばねには1.5＋0.5＝2.0〔N〕の力がはたらいている。よって，何もつるしていないときのばねの長さは，4.0－2.0＝2.0〔cm〕

(5) 2.0＋0.5＝2.5〔cm〕

8 ばねAとばねBの伸びを比べると，おもりの数が1個のとき以外，ばねBの伸びは，ばねAの伸びの約2.5倍になっている。

なるほど資料

圧力とは

圧力は，1 m^2 あたりにかかる力である。

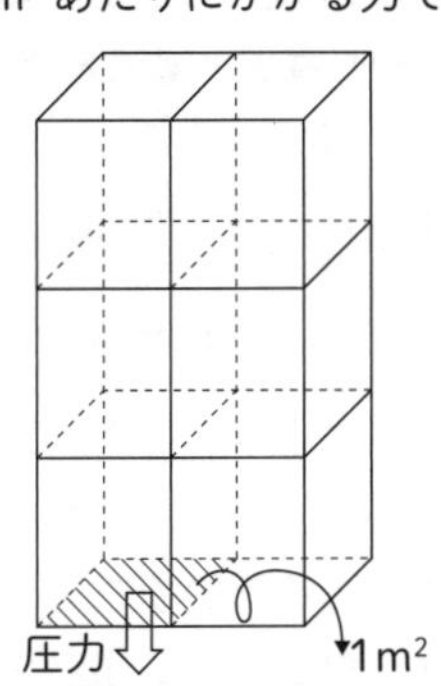

理解度診断テスト ①

本冊⇨pp.22〜23

理解度診断 A…40点以上，B…39〜30点，C…29点以下

1 (1) エ　(2) 15 cm　(3) 40 cm

(4) ①黄　②青　③緑　④赤

2 (1) ①(例)割りばしの間隔(かんかく)をせまくする。

②右図

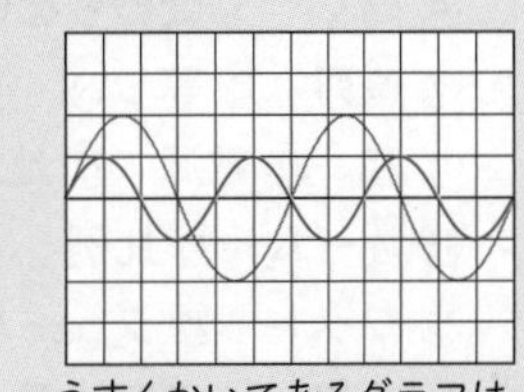

うすくかいてあるグラフは，図2の音を表している。

(2) 333 m/s

3 (1) 150 g

(2) A ― 2個　B ― 2個

(解説)

1 (1) 光源は焦点(しょうてん)の内側にあるので，**虚像(きょぞう)**を作図する。この虚像からaが凸(とつ)レンズで屈折(くっせつ)する点を通る直線を引くと，**エ**と重なる。

(2) 焦点距離(きょり)の2倍の位置に物体を置くと，反対側の焦点距離の2倍の位置に像がうつる。表より，光源から凸レンズまでの距離が30 cmのとき，凸レンズからスクリーンまでの距離が30 cmになる。よって，焦点距離は，30÷2＝15〔cm〕

(3) 光が凸レンズを通して屈折して進む場合，その**道筋と反対向きに進む光も同じ道筋を通る**。したがって，凸レンズを動かさなければ，光源とスクリーンを入れかえても，はっきりとした像ができる。

(4) 鏡にうつった上下左右が逆の像が，さらに左右のみ逆になってスクリーンにうつる。

2 (1)① モノコードでは，はじく部分の**弦(げん)が短いほど高い音が出る**。また，弦が細いほど，張り方が強いほど高い音が出るので，輪ゴムを細いものに変える，輪ゴムを強く張るなども正答である。

(2) 道筋Aの距離は80 m，道筋Bの距離は50×2＝100〔m〕なので，距離の差は100－80＝20〔m〕

　また，図4から，道筋Aの音が聞こえてから，道筋Bの音が聞こえるまで0.06秒かかっているから，音の速さは20〔m〕÷0.06〔s〕＝333.3…より，333 m/s

3 (1) ばねの伸(の)びは，おもりAを2個つるすと2 cm，おもりBを2個つるすと3 cm。よって，おもりBの重さはおもりAの重さの1.5倍である。

(2) おもりA 2個で2 cm，おもりB 2個で3 cm伸びる。

3 電　流

STEP 1 まとめノート

本冊⇨pp.24〜25

1 ① 回路　② 直列回路　③ 並列回路
④ 暗く　⑤ 変わらない　⑥ アンペア
⑦ 直列　⑧ 等しい　⑨ ボルト　⑩ 並列
⑪ 和　⑫ 電源　⑬ 比例　⑭ 抵抗（ていこう）
⑮ オーム　⑯ 比例　⑰ 反比例　⑱ 和
⑲ ワット　⑳ ジュール

2 ㉑ 放電　㉒ 真空放電　㉓ 磁界（じかい）　㉔ N
㉕ 磁力線　㉖ 電流　㉗ 磁界　㉘ N
㉙ 電磁石　㉚ 磁界　㉛ 電流　㉜ 力
㉝ 電磁誘導（でんじゆうどう）　㉞ 誘導電流　㉟ N　㊱ S
㊲ 妨（さまた）げる

解説

1 ① ひと続きの回路で，スイッチなどを切って回路の途中（とちゅう）が切れていると，電流は流れない。

④⑤ 直列につなぐ乾電池（かんでんち）の数が多くなると豆電球は明るくなり，乾電池を並列につないでも豆電球の明るさは変わらない。

⑬ 電圧と電流の関係をグラフに表すと，**原点を通る直線**になる。

⑯⑰ **電流が一定のとき，電圧は抵抗に比例する。**

2 ㉚㉛ 磁界の向き，または電流の流れる向きが逆になると，力の向きも逆になる。

㉟㊱ S極を近づけるとAの部分はS極になり，S極を遠ざけるとAの部分はN極になる。

! ココに注意

陰極線（いんきょくせん）（電子線）は，直進する，磁界によって曲げられるなどの性質がある。

Let's Try 差をつける記述式

（例）空気が湿（しめ）っていると，電気が空気中の水蒸気のほうに流れてしまうから。

STEP 2 実力問題

本冊⇨pp.26〜29

1 ア
2 (1) 4 Ω　(2) イ　(3) ア
3 エ
4 (1) （例）コイルに流れる電流の向きを逆にする。
(2) ウ→ア→イ　(3) モーター
5 3.5 W
6 (1) 2700 J　(2) 最大—ウ　最小—ア
7 (1) ア　(2) 150 回転
(3) 図3—同じ　図4—逆
8 ウ

解説

1 点aを流れる電流が点bを流れる電流よりも大きかったことから，電熱線Xの抵抗（ていこう）は電熱線Yの抵抗より小さいことがわかる。また，電熱線の並列回路の場合は，それぞれの電熱線の両端（りょうたん）にかかる電圧は等しく，電源の電圧とも等しい。

2 (1) 500 mA＝0.5 A である。オームの法則（**抵抗＝電圧÷電流**）より，2.0〔V〕÷0.5〔A〕＝4〔Ω〕

(2) オームの法則（**電圧＝電流×抵抗**）では，抵抗が一定のとき，電圧が2倍，3倍になれば，電流も2倍，3倍になる。電熱線に加える電圧が $\frac{1}{2}$ になっているので，流れる電流も $\frac{1}{2}$ になる。

(3) 2本のストローはどちらも－の電気に帯電するので，反発し合う力がはたらく。

3 コイルに近づける磁石の極を変えると，流れる電流の向きが逆になる。また，磁石をはやく動かすと，大きい電流が流れる。

4 (2) 抵抗は，直列につなぐと大きくなり，電流が流れにくくなる（**イ**）が，並列につなぐと小さくなり，電流が流れやすくなる（**ウ**）。

! ココに注意

電流の流れる向きが変わると，コイルは逆に動く。

5 電圧計は15 Vの－端子につないでいるので，かかっている電圧は10 Vである。電流計は500 mAの－端子につないでいるので，流れている電流は350 mA＝0.35 Aである。よって，消費されている電力は，10〔V〕×0.35〔A〕＝3.5〔W〕

6 (1) 1.5×6.0×5×60＝2700〔J〕

(2) 抵抗は，電熱線Aが4 Ω，電熱線Bが12 Ω。電熱線の消費電力は，図3では電流が一定なのでA＜B，図4では電圧が一定なのでA＞Bとなる。

7 (2) 4秒で10回転より，1秒で2.5回転。よって，2.5×60＝150〔回転〕

8 **放射能**とは，放射線を出す性質や能力であり，放射線は放射性物質から出た粒子（りゅうし）の流れである。

STEP 3 発展問題 本冊⇨pp.30〜33

1 (1) 10 Ω　(2) ① 0.8 A　② 7.5 Ω

2 (1) 50 Ω　(2) 75 Ω

(3) ① 2.7 V　② 2.7 V　③ 30 mA　④ 120 mA

3 ①ウ　②イ　③ア　④ア

4 (1) エ　(2) ①イ　②ア

5 (1) 10 Ω　(2) ア　(3) エ

(4) 電流の向きを変えるはたらき

6 (1) ウ，エ　(2) オ　(3) オ

7 (1) 7.2 W

(2) 右図

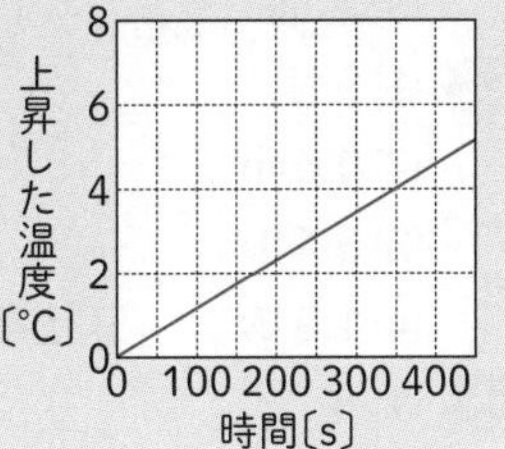

(3) ①大きい

②小さい

(4) 875 秒

解説

1 (1) グラフより，6〔V〕÷0.6〔A〕=10〔Ω〕

(2)① 電熱線 b にも 6 V の電圧がかかるから，0.2 A の電流が流れ，全体には，0.6+0.2=0.8〔A〕の電流が流れる。

② 6〔V〕÷0.8〔A〕=7.5〔Ω〕

2 (1) グラフより，1〔V〕÷0.02〔A〕=50〔Ω〕

(2) 全体の電気抵抗は，グラフより，5〔V〕÷0.04〔A〕=125〔Ω〕　よって，電熱線 b の電気抵抗は，125−50=75〔Ω〕

(3)① 30〔Ω〕×0.09〔A〕=2.7〔V〕

③ 並列回路なので電圧計 X_2 も 2.7 V を示すから，2.7〔V〕÷90〔Ω〕=0.03〔A〕

④ 30+90=120〔mA〕

3 ① 1.0〔V〕÷0.125〔A〕=8.0〔Ω〕

② 6.0 V のときの電流の値をグラフから読みとる。

③ 抵抗の両端(りょうたん)にかかる電圧は，8.0〔Ω〕×0.5〔A〕=4.0〔V〕　直列回路の場合は電源の電圧が分かれてそれぞれにかかるから，電球の両端にかかる電圧は，6.0−4.0=2.0〔V〕

④ 消費電力は，電圧と電流の積だから，2.0〔V〕×0.5〔A〕=1.0〔W〕

4 (1) 実験１のストロー A が−の電気を帯びているとすると，毛皮でこすったポリ塩化ビニルの棒は−，ポリ塩化ビニルの棒をこすった毛皮は+，ガラス棒をこすった綿の布は−の電気を帯びていることになる。

(2) ガラス棒が+の電気を帯びていることから，−の電気を帯びた粒子(りゅうし)（電子）が，ガラス棒から綿の布へ移動したことがわかる。よって，ガラス棒は−の電気が不足するので，蛍光灯(けいこうとう)からガラス棒へ−の電気が流れる。

5 (1) 5.0〔V〕÷0.5〔A〕=10〔Ω〕

(3) ２つの抵抗を直列につなぐと，全体の抵抗は大きくなり，流れる電流は小さくなる。また，２つの抵抗を並列につなぐと，全体の抵抗は小さくなり，流れる電流は大きくなる。

6 (2)(3) 磁石(じしゃく)の N 極を上から下へ，または下から上へ移動させたときは，実験１の結果と同じように，近づけると検流計の針は+の向きに振(ふ)れ，遠ざかるときは−の向きに振れる。

7 (1) 12〔V〕×0.6〔A〕=7.2〔W〕

(2) 電力=電圧×電流だから，実験２で水の上昇(じょうしょう)した温度は，$\frac{0.4〔A〕}{0.6〔A〕}=\frac{2}{3}$ になる。図２のグラフをもとに，電流を 350 秒流したときに 4℃上昇するグラフを描けばよい。

(4) 実験３において流れる電流は 12〔V〕÷50〔Ω〕=0.24〔A〕　同じ時間で水が上昇する温度は抵抗に反比例するから，6℃上昇するのにかかる時間は，350〔s〕×$\frac{0.6}{0.24}$=875〔s〕

! ココに注意

消費電力は，抵抗が一定のとき，電流または電圧に比例する。

なるほど資料

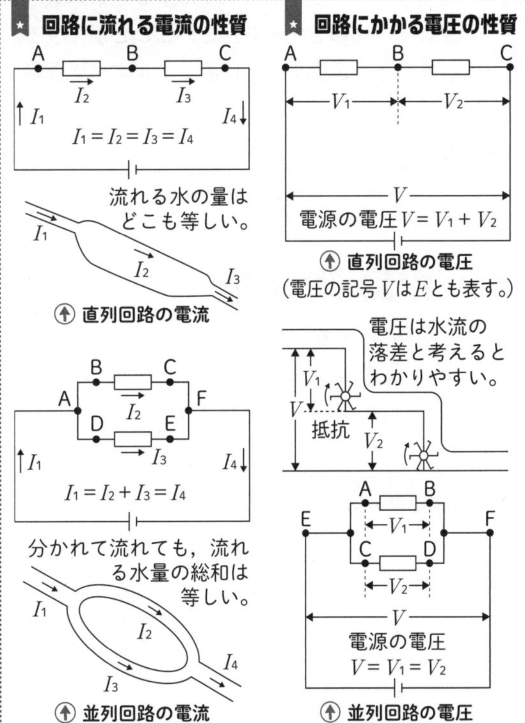

4 運動とエネルギー

STEP 1 まとめノート

本冊⇨pp.34～35

1 ① 深さ　② 大きい　③ 比例
④ 浮力　⑤ アルキメデス

2 ⑥ 等しく　⑦ 逆(反対)　⑧ 距離　⑨ 時間
⑩ 等速直線　⑪ 平行　⑫ 直線　⑬ 時間
⑭ 等速直線　⑮ 慣性　⑯ 比例　⑰ 対角線
⑱ 対角線　⑲ 平行四辺形

3 ⑳ 距離　㉑ ジュール　㉒ 距離　㉓ 40
㉔ 25　㉕ 10　㉖ 10　㉗ 仕事の原理
㉘ 仕事率　㉙ 仕事　㉚ 時間　㉛ 位置
㉜ 運動　㉝ 力学的

解説

1 ③ 水の深さが大きくなるほど，水圧は大きくなる。

2 ⑥⑦ **作用・反作用**は，別々の物体に対してはたらくものである。

⑧⑨ 途中の変化を無視して，走った総距離を要した時間で割って求めた速さを**平均の速さ**といい，きわめて短い時間に走った距離を時間で割って求めたものを**瞬間の速さ**という。

⑯ 斜面を下りる物体の運動の速さは，時間とともにはやくなる。

3 ㉘ **仕事率**は，単位時間あたりにする仕事の量を表すので，仕事をする能力ということができる。

㉛㉜ 振り子の運動では，位置エネルギーと運動エネルギーは，たえず入れかわっている。

! ココに注意

斜面を下りる物体の，時間と距離の関係を表すグラフは直線にならない。

Let's Try 差をつける記述式

① (例)大きくなっていく。
② (例)真空中では空気の抵抗がないので，どちらも同じ速さで落下する。

STEP 2 実力問題

本冊⇨pp.36～39

1 (1) 右図
(2) 作用・反作用の法則

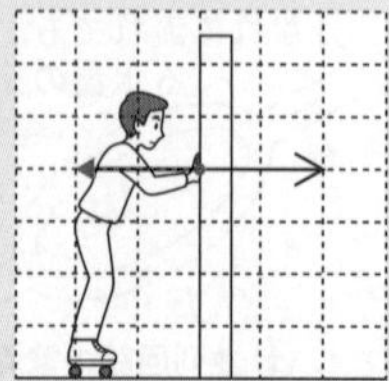

2 (1) 右図
(2) 等速直線運動
(3) 12 cm
(4) 68 cm/s
(5) (例)台車に，斜面に沿って下向きに力がはたらき続けているから。

台車の移動距離〔cm〕 0 5 10 15 20
時間〔s〕 0 0.1 0.2 0.3 0.4

3 (1) イ
(2) ウ
(3) 右図

エネルギーの大きさ
P Q R S
おもりAの位置

4 (1) 9 N
(2) 0.6 m
(3) 5.4 J
(4) 1.8 W　(5) 仕事の原理

5 (1) イ
(2) (例)底に近いほど水圧が大きいから。

6 (1) 重力― 7 N　浮力― 2 N
(2) ①大きい　②大きい　③上

7 (1) 0.30 N　(2) 0.50 N
(3) ①×　②×　③○　④×

解説

1 (1) ローラースケートに乗った人が壁に力を加えると，同時に，同じ大きさで逆向きの力を壁から受ける。

! ココに注意

反作用は作用と別の物体にはたらき，作用と同じ大きさで，向きは逆向きである。

2 (1) 記録タイマーは，1秒間に 60 打点打つので，6打点打つのに 0.1 秒かかる。

(3) 台車の速さは，3.6〔cm〕÷0.1〔s〕＝36〔cm/s〕なので，20 打点したときの移動距離は，

$$36〔cm/s〕\times\frac{20}{60}〔s〕=12〔cm〕$$

(4) C′D′間は，12.2－5.4＝6.8〔cm〕だから，平均の速さは，6.8〔cm〕÷0.1〔s〕＝68〔cm/s〕

3 (2) おもりの速さは，点Q，点Rの順にはやくなる。

(3) 位置エネルギーと運動エネルギーの和は一定になる。

4 (1) (15＋3)÷2＝9〔N〕

(3) ひもを 0.6 m 引かなければならないから，9〔N〕×0.6〔m〕＝5.4〔J〕

(4) 5.4〔J〕÷3〔s〕＝1.8〔W〕

5 (1) 深さが同じであれば水圧も等しく，ゴム膜のへこみ方は同じになる。

⑵ **水圧は深さが深いほど大きい。**

6 ⑴ 空気中で測定した7Nが重力の大きさであり，また，おもりを水中に入れたとき軽くなった分の2Nが浮力の大きさである。

⑵ 物体が水中にあるとき，下面のほうが深いところにあるので，水圧は大きい。よって，上面に加わる下向きの水圧より，下面に加わる上向きの水圧のほうが大きいことになる。この力の差が浮力として，**物体に上向きにはたらく。**

7 ⑵ 5.00－4.50＝0.50〔N〕

STEP 3 発展問題

本冊⇨pp.40～43

1 ⑴ 右図
⑵ 3 N
⑶ カ
⑷ 等速直線運動

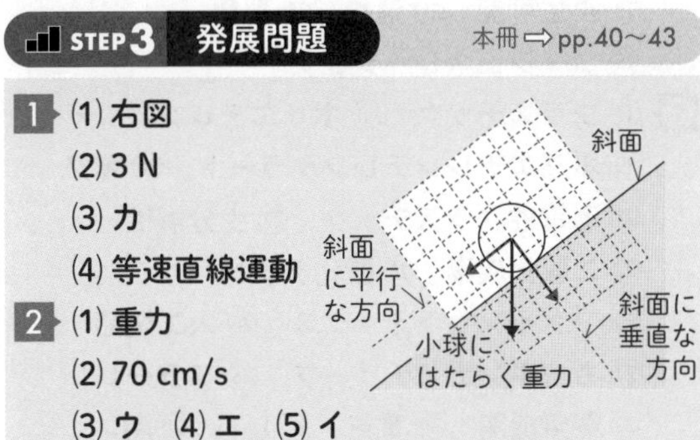

2 ⑴ 重力
⑵ 70 cm/s
⑶ ウ　⑷ エ　⑸ イ

3 ⑴ 0.2 N
⑵ 記号―B　理由―(例)物体Aと物体Bの質量は等しいが，物体Bのほうが大きな浮力を受けているので，物体Bのほうが体積が大きいといえるから。

4 ⑴ 12.0 cm/s
⑵ 右図
⑶ 0.5 倍
⑷ 18.0 cm
⑸ 0.90 J
⑹ 0.30 W
⑺ ①ウ　②ア　③ア

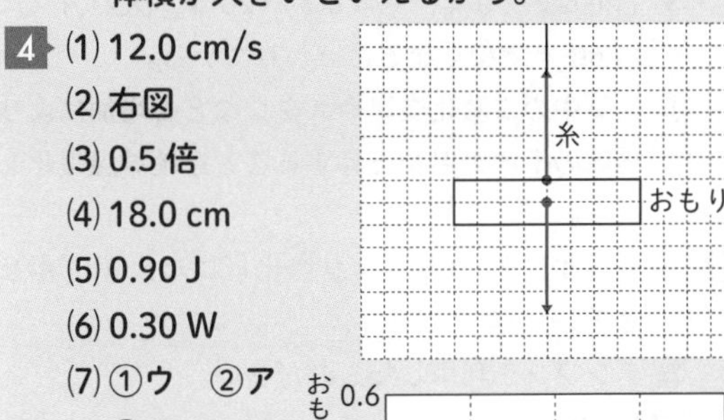

5 ⑴ 右図
⑵ ウ
⑶ 0.5 J
⑷ ア

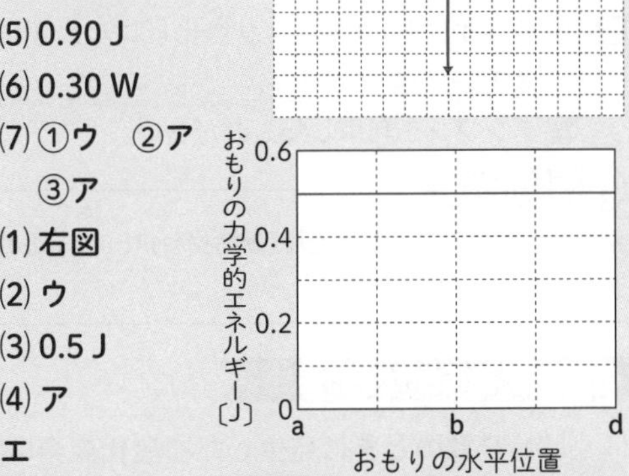

6 エ

7 (例) 2つの金属の種類が異なる場合，密度が異なるため，質量が同じ場合には体積が異なり，その金属が受ける浮力の大きさに差が生じるから。

解説

1 ⑵ 重力を表す矢印を対角線とする長方形をつくる。1目盛りが1Nを表すので，斜面に平行な分力は3Nになる。

⑶ 斜面に平行な分力の大きさは変化せず，小球の運動の向きと逆向きにはたらくので，小球の速さはしだいに小さくなる。

⑷ CD間では，ストロボ写真で撮影した小球の間隔が変わらないので小球の速さは一定で，**等速直線運動**をしていることがわかる。

2 ⑴ 台車が水平面から鉛直方向上向きに受ける力とつりあっているのは，鉛直方向下向きの重力である。

⑵ 記録タイマーは1秒間に50回打点するので，打点の1間隔は1÷50＝0.02〔s〕を表す。また，1枚のテープ7 cmを進むのにかかった時間は，0.02×5＝0.1〔s〕なので，台車の速さは，7〔cm〕÷0.1〔s〕＝70〔cm/s〕

⑶ AB間は等速直線運動をしているので，時間と移動距離は比例し，グラフは**原点を通る直線**となる。

⑷ B点を通過すると摩擦力がはたらくので，台車の速度はだんだんおそくなる。B点通過直後に速さが減少し始めるので，1枚目のテープの長さは7 cmより短い。

⑸ 位置エネルギーは変わらず，運動エネルギーが減少していくので，**位置エネルギーと運動エネルギーの和である力学的エネルギー**も減少する。

3 ⑵ 質量が同じとき，体積が大きい物体ほど密度が小さい。

4 ⑴ 6.0〔cm〕÷0.5〔s〕＝12.0〔cm/s〕

⑵ 重力の作用点はおもりの中心で鉛直方向下向きであり，糸が引く力の作用点は糸がおもりに結ばれている点で鉛直方向上向きである。

⑷ 点Bが動いた距離は，おもりが動いた距離の2倍だから，(12.0－3.0)×2＝18.0〔cm〕

⑸ 0.5 kg＝5 N，動いた距離は0.24－0.06＝0.18〔m〕だから，5〔N〕×0.18〔m〕＝0.90〔J〕

⑹ 手がおもりにする仕事は，2.5〔N〕×0.18〔m〕＝0.45〔J〕　よって，求める仕事率は，0.45〔J〕÷1.5〔s〕＝0.30〔W〕

⑺① **運動エネルギーは，速さが一定であれば変わらない。**

② 位置エネルギーは高さが高くなると大きくなる。

③ 力学的エネルギーは①と②の和である。

5 ⑴ A点で静かに止まっているときのおもりの位置

エネルギーが0.5 J ということは，位置エネルギーと運動エネルギーの和である力学的エネルギーは0.5 J ということである。力学的エネルギーは，おもりがどこにあっても変わらない。

(2) おもりが最高点に上がったときでも，横向きの速さがあり，運動エネルギーは0にならないので，おもりがもつ最高点での位置エネルギーはD点での位置エネルギーより小さい。

(3) 力学的エネルギーは0.5 J なので，位置エネルギーが0になる地点での運動エネルギーは0.5 J である。

(4) D点での運動エネルギーは0で，重力のみがおもりにはたらく。

! ココに注意

位置エネルギーと運動エネルギーの和(力学的エネルギー)は保存される。

6 AとBでは，どちらも浮(う)いているので，重さと浮力はつり合っている。よって，$W_A = F_A$，$W_B = F_B$ また，Bのほうが水中にある体積が大きいので，より大きな浮力(ふりょく)を受けている。

7 金属の種類によって密度が決まっている。

なるほど資料

力のはたらかない運動(等速直線運動)

→速さは時間にかかわらず一定である。
→移動距離は時間に比例する。

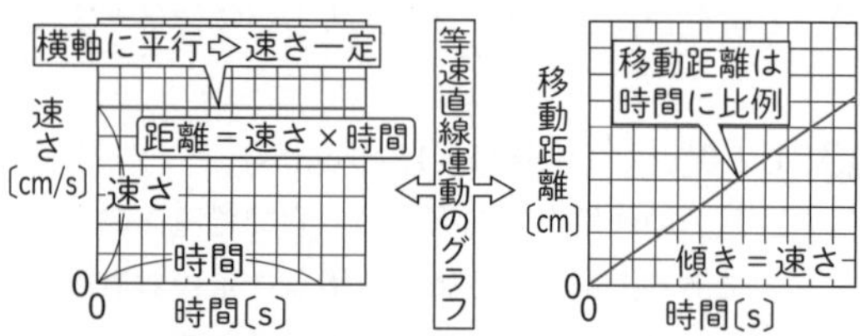

力のはたらく運動

→速さは時間に比例する。
→移動距離は時間の2乗に比例する。

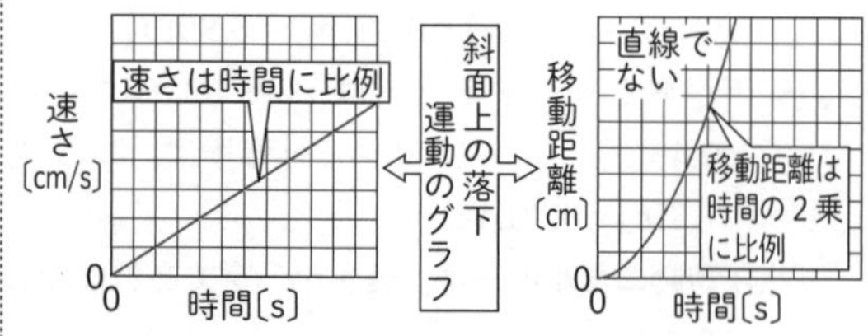

5 科学技術と人間

STEP 1 まとめノート

本冊⇨pp.44〜45

1 ① 水力発電　② 化石燃料
③ 火力発電　④ ウラン
⑤ 原子力発電　⑥ 熱
⑦ 光　⑧ 化学
⑨ 化石燃料　⑩ 二酸化炭素
⑪ 地球温暖化　⑫ 酸性雨(⑪・⑫は順不同)
⑬ 再生可能　⑭ 消費　⑮ 利用
⑯ コージェネレーション

2 ⑰ プラスチック　⑱ ポリエチレン
⑲ ポリエチレンテレフタラート　⑳ 電気
㉑ 導電性プラスチック　㉒ 生分解性
㉓ 二酸化炭素　㉔ 酸化チタン
㉕ ファインセラミックス　㉖ 人工関節
㉗ カーボンナノチューブ　㉘ フラーレン
㉙ 蒸気機関　㉚ 電気　㉛ IoT　㉜ AI

解説

1 ⑧ 例えば，蒸気機関では，化学エネルギー→熱エネルギー→運動エネルギーのように，エネルギーは変換(へんかん)されて利用されることが多い。

⑨ 石油は約40年，石炭は約120年，天然ガスは約60年でなくなるといわれている。

⑪ 大気中の**二酸化炭素やメタンなどの増加により，地球の平均気温が上昇(じょうしょう)することを地球温暖化**という。

2 ⑱⑲ ほかにも，PVC(ポリ塩化ビニル)，PS(ポリスチレン)などがある。

㉒ デンプンを利用したものが多い。

! ココに注意

資源として利用できる生物体(動植物や排出物・死がい)などをバイオマスという。

Let's Try 差をつける記述式

(例)発電のときに発生した二酸化炭素は，植物が光合成によってとり入れたものだから。

STEP 2 実力問題

本冊⇨pp.46〜47

1 (1) ①オ　②イ　③ウ　(2) 21.4 J
2 エ

3 (1) Ⅰ—菌類(きんるい)　Ⅱ—細菌類(さいきんるい)
(2) (例)再生可能な有機物をエネルギーとして利用できること。
(3) ①エ　② 12000 kJ

解説

1 (2) 発光ダイオードの電力量は，0.002×2.0×60＝0.24〔J〕，豆電球の電力量は，0.18×2.0×60＝21.6〔J〕
よって，21.6－0.24 ≒ 21.4〔J〕

2 コージェネレーションシステムでは，燃料による発電と同時に発生する熱を利用して温水をつくり，給湯(きゅうとう)や冷暖房(れいだんぼう)に使用することができる。

3 (2) 解答例のほかに，「廃棄物(はいきぶつ)としてあつかわれてきた有機物をエネルギーとして有効に活用できること」でもよい。
(3)① 従来の火力発電では，利用される電気エネルギーは 34%であるのに対し，コージェネレーションシステムでは，利用される電気エネルギーと熱エネルギーの和は 80%にも達する。
② 利用される電力は 4500 kW で全体の 30%にあたる。よって，4500〔kW〕×$\frac{80}{30}$×1〔s〕＝12000〔kWs〕＝12000〔kJ〕

STEP 3 発展問題

本冊⇨pp.48～49

1 (1) ウ，オ　(2) イ　(3) 温暖化

2 (1) エ　(2) 再生可能エネルギー
(3) (例)反応後にできる物質は水だけであるという点。

3 (1) ガソリン—二酸化炭素　燃料電池—水
(2) (例)ガソリンで走る車と異なり，二酸化炭素を排出(はいしゅつ)しないから。

解説

1 (1) 選択肢(せんたくし)の1つ1つについて，グラフをよく見て確認してみよう。
(2) 火力発電は，石油・石炭・天然ガスなどの化石燃料を燃やして得た熱エネルギーで高温の水蒸気をつくり，発電機のタービンを回して発電する。

2 (3) 水素と酸素が結びつくと水ができる。**燃料電池**では，この反応を利用している。

3 (1) ガソリンは炭素を含(ふく)む有機物で，燃焼すると主に二酸化炭素が発生するが，燃料電池は水素が燃焼するので，生じるのは水だけである。

理解度診断テスト ②

本冊⇨pp.50～51

理解度診断　A…40 点以上，B…39～30 点，C…29 点以下

1 (1) 0.36 A　(2) 25 Ω
(3) ①電熱線 A　②電熱線 A　(4) 3.5 V
(5) 20 Ω

2 (1) 陰極線(いんきょくせん)(電子線)　(2) 電子　(3) イ

3 (1) イ　(2) 3.1 m/s
(3) ①イ　②エ　③重力　(4) ア
(5) (例)最も高く上がったときの小球は運動エネルギーをもっているので，そのときの位置エネルギーが，A 点での位置エネルギーよりも，力学的エネルギーの保存により小さくなるため。

解説

1 (1) 360 mA＝0.36 A
(2) グラフの B より，5〔V〕÷0.2〔A〕＝25〔Ω〕
(3) **電力〔W〕＝電圧〔V〕×電流〔A〕**なので，電圧が等しいとき，流れる電流が大きいほど電力も大きくなる。
(4) 電熱線 A の抵抗(ていこう)はグラフの A より 10 Ω。抵抗が直列につながっているときの全体の抵抗は，各抵抗の和に等しいから 10＋25＝35〔Ω〕
よって，PQ 間の電圧はオームの法則(電圧＝電流×抵抗)より，0.1〔A〕×35〔Ω〕＝3.5〔V〕
(5) 全体の抵抗にかかる電圧が 2 V のとき，電熱線 A にも電熱線 C にも 2 V の電圧がかかっている。電熱線 A において，オームの法則(電流＝電圧÷抵抗)より，流れる電流は，2〔V〕÷10〔Ω〕＝0.2〔A〕
また，全体を流れる電流は図 6 のグラフより 0.3 A だから電熱線 C を流れる電流は，0.3－0.2＝0.1〔A〕である。よって，電熱線 C の抵抗は，2〔V〕÷0.1〔A〕＝20〔Ω〕

2 (1) クルックス管に蛍光板(けいこうばん)を入れ，両極に高い電圧をかけていくと，明るく光る線が見られる。これを陰極線(電子線)という。
(2) 陰極線(電子線)の正体は，－の電気を帯びた**電子**である。
(3) 電流の向きは，電源の＋極から－極のほうへ流れる向きであると決められている。

3 (2) RS 間の距離(きょり)は 40 cm＝0.4 m，また RS 間を進んだときの時間は，表より 0.84－0.71＝0.13〔s〕なので，水平面を動く小球の速さは，0.4〔m〕

÷0.13〔s〕=3.07…より，3.1 m/s

(3) 右図のように，斜面上では，重力の斜面方向の分力が小球にはたらき続けるため，小球の速さはだんだんとはやくなる。しかし，水平面上では，次図(下)のように，重力と垂直抗力がつりあっているだけで，水平方向の力は小球にはたらいていない。よって，小球の速さは変わらず等速直線運動を続ける。

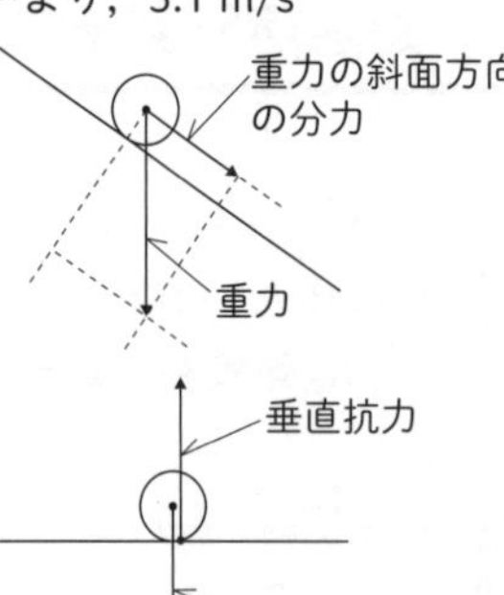

(4) 小球がS点を通過し，坂を上り始めるまでは，時間と移動距離は比例するが，坂を上り始めると小球の速さはおそくなり，時間とともに移動距離は小さくなっていく。

(5) 力学的エネルギーの保存により，A点での位置エネルギーは，飛び出したあとの最高点での位置エネルギーと運動エネルギーの和に等しい。

• 精選 図解チェック&資料集 エネルギー

本冊⇨p.52

① 入射角 ② 反射角 ③ 屈折角 ④ 全反射
⑤ 波長 ⑥ 振幅 ⑦ 作用点 ⑧ 向き
⑨ 大きさ ⑩ 張力 ⑪ 重力
⑫ $I_1+I_2+I_3$ ⑬ $V_1+V_2+V_3$
⑭ 電流 ⑮ 磁界 ⑯ 等速直線運動
⑰ 大きく ⑱ 運動エネルギー

解説

④ 水中やガラス中から空気中へ進む光がある角度以上になると，屈折せずに**全反射**する。

⑦〜⑨ 力の三要素を図示するときは矢印を使う。

⑩⑪ 張力と重力の大きさは等しい(つり合っている)。

⑫ 回路全体に流れる電流の大きさは各抵抗を流れる電流の和に等しい。

⑬ 電源の電圧の大きさは各抵抗に加わる電圧の和に等しい。

⑭⑮ 右ねじの法則にあてはめることができる。

⑯ 物体が一定の速さで一直線上を動く運動である。

⑱ おもりがcの位置にきたとき，位置エネルギーは0になり，運動エネルギーは最大になる。

第2章 物質

1 物質のすがた

STEP 1 まとめノート

本冊⇨pp.54〜55

1 ① 物質 ② 金属光沢 ③ 展性 ④ 延性
⑤ 電流 ⑥ 熱 ⑦ 炎色 ⑧ 非金属
⑨ 有機物 ⑩ 無機物 ⑪ 無機物
⑫ ガス調節ねじ ⑬ 空気調節ねじ
⑭ 調節ねじ ⑮ 薬包紙 ⑯ 10分の1

2 ⑰ 状態変化 ⑱ 固体(氷) ⑲ 液体(水)
⑳ 気体(水蒸気) ㉑ 密度 ㉒ 一定
㉓ 質量 ㉔ 体積 ㉕ 比重 ㉖ 混合物
㉗ 純粋な物質(純物質) ㉘ 沸点 ㉙ 融点
㉚ 凝固点 ㉛ 固体 ㉜ 液体 ㉝ 蒸留

解説

1 ③④ 金属の中でも，特に金は**展性**，**延性**に富む。

⑤ 電線に金属が使われているのは，金属は電気伝導性が高いからである。

⑦ **炎色反応**は，金属の定性分析や花火の着色に利用されている。

2 ⑰ 物質のすがた(状態)によって分けたものを**物質の三態**という。

㉗ 純粋な物質は，1種類の元素でできている物質(**単体**)と，2種類以上の元素でできている物質(**化合物**)に分けることができる。

㉘ エタノールの沸点は約78℃である。

Let's Try 差をつける記述式

(例)混合物をろ過して砂を取り除いてから，蒸留によってエタノールを分離する。

STEP 2 実力問題

本冊⇨pp.56〜57

1 (1) 密度 (2) イ (3) 無機物

2 (1) 蒸留 (2) B

3 ウ

4 (1) ①沈む ②12 (2) ウ

5 (1) ①融点

②(例)ロウの体積は減少しているが，質量は変わらないので，液体のロウに比べて固体のロウの密度は大きくなる。

(2) エ

解説

1 (2) 金属光沢，電気伝導性，展性・延性，炎色反応などは金属に共通した性質であるが，磁石に引きつけられない金属もある。

(3) **二酸化炭素は炭素を含むが無機物である。**

2 (2) エタノールと水では，エタノールのほうが沸点が78℃と低いため，水よりも先に出てくる。Aではエタノールの沸点まで達していないため，ほとんどエタノールが含まれていない。

3 気体は，物質をつくっている粒子の結びつきはなく，完全に自由に動き回っている。

4 (1)① 水より密度の大きいものは水に沈み，水より密度の小さいものは水に浮く。

② $30〔g〕\div 2.5〔g/cm^3〕= 12〔cm^3〕$

(2) $15.8〔g〕\times 5 \div 10〔cm^3〕= 7.9〔g/cm^3〕$

5 (1)② 質量が変わらず体積が小さくなると，1 cm^3 あたりの質量は大きくなる。

STEP 3 発展問題

本冊⇨pp.58〜61

1 (1) P―イ　Q―オ

(2) (例)沸点が一定だから。

2 E，Fに共通する物質―デンプン

実験―(例)混合物E，Fに水を加えてよく混ぜ，ろ過して，ろ液を燃焼さじに取り加熱する。白い結晶が見られたら食塩，こげたら砂糖との混合物だとわかる。

3 ウ

4 (1) ①エ　②イ　③ウ　④ウ

(2) ①ア　②ア

5 (1) D，H

(2) (例)原点とBを通る直線上にD，Hがあるから。

(3) I，J

(4) (例)質量1.0 g，体積1.0 cm^3 の点と，原点を通る直線より下側に点があるから。

(5) 1.8 g/cm^3　(6) 293.3 cm^3

6 (1) ア　(2) 枝つきフラスコ

(3) イ　(4) 12%

(5) 質量―ウ　体積―イ　密度―ア

7 (1) 上端―イ　下端―エ

(2) ①蒸発(または気化)　②気体

(3) (例)フラスコを冷やした。

8 (1) 14 g/cm^3　(2) 75 cm^3　(3) 84 g

解説

1 (2) 純粋な物質は，沸騰している間に温度が変化しない。

2 加熱をしてこげるのは砂糖やデンプンなどの炭素を含む有機物である。砂糖，食塩は水にとける。うすい塩酸と反応して二酸化炭素を発生させる物質は石灰石である。デンプンはヨウ素液を加えると青紫色になる。以上のことから，Aは砂糖と食塩，Bは石灰石と食塩，Cは砂糖と石灰石，Dはデンプンと石灰石，E・Fは砂糖とデンプンもしくはデンプンと食塩である。砂糖と食塩は加熱することで見分けることができる。

3 融点は固体が液体になるときの温度であり，沸点は液体が気体になるときの温度である。パルミチン酸は100℃のとき，融点と沸点の間にあることから液体の状態であることがわかる。また，エタノールは100℃のとき，沸点をこえていることから気体の状態であることがわかる。

4 (1)③ グラフから，液体Aは体積40 cm^3 で質量30 gなので，求める密度は，$30 \div 40 = 0.75〔g/cm^3〕$

④ 液体A 60 cm^3 の質量は45 g　液体B 20 cm^3 の質量は，$(93-30)-45=18〔g〕$　したがって，液体Bの密度は，$18 \div 20 = 0.9〔g/cm^3〕$

(2)② 分銅は重いものからのせる。また，不純物が試薬びんに入ってしまう可能性があるので，一度皿にのせた薬品はもどしてはいけない。

5 (1)(2) 同じ物質であれば，体積と質量は比例するから，その点は原点を通る1つの直線上にある。

(3)(4) 水に浮くのは，水より密度が小さい物質である。**体積1 cm^3 の水の質量は1 g**だから，質量1.0 g，体積1.0 cm^3 の点と，原点を結んだ直線より下側に点があるものは水に浮く。

(5) 質量は7.0 g，体積は4.0 cm^3 だから，密度は $7.0〔g〕\div 4.0〔cm^3〕= 1.75$ より，1.8 g/cm^3

(6) Jの密度を求めると，$3.0〔g〕\div 4.0〔cm^3〕= 0.75〔g/cm^3〕$

220.0 gの体積は，$220.0〔g〕\div 0.75〔g/cm^3〕= 293.33\cdots$ より，293.3 cm^3

6 (1) エタノールの沸点は約78℃である。

(3) 水は沸騰していないが，わずかに蒸発している。

(4) エタノールの質量は $3.0 \times 0.79 = 2.37〔g〕$，水の質量は17.0 gだから，質量パーセント濃度は，

$$\frac{2.37}{2.37+17.0} \times 100 = 12.2\cdots$$ より，12%

7 (1) 上のフラスコ内の液体が下のフラスコにもどるためには，ガラス管の上端は低い位置にあるほ

うがよい。また，下のフラスコ内の液体が上昇するためには，ガラス管の下端は液体の中につかっていなくてはならない。

(3) 上のフラスコを冷やすと，フラスコ内の気体が収縮し，気圧が下がる。

8 (1) 41〔g〕÷3〔cm^3〕=13.6…より，14〔g/cm^3〕

(2) 合金 B 100 cm^3 中の金の体積を x cm^3 とすると，

$1700=19x+11(100-x)$

これを解いて，$x=75$〔cm^3〕

(3)(2) より，合金 B 中の体積比は，金：銀=75：25=3：1　よって，質量比は，金：銀=19×3：11=57：11 であるから，100 g 中に含まれる金の質量は，

$100\times\frac{57}{57+11}=83.8\cdots$ より，84 g

なるほど資料

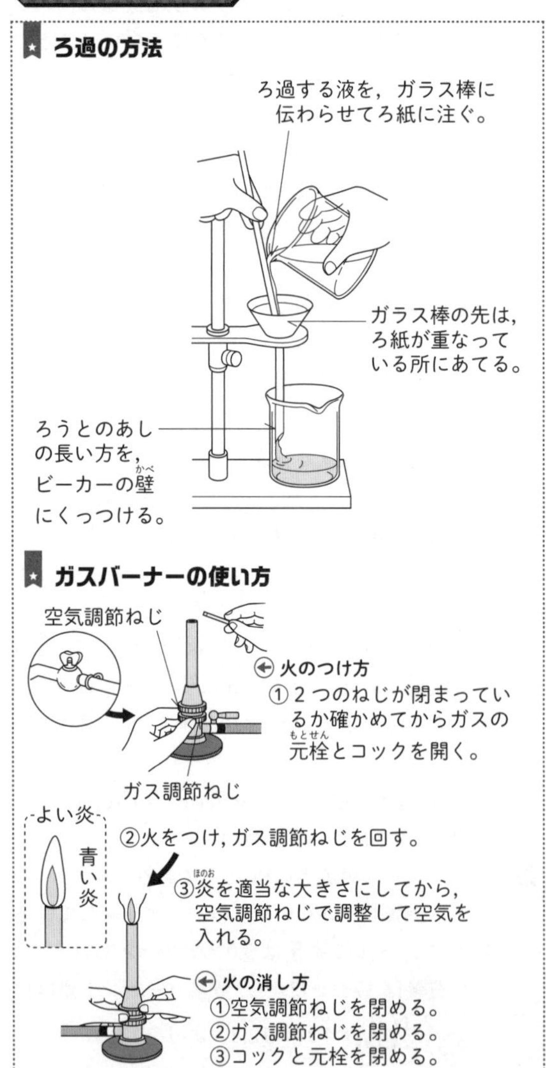

ろ過の方法
ろ過する液を，ガラス棒に伝わらせてろ紙に注ぐ。
ガラス棒の先は，ろ紙が重なっている所にあてる。
ろうとのあしの長い方を，ビーカーの壁にくっつける。
ガスバーナーの使い方
空気調節ねじ
ガス調節ねじ
火のつけ方
①2つのねじが閉まっているか確かめてからガスの元栓とコックを開く。
②火をつけ，ガス調節ねじを回す。
③炎を適当な大きさにしてから，空気調節ねじで調整して空気を入れる。
よい炎
青い炎
火の消し方
①空気調節ねじを閉める。
②ガス調節ねじを閉める。
③コックと元栓を閉める。

2 気体と水溶液

STEP 1 まとめノート 本冊⇨pp.62～63

1 ① 窒素　② 酸素　③ 地球温暖化
④ 二酸化マンガン
⑤ 過酸化水素水（オキシドール）
⑥ 電気分解　⑦ 溶けにくい　⑧ 燃やす
⑨ 石灰石　⑩ 溶ける　⑪ 大きい
⑫ 石灰水　⑬ 酸性
⑭ 亜鉛（マグネシウム，鉄）　⑮ 小さい
⑯ 燃える　⑰ 塩化アンモニウム
⑱ 水酸化カルシウム（⑰，⑱ は順不同）
⑲ よく溶ける　⑳ アルカリ性

2 ㉑ 溶媒　㉒ 溶質　㉓ 同じ　㉔ 透明
㉕ 質量パーセント濃度　㉖ 溶質の質量
㉗ 溶液の質量　㉘ 飽和　㉙ 飽和溶液
㉚ 溶解度　㉛ 溶解度曲線　㉜ 砂糖
㉝ 硝酸カリウム　㉞ 再結晶

解説

1 ③ 二酸化炭素が大気から宇宙空間への熱の放出を妨げ，地球の大気の温度が上昇することを**地球温暖化**という。**化石燃料**（石油・石炭など）の消費が原因で増加しているとされている。

⑥ 水の電気分解では，酸素と水素が 1：2 の割合で陽極と陰極に生じる。

⑧ 酸素にはものを燃やす助燃性がある。

⑩ 二酸化炭素はやや水に溶けるが，純粋な二酸化炭素を集めるために，水上置換法が用いられることも多い。

⑬ 二酸化炭素が水に溶けた水溶液を炭酸水という。

⑯ 水素は燃える性質がある。

! ココに注意

気体の集め方は，気体の性質から判断しよう。

2 ㉔ 塩化銅水溶液は，透明で青色である。

㉗ **溶液の質量＝溶質の質量＋溶媒の質量**

㉚ 溶解度は一般に，溶媒 100 g に対して飽和したときの溶質のグラム数で表す。

Let's Try 差をつける記述式

（例）アンモニアは水に非常によく溶け，空気より密度が小さいから。

STEP 2 実力問題

本冊⇨pp.64〜65

1 ウ

2 (1) 酸素
(2) 触媒
(3) 二酸化炭素
(4) 水素
(5) 上方置換(法)

3 (1) ①E　②B　③D　④A　⑤C
(2) C—ウ　D—ア

4 (1) 再結晶　(2) A
(3) エ
(4) ろ過
(5) イ

解説

1 ろ過をしてろ紙の上に粒が残ったということは，水に溶質が完全に溶けていないということである。このような場合，水溶液とはいえない。

2 (2) 二酸化マンガンに過酸化水素水を加えた場合，過酸化水素だけが分解して酸素を生じる。

ココに注意

酸素の物質を燃やすはたらきと，水素の自身が燃える性質をしっかりと区別しよう。

3 (1)② 水素は，すべての物質の中で最も軽い物質である。
⑤ 水を電気分解すると，陽極から酸素が，陰極から水素が発生する。

4 (2) 60°Cから20°Cの間で，水の温度による溶解度の差がいちばん大きいものを選ぶ。60°Cから20°Cに温度を下げると，硝酸カリウムは約75 g，ミョウバンは約45 gの結晶が生じる。塩化ナトリウムは，ほとんど結晶が現れない。
(3) 80°Cの水100 gに硝酸カリウムを120 g溶かしたとして考えればよい。

STEP 3 発展問題

本冊⇨pp.66〜69

1 (1) 方法—水上置換(法)
性質—水に溶けにくい性質
(2) エ　(3) イ

2 (1) エ
(2) ①水上　②水に溶けにくい
(3) イ　(4) アンモニア

3 (1) ウ
(2) (例)水に溶けるとアルカリ性を示す。
(3) ①溶けやすい　②下がる

4 (1) イ，ウ　(2) イ

5 (1) ウ
(2) ①イ
②(例)20°Cの水100 gに溶ける塩化ナトリウムの質量は10 gより大きいから。

6 (1) ① 20　② 17　③A
(2) 記号—A　質量—3 g
(3) (例)ガラス棒を使っていない。ろうとのあしをビーカーの内側につけていない。
(4) 10 g

7 (1) 溶質　(2) ①溶解度　②食塩
(3) 12 g　(4) 35%

解説

1 (1) うすい塩酸に亜鉛を入れたときに発生する水素は，水に溶けにくい気体である。水素は空気よりはるかに軽い気体であるが，純粋な水素を集めるために水上置換法で捕集する。
(2) 空気中には酸素が約21%含まれている。水素と酸素を2：1の割合で混合して点火すると爆発して燃え，水ができる。
(3) 亜鉛のほか，スチールウール(鉄)，アルミニウム，マグネシウムなどの金属に塩酸を加えても水素が発生する。

2 (3) 気体Bは刺激臭があるのでアンモニア，気体Cは水溶液が酸性を示していることから二酸化炭素であることがわかる。
(4) アンモニアは非常に軽い気体である。

3 (1) 試験管の口にたまった水が，加熱部分に流れると試験管が割れるおそれがあるので，試験管の口は少し下げておく。

4 (1) ア $\frac{10}{100+10}\times100=9.09\cdots$〔%〕
イ 10%の硝酸カリウム水溶液100 gには，$100\times0.1=10$〔g〕の硝酸カリウムが，また20%の硝酸カリウム水溶液100 gには$100\times0.2=20$〔g〕の硝酸カリウムが含まれているから，混合したあとの濃度は，$\frac{10+20}{100+100}\times100=15$〔%〕
ウ $\frac{20}{100+100}\times100=10$〔%〕
エ $\frac{20}{100+10}\times100=18.18\cdots$〔%〕
(2) 30°Cにおける硝酸カリウムの溶解度は45 gな

ので，70－45＝25〔g〕

5 (1) 40°Cの水 10 g に，硝酸カリウムは約 6.2 g 溶け，塩化ナトリウムは約 3.8 g 溶けるので，塩化ナトリウムが少し残る。

(2)② 塩化ナトリウムのグラフより，20°Cのとき，約 36 g まで溶ける。

6 (2) 水溶液 A は，水 100 g に物質 I が 25 g 溶けているので，出てきた結晶(けっしょう)は 25－22＝3〔g〕

(4) 水溶液 C の中に溶けている物質 II の質量を x g とすると，125：25＝50：x　これを解いて，x＝10〔g〕

7 (3) 出てきた物質は硝酸カリウムである。結晶として出てくる質量を x g とすると，ビーカー c の水溶液 156 g を 20°C に冷やすと 56－32＝24〔g〕より 24 g の硝酸カリウムが出てくるので，24：156＝x：78　これを解いて，x＝12〔g〕

(4) 水溶液 P の質量パーセント濃度を x %とすると，

$$\frac{200\times0.01\times x+100\times0.3+118}{300+118}=\frac{109}{209}$$ より，

x＝35〔%〕

なるほど資料

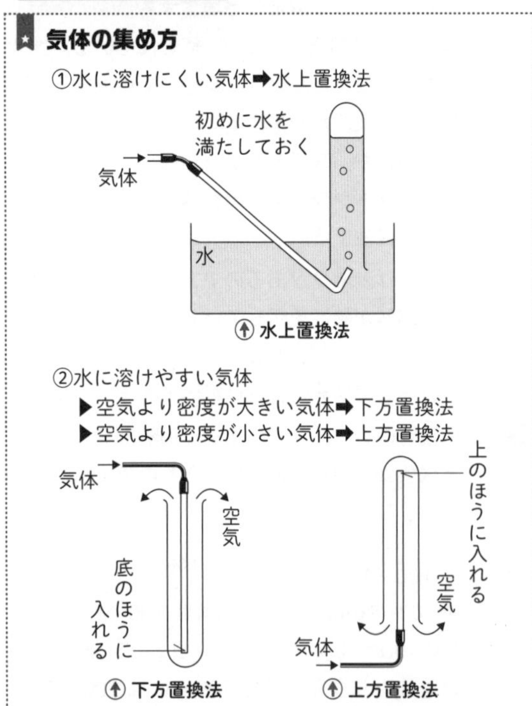

気体の集め方
①水に溶けにくい気体➡水上置換法
初めに水を満たしておく
気体
水
②水に溶けやすい気体
▶空気より密度が大きい気体➡下方置換法
▶空気より密度が小さい気体➡上方置換法
気体
空気
底のほうに入れる
上のほうに入れる
空気
気体

⬆ 水上置換法

⬆ 下方置換法　⬆ 上方置換法

理解度診断テスト ①

本冊⇨pp.70～71

理解度診断 A…40 点以上，B…39～30 点，C…29 点以下

1 (1) ①イ　②イ

(2) 密度の大きい順—B→D→C→A

説明—(例)小片 C は水に浮(う)いて，小片 D は水に沈(しず)んだから。

(3) ①R　②U(①，②は順不同)

(4) 固体—P　体積— 4.0 cm^3

2 (1) 右図　(例)

(2) I—イ

II ① 48°C(または 47°C)

② 27 g

(3) ミョウバン→硫酸銅(りゅうさんどう)→ホウ酸→食塩

解説

1 (1) 密度は物質 1 cm^3 あたりの質量をいう。実験 1 の結果より，液体のロウと固体のロウでは，質量は同じでも，固体のロウのほうが体積が小さいことから，密度は固体のロウのほうが大きいといえる。また，水が氷になるときは体積がふえることから，氷のほうが密度は小さいといえる。

(2) 液体に物質を入れたとき，液体の密度より大きな密度の物質は沈み，液体の密度より小さな密度の物質は浮く。小片 B は，すべての液体で沈んでいることから，密度は最も大きい。また，小片 A は，すべての液体で浮いていることから，密度は最も小さい。また，小片 C と小片 D では，小片 C は水に浮くが，小片 D は水に沈むことから，小片 D のほうが密度は大きい。

(3) 物質の体積と質量は比例することから，同じ物質の固体は，原点を通る同一直線上にあるので，R と U が同じ物質の固体だとわかる。

(4) 密度〔g/cm^3〕＝質量〔g〕÷体積〔cm^3〕より，密度が 4.5 g/cm^3 になる固体は P (9.0〔g〕÷2.0〔cm^3〕) である。また，この固体の質量が 18 g のときの体積は，18〔g〕÷4.5〔g/cm^3〕＝4.0〔cm^3〕である。

ココに注意

物質の体積と質量の関係を表すグラフでは，同じ物質は原点を通る同一直線上にある。

2 (1) 砂糖を水に溶(と)かしたあと時間がたつと，砂糖の表面から，小さな粒(つぶ)(分子)が水にとり囲まれるようにして散らばり，どの部分も均一で同じ濃さになる。

(2) I 水に物質を入れたとき，物質がすべて溶けた場合でも，一部が溶けずに沈んでいる場合でも，**全体の質量は同じ**である。

II ①図2のグラフから，100 g の水に硝酸カリウムを 80 g 溶かすためには 47〜48°C あたりまで水温を上げる必要があることがわかる。

②40°Cの水 100 g に溶ける硝酸カリウムの質量は約 63 g だから，加える水の量を x g とすると，$63:80=100:(100+x)$ これを解いて $x=27$〔g〕

(3) 水溶液を 20°Cまで冷やしたときに出てくる結晶のおおよその質量は，図2のグラフから，硫酸銅が 80－36＝44〔g〕，ミョウバンが 57－11＝46〔g〕，食塩が 37－36＝1〔g〕，ホウ酸が 15－5＝10〔g〕である。

ココに注意

同じ温度の水に溶ける溶質の質量は，水の質量に比例する。

3 化学変化と原子・分子

STEP 1 まとめノート

本冊⇨pp.72〜73

1 ①化学変化 ②分解 ③酸素 ④水
⑤二酸化炭素(④，⑤は順不同)
⑥白く濁る ⑦アンモニア ⑧水素
⑨酸素 ⑩化合物 ⑪原子 ⑫分子
⑬水 ⑭二酸化炭素 ⑮化学式 ⑯H_2O

2 ⑰化合物 ⑱硫化鉄 ⑲つかず
⑳別の ㉑化学反応式 ㉒銅 ㉓酸素
㉔酸化 ㉕大きく ㉖還元 ㉗銅
㉘二酸化炭素 ㉙発熱 ㉚吸熱
㉛質量保存 ㉜変わらない ㉝定比例

解説

1 ③ 酸化銀は黒色をしているが，分解して銀になると白っぽい色になる。

④⑤ 炭酸ナトリウムは，炭酸水素ナトリウムよりも**水に溶けやすく，強いアルカリ性を示す**。

⑧ 水素が発生したことは，マッチの火を近づけるとポンと音を立てて燃えることからわかる。

⑨ 酸素が発生したことは，線香の火を近づけると**炎をあげて燃える**ことからわかる。

2 ⑱ 硫化鉄は，鉄や硫黄とは異なる物質である。

㉑ 化学反応式では，左辺の原子数と右辺の原子数は必ず同じになっている。

㉘ 還元が起こるときは，同時に酸化も起こっている。酸素がうばわれるということは，酸素をうばう相手がいるということである。

Let's Try 差をつける記述式

(例)鉄と硫黄の反応によって発生した熱によって，反応が進むから。

STEP 2 実力問題

本冊⇨pp.74〜75

1 (1) 銀
(2) 酸化銀—黒色
加熱されてできた物質—白色
(3) 酸素 (4) 水に溶けにくい性質 (5) 分解

2 (1) イ，ウ (2) エ

3 (1) (例)鉄と硫黄が結びつくときに発生した熱により，反応が次々と起こったため。
(2) A—磁石につく。 B—磁石につかない。

(3) A—水素　B—硫化水素　(4) 化合物

(5) $Fe + S \longrightarrow FeS$

4 (1) 酸化　(2) $2Cu + O_2 \longrightarrow 2CuO$

(3) 1.0 g　(4) 4：1

(5) ①銅　②二酸化炭素　③還元

④(例)石灰水の逆流を防ぐため。

解説

1 (1)(2) 酸化銀(黒色)を加熱すると，酸素と銀(白色)に分解される。

(4) 水に溶けにくい気体は水上置換法で集める。

(5) 酸化銀を加熱すると酸素と銀に分かれる反応以外にも，炭酸水素ナトリウムを加熱すると炭酸ナトリウム，水，二酸化炭素に分かれる反応などがある。

2 (1) 原子はそれ以上分割することはできず，他の原子に変わることはない。

3 (1) 高温の発熱が起こる反応は，最初に加熱しただけで，それ以上熱をあたえなくても次々と反応が起こっていく。

(2)(3) 混合物は鉄の性質が残っているので，磁石につき，うすい塩酸を加えると水素が発生する。加熱した試験管Bでは硫化鉄という物質に変化していて，磁石にはつかず，うすい塩酸を加えると硫化水素という気体が発生する。

!ココに注意

物質の結びつきによってできた物質は，もとの物質とはまったく異なる性質をもつ別の物質である。

4 (2) 化学反応式を書くときは，左辺の原子の種類・数が，右辺の原子の種類・数と同じになるように表す。

(4) 0.8 g の銅から 1.0 g の酸化銅が生じているから，反応した酸素の質量は 1.0－0.8＝0.2〔g〕である。

(5)④ 先に火を消すと，加熱した試験管内の温度が下がり，気圧が低くなり，石灰水が逆流してしまう。

STEP3 発展問題

本冊⇨pp.76～79

1 (1) 0.63　(2) A－6　B－0.9

2 (1) $2H_2 + O_2 \longrightarrow 2H_2O$　(2) イ

(3) ア　(4) 9 g

3 (1) 酸化マグネシウム

(2) 3.5 g

(3) 右図

(4) 4：1

結びついた酸素の質量〔g〕
1.0
0.5
0
0.5
1.0
マグネシウムの粉末の質量〔g〕

4 (1) (例)石灰水が逆流しないようにするため。

(2) 還元

(3) ① C ではかった加熱前の装置の質量から F ではかった加熱後の装置の質量を引いた値

② 1 班・2 班―ウ　4 班・5 班―イ

5 (1) ウ　(2) $CaCO_3$　(3) 質量保存

6 (1) ア　(2) 水上置換(法)

(3) 塩化コバルト紙

(4) A－2　B－H_2O

(5) ① 0.18 g　② 1.06 g　③ 1.68 g

解説

1 (1) 1.26÷2＝0.63

(2) 炭酸水素ナトリウム 6 g がすべて反応すると，加熱後は(1)より 3.78 g になる。そのため，実験 1 で加熱したあとにできた 4.2 g の粉末がすべて反応すると 3.78 g になるので，4.2 g の粉末中から 1 g をとって反応させたあとの質量を x g とすると，4.2：3.78＝1：x

よって，x＝0.9〔g〕

2 (1) 水素と酸素の反応により水ができる。

(4) 水素：酸素＝1：8 の質量の比で反応するので，水素 1 g と酸素 8 g が結びついて 9 g の水ができ，1 g の水素が余ることになる。

3 (1) $2Mg + O_2 \longrightarrow 2MgO$ の反応である。

(2) マグネシウム 0.3 g が酸素と結びつくと 0.5 g の酸化マグネシウムができるので，質量比は，マグネシウム：酸素：酸化マグネシウム＝3：2：5 となる。加熱後の酸化マグネシウムの質量を x g とすると，3：5＝2.1：x より，x＝3.5〔g〕

(4) 0.4 g の銅が酸素と結びついていなかったことから，銅 1.2 g から酸化銅 1.5 g が生じることがわかる。よって，銅：酸化銅＝1.2：1.5＝4：5　よって，結びついた銅と酸素の質量比は 4：(5－4)＝4：1 となる。

4 (3)① C ではかった加熱前の装置の質量と，F ではかった加熱後の装置の質量にちがいがみられるのは，酸化銅から酸素が炭素にうばわれ，二酸化炭素となって出ていくからである。1

班の結果で考えると，酸化銅と活性炭の質量の和，8.0＋0.4＝8.4〔g〕から，56.9－55.8＝1.1〔g〕を引いた 7.3 g が，加熱後の試験管内の物質の質量である。

② 加熱前の装置の質量と加熱後の装置の質量の差(＝発生した二酸化炭素の質量)を求めると，1班が 1.1 g，2班が 1.7 g，3～5班が 2.2 g である。このことから，活性炭を 0.8 g 以上混ぜ合わせても発生する二酸化炭素の質量は変化せず，3班の段階で酸化銅はすべて還元されていることがわかる。よって，1・2班では，反応していない酸化銅が，4・5班では，混ぜ合わせた活性炭が余っている。

5 (1) **ア**では酸素，**イ**では水素，**エ**ではアンモニアが発生する。

(2) $Na_2CO_3 + CaCl_2 \longrightarrow 2NaCl + CaCO_3$ で表される反応が起こり，炭酸カルシウムが沈殿(ちんでん)する。

6 (5)① Na＝23，H＝1，C＝12，O＝16 とすると，$CO_2=12+16\times2=44$，$H_2O=1\times2+16=18$

また，$\frac{0.44}{44}=0.01$ より，18×0.01＝0.18〔g〕

② $Na_2CO_3=106$ より，106×0.01＝1.06〔g〕

③ 1.06＋0.44＋0.18＝1.68〔g〕

! ココに注意

原子は，その種類によって質量が決まっている。

なるほど資料

主な原子と元素記号

原子の種類	元素記号	原子の種類	元素記号	原子の種類	元素記号
水素	H	ナトリウム	Na	銀	Ag
酸素	O	カリウム	K	水銀	Hg
炭素	C	バリウム	Ba	金	Au
塩素	Cl	カルシウム	Ca	白金	Pt
臭素	Br	ストロンチウム	Sr	ニッケル	Ni
窒(ちっ)素(そ)	N	マグネシウム	Mg	亜(あ)鉛(えん)	Zn

主な化合物の化学式

化合物	化学式	化合物	化学式	化合物	化学式
水	H_2O	塩化水素	HCl	酸化銅	CuO
一酸化炭素	CO	塩化ナトリウム	NaCl	硫酸	H_2SO_4
二酸化炭素	CO_2			硝酸	HNO_3
メタン	CH_4	塩化鉛	$PbCl_2$	アンモニア	NH_3
酸化マグネシウム	MgO	塩化亜鉛	$ZnCl_2$	水酸化ナトリウム	NaOH
		硫(りゅう)酸(さん)銅	$CuSO_4$		

4 化学変化とイオン

STEP 1 まとめノート

本冊⇨pp.80～81

1 ① **電解質** ② **非電解質** ③ **陽イオン**
④ **陰(いん)イオン** ⑤ **受けとって** ⑥ **電離(でんり)**
⑦ **Cl^-** ⑧ **$2Cl^-$** ⑨ **電池**
⑩ **銅** ⑪ **電気**
⑫ **塩素** ⑬ **酸素**
⑭ **水素** ⑮ **1：2**
⑯ **水酸化ナトリウム**

2 ⑰ **水素** ⑱ **青** ⑲ **赤**
⑳ **黄** ㉑ **水素** ㉒ **水酸化物**
㉓ **赤** ㉔ **青** ㉕ **青**
㉖ **赤** ㉗ **水素(陽)**
㉘ **水酸化物(陰)** ㉙ **水**
㉚ **中和** ㉛ **陰** ㉜ **陽** ㉝ **塩**
㉞ **塩化ナトリウム** ㉟ **硫酸(りゅうさん)バリウム**
㊱ **一定** ㊲ **反比例** ㊳ **発熱**

解説

1 ① 塩化銅，塩化ナトリウム(食塩)，水酸化ナトリウム，塩化水素などは**電解質**である。

② 砂糖，エタノールなどは**非電解質**である。

⑦ 水素原子が電子を1個失い，塩素原子がそれを受けとっている。

⑧ 銅原子が電子を2個失い，2個の塩素原子がそれぞれ1個ずつ受けとっている。

⑩ **電子を受けとるほうが＋極，電子を失って陽イオンとして金属が溶(と)け出すほうが－極**となる。

2 ⑰ **水素イオン(H^+)**が，酸の水溶液(すいようえき)に共通な性質(酸性)を示すもとになっている。

㉑ 亜鉛(あえん)・鉄・アルミニウムなどとも反応して水素を発生させる。アルカリ性の水溶液はマグネシウムとは反応しない。

㉒ **水酸化物イオン(OH^-)**が，アルカリの水溶液に共通な性質を示すもとになっている。

! ココに注意

中和とは，水をつくる反応($H^+ + OH^- \longrightarrow H_2O$)であり，同時に塩ができる。

Let's Try 差をつける記述式

(例)水に溶けると電離して電気を帯びたイオンになり，移動ができるようになるから。

STEP 2 実力問題

本冊⇨pp.82〜83

1 (1) 電子 (2) 電離 (3) エ

2 (1) 電解質 (2) ア

(3) ＋— Cu^{2+} −— Cl^-

(4) 陽極—イ 陰極—ウ

3 ウ

4 (1) 黄色 (2) 中性 (3) 青色

(4) 中和 (5) ① NaCl ② H_2O(順不同)

(6) 塩

解説

1 (1) 原子の中心には陽子と中性子が集まってできている原子核があり，そのまわりには−の電気を帯びた電子がある。

2 (2) 塩化銅水溶液は，銅イオン(Cu^{2+})が存在するために青色を示す。

(3) $CuCl_2 \longrightarrow Cu^{2+} + 2Cl^-$のように電離する。

(4) 陽極の炭素棒では $2Cl^- \longrightarrow Cl_2 + 2e^-$，陰極の炭素棒では $Cu^{2+} + 2e^- \longrightarrow Cu$ の反応が起こる。電源の＋極につながっているほうは炭素棒に電子をわたす極，電源の−極につながっているほうは炭素棒から電子を受けとる極であることに注意する。

3 亜鉛板(−極)の表面では，亜鉛が水中に溶け出し($Zn \longrightarrow Zn^{2+} + 2e^-$)，銅板(＋極)の表面では，水素イオンが電子を受けとり($H^+ + e^- \longrightarrow H$)，水素原子は2個結びついて水素分子となる($2H \longrightarrow H_2$)。**電池では，電子を炭素棒にわたすほうが−極，電子を炭素棒から受けとるほうが＋極である。**

! ココに注意

電池(化学電池)では電子が回路に流れ出すほうの炭素棒が−極である。

4 (5)(6) 塩酸と水酸化ナトリウム水溶液の中和は $HCl + NaOH \longrightarrow NaCl + H_2O$ で表され，塩(この例では NaCl)と水ができることに注意する。

STEP 3 発展問題

本冊⇨pp.84〜87

1 (1) ○ (2) ④ (3) ○ (4) ⑤ (5) ③

2 (1) ① A—ア B—エ ② 水に溶けやすい性質

(2) ① X—ア Y—ウ

② $CuCl_2 \longrightarrow Cu^{2+} + 2Cl^-$

3 (1) 190 g (2) (例)前の実験で使った水溶液が混ざらないようにするため。

(3) ① H_2 ② イ ③ Zn^{2+}

(4) 水溶液—(例)電解質の水溶液を用いること。
金属板—(例)種類が異なる金属板を組み合わせること。

4 (1) ア (2) Zn, Fe, Sn, Ag

(3) (例)鉄よりも亜鉛のほうが陽イオンになりやすいから。(23字)

5 (1) B

(2) ① イ ② ウ ③ $Na^+ + OH^-$

④ キ ⑤ ケ

6 (1) エ (2) ① カ ② イ

7 (1) OH^-

(2) 電離

(3) イ

(4) 化学エネルギー

(5) $2H_2 + O_2 \longrightarrow 2H_2O$

解説

1 (5) pH<7 のときは酸性で，数値が小さくなるほど酸性は強くなる。

2 (1)① 陰極では $H^+ + e^- \longrightarrow H$ $2H \longrightarrow H_2$
陽極では，$Cl^- \longrightarrow Cl + e^-$ $2Cl \longrightarrow Cl_2$

(2)① 陰極では，$Cu^{2+} + 2e^- \longrightarrow Cu$
陽極では，$Cl^- \longrightarrow Cl + e^-$ $2Cl \longrightarrow Cl_2$

3 (1) 5%の食塩水 200 g に含まれる食塩は，200〔g〕×0.05＝10〔g〕 よって，必要な水は，200−10＝190〔g〕

(3)① 銅板では，水溶液中の水素イオンが電子を受けとって水素原子になり，水素原子が2つ結びついて水素分子になる。($H^+ + e^- \longrightarrow H$ $2H \longrightarrow H_2$)

②③ 亜鉛板では，亜鉛が電子を失って亜鉛イオンとなって水溶液中に溶けこむ。
($Zn \longrightarrow Zn^{2+} + 2e^-$)

よって，電子は亜鉛板のほうから銅板に向かって流れる。**電流の流れは，電子の流れと逆である。**

(4) 砂糖水やエタノールなどの，非電解質の水溶液では電流は流れない。また，**同じ種類の金属板の組み合わせでは電流は流れない。**

4 (2) 原子が電子をはなす−極(陰極)になる金属のほうが，陽イオンになりやすい。表の，電流が流れる向きから考えると，陽イオンへのなりやすさはそれぞれ，Zn>Ag，Ag<Sn，Zn>Fe,

Sn＜Fe となるので，これを整理する。

5 電圧をかけると，陽極側の赤色リトマス紙が青くなり，青い部分がゆっくりと陽極のほうへ広がるが，陰極側には変化はない。陽イオンであるナトリウムイオン(Na^+)は陰極に，陰イオンである水酸化物イオン(OH^-)は陽極に移動する。以上のことから，**陽極側の赤いリトマス紙が青くなったのは，陽極側に移動した水酸化物イオンのはたらき**であり，アルカリ性を示すのは水酸化物イオンであることがわかる。

6 (2)① 濃度(のうど)が2倍の硫酸(りゅうさん)に含まれるイオンの数はもとの硫酸の2倍なので，生成する沈殿(ちんでん)の質量も2倍になる。加える水酸化バリウムの濃度は変わらないので，沈殿の質量のふえ方も変わらない。

② 加える水酸化バリウムの濃度が2倍になるので，生成する沈殿の質量のふえ方は2倍になる。硫酸の濃度は変わらないので，生成する沈殿の質量には変化がない。

7 (3) 水酸化ナトリウムを溶かした水溶液の電気分解は，水の電気分解にほかならない。水を電気分解すると，**酸素が陽極から，水素が陰極から，酸素：水素＝1：2 の体積比で発生**する。

(4) 水素を燃料として酸化させて，物質のもっている化学エネルギーを電気エネルギーに変える装置を燃料電池という。

(5) 燃料電池は，水の合成を利用する電池である。

なるほど資料

塩化銅水溶液の電気分解のモデル

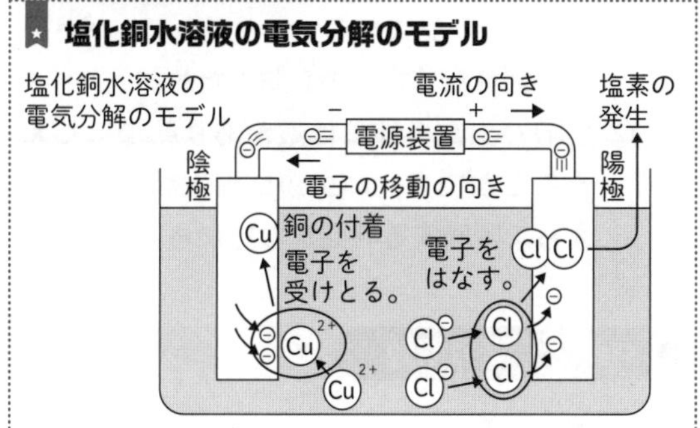

理解度診断テスト ②

本冊⇨pp.88〜89

理解度診断 A…40 点以上，B…39〜30 点，C…29 点以下

1 (1) エ

(2) ①(例)炎(ほのお)を出して激しく燃えた。

②ア

(3)

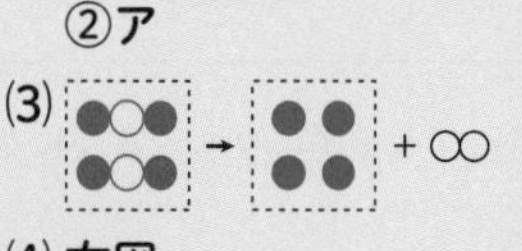

(4) 右図

白色の物質の質量〔g〕

酸化銀の質量〔g〕

2 (1) ア

(2) Cu

(3) ① Zn　② Zn^{2+}　③ 2

(4) $\frac{n}{2}$ 個

(5) オ

解説

1 (1) 銅，塩素，硫黄(いおう)は，1種類の元素からなる**単体**である。

(2)② 金属光沢(こうたく)がある，展性・延性にすぐれている，電気伝導性が高い，熱伝導性が高いなどは，金属に共通した性質である。

(3) 化学反応式で表すと，$2Ag_2O \longrightarrow 4Ag + O_2$ となる。

(4) bではかった質量とeではかった質量の差は，発生した酸素の質量である。酸化銀の質量からその酸素の質量を引くと，白色の物質(銀)の質量を求めることができる。酸化銀の質量が 2.0 g，4.0 g，6.0 g，8.0 g のとき，白色の物質の質量はそれぞれ 1.8 g，3.7 g，5.5 g，7.4 g になるので，誤差は無視して**原点を通る直線で結ぶ**。

2 (1) 電池として利用できるのは，電解質を溶(と)かした水溶液(すいようえき)である。食塩を水に溶かすと，$NaCl \longrightarrow Na^+ + Cl^-$ のように電離(でんり)して電流を通す。

(2) 亜鉛(あえん)板と銅板を用いた電池では，亜鉛板から亜鉛原子(Zn)が電子を失って亜鉛イオン(Zn^{2+})となって水溶液中に溶け出す。また，銅板では，水素イオン(H^+)が銅板から電子を受けとり水素原子(H)になる。よって，**回路から電子を受けとる銅板のほうが＋極**である。

(3) (2)と同様に，$Zn \longrightarrow Zn^{2+} + 2e^-$

(4) ＋極の表面では，$2H^+ + 2e^- \longrightarrow H_2$ の変化が起こって，水素分子ができる。電子の数に対して，水素分子はその半数となるので，電子が n

個のとき，できる水素分子は $\frac{n}{2}$ 個である。

(5) 亜鉛板と銅板では，亜鉛が電子を失って亜鉛イオンとなることから，陽イオンへのなりやすさは亜鉛＞銅である。また，ｃの結果より，プロペラの回転がはやいことから，マグネシウムは亜鉛よりも陽イオンになりやすいことがわかる。

! ココに注意

－極になる金属は，＋極になる金属よりもイオンになりやすい。

• 精選 図解チェック＆資料集 物質

本冊⇨p.90

① 気体　② 固体　③ 液体　④ 溶媒(ようばい)
⑤ 溶液（水溶液）　⑥ 水上置換(ちかん)　⑦ 下方置換
⑧ 上方置換　⑨ 炭酸ナトリウム　⑩ 水
⑪ 二酸化炭素　⑫ 酸素　⑬ 電子
⑭ 電子　⑮ 電流　⑯ ウ

（解説）

⑥〜⑧ 水に溶けにくい気体は水上置換法，水に溶けやすく空気より密度が大きい気体は下方置換法，水に溶けやすく空気より密度が小さい気体は上方置換法で集める。

⑫ 水を電気分解すると，陰極(いんきょく)に水素，陽極に酸素が発生する。

⑬ 原子は，＋の電気を帯びた陽子と電気を帯びていない中性子からなる原子核(げんしかく)と，そのまわりにある－の電気を帯びた電子からできている。

⑭⑮ 電流の向きと電子の移動の向きは逆である。

⑯ 塩酸は $HCl \longrightarrow H^+ + Cl^-$ と電離(でんり)する。H^+ が陰極へ引かれるため，**ウ**の青色リトマス紙が赤色に変わる。

第３章　生命

1 生物のつくりと分類

STEP 1 まとめノート

本冊⇨pp.92〜93

1 ① 近づけて　② 離(はな)し

2 ③ 花弁　④ やく　⑤ 花粉　⑥ 柱頭
⑦ 子房(しぼう)　⑧ 胚珠(はいしゅ)　⑨ 受粉　⑩ 種子
⑪ 果実　⑫ 胚珠　⑬ りん片　⑭ 花粉のう

3 ⑮ 被子(ひし)植物　⑯ 裸子(らし)植物　⑰ 子葉　⑱ 花弁
⑲ 胞子(ほうし)　⑳ 仮根　㉑ 胞子のう

4 ㉒ 両生類　㉓ 胎生(たいせい)　㉔ 卵生　㉕ 鳥類
㉖ 恒温(こうおん)動物　㉗ 変温動物　㉘ 節足動物
㉙ 軟体(なんたい)動物

（解説）

1 ① 観察するものが動かせないときは，ルーペを目に近づけて固定したまま，自分の頭とルーペを同時に前後に動かして観察しやすい位置を探す。

2 ⑫ マツやイチョウなどの裸子植物は子房がなく，胚珠がむき出しになっている。

3 ⑰ 子葉・葉脈・根のちがいなどによって，**単子葉類**と**双子葉類**を分類することができる。
⑳ 仮根には，からだを固定するはたらきがある。

4 ㉙ 軟体動物は内臓が**外とう膜(まく)**でおおわれている。

Let's Try 差をつける記述式

① （例）対物レンズとプレパラートがぶつかって，レンズが傷ついたり，プレパラートが割れたりするのを防ぐため。

② （例）ハ虫類の卵には殻(から)があり乾燥(かんそう)にたえることができ，ハ虫類は両生類と異なりえらで呼吸する時期がないから。

STEP 2 実力問題

本冊⇨pp.94〜95

1 ① イ　② ウ

2 胚珠(はいしゅ)

3 ウ

4 (1) 外とう　(2) ① イ　② エ
(3) 胎生(たいせい)－Ｒ　変温動物－Ｑ

5 (1) ア
(2) 記号－Ｄ，Ｅ，Ｆ
特徴(とくちょう)－（例）胚珠が子房(しぼう)におおわれている。

(3) グループA・B—胞子
グループC〜F—種子

解説

1 ② 接眼レンズをのぞきながら対物レンズをプレパラートに近づけると，対物レンズとプレパラートがぶつかることがあり，危険である。

2 受粉すると，花粉から伸びた**花粉管**の中を**精細胞**が移動し，精細胞の核が胚珠の中の**卵細胞**の核と合体(**受精**)する。受精のあと，**子房が成長して果実になり，胚珠が成長して種子になる。**

3 動かせるものを観察するときは，ルーペは目に近づけて持ったまま，観察するものを動かす。

4 (1) 軟体動物は内臓などが外とう膜におおわれている。無セキツイ動物には，ほかにも外骨格をもつ節足動物やミミズなどのなかまの環形動物などがある。

5 (1) コケ植物以外の植物には，**維管束**や**根・茎・葉の区別**がある。
(2) グループCは裸子植物なので，グループD〜Fが被子植物である。

STEP3 発展問題

本冊⇨pp.96〜99

1 (1) (ア→)エ→ウ→カ→イ→オ
(2) 直射日光 (3) イ

2 (1) 名称—合弁花類 記号—イ
(2) エ (3) ウ (4) ア
(5) (例)裸子植物は子房がなく胚珠がむき出しであるが，被子植物の胚珠は子房に包まれている。果実は子房が成長してできるので，果実がつくられるのは被子植物である。

3 (1) 被子
(2) (例)水を吸収するための根と，水を通す維管束がない。

4 (1) ①ウ ②ウ ③エ
(2) ④殻 ⑤陸上
(3) A—I B—V C—II D—III E—V

5 (1) 無セキツイ動物
(2) からだを支えて内部を保護するはたらき。
(3) ①外とう膜 ②記号—ウ 生物—ザリガニ
(4) ウ

6 (1) ア (2) 胞子のう

(3) スギゴケ—からだの表面からとり入れている。
イヌワラビ—根からとり入れている。

解説

1 (1) 接眼レンズと対物レンズをとりつけたあと，反射鏡としぼりを調節して視野全体が明るく見えるようにしてから，プレパラートをのせる。
(3) 顕微鏡では上下左右が実物とは逆に見えるので，視野の中の試料を左下の方向へ移動させたいときは，プレパラートを右上に動かす。

2 (1) タンポポは5枚の花弁がくっついた**合弁花**を咲かせる。**合弁花類**には，タンポポのほかにツツジ，アサガオなどがある。
(3) 合弁花類は双子葉類に含まれる。双子葉類の葉脈は**網状脈**で，根は主根と側根に分かれている。
(4) まつかさはマツの種子の集まりである。図2ではAが雌花，Bが雄花であり，種子ができるのは雌花である。

3 (2) コケ植物には，根・茎・葉の区別がなく，維管束もない。水分はからだの表面から吸収する。

4 (1) I類は魚類，II類は両生類，III類はハ虫類，IV類は鳥類，V類はホ乳類である。
(2) ハ虫類と鳥類は陸上に卵を産むため，卵は乾燥しないように殻でおおわれている。魚類と両生類は水中に殻のない卵を産む。
(3) イモリは両生類，ヤモリはハ虫類，コウモリはホ乳類である。

5 (4) クジラは水中で生活するホ乳類である。

6 (1) スギゴケはコケ植物，イヌワラビはシダ植物である。スギゴケのなかまは雄株と雌株に分かれていて，雌株だけに胞子のうができる。

なるほど資料

双子葉類と単子葉類のちがい

双子葉類

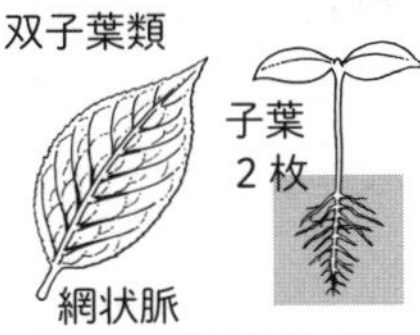

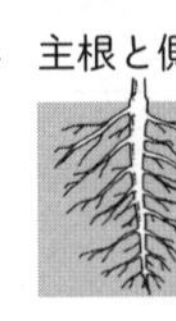

単子葉類

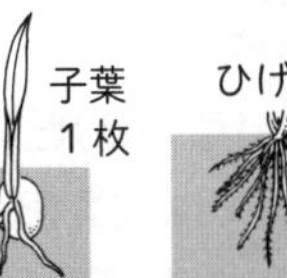

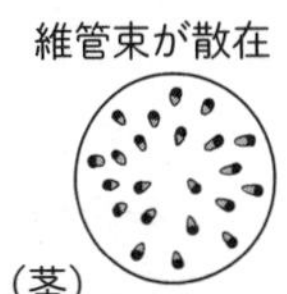

2 生物のからだのつくりとはたらき

STEP 1 まとめノート

本冊⇨pp.100～101

1 ① 道管 ② 師管 ③ 維管束(いかんそく)
④ 気孔(きこう) ⑤ 根毛

2 ⑥ 光 ⑦ 二酸化炭素 ⑧ デンプン
⑨ 葉緑体 ⑩ 師管 ⑪ 酸素 ⑫ 気孔
⑬ 酸素 ⑭ 二酸化炭素
⑮ 青 ⑯ 黄

3 ⑰ 消化酵素(こうそ) ⑱ ブドウ糖 ⑲ アミノ酸
⑳ 胆汁(たんじゅう) ㉑ モノグリセリド ㉒ 柔毛(じゅうもう)
㉓ リンパ管 ㉔ ヘモグロビン ㉕ 白血球
㉖ 血しょう ㉗ 動脈 ㉘ 静脈
㉙ 組織液 ㉚ 肺循環(じゅんかん)
㉛ 体循環 ㉜ 肺胞(はいほう)
㉝ 肝臓(かんぞう) ㉞ 腎臓(じんぞう)
㉟ 中枢神経(ちゅうすう) ㊱ 反射

解説

1 ③ 道管と師管がまとまって束になっているものが**維管束**で，葉の維管束を特に**葉脈**という。
⑤ 根毛には，**根の表面積を大きくする**はたらきと，**根を抜けにくくするはたらき**がある。

2 ⑯ 二酸化炭素がふえて酸性を示すので，BTB液は黄色になる。

3 ⑳ **胆汁**は肝臓でつくられ，胆のうに一時的にたくわえられ，小腸ではたらく消化液で，**消化酵素**は含(ふく)まないが，脂肪(しぼう)の粒(つぶ)を細かくする(乳化)はたらきがある。
㉖ **血しょう**には，養分や二酸化炭素，アンモニアなどを溶かして運ぶはたらきがある。
㉜ **肺胞**は，毛細血管が空気に触(ふ)れる面積を大きくし，酸素と二酸化炭素の交換(こうかん)(**ガス交換**)をする効率を高めるのに役立っている。

! ココに注意

脂肪酸とモノグリセリドは柔毛で吸収されたあと，再び結合して脂肪にもどってリンパ管に入る。

Let's Try 差をつける記述式

① (例)(酸素の多い所では)酸素と結びつき，酸素の少ない所では酸素をはなす性質。
② (例)小腸の内壁(ないへき)の表面積が大きくなり，養分を吸収する効率を高める点。

STEP 2 実力問題

本冊⇨pp.102～105

1 ウ

2 (1) 維管束(いかんそく)(葉脈)
(2) 記号―イ 名称(めいしょう)―師管

3 名称―反射 記号―ア

4 (1) (A→) C→B→D (2) B，D，F，G

5 (1) ウ (2) 記号―A 名称(めいしょう)―肺胞(はいほう)
(3) ①血しょう ②組織液
(4) (例)栄養分からエネルギーをとり出すこと。

6 ① オ ② エ

7 イ

8 (1) エ
(2) a―ア b―イ
c―(例)光合成で放出された酸素の量が，呼吸で吸収された酸素の量より少ない

解説

1 光の刺激(しげき)を受けとる細胞(さいぼう)があるのは，網膜(もうまく)(**ウ**)である。**ア**はレンズ(水晶体(すいしょうたい))，**イ**は虹彩(こうさい)，**エ**は感覚神経(視神経)である。

2 (2) 葉脈(葉の維管束)では，葉の表側に近い側に道管，裏側に近い側に師管が集まっている。

3 熱いものに手が触(ふ)れてとっさに手を引っこめるとき，脊髄(せきずい)から運動の命令が出される。このような反射を，特に脊髄反射という。口の中に食物を入れると唾液(だえき)が出るのは，延髄からの命令による。

4 (2) 肺から心臓へもどる血管Gは静脈(肺静脈)だが，流れている血液は酸素を多く含(ふく)んだ動脈血である。同様に，肺につながる動脈(肺動脈)には，二酸化炭素を多く含む静脈血が流れる。

5 (1) 血管Eは，脳から心臓(右心房(うしんぼう))にもどる血管で，血管Hは，小腸から肝臓(かんぞう)へ向かう血管である。
(2) 肺は，肺胞という小さな袋(ふくろ)が多数集まってできている。

6 デンプンは分解されて，最終的にブドウ糖になり，小腸(**オ**)の柔毛(じゅうもう)で吸収されて毛細血管に入ったあと，肝臓(**エ**)に運ばれ，一部はグリコーゲンに合成されて貯蔵される。

7 草食動物の目は顔の側面についているため，立体的に見える範囲(はんい)は狭(せま)いが，広範囲を見わたすことができ，敵をはやく見つけるのに適している。

8 (2) 呼吸は光があたっているかどうかに関わらず常に行われている。光合成より呼吸のほうが盛ん

な場合，全体としてみれば植物は酸素を吸収し，二酸化炭素を放出しているように見える。

STEP 3 発展問題

本冊⇨pp.106～109

1 (1) ① s—○ t—○
②酢酸カーミン液(酢酸オルセイン液)
③X—多細胞 Y—細胞分裂 ④ア，エ
(2) ①組織液 ②D—オ E—ア
③(例)肝臓で害の少ない尿素に変えられ，腎臓でこし出されて尿になる。

2 (1) a—感覚神経 b—運動神経
(2) (例)反応Xは，信号が脳を経由する反応であるのに対して，反応Yでは，信号が脳を経由せずに，感覚神経から脊髄を経由して直接運動器官(筋肉)に伝わる反応である。

3 (1) 加熱する
(2) ①B ②C ③(例)デンプンがなくなった
④(例)デンプンがブドウ糖がいくつかつながったもの(糖)になった

4 (1) 柱頭 (2) ア

5 (1) 120倍 (2) 120 mL (3) 36 mg
(4) 21 mg (5) 15 mg

6 (1) ア (2) X—蒸散 記号—イ (3) ウ

解説

1 (1)② 酢酸カーミン液や酢酸オルセイン液を用いると，核が染色されて赤くなり，観察しやすくなる。

(2)①② **組織液**は血しょうが毛細血管からしみ出したもので，細胞の呼吸に必要な酸素(D)や養分(E)と細胞で不要となった二酸化炭素(F)やアンモニア(G)の受けわたしの仲立ちをする。

2 (2) 反応Yは**反射**である。反射は脳を経由せず，直接命令が脊髄から出される。

3 (1) ブドウ糖がいくつかつながったものを含む溶液に**ベネジクト液**を加えて加熱すると，赤褐色の沈殿が生じる。

(2) 試験管Aでは，唾液がデンプンを分解するため，ヨウ素液には反応せず，試験管Bでは，デンプンがそのまま残っているのでヨウ素液によって青紫色に変化する。試験管Cではデンプンが分解されてできた糖により赤褐色の沈殿ができ，試験管Dではデンプンが分解されてできた糖がないため，ベネジクト液は反応しない。

4 葉脈が網状脈のものは双子葉類，平行脈のものは単子葉類である。

5 (1) 1 mL中のイヌリンの濃度が120倍になっている。

(2) 1分間につくられる尿が1 mLだから，濃縮される前の原尿はその120倍の量である。

(3) 0.3〔mg/mL〕×120〔mL〕=36〔mg〕

(5) 原尿に36 mg含まれる尿素のうち，21 mgが尿として排出されるから，再吸収された尿素は，36−21=15〔mg〕

6 (1) イネとトウモロコシは単子葉類で，葉脈は平行脈である。

(3) 葉の表，葉の裏，茎からの水の蒸散量の和を求めればよい。茎からの蒸散量は，枝Cの結果より1.0 mLである。枝Aの結果は葉の裏+茎からの蒸散量を，枝Bの結果は葉の表+茎からの蒸散量を表している。これより，葉の表からの蒸散量は2.2−1.0=1.2〔mL〕，葉の裏からの蒸散量は6.6−1.0=5.6〔mL〕
よって，1.2+5.6+1.0=7.8〔mL〕となる。

なるほど資料

デンプン・タンパク質・脂肪の消化と吸収

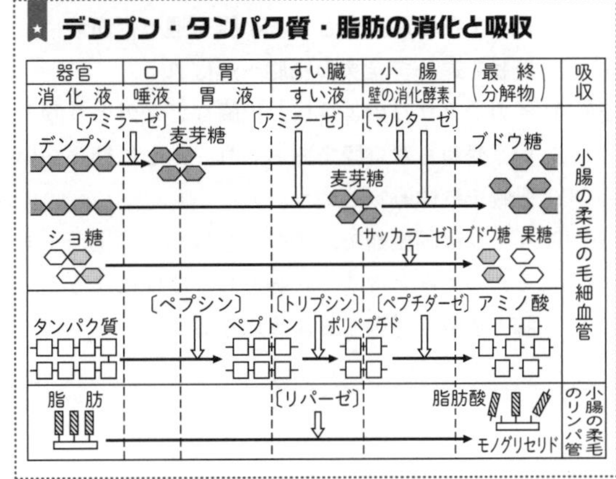

理解度診断テスト ①

本冊⇨pp.110〜111

理解度診断 A…40 点以上，B…39〜30 点，C…29 点以下

1 (1) ①ア　②ウ

(2) (例)調べようとすることがら以外の条件を同じにして行う実験。

(3) 葉緑体

2 (1) ①血小板　②白血球　③組織液　④ヘモグロビン

(2) ア

3 (1) ①外とう　②軟体(なんたい)　(2) ①えら　②肺

解説

1 (1) BTB 液は酸性で黄色，アルカリ性で青色，中性で緑色になる。

(3) 葉の細胞(さいぼう)の中にある緑色の小さな粒(つぶ)を葉緑体といい，葉緑体で光合成が行われる。

2 (1)④ **ヘモグロビン**は，酸素の多い所では酸素と結びつき，酸素の少ない所では酸素をはなす性質がある。

(2) 心臓の**左心室**から出た血液は頭部と全身を通って**右心房**(うしんぼう)にもどり，**右心室**から出た血液は肺を通って**左心房**にもどる。小腸を通った血液は，**肝臓**(かんぞう)を通って全身の細胞(さいぼう)へ運ばれる。

3 (1) イカやアサリのように，内臓などが**外とう膜**(まく)というやわらかい膜でおおわれ，あしに節がない動物を軟体動物という。

(2) イモリは両生類で，子のときは水中で生活をするためえらと皮膚(ひふ)で呼吸をし，成体になると，肺と皮膚で呼吸するようになる。

3 生物の成長・遺伝・進化

STEP 1 まとめノート

本冊⇨pp.112〜113

1 ① 先端(せんたん)　② 細胞分裂(さいぼうぶんれつ)

③ 数　④ 染色体

⑤ 2　⑥ 体細胞分裂

2 ⑦ 生殖(せいしょく)　⑧ 無性生殖　⑨ 有性生殖

⑩ 生殖細胞　⑪ 卵　⑫ 精子　⑬ 受精

⑭ 受精卵　⑮ 胚(はい)　⑯ 発生　⑰ 精細胞

⑱ 花粉　⑲ 柱頭　⑳ 花粉管

㉑ 胚珠(はいしゅ)　㉒ 卵細胞

㉓ 受精　㉔ 果実

㉕ 種子　㉖ 胚

3 ㉗ 遺伝　㉘ 遺伝子　㉙ 同じ　㉚ 減数分裂

㉛ 顕性(けんせい)　㉜ 潜性(せんせい)

㉝ DNA(デオキシリボ核酸(かくさん))

㉞ 相同器官

解説

1 ① 根の先端近くにある**成長点**(根端分裂組織)で，細胞分裂が盛んに行われる。

③ 細胞分裂では，まず細胞の数がふえ，その後で細胞が大きくなる。

2 ⑩ 生殖細胞には，動物の精子と卵，植物の精細胞と卵細胞がある。

⑭ 受精卵が細胞分裂をくり返していくとき，細胞の数はふえるが，細胞の大きさは大きくならない。

3 ㉙ 無性生殖では，親と子の遺伝子はまったく同じになる。有性生殖では，親と子の遺伝子は異なる。

㉚ 生殖細胞の染色体の数は体細胞の半分である。生殖細胞が受精した受精卵は親の染色体と数が等しい。

㉝ 遺伝子は細胞の核内の染色体にあり，遺伝子の本体は DNA という物質である。

! ココに注意

対立形質をもつ純系どうしをかけ合わせると，子には顕性の形質が現れる。

Let's Try 差をつける記述式

(例)からだの細胞が体細胞分裂を行い，まず細胞の数がふえ，その後もとの大きさまで大きくなる。

STEP 2 実力問題

本冊⇨pp.114～115

1 (1) ①酢酸カーミン液(酢酸オルセイン液)

②記号—C

理由—(例)根の先端は細胞分裂が盛んだから。

(2) ア (3) イ (4) ウ (5) 22 本 (6) イ

2 (1) 無性生殖

(2) ①生殖細胞 ②減数 ③半分

(3) ①右図

② 189 匹

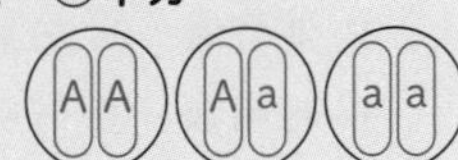

解説

1 (1)② 根の先端近くでは，細胞分裂が盛んである。

(2) 発生の順に並べると，**イ→エ→ア→ウ**である。

(3) 花粉管の中には精細胞がある。

(4) 減数分裂が行われると，染色体の数は半分になる。

(5) 受精後の細胞の染色体の数は，生殖細胞の 2 倍である。

(6) 丸の形質が顕性なので，孫の代の丸としわの個体数の比は 3：1 になる。しわの種子の個数を x 個とすると，3024：x＝3：1　x＝1008

2 (1) 雄と雌がかかわらない生殖である。

(2) 生殖細胞である精子や卵がつくられるときは，減数分裂という特別な細胞分裂によって，染色体の数が半分になる。

(3)① 遺伝子の組み合わせが Aa の両親からできる子の遺伝子の組み合わせは，AA，Aa，aa である。

② 顕性の形質と潜性の形質の個体数の比は 3：1 になるから，顕性の形質を x 匹とすると，

x：(252－x)＝3：1　x＝189

! ココに注意

遺伝子の組み合わせが Aa の個体どうしをかけ合わせてできた子の形質の個体数の比は，顕性：潜性＝3：1 になる。

STEP 3 発展問題

本冊⇨pp.116～119

1 (1) ①(例)細胞どうしを離れやすくするため。(細胞どうしの結合を切るため。)

②エ

③ a—(エ→)ウ→イ→オ→ア

b—(例) (染色体が)複製され，等しく(さけるように)分かれる。

(2) (例)細胞分裂によって細胞の数がふえ，それぞれの細胞が大きくなる。

2 ウ，オ

3 (1) ウ

(2) Ⅰ群—a　Ⅱ群—ウ

(または，Ⅰ群—b　Ⅱ群—ア，Ⅰ群—c　Ⅱ群—エ，Ⅰ群—d　Ⅱ群—イの組み合わせのいずれか)

4 (1) 発生

(2) イ

5 (1) エ

(2) 移動のための器官—(例)魚類はひれで移動し，ハ虫類はあしで移動する。

卵のつくり—(例)魚類の卵には殻がなく，ハ虫類の卵には殻がある。

6 (1) AA

(2) ア

(3) エ

7 (1) ① DNA(デオキシリボ核酸)

②対立形質 ③潜性 ④顕性

(2) AB，BB (3) 25% (4) 100%

(5) エ

解説

1 (1)① うすい塩酸に入れると，細胞どうしが離れて観察しやすくなる。

③ b 体細胞分裂の際，同じ内容の染色体が 2 つ必要なので，染色体が複製される。

2 減数分裂をする生殖細胞が必要なのは，有性生殖である。ジャガイモは果実を有性生殖でつくり，いもを**無性生殖でつくる。無性生殖では，親と子の遺伝子はまったく同じである。**

! ココに注意

ジャガイモのように，無性生殖と有性生殖の両方を行う生物も存在する。

3 (2) オニユリは**むかご**，オランダイチゴは**ほふく茎**，サツマイモは**塊根**，チューリップは**球根**でふえる。

4 (2) 受精卵は体細胞分裂をくり返すことで細胞の数をふやすが，1 つ 1 つの細胞は大きく成長しないため，細胞の大きさは小さくなる。また，体細胞分裂では核に含まれる染色体の数は変わらない。

5 (2) ハ虫類や鳥類の卵には殻があることによって，**陸上での乾燥（かんそう）にたえることができる。**

6 (1) 純系どうしを交配して，子がすべて丸形になったことから，丸形が顕性の形質とわかる。よって，丸形の純系を表す遺伝子の組み合わせは AA である。

(2) しわの遺伝子をもつ花粉が受粉しないように，花が咲く前のつぼみの時期におしべをすべてとり除く必要がある。

(3) 丸形としわ形の両方の種子ができるのは，遺伝子の組み合わせが Aa どうしの自家受粉である。また，孫の代で，丸形の遺伝子の組み合わせは，AA と Aa が 1：2 の数の比で存在する。Aa の個体数を x 個体とすると，$(1200-x):x=1:2$，$x=800$

7 (2) 実験 2 で生まれる個体の遺伝子の組み合わせは，AA，AB，BB である。黒が顕性なので，AB と BB が黒個体になる。

(3) 実験 3 で生まれる個体を調べると，AA：AB：BB＝1：2：1 となる。白個体は AA だけなので，$1\div(1+2+1)\times100=25$〔%〕

(4) 白個体の遺伝子の組み合わせは AA だけなので，そこから生まれる個体の遺伝子の組み合わせは AA だけである。よって，100%になる。

(5) 実験 5 で生まれる個体を調べると，AA：AB：BB＝1：4：4 となる。黒個体の割合は，実験 3 のときは，$(2+1)\div(1+2+1)\times100=75$〔%〕 実験 5 のときは，$(4+4)\div(1+4+4)\times100=88.8\cdots$〔%〕

よって，実験 5 のほうが黒個体の割合が大きい。

なるほど資料

カエルの発生

受精卵 → 2 細胞期（縦（たて）に分裂する。）受精後 3 時間 → 4 細胞期（縦に分裂する。）約 4 時間 → 8 細胞期（横に分裂して大きさのちがう細胞ができる。）約 5 時間 → 桑実胚（下のほうは分裂の速さがおそい。）約 10 時間 → 胞胚 → 原腸胚初期（約 30 時間）（原口） → 原腸胚 → 神経胚（約 50 時間） → 尾芽胚（だるま胚）（約 80 時間） → おたまじゃくし約 5 日後

4 自然と人間

STEP 1 まとめノート

本冊⇨pp.120～121

1 ① 生態系　② 食物連鎖（れんさ）　③ 肉食動物
④ 食物網（もう）　⑤ 多い　⑥ ピラミッド
⑦ つりあって　⑧ 減り　⑨ ふえる
⑩ 減る　⑪ つりあい　⑫ 生産者
⑬ 消費者　⑭ 分解者　⑮ 菌類（きんるい）
⑯ 細菌類　⑰ 呼吸

2 ⑱ 気孔（きこう）　⑲ 酸性雨　⑳ 窒素（ちっそ）　㉑ 二酸化炭素
㉒ 気温　㉓ 上昇（じょうしょう）　㉔ 地球温暖化
㉕ フロン　㉖ オゾン層　㉗ 紫外線（しがいせん）
㉘ 外来種（外来生物）　㉙ 在来種（在来生物）

3 ㉚ 太陽光　㉛ 風力　㉜ 台風　㉝ 梅雨前線
㉞ 温泉　㉟ 地熱　㊱ 津波　㊲ 火災

解説

1 ② **食物連鎖**は有機物をつくる植物から始まる。

⑤⑥ 食べられる生物が多く，食べる生物が少ない。

⑧⑨⑩ えさがふえたり，捕食者（ほしょくしゃ）が減ると個体数はふえる。えさが減ったり，捕食者がふえると個体数は減る。

! ココに注意

食物連鎖のつりあいが一時的にくずれても，時間がたつともと通りつりあいはとれていく。

⑭ 分解者自身も生きるために呼吸をしている。その結果として有機物を無機物に分解している。

⑰ すべての生物は呼吸の際に有機物を使い，生きるためのエネルギーを得ている。

2 ⑳ **窒素酸化物**や**硫黄（いおう）酸化物**が酸性雨の原因である。

㉔ 二酸化炭素などの**温室効果ガス**が地球温暖化の原因である。

㉕ **フロン**がオゾン層を破壊（はかい）すると紫外線が強まる。現在ではフロンの製造は規制されている。

! ココに注意

地球温暖化が原因となって起こる気候の変化などに着目する。

3 ㉚㉛ 太陽光や風力は**再生可能エネルギー**とよばれる。

Let's Try 差をつける記述式

（例）植物はふえ，肉食動物は減る。

STEP 2 実力問題

本冊⇨pp.122〜123

1 (1) タカ　(2) 生産者　(3) 分解者
(4) ウ　(5) A

2 ① 生態系　② ア　③ 食物連鎖(れんさ)

3 (1) D　(2) イ，エ

4 ① オゾン　② 紫外線(しがいせん)

解説

1 (1) 食べるものほど数量は少ない。逆に，食べられるものほど数量は多い。植物は数量がいちばん多い。

(2) 植物は，光のエネルギーを利用して，光合成により無機物から有機物をつくり出しているので，**生産者**とよばれる。

(3) 生物の死がいやふんなどから栄養分を得る消費者を特に**分解者**という。菌類(きんるい)・細菌類に加えて，ミミズやダンゴムシも分解者である。

(4) 草食動物がふえると，植物が減り，肉食動物はふえる。その結果，草食動物が減り，植物がふえ，肉食動物は減り，つりあいはとれていく。

(5) オオカナダモは植物なので，光があたると光合成をするため，二酸化炭素をとり入れる。すべての生物は呼吸を行うので，二酸化炭素を排出(はいしゅつ)する。

2 ② 草食動物が増加すると，植物は減少し，肉食動物は増加する。その結果，草食動物は減少する。

3 (1) 土の中の小動物や菌類・細菌類は分解者である。

(2) 大気中の二酸化炭素は無機物である。生物のからだや死がいや排出物が有機物である。

4 **オゾン層**は太陽からの有害な強い紫外線を吸収して弱めている。フロンによりオゾン層が破壊(はかい)されると，紫外線が強くなり生物に害が出る。

STEP 3 発展問題

本冊⇨pp.124〜127

1 (1) エ，キ　(2) ウ，エ，オ
(3) ①分解　②有機物

2 ア

3 ア

4 (1) 64%
(2) (例) 自動車の交通量にちがいがあること。

5 (1) 生態系
(2) 生物の集団―分解者
生物の名称(めいしょう)―アオカビ
(3) イ→ウ→ア
(4) エ　(5) 温室効果ガス

6 (1) ①生態系　②食物連鎖(れんさ)　(2) イ　(3) ススキ
(4) ①在来種　②カエル
③(例) カエルが増加したあと，バッタは減少，ヘビは増加する。バッタが増加したことによりススキは減少するが，その後バッタが減少することでススキは増加し，もとに戻(もど)る。
④ウ，エ

解説

1 (1) アメリカザリガニ，セスジユスリカ，サカマキガイはたいへん汚(きたな)い水にいる生物，ミズカマキリ，タニシは汚い水にいる生物である。

(2) **ア**のミカヅキモと**イ**のミドリムシは光合成を行うので生産者である。図に分解者はいない。

(3) 菌類(きんるい)・細菌類や土中の小動物は，呼吸により有機物を無機物に分解している。

2 次のような変化をする。Bが減少→Cが増加，Aが減少→Bが増加→Cが減少，Aが増加

3 ペトリ皿Aでは，花だんの土の中にいる菌類や細菌類のはたらきにより，デンプンが分解された。ペトリ皿Bでは，土が焼かれているので，分解者が死んでおり，デンプンは分解されない。

4 (1) 顕微鏡(けんびきょう)の視野の中で，汚れている気孔(きこう)の数は32個，全部の気孔の数は50個。よって，
32÷50×100＝64〔%〕

(2) 自動車の排出(はいしゅつ)ガスによる空気の汚れを調べる観察なので，排出ガスの多い少ない，すなわち，自動車の交通量にちがいがある場所を選ぶ。

5 (2) 有機物をつくらない2つの集団は，消費者と分解者である。フレミングは，菌類であるアオカビから抗生物質(こうせいぶっしつ)であるペニシリンを発見した。

(3) 湿原(しつげん)に水が流れこまなくなると，さまざまなものが堆積(たいせき)して陸地化する。そして，はじめは草が生え，やがて背の高い樹木が育っていく。

(4) **ア** グラフが波のように変化しているのは，夏と冬で二酸化炭素濃度(のうど)がちがうからである。
イ グラフより，1990年は約360 ppm，2010年は約400 ppmだから，400÷360＝1.11…〔倍〕，**ウ** 2010年の約400 ppmは百分率に換算(かんさん)すると，0.04%である。

(5) 二酸化炭素やメタンなどの**温室効果ガス**は，本来は宇宙空間に放出されるはずだった熱を吸収

して，その一部を地球に放射する。その温室効果によって**地球温暖化**が起きている。

6 (3) Aは生産者を表しているので，植物のススキがあてはまる。

(4) 外来種がカエルを食べたことで，カエルに食べられる機会が減ったバッタが増加した。カエルをえさとしていたヘビはえさが減ることによって減少し，増加したバッタに食べられやすくなったススキも減少する。

なるほど資料

水質調査の指標生物の例

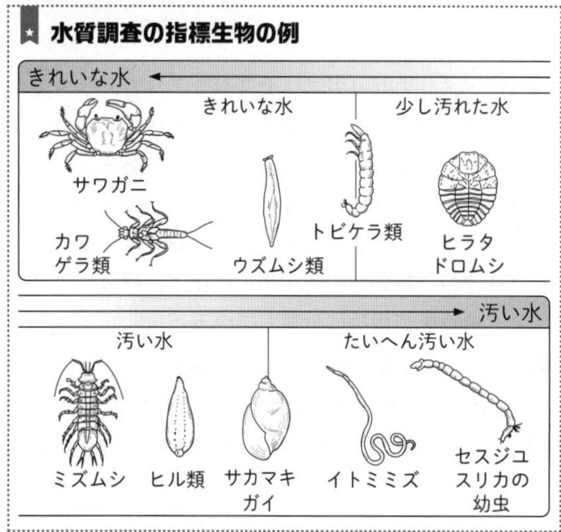

理解度診断テスト ②

本冊⇨pp.128〜129

理解度診断 A…40点以上，B…39〜30点，C…29点以下

1 (1) 柱頭　(2) オ，カ

(3) ① b — RR　c — Rr　② 1：1

(4) (例)害虫に強い形質の遺伝子(いでんし)を導入し，被害(ひがい)にあいにくい農作物をつくる。

2 (1) ウ　(2) イ　(3) オ　(4) エ

解説

1 (1) めしべの先を柱頭という。柱頭に花粉がつくと，花粉から花粉管が伸(の)びて，その中を精細胞(せいさいぼう)が卵細胞へ向かって移動していく。

(2) 精細胞や卵細胞などの**生殖細胞**(せいしょくさいぼう)は，減数分裂(ぶんれつ)により，からだの細胞の核(かく)がもつ染色体が1本ずつ分かれて入る。よって，図2の染色体が1本ずつ入っているものを選ぶ。

(3)① 下線部bは丸い種子をつくる純系なので，RRとなる。

下線部cは，RRとrrをかけ合わせてできるので，右の表のようになり，Rrとなる。

	R	R
r	Rr	Rr
r	Rr	Rr

② Rrとrrをかけ合わせると，右の表のようになる。Rrは丸い種子，rrはしわのある種子なので，丸い種子：しわのある種子＝2：2＝1：1となる。

	R	r
r	Rr	rr
r	Rr	rr

(4) 解答例のほか，除草剤に強い作物や病気に強い作物をつくることに利用されている。

2 (1) 加えた液がヨウ素液なので，デンプンの有無を調べることができる。Aはごく薄(うす)い青紫(あおむらさき)色になったので，デンプンは少ししか含(ふく)まれていない。Bは濃(こ)い青紫色になったので，デンプンは多く含まれていることがわかる。ヨウ素液では，デンプンが分解されてできる糖，酸素，二酸化炭素を調べることはできない。

(2) ベネジクト液を加えて加熱すると，デンプンが分解されてできる糖の有無を調べることができる。Cは赤褐色(せきかっしょく)の沈殿(ちんでん)が生じたので，デンプンが分解されてできる糖があることがわかる。Dは変化がないので，デンプンが分解されてできる糖は存在しない。

(3) BとDの結果から，水はデンプンを変化させていないことがわかる。AとCの結果から，土や落葉を混ぜてろ過した水は，デンプンを分解して，糖に変化させることがわかる。

(4) デンプンを分解した原因が，土や落葉と混ぜた水にある可能性があるので，水だけで同様の実験を行い，変化がないことを確認するためにBとDを用意する。

! ココに注意

AとCの実験だけでは，デンプンの変化が，土や落葉の中にいた微生物(びせいぶつ)のはたらきであると特定できない。BとDも用意して対照実験を行わなければならない。

● 精選 図解チェック&資料集 生命

本冊⇨p.130

① 節足 ② 胎生(たいせい) ③ 細胞壁(さいぼうへき)
④ 核(かく) ⑤ 細胞膜(まく) ⑥ 植物
⑦ 動物 ⑧ 毛細血管 ⑨ リンパ管
⑩ 水 ⑪ デンプン ⑫ 葉緑体
⑬ 染色体 ⑭ 増える ⑮ 減る

解説

① 無セキツイ動物のうち，昆虫(こんちゅう)類，甲殻(こうかく)類などのようにからだとあしに節があり，からだが外骨格でおおわれている動物を**節足動物**という。

⑥⑦ 核，細胞膜，細胞質は植物細胞，動物細胞に共通している。

⑧⑨ 毛細血管はブドウ糖とアミノ酸を吸収し，リンパ管は脂肪酸(しぼうさん)とモノグリセリドからなる脂肪を吸収する。

⑭⑮ 長期的には生物の量のつりあいは保たれる。

第4章 地球

1 大地の変化

STEP 1 まとめノート

本冊⇨pp.132〜133

1 ① マグマ ② 火山噴出物(ふんしゅつぶつ)
③ 火山ガス ④ 火山灰
⑤ 弱い ⑥ おだやかに
⑦ 強い ⑧ 激しく
⑨ 火山岩 ⑩ 深成岩
⑪ 斑状組織(はんじょうそしき) ⑫ 斑晶(はんしょう) ⑬ 石基
⑭ 等粒状組織(とうりゅうじょうそしき) ⑮ 白 ⑯ 黒

2 ⑰ 震源(しんげん) ⑱ 震央
⑲ P波 ⑳ S波
㉑ 初期微動(しょきびどう) ㉒ 主要動
㉓ 初期微動継続時間(けいぞくじかん)
㉔ 10 ㉕ 震度 ㉖ マグニチュード
㉗ 海洋プレート ㉘ 大陸プレート

3 ㉙ 侵食(しんしょく) ㉚ れき岩 ㉛ 砂岩
㉜ 泥岩(でいがん) ㉝ 凝灰岩(ぎょうかいがん)
㉞ 示相化石 ㉟ 示準化石

解説

1 ④ 直径 2 mm 以下は**火山灰**，直径 64〜2 mm は**火山れき**，直径 64 mm 以上は**火山岩塊**(がんかい)という。火山岩塊のうち，球形や紡錘(ぼうすい)形など特殊(とくしゅ)な形のものを**火山弾**(だん)という。

! ココに注意

斑状組織の斑晶の部分は，マグマがゆっくり冷えて固まったものである。

2 ㉓ **震源**までの距離(きょり)が大きくなるほど，**初期微動継続時間**は長くなり，**主要動**のゆれが小さくなる。

3 ㉞ 示相化石には，**アサリ(浅い海底)**，**シジミ(淡水(たんすい))**，**サンゴ(あたたかく浅い海)**などがある。

㉟ 示準化石には，**フズリナ・サンヨウチュウ(古生代)**，**恐竜(きょうりゅう)・アンモナイト(中生代)**，**デスモスチルス・ビカリア(新生代)**などがある。

Let's Try 差をつける記述式

① (例)太平洋側から海洋プレートが大陸プレートの斜(なな)め下に沈(しず)みこんでいるため。

② (例)広い地域で，限られた期間に生息していた生物。

STEP 2 実力問題
本冊⇨pp.134～135

1 **(1) マグマ**
(2) 火山灰(火山れき・火山弾など)　(3) ウ

2 **ア**

3 **(1) ウ　(2) エ**

4 **ウ**

5 **イ**

解説

1 (2) 火山の噴火により，火口からは溶岩だけでなく，火山灰や火山れき，火山弾，軽石，火山ガスなどが噴き出す。これらを火山噴出物という。

(3) 粘り気が強いマグマは流れにくいため，地表に噴き出して盛り上がる。このような火山は，爆発をともなう激しい噴火を起こす。

2 等粒状組織は，マグマが地下の深い所でゆっくり冷やされてできた深成岩に見られるつくりである。

3 (1) P 波と S 波は同時に発生するが，**P 波は伝わる速さがはやく，S 波は遅い**。先に観測地点に到着した P 波は縦波による小さなゆれの**初期微動**を起こし，後に到着する S 波は横波による大きなゆれの**主要動**を起こす。

(2) 海洋プレートと大陸プレートの境界付近にできる長い谷のような海底の地形を海溝という。

4 れきは河口付近に多く堆積し，泥は海岸から遠く離れた場所に多く堆積する。砂は，れきと泥の中間に多く堆積する。

5 フズリナは古生代を示す示準化石であり，サンゴはその当時あたたかく浅い海だったことを示す示相化石である。

STEP 3 発展問題
本冊⇨pp.136～139

1 **(1) 鉱物**
(2) 火山灰の特徴—(例)黒っぽい粒が多い。
マグマの性質—(例)粘り気が弱い。

2 **(1) ウ　(2) 斑状組織**
(3) ①B　②ゆっくり　③急速に

3 **(1) 7.2 km/s　(2) イ**
(3) ①震度　②マグニチュード
(4) ウ，オ

4 **(1) イ　(2) ア**

5 **(1) 約 86 m**
(2) ①オ　②エ
(3) 約 1 m
(4) どちらが—東側
約何 m 低くなった—約 8 m

6 **(1) 記号—B　名称—二酸化炭素**
(2) B　(3) 示準化石
(4) x —斑晶　y —石基　組織—斑状組織
(5) 記号—A
でき方—(例)地下深くでマグマがゆっくりと冷えて固まってできた。
記号—C
でき方—(例)地表または地表近くでマグマが急激に冷えて固まってできた。
(6) A—イ　B—エ　C—オ　D—カ

7 **(1) 活火山　(2) ①イ　②エ**

解説

1 (2) カンラン石のような有色鉱物を多く含む火山灰は，粘り気の弱いマグマが冷え固まったものである。

2 (3) 斑状組織に見られる斑晶は，マグマがゆっくり冷やされてできたものであり，石基はマグマが急激に冷やされてできたものである。

3 (1) P 波が地点 A と地点 B の震源からの距離の差 79 km を伝わるのに, 11 秒かかると考えられる。よって, 79〔km〕÷11〔s〕=7.18…より, 7.2〔km/s〕

(2) 地点 A，地点 B，地点 C の初期微動継続時間は，8 秒，18 秒，23 秒なので，震源からの距離は地点 A より大きく，地点 B より小さいと考えられる。

(4) 地震によって土地がもち上がることを**隆起**，沈むことを**沈降**という。

4 (1) 図は，左右からおす力がはたらいてできる逆断層を示している。

5 (1) A 地点の地表の標高は 90 m で，火山灰の層は地表から 4 m の深さにあるから, 90 − 4 ＝86〔m〕

(3) 火山灰の層の標高は，B 地点で 86 m，C 地点で 89 m だから，この地域の地層は南から北へ下がっていることになる。C 地点の火山灰の層の標高は 89 m だから，P 地点では，90 − 89 ＝ 1〔m〕

(4) D 地点の火山灰の層の標高は，85 − 4 ＝81〔m〕C 地点，P 地点の火山灰の標高は 89 m より，89 − 81 ＝ 8〔m〕低くなった。

6 (2) フズリナの化石は，石灰岩に多く見られる。

(6) D の岩石をつくる粒は，角がとれて丸みを帯びている。

7 (2) 西風(西から東に向かって吹く風)が吹いていたことで，火山灰は火口から東側に多く積もった。

なるほど資料

海岸段丘のでき方

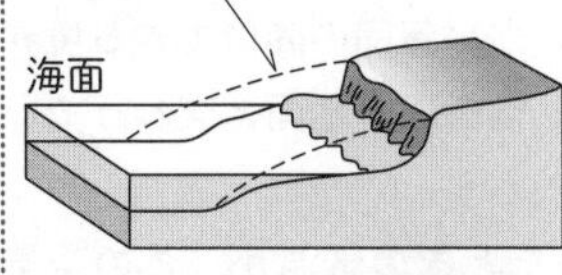

海水によって侵食され，浅い平らな海底ができる。

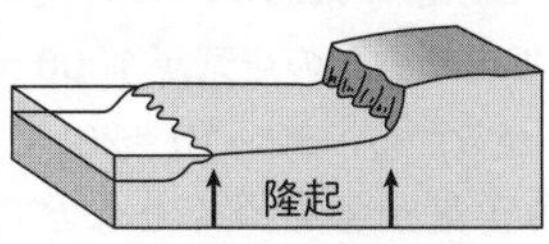

土地が隆起し，浅い海底が陸となる。

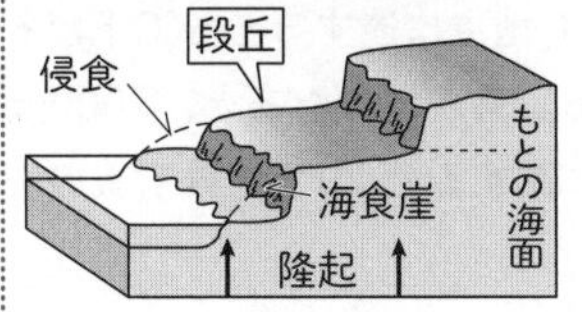

再び海水によって侵食を受け，土地が隆起すると，段丘ができる。

力の加わり方と断層のでき方

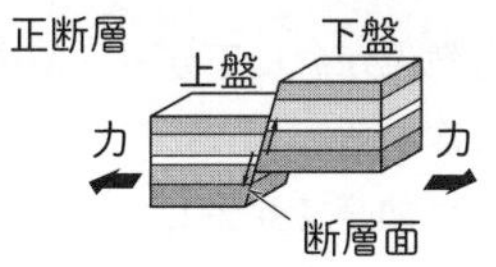

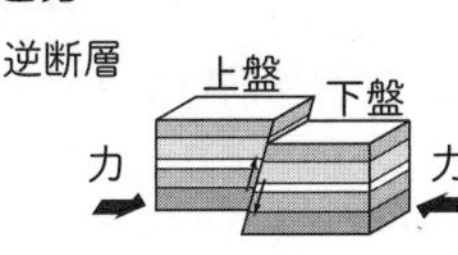

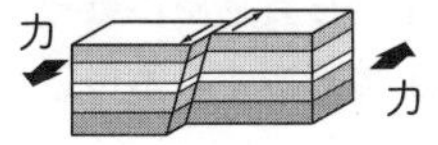

2 天気とその変化

STEP 1 まとめノート

本冊⇨pp.140～141

1 ① ヘクトパスカル　② 1013　③ 低く
④ 高気圧　⑤ 低気圧　⑥ 東南東　⑦ 3
⑧ 強く　⑨ 時計(右)　⑩ 反時計(左)
⑪ 海風　⑫ 陸風　⑬ 偏西風

2 ⑭ 飽和水蒸気量　⑮ 露点
⑯ 湿度　⑰ 膨張

3 ⑱ シベリア　⑲ 小笠原
⑳ 寒冷前線　㉑ 積乱雲
㉒ 温暖前線　㉓ 乱層雲
㉔ 停滞前線　㉕ 梅雨前線
㉖ 秋雨前線　㉗ 閉塞前線
㉘ 上昇　㉙ 下降

4 ㉚ 西高東低　㉛ 北西　㉜ 南高北低
㉝ 南東　㉞ 移動性高気圧
㉟ 熱帯低気圧　㊱ 17.2

解説

1 ⑪⑫ 陸はあたたまりやすく，冷めやすい性質があり，海はあたたまりにくく，冷めにくい性質がある。このため，昼間は陸上が海上よりはやくあたたまり，陸上で上昇気流が起こり，海から陸に向かって風が吹く。夜間は陸上が海上よりはやく冷えるため，海上で上昇気流が起こり，陸から海に向かって風が吹く。

2 ⑯ 空気中の水蒸気量が一定のとき，気温が高くなるほど湿度は低くなる。

3 ⑳ 寒冷前線が通過するとき，風向が南よりから北よりに変わり，気温が急に下がる。
㉒ 温暖前線が通過するとき，風向が東よりから南よりに変わり，気温が上がる。

4 ㉞ 移動性高気圧や低気圧は，**偏西風**によって移動する。

ココに注意

台風は前線をともなわない低気圧である。

Let's Try 差をつける記述式

① (例)窓ガラス付近の空気が冷やされて露点に達し，空気中の水蒸気が凝結するため。
② (例)シベリア気団から吹き出した風が日本海上空で大量の水蒸気を含むため。

STEP 2 実力問題

本冊⇨pp.142〜143

1 (1) 風向―北東　天気―晴れ　(2) イ
(3) 偏西風　(4) 50 %　(5) ①ウ　②エ　③イ

2 (1) ウ　(2) エ

3 Ⅰ群―イ　Ⅱ群―コ

（解説）

1 (2) 低気圧では，中心に向かって反時計回りに風が吹きこみ，**上昇気流**を生じる。

(4) 気温 28°Cの空気の飽和水蒸気量は 27.2 g/m^3，露点 16°Cの空気に含まれる水蒸気量は 13.6 g/m^3 だから，$\frac{13.6}{27.2}\times 100 = 50$〔%〕

(5) 空気が上昇すると，まわりの気圧が低くなるため膨張する。空気が膨張すると，空気の温度が下がるため，露点に達し，雲ができる。

2 **温暖前線**は暖気が寒気の上にはい上がるように進む前線で，前線面に沿って層状の雲が広がるため，おだやかな雨が長時間降り続く。

3 冬は，寒冷・乾燥のシベリア気団が発達して高気圧（シベリア高気圧）となり，日本列島の東の海上に低気圧が発達して**西高東低の気圧配置**になる。シベリア高気圧から吹き出す北西の季節風が，日本海上空で大量の水蒸気を含み，日本列島にぶつかって上昇して，日本海側に大雪を降らせる。

STEP 3 発展問題

本冊⇨pp.144〜147

1 (1) ウ　(2) 53%

2 (1) 4280 g　(2) 79%

3 (1) エ　(2) X群―ア　Y群―イ

4 (1) ①前線面　②前線　③上昇
(2) フェーン現象　(3) 20°C
(4) 35°C　(5) 32%
(6) （例）空気中の水蒸気が水滴になるとき熱を放出するため。

5 (1) イ　(2) エ

6 (1) b　(2) エ，オ

（解説）

1 (2) 湿度表で，乾球の示度 24°Cの行と，乾球と湿球の示度の差 6 °Cの列の交点を読みとる。

2 (1) 露点が 12.0°Cだから，表より，水蒸気量は 10.7 g/m^3 である。
よって，$10.7\times 400 = 4280$〔g〕

(2) $\frac{10.7}{13.6}\times 100 = 78.6\cdots$より，79〔%〕

3 (1) 砂と水では砂のほうがはやくあたたまるので，aが水，bが砂である。また，砂のほうがはやく冷えるので，cが砂，dが水である。

(2) 冷やされたAの空気は，あたたかいBの空気の下にもぐりこむように移動し，Bの空気はおし上げられて水槽の上部でA側に移動する。

4 (1) 冷たい気団とあたたかい気団の間にできる境界面を前線面といい，前線面が地面と交わっている線を前線という。

(3) 雲が発生しはじめたときの気温が，この空気の露点である。30°Cの未飽和の空気が 1000 m 上昇すると 10°C下がるから，$30-10=20$〔°C〕

(4) B 地点で，20°Cの空気が雲をつくりながら 1000 m 上昇してC地点に達すると 5 °C下がるから，15°Cになる。雲が消えたあと，2000 m 下降してD地点に達すると 20°C上昇するので，$15+20=35$〔°C〕

(5) 気温 35°C，露点 15°Cの空気の湿度だから，$\frac{12.8}{39.6}\times 100 = 32.3\cdots$より，32〔%〕

5 (2) 寒冷前線が通過すると気温が急に下がり，風向が南よりから北よりに変わる。

6 (2) Tは台風である。台風は熱帯で発生した低気圧が水温の高い海上で水蒸気を大量に含んで成長したもので，太平洋上から貿易風に乗って北西に進んだあと，偏西風の影響で日本付近を北東へ移動していく。

なるほど資料

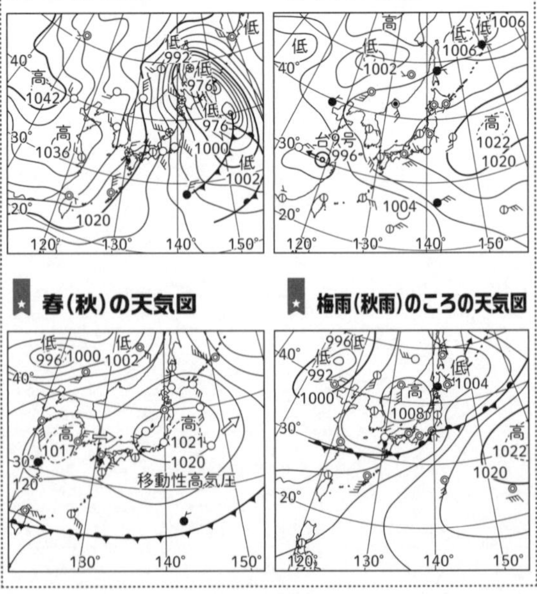

冬の天気図
夏の天気図
春（秋）の天気図
梅雨（秋雨）のころの天気図
台風9号
移動性高気圧

3 地球と宇宙

STEP 1 まとめノート

本冊⇨pp.148〜149

1 ①東　②南中　③南中高度
④天頂　⑤北極星　⑥反時計(左)
⑦15　⑧地軸（ちじく）　⑨西
⑩東　⑪自転

2 ⑫夏至　⑬冬至　⑭夏至　⑮冬至
⑯30　⑰黄道
⑱黄道12星座　⑲公転

3 ⑳気体　㉑コロナ　㉒プロミネンス(紅炎)
㉓黒点　㉔自転　㉕球形　㉖反射
㉗日食　㉘月食

4 ㉙太陽系　㉚恒星（こうせい）　㉛惑星（わくせい）
㉜衛星　㉝小惑星　㉞すい星
㉟銀河　㊱銀河系

解説

1 ⑦ 24時間で360°回転するので，1時間あたりは，
360÷24＝15°
⑧ 公転面の垂線に対して約23.4°傾（かたむ）いている。

2 ⑭⑮ 春分・秋分の南中高度＝90°－緯度（いど）
夏至の南中高度＝90°－緯度＋23.4°
冬至の南中高度＝90°－緯度－23.4°
⑯ 12か月で360°変化するので，1か月あたりは，
360÷12＝30°

3 ㉗ **新月**のときに，太陽，月，地球がこの順に一直線上に並ぶと起こる。
㉘ **満月**のときに，太陽，地球，月がこの順に一直線上に並ぶと起こる。

!ココに注意

見かけ上，月が太陽より小さいときに起こる日食を金環（きんかん）日食といい，太陽が月からはみ出して見える。

4 ㉛ 太陽から近い順に，水星，金星，地球，火星，木星，土星，天王星，海王星がある。水星，金星，地球，火星が**地球型惑星**で，木星，土星，天王星，海王星が**木星型惑星**である。
㉜ 地球の**衛星**は月である。

Let's Try 差をつける記述式

(例)太陽と月の直径の比と，地球から太陽と地球から月の距離（きょり）の比がほぼ等しいから。

STEP 2 実力問題

本冊⇨pp.150〜151

1 (1) 日周運動　(2) イ，エ　(3) 月
2 ア
3 (1) 自転
(2) (例)周囲よりも温度が低いから。
4 (1) 恒星（こうせい）　(2) ア
5 (1) 衛星　(2) ア
6 (1) ① 8　②銀河　(2) G

解説

1 (2) 内惑星は，真夜中に地球の裏側に位置するので，見ることはできない。
(3) 日食は，月が太陽をかくす現象である。

2 すばると同じ方向に見えるおうし座で考える。おうし座が南中するのは，地球が**ア**，**イ**，**ウ**，**エ**の位置のとき，それぞれ日の出，真夜中，日の入り，正午である。

3 (1) 黒点が移動することから，太陽が自転していることが，黒点の形が変わることから，太陽が球形をしていることがわかる。
(2) 太陽の**表面温度は約6000℃**，**黒点の温度は約4000℃**である。

4 (2) 1か月後，ベテルギウスは真南より30°西へ移動して見える。星は1時間に15°回転するので，30÷15＝2〔h〕午前0時の2時間前なので，午後10時。

!ココに注意

星は東から西へ，1時間に15°動き，1か月に30°動く。

5 (2) 金星は地球から見ると，いつも太陽に近い方向にあるので，西の空を表していることがわかる。日の入り後，西の空に見える月の形は**ア**である。

6 (2) 太陽，月，地球の順に一直線上に並ぶときである。

STEP 3 発展問題

本冊⇨pp.152〜155

1 (1) イ　(2) 太陽―エ　黒点―ウ　(3) ウ
(4) 太陽―キ　月―ア
(5) 日食―ア　月食―ウ
(6) 27.7日　(7) 水星
2 (1) a―影（かげ）　b―距離（きょり）　(2) ア
3 (1) ウ　(2) イ
4 (1) 自転　(2) 通り道―③　南中高度―エ
(3) イ　(4) 33.5°　(5) イ

(6) (例)(太陽の高度が低く,)同じ面積の地表が受けとる光の量が少ないから。

5 (1) ア　(2) ①イ　②ア　③イ

6 (1) 4分はやい　(2) 午後10時頃(ごろ)

(3) 午後8時頃　(4) I　(5) K

7 (1) ウ　(2) ア

(3) 152 m　(4) イ

8 (1) ①火星　②銀河系　③天の川

(2) イ,エ

(3) ①F　②C　(4) オ

解説

1 (6) 30日で地球は太陽のまわりを30°公転する。その間に月は地球のまわりを360＋30＝390°公転する。よって,月は30日間に390°公転することがわかる。公転周期をx日とすると,x：30＝360：390　x＝27.69…より,27.7日

(7) 太陽面通過が起こるのは,地球と太陽の間に入ることのできる**内惑星**(ないわくせい)だけである。

ココに注意

内惑星は,真夜中には地球の裏側に位置するので,直接見ることはできない。

2 (1) 天体望遠鏡が太陽のほうを向くと,影は最も小さくなる。接眼レンズと投影板との距離を変えると太陽の像の大きさが変わる。

(2) 太陽は東から西に自転している。

3 (1) ケンタウルス座のα星で約4.3光年である。

(2) 反時計回りに15×3＝45°回転する。

4 (1) 地球は西から東へ自転している。そのため,東のほうが南中時刻がはやく,西のほうは遅(おそ)い。

(2) 夏至の日は南中高度がいちばん高い。高度は観測者の位置(点F)で測る。

(4) 福岡の緯度(いど)をx°とすると,90－x＋23.4＝79.9より,x＝33.5

(5) 夏至の日は,北ほど昼の長さが長い。北極点付近では太陽が1日中沈(しず)まない(**白夜**)。

5 (2) 金星は地球より公転周期が短いので,地球よりも先に進み,太陽に近づく。火星は地球より公転周期が長いので,太陽から遠ざかって見える。

6 (1) 星の位置は1か月に30°,1日に1°東から西へずれる。1°動くのにx分かかるとすると,1時間(60分間)に15°動くから,x：60＝1：15　x＝4

(2) A星は午前0時に真南より30°西にある。30÷15＝2〔h〕。午前0時の2時間前なので,午後10時。

(3) C星が午前0時に南中するので,A星は午前0時に真南より60°西にある。60÷15＝4〔時間〕だから,午前0時の4時間前なので,午後8時。

(4) 太陽はC星と正反対の方向にある。

(5) 15×4＝60°　太陽(I星の方向)より60°東にある星である。

7 (2) 日食のとき,地球上にできる月の影は丸い。また,地球は西から東へ自転するので,朝に丸い影ができているのは,**ア**である。

(3) 太陽と月の直径の比と地球からの距離の比が等しくなるので,太陽のモデルをx〔cm〕離(はな)れた位置に置いたとすると,140：0.35＝x：38　x＝15200〔cm〕より,152 m

(4) 月の形は,日食のときは新月,月食のときは満月である。満ち欠けの半周期かかる。

8 (2) ミランダは天王星,フォボスは火星,タイタンとディオネは土星の衛星である。

(3)① 金星の右側が光っているので,金星は太陽の左側にある。地球から見て,金星の右半分が見えるのは,Fである。

② 金星の左側が光っているので,金星は太陽の右側にある。地球から見て,金星の左半分以上が見えるのは,Cである。

なるほど資料

金星の軌道(きどう)と見え方

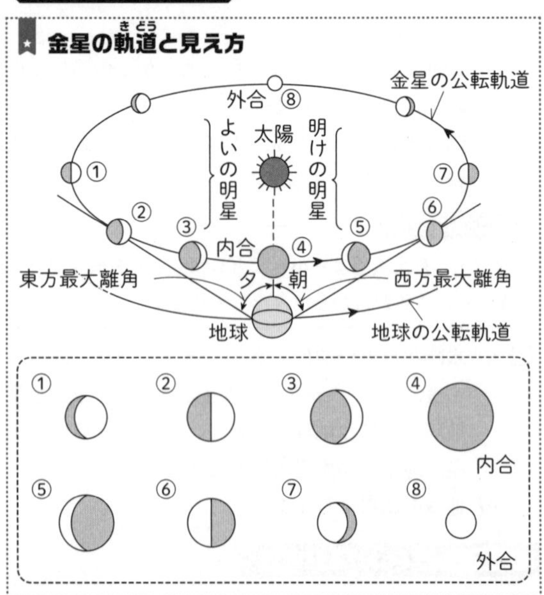

理解度診断テスト ①

本冊⇨pp.156〜157

理解度診断 A…40 点以上, B…39〜30 点, C…29 点以下

1 (1) **初期微動継続時間**

(2) **ウ**

(3) **オ**

(4) ①**(例)震源の深さが浅い**　②**ア**

2 **イ**

3 ① **陸風**

② **海風**　③ **9**

④ **21**　⑤ **南**

解説

1 (1) P 波が到着してから S 波が到着するまでの時間を初期微動継続時間といい，震源までの距離が大きいほど長くなる。

(2) P 波の到着時刻と初期微動継続時間から，震源は A，B，D から等しい距離の地点とわかり，そのことから震央を見つける。

(4) 震央が同じでも震源の深さが異なれば，震源から地表の観測点までの距離も変わる。

2 ピストンを引くと，フラスコ内の空気が膨張して空気の温度が低くなり，凝結が起こる。凝結とは，気体が液体に状態変化することである。

3 陸は海よりもあたたまりやすく冷めやすい。このため，晴れた日の日中には海より陸の気温が高くなり，陸の気圧が低くなるため，海からの風が吹く。これを**海風**という。反対に，晴れた日の夜間には海より陸の気温が低くなり，気圧は陸が高く，海が低くなるため，陸からの風が吹く。これを**陸風**という。図では，夜間(22 時〜 8 時)には北風が吹き，昼間(10 時〜20 時)には南風が吹いているので，海は南の方向にあると考えられる。

理解度診断テスト ②

本冊⇨pp.158〜159

理解度診断 A…40 点以上, B…39〜30 点, C…29 点以下

1 (1) **ア**　(2) **エ**　(3) **イ，カ**

(4) **(例)形は満ちていき，小さく見えるようになる。**

(5) **ウ**　(6) **ウ，オ**

(7) **地球— 0.99°　火星— 0.52°**

2 (1) **天気—くもり　風向—南西　風力— 2**

(2) **B→A→C**

(3) **(例)装置の温度が変化すると，装置の中の空気の体積が変化し，ガラス管内の水面の高さが変化するから。**

(4) **ウ**

解説

1 (1) 地球は反時計回りに自転しているので，金星が見えるのは日の出前とわかる。金星は内惑星のため，太陽とあまり離れないので，見える方向は東の空とわかる。

(2) 太陽と金星と地球の位置を考えると，地球から見て，金星の左半分が見えることがわかる。天体望遠鏡で見ると上下左右が逆に見えることから，**エ**となる。

(3) 内惑星は，いちじるしく満ち欠けし，真夜中には，地球の裏側に位置するため，地球上から直接見ることはできない。

!ココに注意

内惑星は見かけの大きさが変化するが，内惑星でなくても，地球との距離が変わる天体は見かけの大きさが変化する。

(5) 太陽に照らされる面を地球に向けているので，地球から見ると満月のように見える。

(6) 外惑星は，太陽の光があたらない面を地球のほうに向けないので，ほとんど満ち欠けしない。また，外惑星は，地球から見て，太陽の方向にないときには真夜中にも見ることができる。

(7) 地球は，太陽のまわりを 365 日で 360° 公転するので，1 日あたりは，360÷365＝0.986…より，0.99°　火星は，太陽のまわりを 687 日で 360° 公転するので，1 日あたりは，360÷687＝0.524…より，0.52°

2 (1) 天気図記号の矢羽根の数は風力を，矢羽根の向きは風向を表す。

(2) 等圧線は，4 hPa ごとにひいてあるので，A 地点は 1008 hPa，B 地点は 1012 hPa，C 地点は 1004 hPa である。

(3) 図 3 は，ガラス管内の水面の高さによって気圧を調べる装置である。

(4) 台風の西側では西よりの風が，東側では東よりの風が台風の中心に向かって吹きこむ。

● 精選 図解チェック＆資料集 地球

本冊⇨p.160

①楯状（たてじょう）　②大きい　③白っぽい
④花こう岩　⑤主要動　⑥S波
⑦ユーラシア　⑧太平洋　⑨正断層
⑩逆断層　⑪しゅう曲　⑫温暖　⑬寒冷
⑭春分　⑮夏至　⑯冬至

解説

③ 粘（ねば）り気の強いマグマは白っぽく，粘り気の弱いマグマは黒っぽい。

⑤⑥ P波は初期微動（しょきびどう）をひき起こし，S波は主要動をひき起こす。

⑬ 寒冷前線付近では**積乱雲**などの積雲状の雲が発達し，激しい雨をもたらす。

⑮ 地軸（ちじく）が太陽の方を向くときが夏至である。

思考力・記述問題対策①

本冊⇨pp.162～163

1 (1) 右図

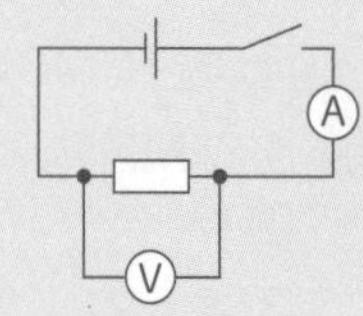

(2) ①(例)電流を流した時間が長いほど，水の上昇（じょうしょう）温度は大きい。

②(例)電熱線の消費電力が大きいほど，一定時間における水の上昇温度は大きい。

(3) 2400 J

(4) ① b　② c　③イ（①，②は順不同）

2 (1) りきがくてき　(2) エ

(3) 最もはやい点―B　最も遅（おそ）い点―F

解説

1 (3) 8×5×60＝2400〔J〕

(4) 電熱線Xの発熱量は，電熱線bと電熱線cの発熱量の和と等しい。

2 (2) 位置エネルギーは，基準面からの高さと物体の質量によってのみ決まる。

(3) 摩擦力（まさつりょく）や空気抵抗（ていこう）を受ける時間が長いほど，多くの力学的エネルギーが奪（うば）われ，位置エネルギーが同じ場所では速度は減少する。

思考力・記述問題対策②

本冊⇨pp.164～165

1 (1) 1.5 g/cm^3　(2) エ

(3) 液体―イ

実験結果―(例)ポリプロピレンはなたね油に浮（う）き，ポリエチレンはなたね油に沈（しず）む。

2 (1) エ

(2) $2CuO + C \longrightarrow 2Cu + CO_2$

(3) 右図

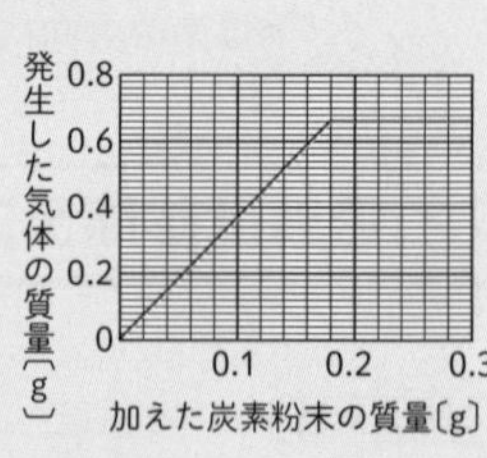

(4) 赤色の物質―コ

黒色の物質―イ

解説

1 (3) 2つの物質を区別するためには，密度が2つの物質の間の液体に浮くかどうかを調べればよい。

2 (1)(2) 炭素が酸化され，同時に酸化銅が還元（かんげん）される。

(4) 炭素0.21 gはすべて反応するが，酸化銅の一部は反応せずに残ってしまう。赤色の物質(銅)は，

1.92：0.18＝x：0.21 より x＝2.24〔g〕生じる。黒色の物質(酸化銅)は，2.40：0.18＝x：0.21 より x＝2.80〔g〕が反応するから，3.60－2.80＝0.80〔g〕が残る。

思考力・記述問題対策 ③

本冊⇨pp.166～167

1 (1) 顕性形質

(2) ①イ　②う―エ　え―ウ　③ウ

(3) (例)もとの個体と同じ遺伝子をもつから。

2 (1) イ　(2) ①イ　②ウ　(3) ①イ　②ウ

解説

1 (2)② 丸い種子：しわのある種子＝3：1 より，1800×3＝5400〔個〕　また，丸い種子の遺伝子の組み合わせは，AA：Aa＝2：1 より，$5400 \times \frac{2}{3} = 3600$〔個〕

③ AA の種子が自家受粉するとすべて丸い種子ができ，その比は丸：しわ＝4：0 である。Aa の種子が自家受粉すると，丸：しわ＝3：1 の割合で種子ができる。②より，Aa の種子は AA の種子の 2 倍となっているので，(4＋3×2)：(1×2)＝5：1

2 (1) 火星は**ア**のとき見えず，**イ**のとき明け方，**ウ**のとき真夜中，**エ**のとき夕方に南中する。

(3) 満月は，地球が冬のときに地軸の側にあるため，南中高度が高くなる。

思考力・記述問題対策 ④

本冊⇨pp.168～169

1 ①ア　②エ

2 (1) 7.0 km/s　(2) イ

(3) (例)(S 波の伝わる速さのほうが P 波の伝わる速さよりも遅いので，)P 波と S 波の到着時刻の差が生まれ，震源からの距離が遠くなるほど初期微動継続時間が長くなる。

(4) (例)地震のゆれの運動エネルギーが，ゴムの弾性エネルギーに変換されるため。

3 (1) ウ　(2) イ

解説

1 太陽と金星が沈んだ時刻の差が大きいほど，太陽と金星の離角は大きくなっている。

2 (1) 42÷6＝7.0〔km/s〕

(4) 地震によって建物がゆれるのは，運動エネルギーが発生するからである。そのため，運動エネルギーを別のエネルギーに変換することができれば，ゆれを抑えられる。

3 (1) 図 1 の日の太陽の南中高度は約 65° であり，春分の日(55°)と比べて約 10° 北よりにずれている。よって，北中高度も同様に 10° 北よりにずれるので，55－10＝45° より－45° とわかる。

(2) 太陽高度は，赤道において直線的に変化する。南中高度が 90° になっていることから，南中高度＝90°－北緯の式が成り立つ，春分・秋分の日である。

高校入試予想問題 第1回

本冊⇨pp.170〜173

1 (1) ア　(2) イ　(3) ア，ウ　(4) 345 m/s

配点：(1)(2)(3)(4)各 4 点＝16 点

2 (1) a ＞ b ＞ c

(2) ① c　② b － c　③ a － b　(3) 蒸散

(4) オ

配点：(1)(2)①②③(3)(4)各 4 点＝24 点

3 (1) 右図

(2) 電流— 60 mA

電圧— 4.8 V

(3) イ

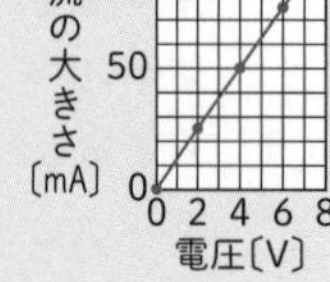

配点：(1)(2)(3)各 4 点＝16 点

4 (1) D　(2) 93.5 cm^3　(3) C，D　(4) ウ

配点：(1)(2)(3)(4)各 3 点＝12 点

5 (1) a—7　b—10

(2) ①イ　②イ

(3) 活断層

(4) 7 km/s

(5) 8 時 15 分 14 秒

(6) 126 km

(7) 3.5 km/s

配点：(1)(2)①②(3)(4)(5)(6)(7)各 4 点＝32 点

解説

1 (1) 下弦の月は，日の出のころに南中する。

(2) プラスチックは有機物で，電流を通しにくい。

(3) 土中の小動物，菌類，細菌類が分解者である。

(4) 1380〔m〕÷ 4〔s〕＝345〔m/s〕

2 (1)(2) a は試験管の水面から蒸発した水の量と茎・葉からの蒸散の量の和であり，b は水面から蒸発した水の量と茎からの蒸散の量の和，c は水面から蒸発した水の量である。

3 (2) 実験 1 より，電熱線 a と電熱線 b に流れる電流は 1 ： 4 だから，300〔mA〕×$\frac{1}{5}$＝60〔mA〕

また，(1)より，電熱線 a の抵抗は 80 Ωだから，電圧は，0.06〔A〕× 80〔Ω〕＝4.8〔V〕である。

(3) スイッチ S を入れたときと切ったときとでは，電熱線 b に加わる電圧は変わらないので，電熱線 b の発熱量はスイッチ S を切ったあとも変化しない。

4 (1) 密度が等しい物質は，原点を通る同一直線上に並ぶ。

(2) 100〔g〕÷1.07〔g/cm^3〕＝93.45…より，93.5 cm^3

(3) 密度が 1.07 g/cm^3 より大きい物質が，(2)の水溶液に沈む。図で，体積 9.35 cm^3，質量 10 g の点と原点を結ぶ直線をひくと，その直線より上にある物質が 1.07 g/cm^3 より密度が大きい物質である。

5 (1) 震度は 0，1，2，3，4，5 弱，5 強，6 弱，6 強，7 の 10 段階で表される。

(2) 東北地方の太平洋側では，北アメリカプレートの下に太平洋プレートが沈みこんでいる。

(4) X 地点と Y 地点では，震源からの距離の差が 42 km で，P 波が到着した時刻の差は 6 秒である。

このことから，P 波は 42 km 伝わるのに 6 秒かかることがわかる。よって，42〔km〕÷ 6〔s〕＝7〔km/s〕

(5) P 波が震源から X 地点まで伝わるのにかかった時間は，63〔km〕÷ 7〔km/s〕＝9〔s〕だから，地震発生時刻は 8 時 15 分 23 秒の 9 秒前である。

(6) P 波が震源から Z 地点まで伝わるのにかかった時間が 18 秒だから，7〔km/s〕× 18〔s〕＝126〔km〕

(7) S 波は 126 km 伝わるのに 36 秒かかっているから，126 ÷ 36＝3.5〔km/s〕

高校入試予想問題 第2回

本冊⇨pp.174〜176

1 (1) 気温

(2) 天気—くもり　風向—南南東　風力—4

(3) 1 日目—B　2 日目—C　3 日目—A

(4) ウ

(5) 天気—晴れ

理由—(例)移動性高気圧におおわれるため。

配点：(1)(2)(3)(4)(5)各 4 点＝40 点

2 (1) (例)泡が出なくなる。

(2) NaCl，CO_2，H_2O

(3) (例)発生した気体が逃げてしまったため。

配点：(1)(2)(3)各 5 点＝25 点

3 (1) ア　(2) ①力学的　②イ

(3) 0.3 N

配点：(1)(2)①②(3)各 5 点＝20 点

4 (1) 60%　(2) 65%　(3) 83%

配点：(1)(2)(3)各 5 点＝15 点

解説

1 (1) 晴れの日の昼間に最も高くなることから，Xは気温である。

(3) 1日目の昼間は晴れていたので，長野付近は高気圧におおわれていたと考えられ，2日目の午後から3日目の午前にかけて雨となっていることから，このころ前線をともなう低気圧が通過したと考えられる。

(4) 寒冷前線が通過するとき気温が下がり，風向が南よりから北よりに変わる。

(5) 春は，低気圧と移動性高気圧が西から東へ交互に通過する。低気圧が通過した後，移動性高気圧におおわれると考えられる。

2 (1) 炭酸水素ナトリウムにうすい塩酸を加えると，二酸化炭素が発生する。

(2) この反応を化学反応式で表すと，

$NaHCO_3 + HCl \longrightarrow NaCl + CO_2 + H_2O$

3 (1) 斜面を使って物体Bを引き上げるとき，引く力は小さくなるが，引く距離が長くなるので，仕事の大きさは，物体Aを真上に引き上げたときと同じになる。

(2) 物体Aが高さ h を通過するとき，物体Bはまだ高さ h に達していないため，物体Aより高い位置にある。したがって，このとき物体Aの位置エネルギーは物体Bより小さい。物体A，Bの力学的エネルギーは等しいから，運動エネルギーは物体A(K_1)のほうが大きいと考えられる。

(3) $x=2$〔cm〕のときのばねののびは6.5 cmだから，図4より，ばねにはたらく力は0.65 Nである。よって浮力は，1.6－0.65×2＝0.3〔N〕

4 (1) 95－35＝60〔%〕

(2) 肺から心臓に入る動脈血と全身から心臓に入る静脈血が混ざり合うと，酸素と結合している赤血球の割合は，(95＋35)÷2＝65〔%〕となる。

(3) 大静脈から心室に入った血液の赤血球のうち，酸素と結合したまま大動脈へ出ていくのは，全赤血球に対して，35〔%〕×$\frac{1}{5}$＝7〔%〕である。

また，肺静脈から心室に入った血液の赤血球のうち，酸素と結合したまま大動脈へ出ていくのは，全赤血球に対して，95〔%〕×$\frac{4}{5}$＝76〔%〕である。

したがって，大動脈を通る赤血球が酸素と結合している割合は，7＋76＝83〔%〕となる。

Check! 自由自在

第1章　エネルギー

本冊⇨pp.8〜9

① 屈折によって，ものがどのように見えるか調べてみよう。

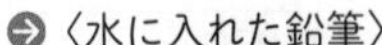
➡〈水に入れた鉛筆〉

〈水に入れたスプーン〉

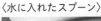

② 音の大きさや高さがどのような条件で変わるか調べてみよう。

➡ 音の大きさは振幅の大きさによって決まり，音の高さは振動数によって決まる。弦の場合，弦を強くはじくと音は大きくなり，弱くはじくと音は小さくなる。また，弦を強く張るほど，弦の長さが短いほど，弦が細いほど，振動数は多くなり，音は高くなる。

③ 物質中を伝わる音の速さは物質によって異なる。音の速さのちがいを調べてみよう。

➡

物　質	速さ〔m/s〕
水蒸気(100℃)	473
水(25℃)	1500
氷	3230
鉄	5950
銅	5010
ゴム(天然)	1500
窓ガラス	5440

本冊⇨pp.16〜17

① 直方体の物体をスポンジの上に置いたとき，どの面を下にした場合にスポンジが大きくへこむか調べてみよう。

➡ 面積がいちばん小さい面を下にした場合，スポンジはもっとも大きくへこむ。スポンジとふれる面積が小さいほど，スポンジのへこみ方は大きくなる。

本冊⇨pp.26～29

① **いろいろな物質の電気抵抗の大きさを調べてみよう。**

➔ 導体　（断面積 1 mm^2，長さ 1 m，20℃）

物　質	電気抵抗〔Ω〕
銀	0.016
銅	0.017
金	0.022
アルミニウム	0.027
マグネシウム	0.043
ニッケル	0.070
鉄	0.101
白金	0.106
水銀	0.960
ニクロム	1.075

➔ 不導体（絶縁体）　（断面積 1 mm^2，長さ 1 m，20℃）

物　質	電気抵抗〔Ω〕
ソーダガラス	10^{15}～10^{17}
エポキシ樹脂	10^{18}～10^{19}
ウンモ	10^{19}
天然ゴム	10^{19}～10^{21}
ポリスチレン	10^{21}～10^{25}

② **ストローをティッシュペーパーでこすったときの電気の種類を調べてみよう。**

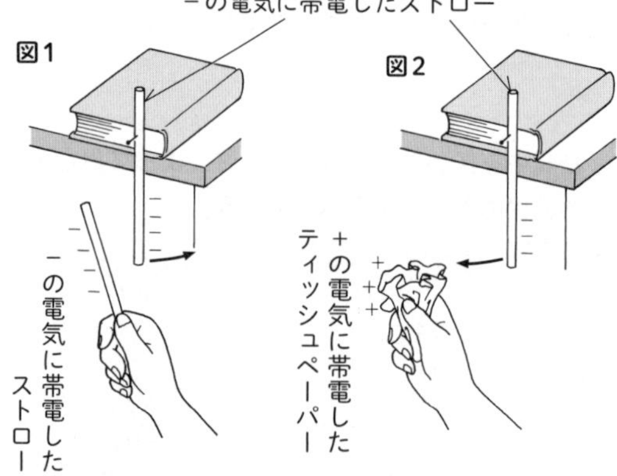

➔ プラスチックのストローをティッシュペーパーでこすると，ストローは－の電気を帯び，ティッシュペーパーは＋の電気を帯びる。よって，図1のようにストローどうしを近づけると互いに反発し合う力がはたらき，図2のように，ストローにティッシュペーパーを近づけると互いに引き合う力がはたらく。

③ **誘導電流を大きくするいろいろな方法を調べてみよう。**

➔ 誘導電流は，磁界の変化が大きいほど大きくなるので，大きな誘導電流を流すには次のようにするとよい。

①磁石の磁力を強くする。
②コイルの巻き数を多くする。
③コイルに鉄心を入れる。
④磁界の変化をはやくする（コイルや磁石を動かす速さをはやくする）。

④ **磁界・電流と力の向きの関係を調べてみよう。**

➔ 図1のように，磁界の向きと直角の向きに電流を流すと，磁界の向きにも電流の向きにも直角の向きに力を受ける。磁界の向き，電流の向きと受ける力の向きの関係を覚えやすくしたのがフレミングの左手の法則で，図2のような関係になる。

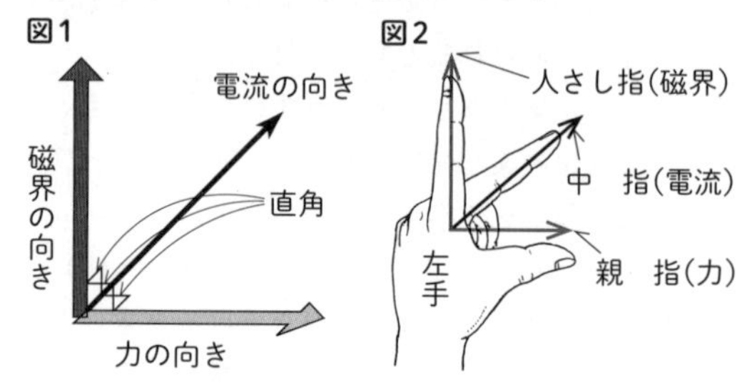

本冊⇨pp.36～39

① **2力のつりあいと作用・反作用の法則のちがいを調べてみよう。**

➔ 2力のつりあいは1つの物体にはたらいている2力の関係で，作用・反作用は2つの物体の間ではたらき合う2力の関係である。

② **滑車を用いた仕事について詳しく調べてみよう。**

➔ 図のように定滑車，動滑車を用いて W〔N〕の物体を高さ h〔m〕まで引き上げたときの手が物体にする仕事は表のようになる。

定滑車
W〔N〕
力の大きさは変わらない
W〔N〕
動滑車
$\frac{1}{2}W$〔N〕
力の大きさは半分になる
W〔N〕

		定滑車	動滑車
物体がされる仕事		$W \times h$	$W \times h$
手がする仕事	引く力	W	$\frac{W}{2}$
	引く距離	h	$2h$
	仕事	$W \times h$	$\frac{W}{2} \times 2h$

③ **水の深さと水圧の大きさとの関係を調べてみよう。**

➡ 水中で，図のような水の柱を考えると，水の密度は 1 g/cm^3 なので，1 m×1 m×0.1 m の水の質量は 100 kg となる。100 g の物体にはたらく重力を 1 N とすると，100 kg の物体にはたらく重力は 1000 N なので，10 cm の深さでの水圧は 1000 Pa＝10 hPa である。同様に，40 cm では 40 hPa，1 m では 100 hPa となる。

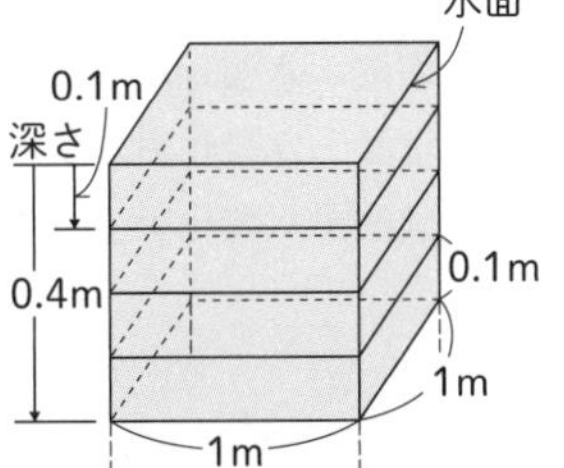

本冊⇨pp.46〜47

① **新しいエネルギー資源にはどのようなものがあるか調べてみよう。**

➡ 太陽光，風力，水力などを再生可能エネルギーといい，通常は枯渇することのないエネルギー資源と考えられている。再生可能エネルギーを利用した発電には，太陽光発電，地熱発電，風力発電，バイオマス発電，太陽熱発電，波力発電などがある。

② **バイオマス発電とはどのようなものか調べてみよう。**

➡ バイオマスは生物資源量という意味で，生ごみや食品廃棄物，農業廃棄物などがある。これらを利用した発電をバイオマス発電といい，直接燃焼したり，発酵や熱分解で可燃性ガスをつくって燃料としたりするなどの方法がある。

③ **コージェネレーションシステムの利点を調べてみよう。**

➡ 発電時に発生する熱を，冷暖房や給湯などに利用するシステムがコージェネレーションシステムである。エネルギーを効率よく利用できるという利点がある。

第2章 物質

本冊⇨pp.56〜57

① **いろいろな物質の密度を調べてみよう。**

➡ 固体の物質（氷以外は室温）

固　体	密度〔g/cm^3〕
氷(0℃)	0.92
ポリエチレン	0.92〜0.97
ガラス	2.4〜2.6
アルミニウム	2.70
鉄	7.87
銅	8.96
鉛	11.34
金	19.30

➡ 液体の物質（室温）

液　体	密度〔g/cm^3〕
エタノール	0.79
灯油	0.80〜0.83
水(4℃)	1.00
硫酸	1.83
水銀	13.53

➡ 気体の物質（0℃，1013 hPa）

気　体	密度〔g/cm^3〕
水素	0.00009
アンモニア	0.00077
窒素	0.00125
プロパン	0.00202
二酸化硫黄	0.00293
水蒸気(100℃)	0.00060
酸素	0.00143
二酸化炭素	0.00198

本冊⇨pp.64〜65

① **溶質が溶媒に溶けるようすや溶液の性質を調べてみよう。**

➡ 砂糖が水に溶けるようすは次のようになる。

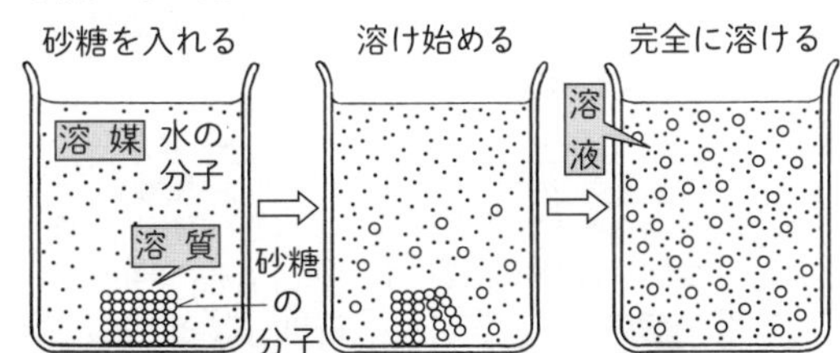

また，溶液は，溶液全体が均質でどの部分も濃さは同じである，溶質が無色であっても着色していても溶液は透明であるという性質がある。

② **気体ごとに，捕集の方法をまとめてみよう。**

➡

気体名	集め方
酸素	水上置換法
二酸化炭素	下方置換法 （または水上置換法）
水素	水上置換法
アンモニア	上方置換法

本冊⇨pp.74〜75

① **分解の反応例を調べてみよう。**

➡ 分解には熱分解，電気分解，光分解があり，次のような反応がある。

①熱分解

・酸化銀──→酸素＋銀

・炭酸水素ナトリウム
──→炭酸ナトリウム＋水＋二酸化炭素

②電気分解

・水⟶水素＋酸素

・塩化銅⟶塩素＋銅

③光分解

・過酸化水素水⟶水＋酸素

・臭化銀⟶臭素＋銀（写真フィルムの原理）

② 物質が結びつく反応例を調べてみよう。

➲ ・鉄＋硫黄⟶硫化鉄

・銅＋硫黄⟶硫化銅

・鉄＋酸素⟶酸化鉄

・銅＋酸素⟶酸化銅

・マグネシウム＋酸素⟶酸化マグネシウム

本冊⇨pp.82〜83

① 身のまわりにある液体の性質を調べてみよう。

➲

② 塩化銅水溶液の電気分解における電子の受けわたしを，図にまとめてみよう。

➲

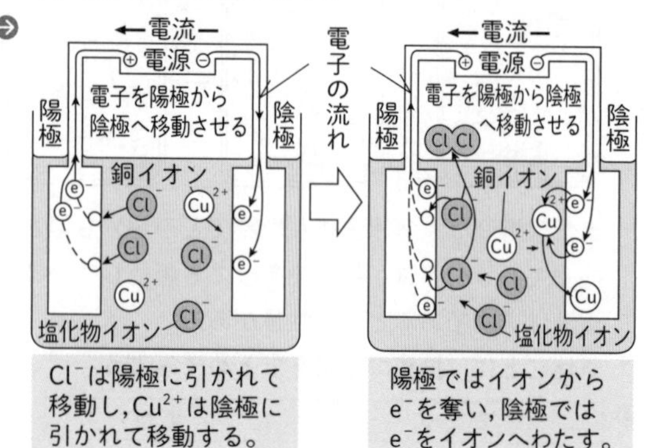

陽極では水溶液中の塩化物イオンから電子を奪い，塩化物イオンは塩素原子になり，塩素原子が２個結びついて塩素分子となり，気体が発生する。陰極では水溶液中の銅イオンに電子をあたえ，銅イオンは銅原子となる。

③ 電池（化学電池）の原理について調べてみよう。

➲ ２種類の異なる金属を電解質の水溶液に入れると，イオン化傾向の大きいほうの金属が−極になり，イオン化傾向の小さいほうの金属が＋極になる。イオン化傾向とは金属の陽イオンへのなりやすさで，次のような順序になる。

Na＞Mg＞Al＞Zn＞Fe＞Ni＞Sn＞Pb＞(H)＞Cu＞Hg＞Ag＞Au

④ いろいろな中和の例を調べてみよう。

➲ ・塩酸＋水酸化ナトリウム⟶塩化ナトリウム＋水

・塩酸＋水酸化バリウム⟶塩化バリウム＋水

・塩酸＋水酸化カルシウム⟶塩化カルシウム＋水

・硫酸＋水酸化ナトリウム⟶硫酸ナトリウム＋水

第３章　生命

本冊⇨pp.94〜95

① 被子植物の根・茎・葉のつくりを調べてみよう。

➲ 被子植物は，単子葉類と双子葉類に分けられ，からだのつくりには次のような特徴がある。

	根	茎の維管束	葉脈
単子葉類	ひげ根	散在	平行脈
双子葉類	主根と側根	輪状	網状脈

② シダ植物，コケ植物のからだの特徴を調べてみよう。

➲ シダ植物…根・茎・葉の区別があり，維管束がある。葉には葉緑体があり，光合成を行う。葉の裏などに胞子をつくってふえる。（ワラビ，スギナ，ゼンマイなど）

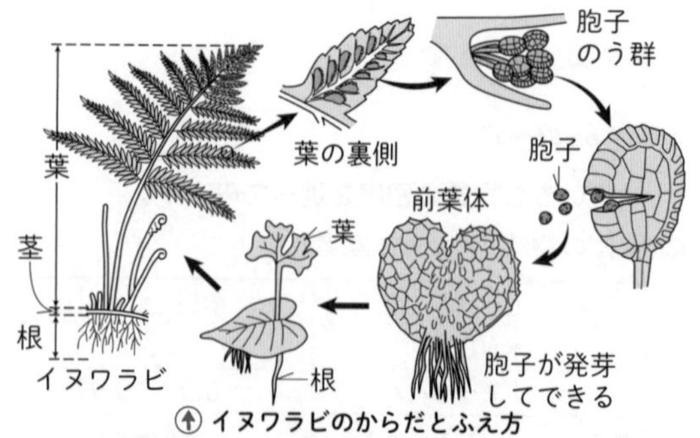

⬆ イヌワラビのからだとふえ方

➲ コケ植物…根・茎・葉の区別がなく，維管束もない。根のように見える部分は仮根といい，からだを土や地面に固定するはたらきがある。水分はからだの表面からとり入れている。葉緑体があり，光合成を行う。胞子でふえる。（スギゴケ，ゼニゴケなど）

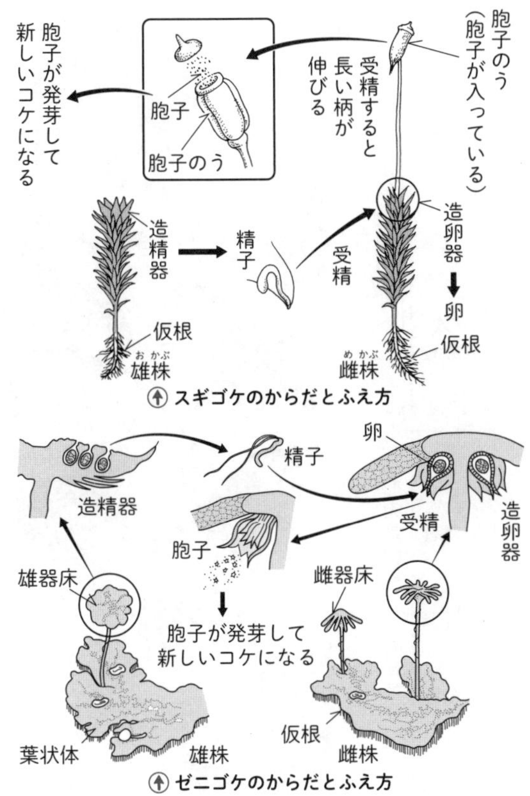

↑ スギゴケのからだとふえ方

↑ ゼニゴケのからだとふえ方

本冊⇨pp.102〜105

① ヒトの目はカメラのつくりと似ている。目の各部分がカメラのどの部分の役割をしているか調べてみよう。

➡ 角膜はカメラのフィルター，レンズ(水晶体)はカメラのレンズ，虹彩はカメラのしぼり，網膜はデジタルカメラの撮像素子と同じはたらきをしている。

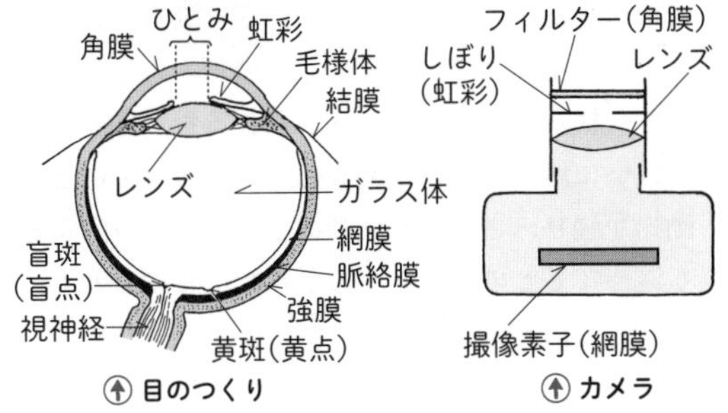

↑ 目のつくり　↑ カメラ

② 各血液成分のはたらきについて，詳しく調べてみよう。

➡ 血液成分には，赤血球，白血球，血小板の血球(固形成分)と，血しょうという液体成分があり，次のようなはたらきがある。

血液成分	はたらき
赤血球	ヘモグロビンを含み，ヘモグロビンが酸素と結合し，酸素を呼吸器官から全身の細胞へ運搬するはたらきをする。ヘモグロビンには，酸素の多い所では酸素と結びつき，酸素の少ない所では酸素をはなす性質がある。
白血球	アメーバ運動を行って，毛細血管の壁のすきまから出て移動することができ，体内に侵入した細菌を食べて殺す食菌作用を行っている。
血小板	出血したとき，血しょうの中のフィブリノーゲンとともに血液を凝固させ，出血を止めるはたらきがある。
血しょう	栄養分や老廃物などを溶かして運搬する。

③ 肉食動物と草食動物の消化器官のちがいについて調べてみよう。

➡ ・草食動物の消化器官…草や木の葉など，繊維の多い食物をすりつぶして消化できるようなつくりになっている。歯は草をかみ切る門歯と草をすりつぶす臼歯が発達している。また，植物は消化にかかる時間が長いため，消化管が発達しており長くなっている。

・肉食動物の消化器官…ほかの動物をとらえて食べるのに都合がよいつくりになっている。歯は犬歯が発達し，臼歯は肉をはさんでおし切ることができるよう凹凸になっている。また，肉は植物に比べると消化に時間がかからないため，消化管はからだの大きさと比べると短くなっている。

本冊⇨pp.114〜115

① いろいろな生物の染色体の数を調べてみよう。

➡ 体細胞内に含まれる染色体は，生物の種類によって形や本数が決まっている。

動　物	染色体数	植　物	染色体数
ヒト	46本	タマネギ	16本
ネコ	38本	アサガオ	30本
ウシ	60本	ソラマメ	12本
イヌ	78本	エンドウ	14本
ニワトリ	78本	アブラナ	38本
アマガエル	24本	イチョウ	24本
メダカ	48本	スギナ	216本

② **同じ染色体にない2対の対立形質はどのように遺伝するか，表を書いて調べてみよう。**

➡ 各対立形質は互いに作用し合うことなく，それぞれ独立して遺伝する。

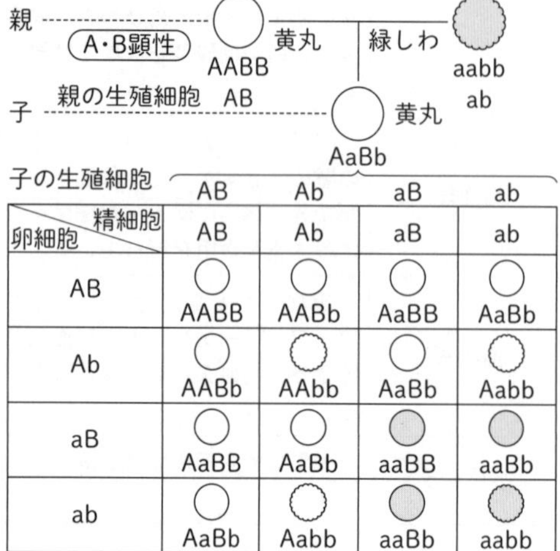

卵細胞＼精細胞	AB	Ab	aB	ab
AB	AABB	AABb	AaBB	AaBb
Ab	AABb	AAbb	AaBb	Aabb
aB	AaBB	AaBb	aaBB	aaBb
ab	AaBb	Aabb	aaBb	aabb

孫の表現型
- 黄色：緑色＝3：1
- 丸いもの：しわのもの＝3：1
- 黄丸：黄しわ：緑丸：緑しわ＝9：3：3：1

本冊⇨pp.122〜123

① **さまざまな生活場所における生物の生産者・消費者を調べてみよう。**

➡

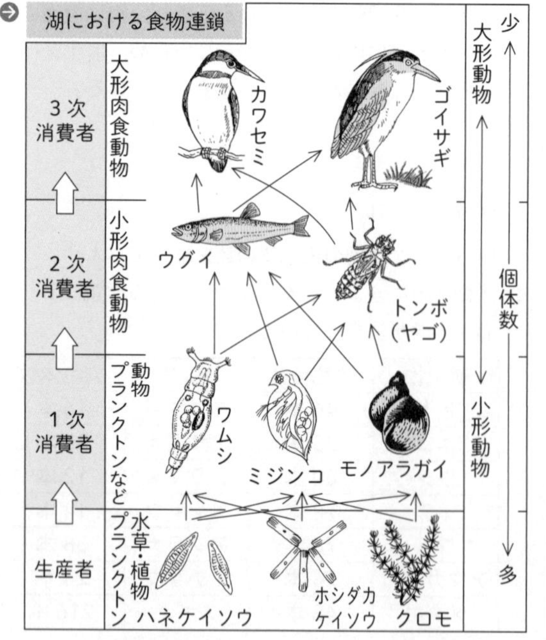

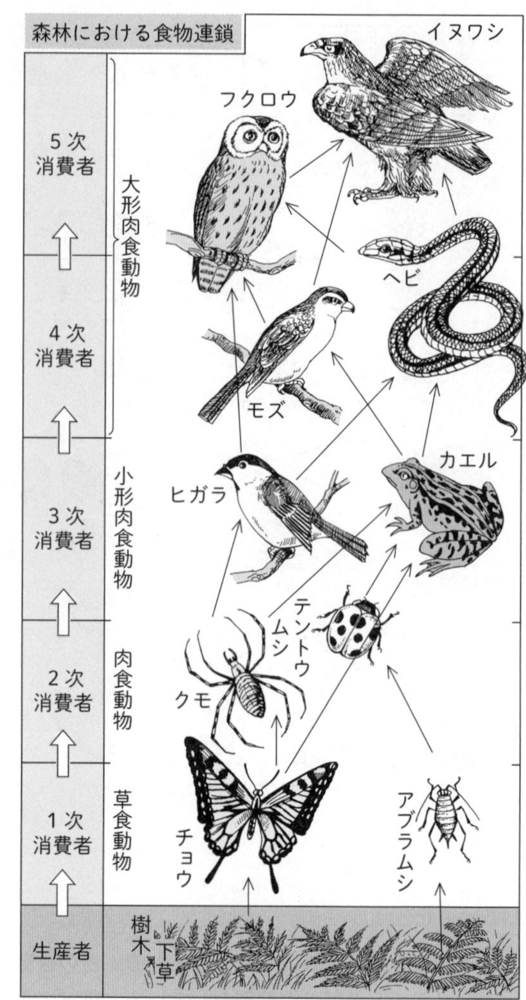

② **植物・草食動物・肉食動物の数量がつりあっている地域で，ある生物の数量が変化した場合，他の生物の数量はどのように変化するか調べてみよう。**

➡ 何らかの原因で，草食動物がふえたとすると，今までのつりあいの状態が破られ，草食動物を食べている肉食動物はえさが豊富になるのでふえる。これとともに植物は草食動物に食べられる量がふえるのでしだいに減る。植物が減るとそれを食べている草食動物が減り，さらに草食動物を食べている肉食動物も減ってもとのつりあいのとれた状態にもどる。

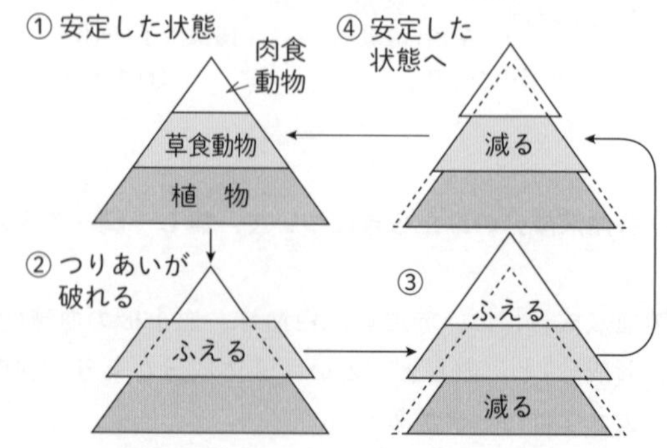

本冊⇨pp.134〜135

① 日本にはどのような火山があるか調べてみよう。

➔ ・マグマの粘り気が中程度の火山(成層火山)…桜島，富士山など。

・マグマの粘り気が強い火山(ドーム状火山)…雲仙普賢岳，昭和新山など。

② いろいろな火成岩の特徴について調べてみよう。

➔ ・斑状組織をもつ火山岩には，流紋岩，安山岩，玄武岩があり，等粒状組織をもつ深成岩には花こう岩，閃緑岩，斑れい岩がある。色や鉱物組成は次のようになる。

色調	白っぽい ←→ 黒っぽい		
火山岩	流紋岩	安山岩	玄武岩
深成岩	花こう岩	閃緑岩	斑れい岩

鉱物組成
100%
50
0
セキエイ
チョウ石
カンラン石
カクセン石
クロウンモ
キ石
その他の鉱物

③ 日本付近のプレートにはどのようなものがあるか調べてみよう。

➔ 日本列島付近には，次のような4つのプレートがある。

本冊⇨pp.142〜143

① 地球の大気の循環について詳しく調べてみよう。

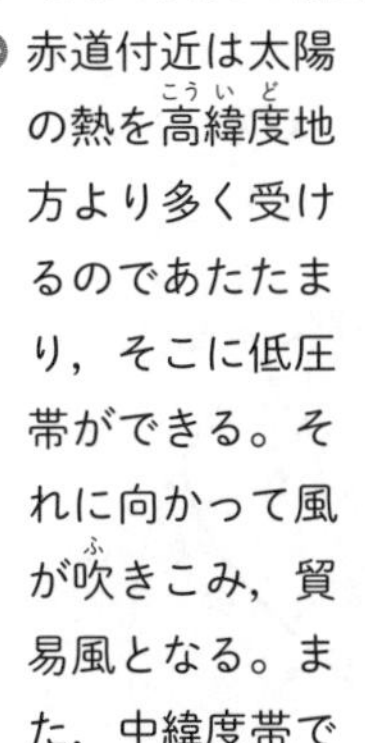

➔ 赤道付近は太陽の熱を高緯度地方より多く受けるのであたたまり，そこに低圧帯ができる。それに向かって風が吹きこみ，貿易風となる。また，中緯度帯では一年中，西よりの風(偏西風)が地球規模で吹いている。

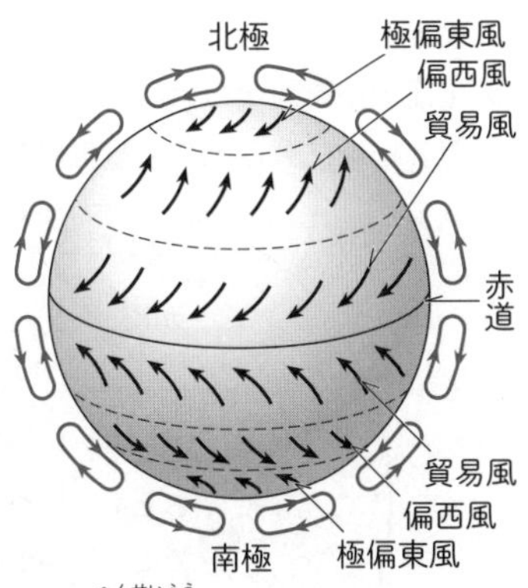

② 日本の各季節の特徴を調べてみよう。

➔

季節	特徴
冬	シベリアに優勢な高気圧が発達し，オホーツク海に低気圧がある西高東低の気圧配置になり，北西の季節風が吹く。日本海側に大量の雪が降り，太平洋側は乾燥した晴天の日が多くなる。
春	東シナ海で発生した低気圧が日本海を通るとき急激に発達し，そこへ南からのあたたかい風が吹きこみ，突風(春一番)を起こすことがある。また，3〜4日おきにやってくる移動性高気圧におおわれると好天気になり，五月晴れとなる。
梅雨	南に太平洋高気圧，北にオホーツク海高気圧が均衡を保ち，その境の気圧の谷に東西に長く停滞前線(梅雨前線)が形成される。前線に沿って低気圧が西からゆっくりと移動して，しとしとと長雨をもたらす。
夏	太平洋高気圧が勢力を増して日本をおおい，南高北低の気圧配置となる。太平洋上の高温多湿の空気が日本列島に吹きこみ，蒸し暑い日が続く。
秋の長雨	オホーツク海高気圧が南下し，太平洋高気圧と勢力がつりあった境に停滞前線(秋雨前線)ができる。前線が長雨をもたらし，ぐずついた天気が続く。また，台風の接近により雨量も多くなる。
秋	オホーツク海高気圧がさらに勢力を増して秋雨前線を消滅させ，移動性高気圧により大陸からの冷たい空気がやってくる。3〜4日おきに移動性高気圧が日本付近を西から東へ通過し，一雨ごとに秋が深まってくる。また，台風が日本付近にやってきて，大きな被害をもたらすこともある。

本冊⇨pp.150〜151

① 黄道12星座にはどのようなものがあるか調べてみよう。

➡ 星座の中を西から東に移り変わる太陽の通り道を黄道といい，黄道上にある星座を黄道12星座という。

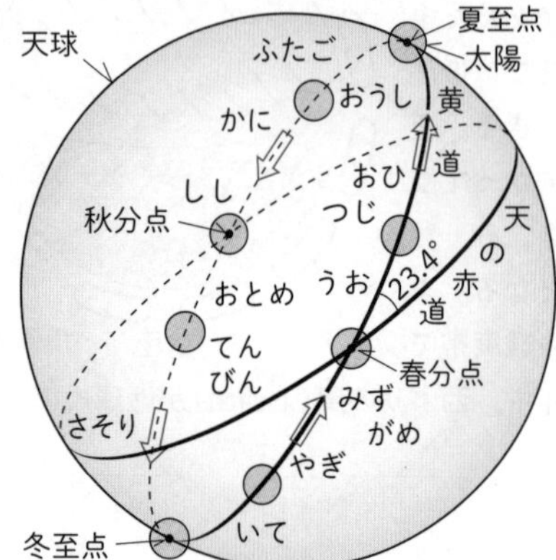

② 月の形と見える時刻，方向について調べてみよう。

➡ ・三日月…夕方に西の空に見え，すぐに沈(しず)んでしまう。

・上弦(じょうげん)の月…夕方に南中し，真夜中に西に沈む。

・満月…夕方に東の空に見え，真夜中に南中し，明け方に西に沈む。

・下弦の月…真夜中に東の空に見え，明け方に南中する。

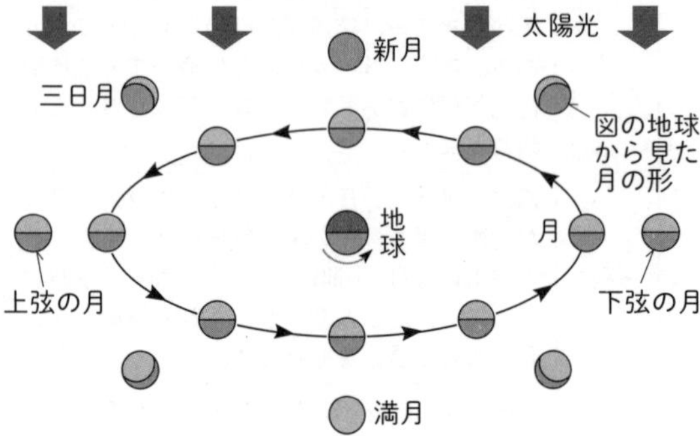

中学 自由自在問題集 理科